中 国 植 物 园

The Botanical Gardens of China

第十二期

No. 12

中国植物学会植物园分会编辑委员会　编

Edited by the Chinese Association of Botanical Gardens

中 国 林 业 出 版 社

China Forestry Publishing House

图书在版编目（CIP）数据

中国植物园·第12期/中国植物学会植物园分会编辑委员会编．
—北京：中国林业出版社，2009.11
ISBN 978-7-5038-5731-7

Ⅰ．中…　Ⅱ．中…　Ⅲ．植物园-中国-文集　Ⅳ. Q94-339

中国版本图书馆 CIP 数据核字（2009）第193797号

出版　中国林业出版社（100009　北京西城区德内大街刘海胡同7号）
网址　www. cfph. com. cn
E-mail：cfphz@ public. bta. net. cn　电话：83224477
发行　新华书店北京发行所
印刷　北京百善印刷厂
版次　2009 年 11 月第 1 版
印次　2009 年 11 月第 1 次
开本　787mm×1092mm　1/16
印张　20
字数　450 千字

定价　59.00 元

目　录

CONTENTS

植物园与社会发展
Botanical Garden and Social Development

贺善安[1]　张佐双[2]*

(1. 江苏省中国科学院 南京中山植物园,南京 210014　2. 中国植物学会植物园分会,北京 100093)

He Shanan[1]　Zhang Zuoshuang[2]*

(1. *Nanjing Botanical Garden*, *Jiangsu Province and CAS*, *Nanjing*, 210014

2. *Botanical Garden Branch*, *China Society of Botany*, *Beijing* 100093)

摘要:21 世纪将是物种保护的关键性时期,植物园也会继续有新的发展。本文对世界和我国植物园的历史、各历史时期功能的发展;其科学教育和艺术文化特征;以及对社会发展的贡献做了简明扼要的阐述。植物园应该让公众从认识植物园,进而发展到理解植物园,并由表及里地欣赏植物园,以动员更多的力量为植物园的建设做贡献,为全国每个城市都建一个植物园而努力。

关键词:植物园;物种保护;经济植物;植物文化艺术;社会发展

Abstract: 21st century should be the key period for plant conservation and botanical gardens could have a great progress. The history of botanical gardens in the world, their functions during different historical periods, their scientific and technological features, their characteristics of art, architecture and culture, and their contributions to the societies were briefly presented. Authors suggested that botanical gardens should do their best to attract people to approach and be aware of botanical garden, to understand botanical garden, to appreciate botanical garden from both its appearance and essentials, in order to mobilize social strength to build more botanical gardens. Struggling for every city has a botanical garden in China.

Key words: botanical garden; plant conservation; economic plants; botanical art and culture; social development

1　植物园发展的大好时机

从 20 世纪 80 年代中期起,世界植物园就进入了一个快速发展的时期。现在世界共有 2800 余个植物园。在世界植物园 460 余年的历史时期里,近 50 年来发展的数量,达到历史上前 400 年总数的 4 倍有余。这种速度的出现与全球生态失衡,物种灭绝速度惊人和城市化过程加速的事实,以及人们对植物园的功能与意义的认识和理解日益深刻,有着密切的关系。然而,就植物园的任务而言,这样规模的队伍还只是"杯水车薪",远远不能满足需要。未来世界城市人口的增长将比总人口数的

基金项目:中国生物多样性保护基金委员会资助项目

作者简介:贺善安,1932 年生,湖南长沙人,研究员,博士生导师,长期从事植物园工作。

＊通讯作者:E - mail: zhangzuoshuang@ beijingbg.com

增长更为突出。城市需要植物园,大都市需要大的、优秀的综合性植物园,已越来越成为人们的共识。根据生物多样性保护专家们的估计,如果不重视保护,到本世纪末将有2/3的生物物种灭绝。所以,21世纪将是保护生物多样性的关键时期,也将是植物园发展的大好时期。

2006年全国植物园年会上,作为中国植物学会植物园分会理事长,张佐双曾建议,全国每个城市都应有一个植物园。2007年全国植物园年会上,全体代表一致通过了倡议书并呼吁全国每个城市都要有一个植物园。希望这些植物园能建立在城市郊区的适宜位置,既为城市人们的需要服务,也具有物种保护的功能。

要动员社会为植物园的建设而努力,首要的还要让社会人士认识和懂得植物园,能由表及里地欣赏、热爱植物园,理解植物园与人类生活的密切关系,以及植物园在城市化过程中应有的、不可替代的作用。

2　植物园的兴起

"高级的文明必然伴随着优美的园林"。公元前3000年左右,园林就随着古文明中心在地球上形成而出现[1]。中世纪文艺复兴后,经济、文化的繁荣发达,促成16世纪中期在欧洲出现了植物园。它是人类在园林的基础上添加了更多对植物物种求知欲和科学研究的产物,是园林的一个特化的分支。早期的植物园大都与大学和皇家园林有着不解之缘。

认识和利用植物成为植物园不同于其他供人们欣赏和娱乐的园林的特点。在广泛发掘有用植物的基础上,药用植物往往成为植物园的首选对象。

3　各历史时期植物园发展的概况

从16世纪中期到17世纪,植物园的活动主要是广泛地认识植物,并重点探索和发掘药用植物、观赏植物和其他有用植物资源。18世纪中期,植物园逐渐发展成为一种文明的象征。植物园大规模引种植物为国家经济建设服务的思想得到发展。

16世纪中期到19世纪中期的300年间,全世界发展了约100余个植物园。

工业革命以后,19世纪世界经济的发展促进了殖民主义对植物资源丰富的国家,尤其是对热带、亚热带地区国家资源的获取和开发利用。19世纪和20世纪初,欧美植物园从世界各地引种了成千上万种植物[2,3]。植物园发掘新的经济植物,从而对社会经济、文化产生了惊人的影响。最突出的例子是:巴西橡胶从野生在南美亚马孙河流域,经邱园引种、研究,在新加坡植物园试验开发,到在马来西亚大量发展,形成世界战略资源;重要药物资源奎宁和饮料可可的发掘利用,都足以说明植物园促进经济发展和对人类生活的重要意义。受到世界各国羡慕的美国农业,得益于农业植物资源的大力引种。

到20世纪中期,全世界的植物园共有约600个。

20世纪以来,人口的膨胀,现代工业和高消费的人类生活,过度地消耗和浪费了自然资源,把全球的生态环境搞得百孔千疮、地覆天翻。人们震惊地发现,如果再不保护植物,势将祸及人类自身的生存。于是在20世纪70年代,人们对物种濒危和保护的问题提出了严重警告。面对新形势的挑战,植物园新的重要任务就是物种保护。人与植物、人与自然和谐共存的理念成为社会持续发展,也是植物园建设的指导思想。

当今,植物园的总数达2800个以上。

4　我国植物园的发展概况

我国植物园有百余年的历史,而主要

的发展时期是建国以来的 60 年,数量上由 10 余个发展到 200 余个。我国历史上各阶段植物园的数目,由于各种原因在统计上时有变化,如香港、澳门回归等因素。1860 年成立的香港动植物园,应是我国最早的植物园。然而,在 1997 年以前并未列入统计。从科学文化发展的脉络看,就整体而言,我国植物园队伍还是 20 世纪 20～30 年代,随着现代科学技术由西方的传入而逐步发展起来的。在亚洲,除了日本植物园在 17 世纪就有了东京大学的小石川植物园外,其他如茂物植物园、新加坡植物园、加尔各答植物园、斯里兰卡植物园都是殖民地时期,在西方文化影响之下建立的。香港的动植物园的情况也有类似之处。我国还有一些早期的植物园,则是在外来林业科技文化影响下建立的。

在上个世纪里指导我国植物园发展的方针,是中国植物园的先驱陈封怀先生提出的:"科学的内容,艺术的外貌"。20 世纪 80 年代以前,我国植物园主要侧重于经济植物的引种驯化,80 年代以后已注意到全球环境变化和物种保护的形势,迎头赶上国际植物园的步伐,为物种保护做出了巨大的贡献。

进入 21 世纪我国经济有了巨大增长,社会发展对精神文明、文化生活的要求迅速提高。植物园的建设方针也发展成为:"艺术的外貌,科学的内容,文化的展示",并要体现"人与自然和谐共存"的哲理[4]。经济条件是植物园发展的基础,前一个方针与我国处于温饱阶段的实际相适应。而当我国迈向小康阶段时,植物园的发展方针理当做相应的发展。

5 植物园的科学教育特征

5.1 探索植物的奥秘

全世界维管束植物就有 40 余万种,要认识植物、发掘有用植物,分类学是植物园的基础学科;要收集、引种和栽培植物,园艺栽培学则是必备的手段;从野外广泛采集蜡叶标本和繁殖材料,并在园内培育引种栽培各种鲜活的植物,成为植物园日常工作的特色,并形成了植物学和园艺学的紧密结合。

植物多样性的收集和研究给科学普及带来的材料,具有更多的新鲜感、奇异性、趣味性、科学性。如一种山姜属(*Alpinia*)的物种在所有种群内都有花朵柱头运动方向不同的两种表现型。还有山姜属植物新的自花授粉机制,"花粉滑动授粉机制"。以铜钱树(*Paliurus hemsleyanus*)为砧木嫁接枣树,和核桃嫁接在枫杨(*Pterocarya stenoptera*)的异属嫁接组合。许多保护生物学和分子生物学在植物进化研究中的成果,在我国植物园科普中都还很少见。

5.2 植物资源的基因库

利用和保护植物是植物园的首要任务。植物园是野生植物家化的桥梁。作为植物资源基因库的活植物收集圃,所有迁地保护的活植物都需有细致而准确的记录。记录的科学性是保证植物园工作质量的基础和关键。

植物园没有基础研究不能提高对自然的认识,没有应用研究则失去了它应有的活力。研究生物多样性为经济建设服务是植物园生命的源泉。只讲保护,不讲利用,不是植物园兴旺发达之道。尤其针对我国具有丰富利用植物的文明,和珍贵传统医药遗产而言,更不能忽视利用。问题是要改变以往滥用资源的恶习,要节约资源、持续利用。

发掘有用植物是探索未知,需要搜索的面广;发掘利用植物需要多学科的知识和多种技术手段;发掘利用植物需要较长、甚至很长的时间,所做的工作多处于源头。植物园开发新经济植物的研究具有综合性、长期性和源头性的特点。战略性经济植物产业对经济发展、国力增强、社会进步、人民幸福具有创新性的意义。如橡胶的引种成功并形成产业，就从 1876 年邱园从巴西引种 70000 粒种子算起，到 20 世纪 20 年代成为产业也花了 40~50 年的时间。如今年产 500 余万吨生胶。金鸡纳引种驯化的实践则更长。从 17 世纪中期就用来为英国查理三世，法国路易十四，西班牙女皇和中国康熙治病起，到引种、驯化、选育良种和抗病砧木，而后于 1884 年形成产业，整整 200 年有余[5]。然而，人类与疟疾的斗争并没有至此结束，20 世纪 60~70 年代，当不论是人工和天然奎宁都无法治愈疟疾时，人们又从蒿属植物里找到了黄花蒿（*Artemisia annua*）里的青蒿素。继银杏之后，从上世纪 80 年代，人们发现红豆杉提取物可治疗癌症后，现在该药物的年产值已达数十亿美元。人类与癌症、艾滋病、肝病、心脏病、各类流感等疾病做斗争，正迫切寻求新植物药，所有这些都说明人类对于新植物资源的需求丝毫没有减弱。

5.3　物种保护的方舟

全世界的植物园大概拥有 80000 种植物。我国植物园引种植物的总数接近 20000 种，占总物种数的 60% 以上。物种保护必须有就地保护与迁地保护的结合。植物园的物种保护，应侧重于迁地保护。一方面原生态的环境总是越来越少，另一方面迁地保护是把植物从"致危生境"中解救出来的重要手段。

形势迫使我们研究植物园里小种群的动态，和植物园网的作用，以改善物种保护的状况。为了试图改善引种植物生存和繁衍的需要，植物园除了景观建设中的人工园景与自然景色相互结合外，还将包含栽培生境与自然生境的相互衔接。可以说，前一个"结合"是为了满足人群的要求，而后一个"衔接"则主要是为了物种保护的需要而采取的措施。

面对全球气候变化，迁地保护必将变得越来越重要。植物园更应联合成网，以求把物种更好地保护在全球各级不同的植物园网里。由于物种保护的迫切性，种子库技术也越来越受到重视。不过并非每个植物园都要建种子库，而且从长远看，种子库技术也不是一劳永逸的事，植物永远也离不开自然生态条件。

5.4　城市植物环境导向

世界人口的增长趋势不可能改变，城市化进程的加速也不可能逆转，我国人口多，而且农村人口更多，城市化进程的加速会更为突出。城市人群的生态文明和精神文明需要更多的植物园。进入 21 世纪，植物园已成为城市不可缺少的组成部分，它是城市生态建设精华部分，它是经济发展和文明程度的象征。

6　植物园的艺术文化特征

6.1　园林精品

植物园是在一般园林的基础上，更加丰富植物种类，和具有更高投入而形成的以植物多样性为精髓的园林精品。植物园有比一般园林更丰富的科学、艺术和文化的内涵，是园林建设中最高层次的部分。

植物园可以提供一般园林中很少见到的新奇植物，如巨魔芋，双椰子，千岁兰，各种新奇的珍稀植物，在植物园内展示更多的植物的美，包括整体植物的、部分器官的、群体的、群落的、各种植物景观的美。

植物园理应向人民大众展示优美的植物景观。关于植物园的任务，面对过分着重观赏的倾向，邱园主任 Joseph Hooker（1866）曾严正地对英帝国的财政部说："邱园不是公园，也绝不应是公园，主要目的是研究和利用，而不是游玩"。然而，这种只强调科技内涵而忽视观赏意义的意见，就在当年也受到批评，被认为是"有害和愚蠢的概念"[6]。事实上，邱园在随后的建设中并没有忽视艺术文化的地位,其植物景观之美,得到了世界的公认。当然,一些巨型的花床和大型的花展之类的内容,应属于公园和休闲性的花园,而非植物园之所长。植物园应该围绕植物多样性创造出具有独特意义的植物景观和研究创造植物与人类和谐共存的形式。

6.2　文明的载体

植物环境是人类产生和赖以生存的条件。植物和人类的物质生活与精神生活有着密不可分的关系,因此植物本身就是人类文明载体的部分。尤其是在具有较长历史的植物园里,那些具有悠久历史的植物,大都包含着文化内涵。各种花文化、植物文化已经是人们十分熟悉的内容,而植物园则往往有珍贵、古老植物实体和环境,为它的展示提供了更为优越的条件。

许多老树和古老植物的收集,都是人类利用该植物的历史文明的载体。如帕都瓦植物园里的银杏和悬铃木,新加坡植物园里的橡胶树,斯里兰卡植物园里的双椰子等,这些数以百年计的老树既反映了人类利用的历史,又为未来的利用提供了可贵的、不可取代的科学论据。它们和与其组合在一起的景观是以植物为载体的科学、艺术和文化的结晶。

园林景观的"意境",则更是与艺术和文化分不开的部分。植物园的小品建筑和雕塑、人物雕像与植物的结合,更体现了植物园的人文内涵。如美国密苏里植物园里,还树立了一座悼念"九·一一"遇难者的塑像。

植物园将成为启迪人们思维和伦理观念的重要场所。植物园的优雅环境是上自国家元首、下至平民百姓理想的社交园地。人与自然和谐共存的模式,需要植物园的研究和导向。

植物园为人而存在,也为植物的生存服务。

植物园包含自然科学多学科的交叉,自然科学和社会科学的结合。这种有机的、高度综合性,必将使植物园作为一门新的学科而不断得到发展。

7　结语

植物园是以植物为载体的科学、艺术和文化的结晶。

植物园是社会进步和文明程度的标志。

首先要接触、认识植物园,进而欣赏植物园;不仅欣赏表观的美,还要欣赏它内在的美;由感性到理性,由责任感提升到历史的使命感,并为植物园的建设做贡献。

为人类的千秋功业而献身!

参考文献

[1]张薇.《园冶》文化论[M].北京:人民出版社,2006.

[2]Crane, P. Botanic gardens for the 21st century [J]. Gardenwise, Jan. 2001, vol. 16, 4 – 8.

[3]贺善安,顾姻.植物园发展战略研究[J].植物资源与环境学报,2002,11(1):44 – 46.

[4]贺善安,张佐双,顾姻,等.植物园学[M].北京:中国农业出版社,2005.

[5]Forst, L. and Griffiths, A. Plants of Eden [M]. Alison Hodge, UK, 2002.

[6]Desmond, R. The history of the Royal Botanic Gardens Kew [M]. 2nd edition, Kew Publishing, RBG Kew, 2007.

我国药用植物园的历史沿革
Processing History of Medicinal Plant Gardens in China

袁经权[1,2]　　缪剑华[1*]

(1. 广西药用植物园，南宁 530023　2. 暨南大学 中药及天然药物研究所，广州 510632)

Yuan Jingquan[1,2]　　Miao Jianhua[1*]

(1. Guangxi Botanical Garden of Medicinal Plants, Nanning, 530023

2. Pharmacy College of Jinan University, Guangzhou, 510632)

摘要：本文全面阐述我国历代药用植物园发展历史，着重介绍唐代药园和民国以后现代药用植物园的发展状况，旨在使业内人士对我国药用植物园的发展概况有一个宏观认识。

关键词：药用植物园；历史沿革；中国

Abstract：The history of Chinese medicinal plant gardens, is outlined in this paper, which emphasised on the situation of development in Tang Dynasty and modern times. The purpose of this paper is to let more insiders have a macroscopical recognition on the development of Chinese medicinal plant gardens.

Key words：medicinal plant gardens；history；China

植物园是人类文明发展的标志，与资源开发和利用密切相关，是生物多样性保护和驯化的重要基地，也是开展学术交流、普及科学教育、提高民众素养的园地以及提供旅游休憩的旅游景点。现代植物园诞生于欧洲，1542 年意大利比萨植物园（Pisa Botanical Garden）开园。作为欧洲文明重要组成部分，欧洲植物园最初以引种药用植物为主，服务医学科学，此后则从药用植物扩大到所有植物，并从实用转向物种研究和分类鉴别，可见现代植物园最初角色是药用植物园。药用植物园是对药用植物进行迁地保护，引种驯化各地药用植物，保存传统药物种质资源和开展药学教育的园林景观。其实我国植物园和药用植物园的历史源远流长，比欧洲现代植物园早一千多年。我国古代植物园和药用植物园分别始于秦汉和隋唐，在历史上发挥了较大作用，尤其唐代京师药园，规模宏大，品种繁多，盛极一时，不但促进了唐后中医药事业发展，对日本、朝鲜医药亦产生了巨大影响。近几十年来，随着我国药材需量大幅增加，野生药材日趋紧缺、枯竭甚至灭绝，栽培药材供应市场需要并保护种质资源就成为当务之急，现代药用植物园也就应运而生。四川省在 20 世纪 40 年代创办了我国现代第一座药用植物园。经 60 年发展，今天我国形成了以广西药用植物园为杰出代表的众多现代药用植物园，取得了空前发展，创造了辉煌成就，尤其近年来大力实

作者简介：袁经权，1967 年生，男，副研究员，博士研究生，主要从事天然药物化学研究

* 通讯作者：缪剑华，男，研究员，博士，E - mail：mjh1962@ vip. 163. com

施中药资源可持续利用战略,推动了药用植物栽培技术和分类水平的快速发展,在我国中药现代化和国际化进程中发挥了重要的作用。

1 我国药用植物园的发展史沿革

1.1 上古时期

我国药用植物园最早雏型可追溯至上古时期有限的文字记载,当时有玄圃、悬圃、县圃之称谓,神话《穆天子传》云:"舂山,天下之良山也,宝玉之所在,嘉谷生之,草木硕美。"舂山即昆仑山,山巅有玄圃,是传说中的神农药圃,为培植灵药的地方。故后来屈原有:"愿至昆仑之悬圃兮。"(《楚辞·哀时命》)的憧憬。但玄圃之说仅是传说而已,并没有确凿史料予以佐证。

1.2 秦汉时期

秦汉时期的皇家园林——上林苑,则是有史书记载的我国最早的古代植物园,比欧洲现代植物园早 1900 年。它位于渭水之南,长安之西,广达三百里,当属中国历史上最大皇家园林。上林苑为秦孝公首建,秦始皇扩建,项羽焚毁,汉武帝重建。秦始皇时建阿房宫于苑内,为皇帝游憩畋猎的苑囿。上林苑栽植天下州府进贡之花木果蔬,且留下各种植物生长纪录,其中不乏药用植物,这也是我国乃至世界上最早的植物园雏型。汉建元三年(公元前 138 年)汉武帝重修秦上林苑,"群臣远方,各献名果异卉三千余种植其中。"(《三辅黄图·卷四》)。上林苑在汉初就引种植物 3000 多种,种类之多,面积之大,即便处在今天与许多植物园相比亦毫不逊色。史书亦记载汉之上林苑颇多药食两用植物,如从西域移植苜蓿、胡桃等,而从南方移种则更多。汉武帝为移植岭南和交趾药食两用植物,特地兴建扶荔宫,"扶荔宫在上林苑中。汉武帝元鼎六年(公元前 111 年),破南越(广东广西),起扶荔宫。以植所得奇草异

木:菖蒲百本,山姜十本,甘蕉十二本,留求子十本,桂百本,蜜香、指甲花百本,龙眼、荔枝、槟榔、橄榄、千岁子、甘橘皆百余本……荔枝自交趾(越南)移植百株于庭,无一生者,连年犹移植不息。后数岁,偶一株稍茂,终无花果。"(三辅黄图·卷三)。可见上林苑从南方引种的菖蒲、山姜、龙眼、荔枝、橄榄、柑橘等多是药食同源植物。对于扶荔宫之名,《三辅黄图》亦释曰:"扶荔者,以荔枝得名也"。不难看出汉武帝同唐杨贵妃一样喜欢荔枝,但荔枝"离本枝一日而色变,二日而香变,三日而味变",为吃上鲜荔枝,汉武帝可谓不惜人力财力,在长安连年引种栽培,但最后事与愿违。司马相如(公元前 179 年~前 118 年)在千古奇文《上林赋》中为后人描绘了一幅优美的植物园画卷:"于是乎卢橘夏熟,黄橙榛(黄柑、小橘),枇杷橪(酸枣)柿,亭(海棠果)奈(苹果)厚朴,樗枣杨梅,樱桃蒲陶(葡萄),隐夫薁棣(郁李),答遝离支(荔枝),罗乎后宫,列乎北园"。并有"稾本射干,茈姜襄荷(嫩姜、襄草),葴持若荪(酸浆草、杜若和荪草)"。其中枇杷、厚朴、郁李、稾本、射干、姜、柑、橘、酸枣、葡萄、荔枝等均为药用植物或药食两用植物。上林苑移植的植物增长了医家对西域、岭南边远地区药用植物的认识和应用,大大推动了我国古代中医药事业的发展。

1.3 魏晋南北朝时期

晋代开始出现"药圃"记载。东晋太宁三年(公元 325 年)晋明帝在都城建康(南京)覆舟山下建北郊坛,"东近青溪,其西即药圃地。"(许嵩《建康实录·卷七》)。南朝元嘉时期(424~453 年),宋文帝在原东晋宫城之东(今南京太平门九华山)建有一座专种药草的园圃,称"北苑",后扩大至覆舟山,北临玄武湖,兴建楼台亭阁,改称"乐游苑",为栽种药草的皇家园林。

"药园"一词最早出现在北齐时期

(550～577 年)诗词中:"千金买药园,中有芙蓉树。"(《乐府诗集·卷八十七·杂歌谣辞五》)。当时民间出现的药园,侧面反映了这个时期药用植物栽培业的迅速发展。

1.4　隋唐时期

隋唐天下一统,交通便利,贸易繁荣,交流活跃,这就为医家药材种植和研究提供了可能。隋唐太医署加强了中药材种植、鉴定管理和药学教育,这段时期也是中国古代药用植物园最为兴盛的时期,药用植物园在这段时期不但有药园、药圃称谓,也出现了药栏、药院、药畦、栽药圃、采药圃等名谓。隋文帝时(581～604 年),太常寺下设太医署,"太医署有主药二人,医师二百人,药园师二人。"(魏征·隋书·卷二十八·志第二十三·百官下)这是史书首次出现"药园师"称谓,说明隋代已重视药材培植和迁地种植机制,并创建了国家药园。

唐袭隋制,唐高祖武德七年(624 年),唐太医署在京师长安建立了国家药园,规模和从业人员均超过了隋朝。据李隆基《唐六典》记载:"隋又有药园师、药生等,皇朝(即唐朝)因之。……(唐朝)药园师以时种莳、收采诸药。京师置药园一所,择良田三顷(300 亩,即 20hm²),取庶人十六以上、二十以下充药园生,业成,补药园师。凡药有阴阳配合,子母兄弟,根叶花实,草石骨肉之异,及有毒无毒,阴乾曝乾,采造时月,皆分别焉。皆辨其所出州土,每岁贮纳,择其良者而进焉。"1400 年前占地20hm²的药用植物园,其规模即便处在今天也属于大型药用植物园。《新唐书》记载也基本类似:"京师以良田为园,庶人十六以上为药园生,业成者为师。凡药,辨其所出,择其良者进焉。(太医署)有府二人,史四人,主药八人,药童二十四人,药园师二人,药园生八人。"(欧阳修,宋祁,新唐书·卷四十八·志第三十八·百官三)。《旧唐书》同样记载太医署设"药园师二人,

药园生八人……药园师以时种莳,收采诸药。"(刘昫,旧唐书·卷四十八·志第二十四·职官三)。盛唐既重视国家药园建设,也重视药园生教育,药园生一面采药种药,一面跟随药园师学习中药鉴别、栽培、炮制、药性等知识,经考核优秀者,可升任药园师或派往中央与地方的药管机构。药园师也承担医科、针科学生的本草学习,对"诸医、针生读本草者即令识药形而知药性"。近年来高毓秋考证了京师药园位于长安朱雀街东第四街和第五街之间,也就是今西安市大雁塔、青龙寺和西安植物园一带[1]。唐太医署药园之设具有很大的进步性,它不但是我国古代最大的药用植物园,也是我国最早的药学高等教育机构。唐高宗显庆四年(659 年)长孙无忌领衔主编我国乃至世界上第一部药典《新修本草》,京师药园培养的人才做出了重大贡献,尤其太医署蒋孝琬等三位官员还是主要编撰者之一[2]。唐代京师药园不但对唐后中医药产生重大影响,对一衣带水之邦日本和朝鲜也影响深远,尤其日本在随后一千多年时间里,一直沿袭了我国唐代药园和药园师建制。

盛唐京师药园主要种植药材供应朝廷所需,具有种植基地性质,而并非是为保护种质资源,但在引种栽培、标本参考和教人辨药上,与现代药用植物园无异。京师药园的发展,也大大推动了唐代药用植物栽培技术的发展。唐代著名医药学家孙思邈(581～682 年)在《千金翼方》中总结了枸杞、牛膝、黄精、牛蒡、商陆、五加、地黄等近20 种常用中药的种植加工方法。

唐代京师药园和药用植物栽培技术的发展,促进了唐代众多民间药园、药院、药栏、药圃、药畦的诞生。栽植药物顿时成为文人墨客的时尚,杜甫、白居易等都有开辟药园、培植药物的兴致,药园也自然成为了文人墨客吟诗作对的地方。当时民间药园

之盛,从唐诗可窥一斑。王维《春过贺遂员外药园》云:"前年槿篱故,新作药栏成。香草为君子,名花是长卿。"诗中不难看到唐人开辟药园种植使君子、徐长卿等药材的雅趣。姚合《武功县中作三十首》曰:"绕舍惟藤架,侵阶是药畦。"姚秸《随州献李侍御二首》谓:"端居有地唯栽药。"杜甫在秦州太平寺泉水边开辟药圃:"何当宅下流,余润通药圃。"岑参《暮秋会严京兆后厅竹斋》曰:"京兆小斋宽,公庭半药栏",白居易《凉夜有怀》云"暗凝无限思,起傍药栏行",于武陵《与僧话旧》谓:"所以闲行迹,千回绕药栏"。喻坦之《留别友人书斋》云:"背俗修琴谱,思家话药畦"。独孤及《与韩侍御同寻李七舍人不遇题壁留赠》:"药院鸡犬静,酒垆苔藓班"。司空曙《药园》:"独有深山客,时来辨药名"。许浑《秋日》:"烟起药园晚,杵声松院深"。朱庆馀《赠陈逸人》:"药圃无凡草,松庭有素风"。诗词无不体现士大夫们在博取功名之余,得乐于山水间,在药园里所追求的休憩、闲适和安然。

在唐初京师药园的带动下,唐中后期药材种植业相当发达,时人纷纷开辟药园培植药材,并将草药嫩芽和嫩叶用之于饮馔烹调之中,这便是古籍所说的药苗,即鲜药膳,唐时百姓十分钟爱,诗人骚客更是趋之若鹜。白居易《白氏长庆集》曾说当时:"药圃茶园为产业。"可见唐代品香茗尝药膳风气之盛。白居易《山居》还云:"朝餐唯药菜,夜伴只纱灯。"贾岛《斋中》云:"已见饱时雨,应丰蔬与药"。王维《济州过赵叟家宴》云:"荷锄修药圃……中厨馈野蔬。"方干《赠会稽张少府》诗云:"高节何曾似任官,药苗香洁备常餐。"又《送郑台处士归绛岩》诗云:"惯采药苗供野馔,曾书蕉叶寄新题。"郑常《寄邢逸人》诗云:"野饮药苗肥"。杜甫晚年在成都草堂边开辟药圃:"不嫌野外无供给,乘兴还来看药栏"(杜甫

《有客》)。杜荀鹤《和舍弟题书堂》云:"藉草醉吟花片落,傍山闲步药苗香"。沈廷瑞《答高安宰》云:"手握药苗人不识,体含金骨俗争知"。李德裕《忆药苗》云:"溪上药苗齐,丰茸正堪掇。皆能扶我寿,岂止坚肌骨。"唐代诗人不同角度吟述了药苗在饮食中的显耀位置,无论是山人处士的便餐野饭,还是达官贵人的精良肴馔,都可见到药苗的食踪味影,药苗作为新兴药膳饮馔,随着唐代药园的发展而发展,并在唐代饮食文化中占据了一席之地。

1.5 两宋时期

北宋医科学校承袭唐制,在都城开封近郊开辟药园种植草药,凡医学生都要到药园学习,"辨识诸药",以避免假药泛滥,耽误病人。北宋嘉祐年间(1056～1063年),本草学家苏颂(1020～1101年)著述了较高学术价值著作《本草图经》,书中除详述每一药物产地、形态、鉴别外,对部分药物亦简介其栽培要点,提示某药为人家园圃所种,某药在某地多种之。宋神宗年间(1068～1078年),司马光(1019～1086年)在洛阳东南(现偃师诸葛镇司马村)购地20亩建独乐园药圃,在园中完成了历史巨著《资治通鉴》的撰写。司马光的《独乐园记》纪录了宋熙宁四年(1071年)独乐园药圃状况:"沼东治地为百有二十畦,莳草药,辨其名物而揭之。畦北植竹,于其前夹道如步廊,以蔓药覆之,四周植木药为藩,援命之曰采药圃。"(《古今图书集成·考工典·园林部》)。独乐园药圃至少分为3类:草药、蔓药及木药,按现代分类学,就是草本、藤本和木本草药,这是迄今发现古代药用植物园草药分类的最早记载,与目前广西药用植物园12个功能分类区中的草本药物区、藤本药物区、木本药物区[3]的分类不谋而合。

南宋咸淳年间(1265～1274年)在都城临安(杭州)附近辟有药圃留芳史册:"余杭

县大涤山,在县西南十八里。药圃在大涤洞东山之前,夏候天师种药于此,芝畦术坞,百药之植,靡所不有。尝言古圣人以上药养神,中药养性,下药遣病……今四山生草药六十余种,圃迹犹存。"(潜说友,《咸淳临安志·药圃·卷二十四》)。南宋时期临安吴山上还有采芝岩,"土肥可莳黄精诸药,名栽药圃。"(丁丙,《武林坊巷志·册三》)。

宋代诗词里同样不乏药园的描述。谢伋《药园小画记》云:"以为草木诸果物皆药也,总而言之曰药园"。宋神宗进士周谓以"下宅拟寻栽药圃,买田宜近钓鱼滩。"诗句示其不满王安石变法而萌生退意。陆游为官一方则有:"幸兹身少闲,治地开药圃"雅兴。宋代同样秉承了唐代药苗的食用传统。黄休复《茅亭客话》卷八曾记载宋人"以药苗为蔬,药粉为馔。"陆游《山庖》诗云:"更剪药苗挑野菜,山家不必远庖厨。"在《独至遁庵避暑庵在大竹林中》诗也说:"药苗野蔬山家味。"并在《即事》诗亦曰:"药苗自采盘蔬美。"山民经常向娴熟草药的陆游教辨药苗,"村翁不解读本草,争就先生辨药苗。"王禹《寄丰阳喻长官》云:"盘餐数药苗香"苏辙《种决明》云:"食其花叶,亦去热恼。"

1.6　明清时期

明代医药学家李时珍(1518～1593年)在任职明太医院期间发现古代本草书籍"品数既烦,名称多杂。或一物析为二三,或二物混为一品"(《明外史本传》),因而产生拟重写《本草》之志,遂辞去太医院职务,返乡开辟小药圃钻研药学,还走访各地药圃,辨清了许多混淆药物,同时记述了180种药用植物的栽培方法,并全部收载在巨著《本草纲目》之中,为世人留下了一笔宝贵文化遗产。

清代乾隆年间的赵学敏(1719～1805年)、赵楷兄弟皆为医药学家,为了亲身辨

认草药,在所居养素园开辟了药园,"区地一畦为栽药圃"。赵楷著有《百草镜》八卷,书中收载之药,多是他在养素园亲手莳栽品种。赵学敏撰写名著《本草纲目拾遗》时,曾选用《百草镜》资料,"草药为类最广,诸家所传亦不一,其说余终未敢深信,《百草镜》中收之最详。兹集间登一二者,以曾种园圃中试验,故载之,否则宁从其略,不敢欺世也。"因医家对本草记述多参照古人典籍,其中不乏谬误,以致以讹传讹,代代相传,赵学敏正是体会"诸家所传不一","未敢深信",从而将疑惑草药"种园圃中试验"。赵学敏深入药园潜心研究本草的严谨执着,终于成为继李时珍之后的又一个伟大医药学家。

乾隆五十四年(1789年)怀庆府河内(河南沁阳)县令范照黎在《怀药诗》中云:"乡村药物是生涯,药圃都将地道夸。薯蓣篱高牛膝茂,隔岸地黄映菊花。"巧妙地将怀山药、怀牛膝、怀地黄、怀菊花写在诗中,生动反映了当时怀庆乡村到处是四大怀药药圃的盛况。

光绪十一年(1885年)医学家陈虬在浙江瑞安创办利济医学堂,为我国近代中医药教育之始,设有生药局和鲜药圃。陈虬提出"读遍图经千部,不如栽药一区。"倡导学生知医识药,要求学生积极深入药圃,提高药物辨别能力,推动了我国近代中医药事业的发展[4]。

1.7　民国时期

民国时期知名药店多设有药园,前店后园,以显示其生鲜熟药齐全的雄厚实力。"鲜药成为中医临床应用之鼎盛时期,所用鲜药品种达40余种,各大药店均设有自家药园。"[5]

这时期受西方先进科学技术影响,也诞生了不少现代药用植物园。

台湾省在日伪时期曾开辟两个药园。日明治四十五年(1912年)在花莲富里辟

有占地 200hm² 的药园，栽植一百多种药用植物；接着于日大正七年（1918 年）在南投埔里辟有 20 hm² 药园，人工培养台湾药用植物[6]。后均废弃。

民国十六年（1927 年），我国现代著名生药学先驱赵燏黄先生（1883～1960 年）大声疾呼国民政府要大力兴办药用植物园，并在《药学专刊》创刊词中指出："中央应设中药研究院、中药试验场、中外药用植物园。"（赵燏黄，药学专刊发刊词，药学专刊，1927，1－2），这是迄今发现"药用植物园"一词的最早出现。

民国三十四年（1945 年）广西省立医药研究所改称为广西省立南宁高级中医职业学校，设有药科专业班和药物种植场，教授草药方面知识。药物种植场不久虽然废弃，但为后来的广西药用植物园诞生创造了条件。

民国三十六年（1947 年）中华民国中央林业实验所常山种植试验场（即四川药用植物园前身）在四川省南川金佛山开创，当时种植药用植物 292 种，占地 0.7 hm²，号称为我国现代建立最早的药用植物园。

民国三十六年（1947 年）浙江省立医学院成立，"设医、药两科，其组织系统为院务委员会之下设合作实习医院、药用植物园和十几个委员会。"（浙江省档案局，文教类，全宗号 L055）。该园全称为"浙江省立医学院附属药用植物园"，这是至今发现我国最早的"药用植物园"机构称谓。

1.8 1950 年之后

20 世纪中叶之后，我国主要的药用植物园相继诞生。

1955 年中华人民共和国中央卫生研究院药用植物试验场标本园，在前苏联专家里基杨诺夫指导下，在京郊百望山下创办。1983 年肖培根院士将之更名为北京药用植物园，并隶属于中国协和医科大学、中国医学科学院药用植物研究所[7]。

1958 年，南京药学院在栖霞山创建药用生物园，次年迁至南京北郊，1985 年建立南京中药学院，次年与原南京药学院合并为中国药科大学，该园现为中国药科大学中药学院药用植物园，亦叫南京药用植物园。

1959 年广西药物试验场在南宁茅桥成立。1963 年更名为广西药物研究所标本园。1970 年改名为广西医药研究所药用植物园。随着规模的扩大，1981 年独立成为广西药用植物园[10]。

1959 年云南药用植物园在西双版纳州景洪市成立，亦称中国医学科学院药用植物研究所云南分所。

1984 年台湾药用植物园和昆仑药用植物园成立，均位于桃园市，仅一墙之隔，因园主两兄弟理念不同而分家，分别经营出不同药园风格，其中昆仑药用植物园号称台湾首座药用植物观光区。

1985 年贵阳市在南郊创办贵阳药用植物园，为我国年轻的药用植物园。

今天，我国药用植物园呈现科研、产业和旅游并举格局，一派欣欣向荣、蓬勃发展的态势，谱写了我国现代药用植物园新的篇章。台湾的药用植物园在保护台湾地区药用植物，促进岛内传统中医药文化旅游方面发挥着重要的作用；大陆药用植物园在引种驯化、保护生物多样性、药材野生变家栽，甚至中药材规范化种植（GAP）方面，同样发挥了至关重要的作用，推动了我国中药现代化和国际化的发展。国家十分重视药用植物园建设，江泽民、李鹏、李瑞环、吴邦国、贾庆林等国家领导人，近十几年来视察了广西药用植物园和云南药用植物园。近六十年来，我国现代药用植物园发展迅速，从无到有，从少到多，从小到大，今天已进入空前的全盛时期，呈现百园同盛，万药齐香的可喜局面。目前广西药用植物园已发展成为亚太地区最大的药用植物园,占地 202 hm²,引种药用植物近 5000 种(其中整理成册 2906 种),比明朝李时珍《本草纲目》记载的药用植物(1892 种)还多 3000 多种,有"立体本草纲目"美誉,无论占地面积还是引种数量,均居我国乃至亚太之首,有"亚洲第一药园"美称[8-10]。除此之外,我国目前较具规模的大型专业药用植物园还有:四川药用植物园(引种 2300 种,占地 9.5 hm²)、昆仑药用植物园(2000 种,64 hm²)、北京药用植物园(1200 种,17 hm²)、南京药用植物园(1100 种,25 hm²)、台湾药用植物园(1000 种,10 hm²)。具备一定规模的专业药用植物园有:云南药用植物园(800 种,24 hm²)、贵阳药用植物园(800 种,65 hm²)、香港蕉坑中草药园(550 种,0.13 hm²)、海南药用植物园(350 种,13 hm²)等。另外,我国知名植物园也多建有园中园——附设小型药用植物园,如南京中山植物园、庐山植物园、北京植物园、武汉植物园、华南植物园、上海植物园、西安植物园等等。此外,我国许多医药院校也纷纷建立了校内药用植物园。除了中国协和医科大学—中国医学科学院(附设北京药用植物园等)和中国药科大学(附设南京药用植物园)建设大型药用植物园之外,沈阳药科大学、上海中医药大学、四川大学华西药学院、南京中医药大学、广州中医药大学、黑龙江中医药大学、吉林农业大学中药材学院、河北医科大学、山东中医药大学、江西中医学院、广东药学院、安徽中医学院、桂林医学院、广西中医学院以及台湾的中国医药大学等都建有小药用植物园,促进了高校师生开展药用植物教学与研究。尤值一提的是,天士力集团、天津中新药业、云南白药集团、广州陈李济等知名制药企业,近年来也陆续筹建了小药用植物园,展示了我国 21 世纪制药厂家崭新的企业现代形象和丰富的企业文化内涵。

2　结语

(1)我国药用植物园在两千多年的发展史中发挥了重大作用,推动了我国中医药事业的发展。历代药园的性质和作用虽略有不同,但都推动了药用植物栽培技术的发展。我国古代植物园始于秦而盛于汉,而古代药用植物园则兴于隋而盛于唐。秦汉之上林苑主要为植物园和皇家园林性质。隋唐的国家药园以种植药材为主,属药材种植基地,为产业性质。唐中之后,民间涌现众多药园,多以种植药材和药苗为主,同属产业性质。宋、元、明、清时期药园的史料较少,所记述的药园,趋于分类辨认和撰书写志。民国以后受现代西方植物园的影响,药用植物园开始以药用植物资源保护、引种驯化、分类鉴定、科普旅游为建园主旨。

(2)我国现代药用植物园始于 20 世纪 40 年代,在 50 年代和 80 年代出现两个发展高峰。近年来,医药院校和制药企业的小药用植物园如雨后春笋涌现,大大地促进了我国药学事业的发展。

(3)我国大西南地区雨量充沛,气候适宜,自古药材资源丰富,久享"川广云贵,道地药材"盛誉。60 年来,四川、广西、云南、贵州为了保护所在区域道地药材,均建立了专业药用植物园,其中四川创建了我国现代第一个药用植物园,广西打造了我国乃至亚太地区最大的药用植物园。

(4)我国历代药园随着药物栽培的发展而发展,药园发展亦促进了药物栽培技术的提高。60 年来我国通过继承传统药物栽培技术,发展了众多药用植物园,今天各药用植物园在秉承传统技术的基础上,纷纷应用现代生物技术进行了技术创新,有力地推动了我国药用植物栽培技术的发展,在中药材良种繁育、野生变家栽、中药材规范化种植以及药材产业基地建设方面发挥了主力军作用,所取得的成绩不但提高了自身建园水平,也促进了我国中药资源的可持续利用,并对我国中药现代化和国际化进程产生了深远而富有意义的影响。

参考文献

[1] 高毓秋,肖惠英. 唐太医署方位考[J]. 医古文知识,1998,(2):22 - 24.

[2] 虞舜.《新修本草》编撰者初考[J]. 南京中医药大学学报,社会科学版,2000,(1):34 - 36.

[3] 廖茂声. 立体的"本草纲目"——广西药用植物园[J]. 花木盆景,2001,(3):56 - 57.

[4] 刘时觉,朱国庆,杨力人等. 晚清的利济医院和利济医学堂[J]. 医古文知识, 2003,(3):4 - 7.

[5] 郝近大. 鲜药的研究与应用[M]. 北京:人民卫生出版社, 2003.

[6] 邱登茂,鲁兆麟. 台湾本土药物的认识与使用和大陆传统医学的关系 [J]. 光明中医,2004, 19(2): 16 - 19.

[7] 徐罡. 别着枪进山的药用植物学家 [J]. 首都医药,2006,(1):47 - 50.

[8] 缪剑华. 广西药用植物园药用植物名录[M]. 南宁:广西新闻出版局, 2006.

[9] 缪剑华. 绿药宝库[J]. 生命世界, 2006, (8):32 - 35.

[10] 蓬勃发展的广西药用植物园[J]. 广西医学, 2006,28(6):783.

蓝浆果的引种驯化与栽培[*]
The Introduction, Acclimatization and Cultivation of Blueberries

贺善安　顾姻　於虹[**]

（中国科学院南京中山植物园,江苏南京　210014）

He Shan'an　Gu Yin　Yu Hong[**]

(*Nanjing Botanical Garden, Jiangsu Province and Chinese Academy of Sciences, Nanjing* 210014)

摘要:在论证经济植物的引种驯化和栽培是植物园的主要研究内容的基础上,论述了世界和我国蓝浆果引种驯化和栽培的历史、现状和前景,并指出蓝浆果是一种节约型果树。提出和讨论了当前引种栽培中的问题和建议,包括适栽地选择,合理选用品种,采用健壮大苗,高标准建园,以及各地区的特殊生态问题,和建立技术示范园。

关键词:引种驯化;经济植物;蓝浆果;保健食品;栽培技术

Abstract: Based on the recognition that plant introduction, acclimatization and cultivation are the essentials of scientific researches in botanical garden a review of the history, present status and future of blueberry introduction, acclimatization and cultivation in China and in the world are presented. The authors pointed out that the blueberry is a kind of "saving type" fruit tree. Problems and suggestions for improving the introduction and cultivation are discussed also, including selection of growing area and suitable cultivars, using big enough seedlings to establish plantations, high standard cultural practice, and special ecological conditions in various regions and setting up demonstration orchards.

Key words: introduction and acclimatization; economic plants; blueberry; function food; cultural practice

引　言

引种驯化是农业新植物资源的源泉。植物园的发展史就是一部人类认识、利用和保护植物的历史。许多重要的新经济植物如三叶橡胶、金鸡纳、油棕等等都是植物园或植物园与农业、林业机构共同经历相当长时期共同研究开发的结果,但一旦成功,其经济、社会意义则令人震惊和叹服不已。在其中植物园则大多处于这一悠长过程的源头地位。

三叶橡胶是最具有代表性的事例。它原产南美洲亚马孙河流域北纬10°至南纬10°的地区。15世纪下半期,加纳比和中美洲的人已经用橡胶做鞋、球等物件,但直到19世纪末才有可能向产业化的方向发展。1876年6月,由英国邱园派往巴西的H. A. Wickham在亚马孙河中游Boim附近野生的橡胶林中采集了7万粒种子,运回邱园有9000粒发芽了,培育出2397株苗

---

* 农业部公益性行业科研专项 nyhyzx07－028

作者简介:贺善安,1932年生,男,湖南长沙人,研究员,主要从事植物园研究

**　通讯作者:e－mail: njyuhong@ vip. sina. com

木。其中1919株运往斯里兰卡(原锡兰)建立种植园,22株送往Heneratgoda植物园,15株到印度尼西亚茂物(Bogor)植物园,还有少量苗木送往马来西亚槟榔屿植物园,1877年又有22株送到新加坡植物园。经过各植物园的努力,苗木传播到了世界各地。在此过程中特别值得一提的是新加坡植物园的工作。在1888~1912年,任新加坡植物园主任的瑞德莱(H. N. Ridley)对建立马来西亚繁荣的橡胶业和新加坡植物园作为世界热带植物及其经济利用研究中心的声誉方面所做的突出努力,使他赢得了"瑞德莱疯子Ridley"的绰号,他凭着自己的科学预见和毅力,倾全力于橡胶栽培和割胶技术的研究,最终得到了实业家陈齐贤的响应,在1897年到1901年间,陈齐贤先后拿出1216 hm²土地,率先建立了大规模的经营性橡胶园。在新加坡植物园有一座割胶技术的雕塑,以纪念他对橡胶栽培与加工的贡献。试想,没有科学、合理、简便的割胶技术,纵有三叶橡胶树,人类又怎能顺利地开发利用橡胶呢?20世纪初,马来西亚的橡胶发展高潮到来时,新加坡植物园担负起了供应种子的责任。到1917年为止,供应量超过700万粒,据报道,最高时1天的供种量达100万粒之多。此时新加坡自然成为重要的世界橡胶市场,而新加坡植物园的投资也得到了数倍的回报。目前全世界热带地区有41个国家引种栽培了橡胶,种植总面积已达760余万公顷,每年产生胶650余万吨,其中仍以东南亚地区的栽培量和产量为最高。从引种驯化的角度看,从15世纪人们知道橡胶到20世纪初才发展成为产业,几行字的故事,涵盖的却是四五个世纪的时间,真是谈何容易。就从1876年开始采集种子,到20世纪20年代成为一种产业,也经历了40~50年(贺善安等 2005)。

金鸡纳树的引种驯化也有一段有趣的故事。早在16世纪西班牙人征服南美以前,当地人就用金鸡纳树的皮治病。1651~1681年耶稣教的神父们发现它能治疟疾后,就称之为"耶稣粉",并据为专利,尽管如此,仍不受人们重视。那时,英国正闹疟疾,后来一个英国人Robert Talbot用此药治愈了查理二世皇帝、法国皇帝路易十四和西班牙女皇的疟疾,因而封爵。这位先生一辈子保密,变得很富有,但他还是告诉了路易十四,1681年他死后,路易十四才证实了这个药就是"耶稣粉"。安第奎宁的专利终于告终。17世纪末,大量金鸡纳树皮从秘鲁和玻利维亚运出治病。中国的康熙皇帝在1693年(当时他40岁),也服用过传教士给他的奎宁治愈疟疾。19世纪荷兰人在爪哇、英国人在印度和斯里兰卡栽种了数以百万计的金鸡纳树,但因物种和种源的选择不当,有效成分含量不高,浪费了大量的金钱和时间。一直到1865年,一个英国商人Charles Leger,他住在玻利维亚的提提卡卡湖伴(Titicaca Lake),找到了含量达10%~13%的资源,运到英国,后被荷兰人买了在爪哇种植。该树种生长慢而有病害,直到选出了强健的砧木可供嫁接时,才真正解决了栽培问题。那已是19世纪末期1884年了。从1681年金鸡纳树的引种驯化起,经过选高含量种源、发掘抗病砧木等等,到1884年也已足足有200年了(Louise Frost et al 2001)。

我国植物园一向注意对经济植物的发掘和利用,以往引种成功并取得明显成效的有烟草、西洋参、薰衣草、油用红花、薯蓣、罗汉果、岩蔷薇、黑莓、甜叶菊、金鸡菊、漆树、檀香树、望天树、龙血树、罗芙木、美登木、油瓜、甜茶、杜鹃花、秋海棠、绿绒蒿等等。在葡萄、猕猴桃、杧果、黄皮和松柏类等的选种、育种方面,也取得了巨大的成绩(贺善安 1999)。

植物园以集中植物多样性为特征,其

最终目的离不开利用。不断发现新的资源为农、林、园、药各业开辟新产业途径，是植物园为经济发展做贡献的永恒主题。当社会经济发展到迈向小康的阶段，人们对功能性保健食品的需求也越来越迫切。当前值得我们注意的对象之一，就是被称之为"世界性果树"的蓝浆果。它正在全球各适宜地区迅速地发展起来。

1　蓝浆果引种驯化和栽培的历史与现状

1.1　北美蓝浆果栽培驯化的历史

从野生变为家庭栽培源于北美洲，不过百余年历史。它也是美国惟一的一种"美国本土果树"。在美国东北部，1898年卡德（Card）引种栽培成功，继而引起了美国农业部的植物学家考维尔（Coville）的注意。怀特·依丽莎白（Elizabeth White）和考维尔在20世纪初开始了北方高丛蓝浆果的栽培。

在美国东南部，1893年沙帕（Sapp）利用从森林和沼泽地挖回的栽植材料在佛罗里达西北部建立了第一个兔眼蓝浆果园。这应为美国引种人工栽培最早的成功。1921年，其产品以每升10.6美分的价格出售。1922年涨到19.4美分，而1923年他把产品以每升27美分的价格就地卖了。0.3hm²园子的果品，销售得到1300美元。同年，他在蓝浆果上的总收入超过了1万美元。他的成功激起了佛罗里达蓝浆果的发展热潮。20世纪20年代时，农民发现这是一桩投入很少而收获颇丰的种植业。1923年栽培面积达到810 hm²。在1921～1925年间，产品一直是供不应求。就这样，20年代由铁路公司、土地公司和苗圃3方面的力量建立了佛罗里达的蓝浆果产业。据说，到1925年野生兔眼蓝浆果几乎绝迹了。估计共挖掘了100万株实生苗，建立了1200 hm²果园（顾姻等　2000）。

但真正使蓝浆果被美国和世界重视，还是由于以后对蓝浆果保健意义的科学论证。据报道，第二次世界大战中，英国有一支空军部队在光线不足的条件下，投弹命中率特高，研究认为，是他们的伙食中有蓝浆果，能改善视力所致。20世纪70年代，意、法的科技人员研究证实了蓝浆果的色素是保护视力的有效成分，将这个成分命名为TEGENS，并获得专利。20世纪80年代，更多的专利出现，蓝浆果的保健作用和意义被证实而受到广泛的重视。如在日本，1951年蓝浆果就被引种到日本，但在那里沉默了30年，到20世纪80年代才重新火红起来。20世纪50年代，蓝浆果也引种到了澳大利亚和新西兰，但也是直到80年代，当北美市场扩大，淡季要求来自南半球的鲜果时，才重新发展起来。地处南半球的智利和阿根廷，也都是在这个年代加入了南半球大发展的行列。

1.2　蓝浆果的保健功能是它成为世界性果树的主要原因

蓝浆果以色、香、营养为特征而成为第三代新兴果树中的佼佼者。所谓第三代果树，是继第一代古老的果树品种和第二代改良的现代果树品种之后，从以野生果树为主的物种中开发出来的新兴果树品种，其中尤以营养丰富、含鲜艳色素、诱人风味为特征的小浆果类为代表。从20世纪90年代开始，蓝浆果独特的抗氧化和抗衰老功能逐步得到科学证实并被广泛接受后，作为一类新兴的功能果品，蓝浆果的栽培面积以每年30%的速度增长，目前已被称为"世界性果树"（Strik 2005）。

蓝浆果具有较强的抗氧化活性。它是全世界41种重要的、以营养丰富著称的果树、蔬菜中，抗氧化性能居首位的种类。蓝浆果花色苷比维生素和儿茶酸等具有更强的去除自由基功效。蓝浆果中花色苷类化合物的生理功能包括：促进和活化视网膜的视红素再合成作用,从而增强人的视力和缓解视力疲劳;具有防止视网膜蛋白质变性引起的白内障,尤其是糖尿病引起的视网膜炎和白内障以及伴有循环障碍复发性脑动脉硬化症;通过抑制毛细血管的透性,达到保护毛细血管和改善微循环系统机能的作用;此外,它还具有利尿、解毒、抗变异以及抗肿瘤等功效。

果实中糖的含量一般可达13%左右,其中果糖和葡萄糖占90%以上,二者比例为1:1.2左右,因而适合糖尿病人食用。果实中植物纤维含量极高,栽培种可达4.5g/100g鲜果,是猕猴桃(2.9g/100g)、苹果(1.3g/100g)的1.4倍和3倍。这些可摄取的食物纤维对于整肠、消除便秘、预防大肠癌等有卓越的功效。蓝浆果有抗溃疡活性,在瑞典用干蓝浆果来治疗儿童腹泻。

研究还表明,果实有助于对抗与年龄有关的记忆力衰退,增强相当于人类60～70岁年龄的老鼠的短期记忆力,提高其动作的平衡和协调能力。

1.3 世界蓝浆果生产的现状

由于野生蓝浆果的采收,使种植面积和产量的统计变得十分困难,且不同来源其数字也有出入。根据FAO统计,到2005年,全世界蓝浆果栽培面积约为12万 hm^2,产量24.8万t。其中,北美地区占全世界产量的80%以上;美国产量12万t,居世界第一位;加拿大7.9万t,居第二位。

高丛蓝浆果均为人工种植,2003年全世界共36000余 hm^2,北美洲27000余 hm^2,约占世界总种植面积的75%。世界总产量约13万t,北美洲约10万t,占世界总产量的82%。美国高丛蓝浆果(北方高丛、南方高丛和兔眼)的种植面积是22622 hm^2,占北美洲总种植面积的83%。管理得当的成年高丛蓝浆果园的典型产量,在美国东北部、南部、西南部是7～9t/ hm^2,西部地区是20 t/ hm^2。当然,由于微域气候、

栽培品种和管理措施的影响,同一地区的不同地块的产量差异显著。加拿大的典型产量从安大略省和魁北克省的11t/ hm^2 到哥伦比亚省的18～20t/ hm^2。2003年北美洲高丛蓝浆果的总产量是104690t,其中约60%销往鲜果市场。

2003年南美洲高丛蓝浆果的种植面积,约占世界总种植面积的11%。智利大约种植了2500 hm^2 蓝浆果,典型产量是10～12t/ hm^2。阿根廷2003年种植面积估计达1200 hm^2,并且在2003～2004年的产量约是900t。乌拉圭引入蓝浆果,但种植面积增加缓慢,到2003年估计只有100 hm^2,而巴西2003年仅有25 hm^2。

2003年欧洲的种植面积约占世界的10%,估计波兰有1100 hm^2,德国有1350 hm^2,法国有410 hm^2,荷兰有300 hm^2,西班牙和葡萄牙有250 hm^2,意大利有65 hm^2,英国有15 hm^2。2003年的总产量是10975t,其中95%作为鲜果在欧洲销售。

2003年澳大利亚和新西兰的种植面积约占世界的2%,是910 hm^2,其中一半多一点在澳大利亚(Strik 2009)。

亚洲对蓝浆果表现出了极大的兴趣。日本近10年快速发展,从1995年的200 hm^2 到2007年的800 hm^2,年产果2000t。此外,还要进口13000t(Tamata 2009)。

2 我国蓝浆果引种栽培的历史和现状

2.1 我国蓝浆果引种栽培的历史

我国野生资源的利用有较长的历史,但仅限于东北地区的笃斯越橘 *V. uliginosum* L. 和红豆越橘 *V. vitisidaea* L.,由于果实质地的原因,不能作为鲜果上市。据报道,笃斯越橘的蕴藏量约为50万吨,年产量由数千吨至万余吨不等。是一种高营养价值的绿色食品。其色素含量比栽培的蓝浆果还高,因此抗氧化能力也较强。但果

肉少而不适于鲜食,主要用于加工。

蓝浆果的栽培在我国始于20世纪80年代中期,由吉林大学和中国科学院江苏省植物研究所从北美洲及欧洲等地引入,分别在北方和南方进行引种和栽培。在南方这个连野生蓝浆果物种都没有的地区,是南京中山植物园经过15年的试种,才在21世纪初开始推广试验的。目前国内已有品种数十个。在栽培技术上已有相当的技术储备。主要的发展区域由北向南分别在东北地区、山东半岛、东南地区和西南地区等区域(见图)。目前,山东的面积和产量均居全国之首。东北地区主要分布在辽宁丹东、大连等地。在南方江苏、浙江、安徽、江西、福建、湖南、湖北、广西、贵州、云南以及重庆均有栽培。

全国共有面积估计不少于1300 hm²,开始有一定的产量,估计2009年不少于800t。正在快速增长中,2010年的产量将成倍增加。

2.2　我国南方大有前途的产业

2.2.1　中国有适栽的生态环境条件和社会经济条件

蓝浆果,不仅是一种重要的健康食品而受人们的青睐,而且对中国的自然条件来说也有许多适宜的发展区域,它们的近缘种在中国东北和江南地区都有广泛的分布。引进的栽培品种在东北和江南的许多地区经过20余年的试种,只要选地正确,均表现出良好的适应能力。尤其是对我国南方广阔的红壤酸性土区域,更是一个很难找到的适宜的经济植物。

我国酸性土面积较大,而且土类较多,主要分布于亚热带、热带、东部湿润季风区和东北地区。酸性土总面积超过2亿 hm²,除去低纬度地区或高山砖红壤和赤红壤等不适宜发展的地区以外,适栽蓝浆果土壤区域不少于1亿 hm²。除东北地区冬季严寒,只适宜生长矮丛、半高丛蓝浆果以外,大部分酸性土位于长江流域及其以南地区,气候偏暖,与美国南部产区有相近之处。长江流域及其以南地区既是我国亚热带地区的重要土壤资源,也是我国南方农业综合开发与经济发展的重要基地。这些地区的山区面积常占土地总面积的一半以上,其中低山丘陵占很大比例。由于土壤酸性强,而限制了许多经济作物的发展。特别在我国0.57亿 hm²的红壤地区,由于

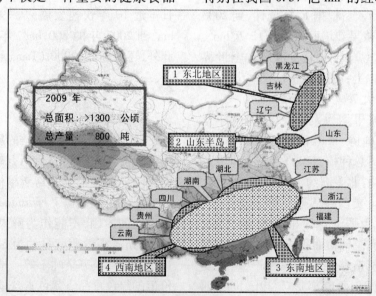

我国蓝浆果栽培区的分布现状示意图

土壤贫瘠、干旱、酸性强,仅有0.3亿 hm² 被利用。根据1995年资料,在这些地区,人口密度为545人/km²,远远大于313人/km²。超过80%的人口在从事粮食生产,但水稻田仅占农业用地的1/5,并且经常受缺水的影响(於虹等2001)。选择适宜的物种是发展丘陵地区经济的重要前提。在过去的20~30年中,柑橘类果树作为重要的经济作物在该地区种植,确实也给当地百姓带来了相当的经济效益。但是现在已经出现供大于求的局面。因此迫切需要发展一些新的、符合市场需要的、具有较高经济价值并且适宜低丘退化生态系统种植的作物。蓝浆果正是能适合这些要求的高效益作物。

2.2.2 资源节约型果树

在栽培和生产上,蓝浆果有其优越的特性。由于它是灌木,因此建造树体和每年以果实从自然环境中所摄取的水和营养物质和能量都比大型果树物种少。然而其产值却比大型果树高得多。果品的价格在国际市场上是柑橘类的3~5倍。所以是著名低消耗、高产出的高效果树。过去20年来,一直是世界果树业和市场上走红的种类。其发展速度为其它果树的3倍以上,而且越来越成为所谓"世界性"果树。

2.2.3 经济效益高,生态效益、社会效益好

蓝浆果历来以3~5倍于其它大果树的价格高居于市场前列。近年来价格更上升迅速。在国内,果园价最低也在每千克20元以上,1 hm² 的产量约8~12 t,深加工后,其产价将提高10~20倍不等。鲜果零售价每千克60~320元不等。在国际市场上,鲜果零售价多年来都在每千克10~40美元或更高。旺季,靠近产区的城市可能稍低。冷冻果的市场价由2004年每吨2600美元,2005年的3700美元,2006年的4500美元,一路攀升,到2007年超过5000

美元。其经济效益是很多经济植物都无法与之相比的。蓝浆果有望成为我国南方继柑橘之后的一种高效经济植物,为农村经济发展和农民致富发挥巨大的作用。

由于蓝浆果从野生到家化栽培的历史仅100余年,所以它在栽培中出现的病虫害至今仍较少,也没有特定的检疫对象。我国引种至今已20余年,也未见任何外来物种入侵的迹象。在引种栽培点的附近可以发现逸生的植株,但并不构成对当地植物的威胁。这种现象表明,这些物种,包括它们的品种对当地自然条件的适应,为引种成功提供了有力的保证。适宜于南方低山丘陵栽培的兔眼蓝浆果,生长强健,尽管蓝浆果植株属浅根性灌木,但成年植株根系仍可深达1m,所以即使在果园结束其经济寿命以后,也会成为有利于水土保持的植物。发展蓝浆果在生态安全方面没有后顾之忧。

从社会效益看,作为一种有益于健康的功能性水果,无疑是对社会的保健事业有益的。甚至有人认为,发展蓝浆果将有益于减轻社会医疗保险事业的压力。世界公认蓝浆果栽培业的成本60%~70%是劳力,因此我国在这方面比其他许多国家有更大的优势。蓝浆果产业可以为我国提供更多的就业机会。

2.2.4 市场广阔,发展空间大

市场是产业前景的根本所在,蓝浆果国内外市场潜力很大,单是国际市场的缺口,2005年已达10万t以上,相当于约1~1.2万 hm² 的产量。尽管价格上扬,但产品尚供不应求。美国是世界蓝浆果的主产国,尚自给不足。2004年FAO报道,全球鲜果产量约24万t。美国约占50%,约12万t。美国的进、出口量分别在约3万t和1万余t。两相比较,进口大于出口约1.5万t。在鲜食果品中有40%以上依靠进口。日本进口蓝浆果鲜果由1997年的10t

发展到 2005 年的 5000t,冷冻果由 1997 年的 1000t 增加到 2005 年的 17000t。然而,目前日本才有 800 hm²,年产 2000t,未来日本也不可能全部由国内供应。中国是日本企业投资发展蓝浆果产业的最佳选择。

除国际市场外,国内的需求也日益增加,目前,国内市场的零售价并不低于国际市场,我国也有少量进口。所以,国内市场的空间更是十分广阔。按人均消耗量计算,据报道,美国是每人每年 0.23 ~ 0.35kg。我国人民如果达到这个数字的一半,就会要 16 万 ~ 24 万余吨,这个数字就相当于目前全世界的总产量。国内市场的广阔,特别是市场发展的持续性,和中国产品进入国际市场的可能性都是相当优越和惊人的!

3　资源利用和引种栽培的主要问题和关键技术

3.1　本土资源的利用与保护

在讨论从国外引入的栽培蓝浆果的产业化的时候,决不能忽视东北地区我国本土的自然资源笃斯越橘,这个种虽然不宜于鲜食,但因其果小、色素含量高而有更好的保健功能。当前,主要的问题是采集过量,自然资源遭到严重破坏而得不到保护。对野生资源的抚育技术缺少研究,保护措施和资源管理措施不力。如不加控制,尽管目前笃斯越橘的蕴藏量有数十万吨,但最终还是避免不了成为濒危物种的结果。

3.2　在栽培引进品种方面,当前几个带有普遍性的问题

3.2.1　正确选择立地条件

栽培蓝浆果是灌木类果树,其正常生长结果的基本生态条件是温度适宜(因品种而不同),有充足的水分和光照,土壤酸性强(pH 值 5.5 以下),有机质丰富,物理性状优良。这些条件是不可缺少的。

在我国可发展蓝浆果的区域是广阔的,有可能发展的区域由北至南分别为东北地区,山东半岛,东南地区和西南地区。在不同区域,首先要根据区域特点,选择不同的品种类群。在一个可发展的区域内,也不是处处都可以栽植蓝浆果,选择适宜的果园立地条件仍然是产业成败、业绩高低的重要基础条件。气温适宜(各类群要求不同);土壤条件良好,包括 pH 值在 5.5 以下,有机质在 2% 以上;水源充足,旱季有条件灌溉;地势较平坦,坡度小于 10°;交通便利等是建园的基本条件。当前有些地方栽植蓝浆果出现的不良倾向是选地不严格,只求尽快发展,而不顾生态条件的适宜程度,如冬季明显有冻害,或土壤过于瘠薄,有机质含量低,或酸度不够,或水源不足,或水质不符标准,或灌溉设施不到位等;有的则明知条件不足,也草率建园,企图侥幸快速获利;在这种条件下建立的果园都后劲不足,往往变成低产果园,难以达到丰产优质的目的,更难以持久。

3.2.2　科学、合理地选用适宜品种

在东北地区,首选的应属矮丛和半高丛蓝浆果的品种。山东半岛现有的主要是北方高丛,而在南方从满足低温需求和其他生态条件看,可以首先选择兔眼蓝浆果,再逐步试种和发展南方高丛蓝浆果。在发展南方高丛蓝浆果时,要特别注意品种的选择,一定要采用经实际栽培证明是适宜的品种。

兔眼蓝浆果及其杂种,植株高约 2 ~ 5 m,通常能耐 - 16℃ 低温,低温需求时数 500 ~ 650 小时,适于南方,尤其是土壤物理性较差,有机质含量相对较低的地区栽培。

南方高丛蓝浆果是北方高丛蓝浆果与其他几个种形成的四倍体和六倍体种杂种,植株高约 1.5 ~ 3 m。抗寒力中等,低温需求时数较少,有的品种仅需 200 ~ 250 小时,但经济寿命短,要求土壤有机质含量高,管理精细。

在类群选定之后,对类群中的品种也有一个选择过程。文献材料和国外经验可以做选择的参考,但农业生产的具体条件变化是复杂的,实践的结果是不能缺少的依据。根据现有引种结果,选择适合本地区生态条件的品种是最重要的。兔眼蓝浆果中的'粉蓝'、'灿烂'、'杰兔'、'顶峰'和'园蓝'等品种适应范围广,适应性好。其中'灿烂'、'杰兔'、'顶峰'属于早熟大果品种,果实品质好。'粉蓝'为中晚熟品种,果实坚实度高,味甜,但无香味,在十分潮湿的土壤中不易裂果,适宜在我国南方有梅雨地区种植。'园蓝'为早中熟品种,生长势极强,果实深蓝色,坚实,风味佳,丰产稳产,果实较小,适宜加工。

全国已引进的品种有 50~60 个之多,相当一批目前国际上生产的主流品种大部分都已引入。因此,应充分利用现已引入的品种资源。

3.2.3　采用健壮合格苗木

良种壮苗是建立优质果园的基础。然而,因为各地要求发展的迫切性,导致苗木的供求悬殊,很多定植的苗木茎干直径不足 0.8 cm,高度不足 1 m(出圃修剪前),很少或没有分枝,根系不发达,更有甚者,竟以来历不明、品种不清的苗木建园。而育苗者则为苗木的近期效益所诱,大量育苗,提前出圃,利用育苗片面追求利润的行径,必然导致尽量选择容易繁殖的品种,大量育苗,其后果是品种结构失调。如在兔眼蓝浆果类群中,大概 50% 以上的苗木都是'园蓝'品种。而该品种的特点是果型偏小,虽然适于加工,但不适于作鲜食用。此外,蓝浆果是需要异花授粉才能丰产的树种,一个果园应注意配置多个品种。

3.2.4　坚持高标准建园

在栽培技术上采取高标准建园是蓝浆果优质丰产的基础,因此,从整地、土壤改良、定植、灌溉和排水系统的建立、防寒防冻方案的确定,都必需放在高标准、高技术水平上,否则建立起来的果园生产不出优质果品,更谈不上取得高效益。现在各地虽然也有高质量的果园,但屡见不鲜的是匆匆忙忙租地建园,整地粗糙,急忙定植,尤其是品种选择不严格,定植的苗木达不到应有标准,土壤改良草率,酸度不够,加入的硫磺粉数量不足或时间太接近栽植。土壤有机质不足,土地平整、熟化不够,排灌系统的设施不够完整。定植时压踩过实是许多果园、尤其是南方土壤多黏重的果园中经常发生的错误。其原因是对蓝浆果根系结构和生物学特性缺乏认识,对根系生长既要水分充足又要通气良好的特性重视不足。其次,则是以栽培其他果树所用的技术经验来对待蓝浆果,这种问题只须稍加注意即可克服。在南方地区,一般宜采用高畦浅栽的种植方式。种植深度按苗木出圃时深度即可;栽苗时用手轻轻按压,不必用脚或工具压实土壤。定植后在行内需用松针、锯末、玉米秸秆、干草等覆盖。

3.2.5　注意不同栽植区域的特有生态问题

在东北地区主要是冻害。其表现形式就是俗称为"抽条"的现象,其原因是冬季低温和干旱,尤其是长期的冬季干旱和强风。

在山东半岛,土壤的酸度,水分供应,尤其是空气湿度都是栽培中应特别注意的问题。

长江以南广阔的黄、红壤地区,可能是较为适宜的蓝浆果栽培区域。大致北起长江南岸,向南延伸到 20℃ 年等温线。过去 20 年间,中国科学院植物研究所在此进行的试验表明,在东南地区兔眼蓝浆果能生长发育良好而强壮(顾姻等　2001)。存在的主要问题是土壤黏重、有机质含量低,通常小于 1% 。如何利用当地资源增加土壤有机质,将是一个长期研究的课题。由于季风气候的影响,在夏、秋季既有大雨也有干旱,通过排灌以调节水分是蓝浆果优质丰产的重要环节。在近海区域应注意台风的危害。如栽培措施得当,蓝浆果种植无疑是一个大有前途的产业。目前,在我国东南地区,如江苏南部、浙江北部主要栽植品种是兔眼蓝浆果品种。未来可以选择适宜的南方高丛品种在此地区发展。由于东南地区的采收季节高温多湿,为了争取丰产丰收,果实采摘时间以早晨和傍晚最佳;采收后及时对果实进行降温处理,将有利于果实的保鲜贮藏。

在西南地区,贵州东南部以麻江为代表的蓝浆果栽培,生长发育良好、健壮。这里的酸性土壤和多雨气候为蓝浆果栽培提供了优良的条件,只要选择土壤质地相对疏松的沙质黄壤上发展,就会有很好的结果。夏季气温比东南地区低是该区的又一优点。然而,日照较少,高原地带春季温度的不稳定性,以及喀斯特地貌条件所带来的地下水少的可能性,均为蓝浆果栽培的潜在不利条件,在建园时应特别注意水分能否满足蓝浆果生长结果的需要。在云南与其他蓝浆果适栽区的生态条件差别明显。很多地方冬季气候较温暖,所以宜选用低温需求时数少的品种。在灌溉条件好的情况下,可以得到很好的产量和品质优良的果实。由于夏季凉爽,昼夜温差大而且日照十分充足,所以果实坚实度高,果皮比较厚而香味特浓。西南地区蓝浆果的成熟期可比东南地区提早至少 2 周甚至更早,是生产早熟产品的理想地区。产品具有明显的地方特色。土壤水分和空气湿度是云南蓝浆果栽培的突出问题,冬春时节长时间干旱和强烈的干风,对蓝浆果生长结果尤为不利,必须切实解决。在这种特殊的生态条件下,产业的发展还应首先着眼于生态适应性较强的兔眼蓝浆果,而把发展要求栽培条件更高的南方高丛蓝浆果放在第二步。

3.2.6 建立栽培技术示范园

为了产业化的健康发展,各栽培区都应有选择地建立若干个示范基地,边研究、边扩大试种,逐步提出细化、配套的丰产栽培措施,再加以推广。示范的规模在条件具备时可在 20 hm² 左右,以便使取得的经验更全面、更完整。如果条件不够成熟,示范的规模也不一定很大,5 ~ 6 hm² 亦可。

参考文献

[1]顾姻,贺善安. 蓝浆果与蔓越橘[M]. 北京:中国农业出版社,2001,482.

[2]贺善安,张佐双,顾姻,夏冰,楮瑞芝,於虹. 植物园学[M]. 北京:中国农业出版社,684,2005.

[3]Finn,C.,B. C. Strik,A. Wagner. Fifteen years and 120 genotypes later what have we learned about trailing blueberry cultivars in the Pacific Northwest?[J]. in: Hummer,K. E. Strik B. C. and Finn C. E. eds. "Proceedings of the Ninth International *Vaccinium* Synposium" 71 – 77, 2009.

[4]Frost,L. and Griffiths,A. Plants of Eden [M]. Alison Hodge,64,2001.

[5]He,S. A. Fifty Years of Botanical Gardens in China [J]. 植物学报 44(9):1123 – 1133,2002.

[6]Strik,B. Blueberry:An expanding world berry crop [J]. Chronica Horticultural 45(1):7 – 12,2005.

[7]Tamata,T. Current trend of blueberry culture in Japan [J]. in:Hummer,K. E. Strik B. C. and Finn C. E. eds. "Proceedings of the Ninth International *Vaccinium* Symposium" p. 109 – 116,2009.

中国第一个现代植物园
——香港植物园(1871~2009)
The First Botanic Garden of China
——Hong Kong Botanic Garden (1871 – 2009)

许霖庆

(香港国际药用植物园)

Hui Lam Hing (Xu Linqing)

(*Hong Kong International Herbal Botanic Garden*)

摘要：本文讨论了中国第一个现代植物园——香港植物园的建园历史和建138年来历史变革和中国第一个现代植物标本室(1678~)的建立,香港动植物园的现况和讨论了在香港发展植物园事业的前景与问题。

关键词：植物园；香港植物园；中国最早植物园

Abstract：This paper discusses the first modern Botanic Garden of China-Hong Kong Botanic Garden (1871 –). It's formation and development in past 138 years. The first Herbarium of China-Hong Kong Herbarium (1871 –) is also discussed.

Key words：botanic garden, Hong Kong Botanic Garden, Hong Kong Herbarium

中国植物园事业在20世纪末、21世纪初发展很快,建国60年来,植物园数目迅速增加,从建国前不超过4至5个,到今天已发展到234个以上[1],这是十分值得庆贺的大事。水有源,树有根。植物园事业得以大发展是植物园前辈艰苦创业和广大植物园工作者长期努力的结果。在过去,哪一个植物园是我国的第一个植物园? 不少学者有过不同的看法,笔者仅就了解到的一些情况,提出不成熟意见,供同行学者参考。

1 哪一个是中国最早的现代植物园?

现代植物园是由那些收集药用植物的药圃发展、改进发展起来的。欧洲最早的几个植物园如意大利的比萨(Pisa)植物园(1594);帕多瓦(Padua)植物园(1595);英国的牛津(Oxford)植物园(1621);切尔西(Chelsea)植物园(1672)都是最初由草药园演变而成[2],中国的草药圃在传说中,2500年前后有“种农”药圃认为是植物园的雏形[3],而在1000年前,宋代司马光(1019~1086)在《独乐园记》中记述道:“沼东沿地为百有廿畦,杂植草药,辨其名

作者简介：香港国际植物园创园园长、董事、研究员。中国科学院植物所、昆明植物所、武汉植物园、江苏植物所、广西植物所、西双版纳植物园客座研究员。东北师范大学、原中山大学客座教授。香港环境保护协会名誉主席。香港室内植物学会永远名誉会长。香港爱护树木协会名誉主席。中国农科院蔬菜花卉所技术顾问

物而揭之……"辨其名而揭之即把植物名称插上名牌表示出来的意思。这便很像现代的草药圃了,他还按植物的形态分为草药、蔓药和木药。可见在宋代已有按分类学意味的植物园的雏形[4]。然而这些原始类型药圃并没有保存下来,更没有按现代植物学知识发展成为现代植物园。

第一个中国现代植物园坐落在何方?一些学者意见是出现在 20 世纪初至二三十年代,由留学欧美的中国学者在中国组建的植物园,中国科学院植物所著名植物学史专家王宗训教授在"中国近代植物学史总论"[5]中指出:"中国植物园在 20 世纪初至 30 年代"也创办了几个植物园,供教学、游览和开展引种驯化研究之用。1915年陈嵘在南京江苏甲种农业学校创办了一座教学性质的树木园,后经变迁,已不存在。1927 年钟观光在第三中山大学(浙江大学前身)创办了一座植物园,1969 年撤销。1929 年刘慎谔在北平"天然博物院(即今之北京动物园园址)"内开辟了一个小规模的植物园,1935 年被毁,抗战胜利后想恢复未果,只收集了一些植物,保存至建国后,留交北京植物园。1929 年在傅焕光倡导下,经陈嵘等勘察,叶培忠创办了中山陵园纪念植物园(1954 年经中央人民政府内务部批准,命名为南京中山植物园至今[2])。1933 年吴韫珍在清华大学生物馆创造一植物园,收集本地植物。1934 年在胡先骕的发动下,北平静生生物调查所与江西农业院协作,开创了庐山植物园,秦仁昌任主任,占地 4419 亩,为当时我国最大的植物园。1938 年陈封怀在昆明黑龙潭创办了国内第一个岩石植物园。王宗训教授上述关于我国早期植物园建设概况的论述,比较客观地反映 20 世纪 30 年代以前的情况,可惜在这一论文出版时(1994 年)没有谈及在英国人统治下的香港和台湾的情况,没有提及在我国领土上几个建园较

早的植物园:香港植物园(1871);台湾台北植物园(1896);台湾恒春热带植物园(1902)和东北地区日人创建的熊岳树木园(1915)等。

过去有一些作者认为,南京中山植物园(1929)是中国第一座现代植物园。笔者在 2004 年在与许再富教授、陈潭清教授、胡秀英教授在香港商议草拟筹建"香港国际药用植物园建议时",曾和许、陈二位专程访问了"香港动植物园"(即香港植物园);经该园主任介绍和阅读有关资料,得悉香港植物园于 1860 年筹建,1871 年建成正式成立。大家都同意这是中国第一座现代植物园,许再富教授在 2008 年发表的著作中[3]有所论述。

笔者认为虽然香港植物园是由英国人筹建成立的,但位在中国的领土上,是众多中国植物园的一分子。正如台北植物园、恒春热带植物园,熊岳树木园虽然是由日本人筹建成功的植物园,但都在中国的国土上,都是中国植物园中的一员一样。由于香港植物园成立时间最早(1871),因此是中国第一座现代植物园。

2 香港植物园建园简史

19 世纪是英帝国向外扩张,向全地球推行殖民统治的世纪,曾夸下"英国旗无日落"的海口。鸦片战争后,香港沦为英国殖民地(1842),当时英国正向外扩张,企图收天下植物资源为己用,在亚洲先后建成了新加坡植物园(1822)、缅甸仰光植物园、印度新德里植物园和马达拉斯植物园,顺理成章也企图在香港建立植物园。

早在 1844 年,当时香港总督戴维斯已有建植物园企图,到 1848 年皇家亚洲学会香港分会 Mr. Gutzlaff 正式写信给港督正式建议成立一"植物园筹建委员会",筹划土地、经费等问题,并表示学会及英国植物学会或英国园艺学会愿意参与协助筹建工

作。这一建议在当时港英政府及英国商人方面曾引起广泛讨论,当时亦有一些反对意见,认为没有必要花钱建设一个香港人对植物研究兴趣不高的植物园。到了1854年,英国皇家学会会员、植物学家,宝灵爵士(Dr. Sir. John Bowring)上任香港总督(1854～1859),出于对植物专业的热爱,在1855年4月,他写信给一位英国官员要求拨款建立植物园。信中强调"在香港建立植物园不仅是科学上的需要,而且在商业上也有重要意义,可以取得染料、油料、制衣纤维、造纸原料等资源植物的重要资料。"[6]经过多次讨论,香港政府终于在1856年正式批准建园,香港植物园终于在1860年开始动工兴建。1864年由当时港督(1859～1865)鲁宾逊爵士(Sir Hercules Robinson)主持仪式开放给市民参观。当时实际上是以植物"公园"形式开放,树木虽多,品种很少。科研工作欠奉。到了1871年,港府委任了福特(Charles Ford)为香港植物园首任园林总监,在他主持下,香港植物园正式宣告成立,大量引入对香港有经济价值的植物品种,开始了科学研究工作。

3 从香港植物园到香港动植物公园

香港植物园由建园到今已有138年历史了(1871～2009),在这漫长的一百多年中,经历了许多变化,其中有第二次世界大战中,香港被日军占领的3年零8个月的苦难日子(1941.12～1945.8)。

植物园在这一百多年重要的大事有二:(1)在1872年福特建议成立"香港植物标本室",到1878年正式宣布成立。137年来这个标本室由开始只有标本二千多份发展到今天有4万份标本,其中有不少模式标本,实行资料电脑化,出版了香港植物名录和香港植物志等著作,取得了很好的成绩[7]。(2)到20世纪70年代,由于国内动物种类增多及设备加多,在1975年改名为

"香港动植物公园"至今[8]。

关于中国第一个现代植物标本室的详细情况,笔者特另做报道,下面介绍香港植物园百多年来历史,简述为下[8]:

1871年　正式成立

1872年　香港首届花卉展览在公园举行

1876年　增添雀鸟及哺乳类动物展品

1878年　成立植物标本室

1913年　园内安装电灯

1928年　公园正门竖立花岗石纪念牌坊,纪念第一次世界大战牺牲华人

1940年　面临日军入侵危机,将植物标本送到马来西亚及新加坡

1941～1945年　香港为日军占领,公园损失大量植物,多处建筑物受破坏。

1948年　植物标本室的标本运返香港,公园重建工作开始。

1949年　建成荫棚

1951年　修复1～7号鸟舍

1953年　由市政局接管公园

1958年　在旧公园中央竖立英皇佐治六世铜像,纪念香港开埠100年(1841～1941)

1964年　增设8～13号鸟舍

1971年　将标本室移交渔农处管理至今

1974年　兴建7个笼舍饲养小熊猫、金毛狮猴等动物。增设红鹳鸟舍

1975年　植物园改名为香港动植物公园至今

1982年　建成饲养红鹳大型鸟笼,笼内设瀑布

1985年　建成办公楼、喷水池、平台花园,增加230种灌木

1991年　动植物公园庆祝成立120周年

1998年　香港回归祖国

2000年　动植物公园由市政局改由中

国香港特别行政区政府康乐文化事务署领导。

4　香港动植物公园简介

香港动植物公园位于香港岛市区扯旗山北坡,海拔 62～100m,占地 5.6hm²,位在中环闹市区港督府南面,分东园(旧公园),设有儿童游乐场、鸟舍、温室及喷水池、平台花园等,西园(新公园)主要有中药园并展出哺乳类及爬行动物,设有教育及展览中心。

通过多年收集,公园内种有 900 多种植物,大部分来自热带及亚热带地区。分属 120 多个科。这些植物中有不少古树名木如厚叶黄花树、紫檀、王棕、贝壳杉、东方乌檀、大叶南洋杉、异叶南洋杉、百日青、高 33.5m(全港最高树)的白兰、全港最大的水杉等,而公园也收集了一些香港特有或罕见植物和引种的外来植物如克氏茶、葛量洪茶、福氏奥椿、旅人蕉、土沉香、各种桉树、长叶暗罗、油棕、桃花心木、南洋浦桃、象牙花、鸡公花、猪肠豆、皇后葵、根地亚葵、菠萝蜜、桧、丝木棉、假菩提树、凤凰木、香港楠、洋紫荆等。此外在中药园中引种了近 200 种中草药,在温室中种有多种兰花和室内植物。全园设有 7 个专类植物园:即中草药、茶花、玉兰、竹、杜鹃花、紫荆和棕榈。在动物方面设置了 40 个笼舍,饲养了超过 400 只雀鸟,70 头哺乳动物和 70 头爬行动物。

公园全年免费开放,开放时间为每天早上 6 时至下午 7 时或 10 时(喷水池平台花园)。它是香港市民一个极佳的休憩场地,同时提供了中小学实习教育场所,也协助大学生在园内进行动植物研究工作。但植物园本身的研究工作则随着"植物标本室"移交而转移到渔农自然护理署标本室继续进行了。

5　植物园业务在香港

1871 年设置的香港植物园,虽然是中国最早的植物园,建立植物园的原意一方面为香港市民提供休憩园地,另一方面是收集活植物和植物干标本供经济植物开发利用研究之用;但在一百多年的悠长岁月中,香港植物园本身已演变成为一个城市公园,植物研究这部分功能已经转移给其他部门。目前,香港仍缺乏一个真正意义的植物园。

香港地方不大,全区只有 1104.3km²,但有丰富的植物种类,共有维管束植物 3164 种,其中有 2121 种是本地种,1043 种是外来种[9];有 100 种以上的珍稀植物[10],这是国内外大城市所罕见的。香港地处中国南大门,是一个自由贸易港口,是中西文化交流中心,这样一个特殊位置,十分适合作为植物资源引进和植物商品外销的中心,这十分需要一个植物园来保护本土植物多样性。随着经济发展,本土植物中的特有种、稀有种同样面临灭绝危险,亟需加以保存。而对于热带、亚热带植物资源引种、驯化和可持续利用的研究,香港具有气候温和、交通方便、资金充足、手续简便等优势。所有这些都需要有一个一定规模的植物园来承担这些重要任务。目前全国各地大都已成立了植物园,有些省、市、自治区甚至超过 1 个,但惟独西藏、香港、澳门尚未建立。这是十分可惜和遗憾的事情。

香港现有一个嘉道理农场及植物园,肩负一部分本地植物(如兰科)的保存工作,但由于种种原因,还未能全面担负植物园的功能。笔者希望香港特区政府,北京中央政府和香港本地民众能够充分了解在香港建立植物园的重要意义,尽快填补这一空白,不使香港这个中国现代植物园诞生地,落后于全国其他地方,成为植物园空白地。

参考文献

[1] 张佐双,赵世伟. 中国植物园的使命〔J〕. 中国植物园,北京:中国林业出版社,2008〔11〕:1-3.

[2] 贺善安,张佐双,顾姻,夏水等. 植物园学〔M〕. 北京:中国农业出版社,2005.

[3] 许再富,殷寿华. 植物园. 抢救植物的迁地保护〔M〕. 北京:中国林业出版社,2008.

[4] 余树勋. 植物园〔M〕. 北京:科学出版社,1982.

[5] 王宗训. 近代植物学史总论〔M〕. 中国植物学会主编. 中国植物学史. 北京:科学出版社,121-144. 1994.

[6] D. A. Griffith, S. P. Lau The Hong Kong Botanical Gardens, a overview〔J〕. Jour. of the Hong Kong Branch of The Royal Asiatic Society 1986(26) 55-77.

[7] 黎存志. 叶国樑. 香港植物标本室-130周年〔M〕. 香港:渔农自然护理署,2008.

[8] 张耀江,张耀辉 徐荷芬等. 香港动植物公园发展史(1871-1991)〔M〕. 香港:市政总署,1991.

[9] 香港植物标本室. 香港植物名录〔M〕. 香港特区政府渔农自然护理署2004.

[10] 胡启明等. 香港稀有及珍贵植物〔M〕. 香港天地图书公司2003.

鸣谢:本文在写作过程中得到香港动植物公园、渔农自然护理署张国伟高级主任,植物标本室叶国樑主任,提供资料。周丽华小姐协助文书工作,谨此致谢!

广西药用植物资源保护及开发利用的现状与对策
The Current Situation and Countermeasure to Protect the Resources of Medicinal Plants and Sutainable Development in Guangxi

白隆华　吕惠珍　黄雪彦

（广西药用植物园　530023）

Bai Longhua　Lü Huizhen　Huang Xueyan

(*Guangxi Botanical Garden of Medicinal Plants*　530023)

摘要：广西蕴藏着丰富的药用植物资源，总数达 4064 种。当地政府部门对药用植物资源的保护及可持续开发利用历来十分重视，建立起自然保护区及专业性的药用植物园，组织科研单位对资源尽心保护及开发利用研究，取得了可喜的成绩。广西今后应在增加投入、集中攻关、加强药材 GAP 基地建设方面多加努力，千方百计把广西药用植物资源保护及可持续开发利用提高到一个新的水平。

关键词：药用植物；资源保护；开发利用

Abstract：There is rich medicinal plant resources in Guangxi. The total variety amounts to 4064 species. Local government gains outstanding achievement on conserving and exploiting medicinal plant resources through establishing of nature reserves and professional medical plants gardens, organizing scientific research institutions. As a result of the government's great attention, Guangxi should make greater efforts to increase input and focus on key research projects and intensify building GAP medicinal base, endeavor to raise conservation, sustainable development and utilization of medicinal plant resources to a higher level.

Key words：medicinal plants；resource conservation；development and utilization

随着社会的高速发展，人们对天然植物药的需求越来越多。据估计，世界各国每年对天然植物药的需求呈两位数的速度增长，未来 10 年将翻 3 番。中国是世界上中药资源最丰富的国家，但目前由于无序的开发，导致了一些中药物种的濒危，中药生物多样性遭受到较严重的破坏[1]。因此，中药资源特别是药用植物资源的保护和合理开发利用，成为当前需要研究的重要课题。

广西地处我国西南部，气候温和，雨量充沛，很适合各种植物生长，形成了丰富的植物资源。据不完全统计，广西有维管束植物 284 科，1700 属，约 8000 种，其中半数以上为药用植物。根据 1983～1987 年全国中药资源普查，广西药用植物共有 4064

作者简介：白隆华，男，1967 年生，广西灌阳人，副研究员。主要从事药用植物可持续开发利用技术研究工作。邮箱：whitefh2008@126.com

种,其中特有的有 66 种,常用中药材有 470 种,其余是民族民间药。广西药用植物资源总数占全国药用植物资源 11146 种的41.48%,列全国第二位,仅次于云南(5050种)。近年来,由于中央、自治区和各级地方人民政府的高度重视及大力支持,广西在药用植物资源的保护和合理开发利用方面取得了一些可喜的成绩,也存在一些问题。作者通过大量的调研和文献收集,全面阐述现状、问题和对策。

1 现状

近年来,中央和广西各级人民政府及有关业务部门,对药用植物资源的保护及合理开发利用是十分重视的,采取了一系列保护措施,对药用植物资源保护和可持续开发利用起着重要的作用。

1.1 资源保护

1.1.1 原地保护

原地保护就是在植物原生长地建立自然保护区对植物进行保护。各种类型自然保护区的建立对药用植物资源保护起着重要作用。截至 2008 年底,广西共建立各类自然保护区 79 处,总面积 144.36 万 hm²,约占广西陆地总面积的 6.1%。其中国家级自然保护区 15 处,自治区级自然保护区49 处,市(县)级 12 处。包括林业部门主管的 61 处,面积 1 375824.20 hm²;环保部门主管的 2 处,面积 44195.10hm²;水产部门主管的 4 处,面积 12067.40hm²;海洋部门主管的 2 处,面积 11000.00hm²;国土部门主管的 5 处,面积 62.04hm²;其他 2 处,面积 446.67hm²[2]。

从 1976 年以来,国家和自治区人民政府不断加大对自然保护区的投入,加强保护区的建设,改善了生态环境,促进了保护事业的发展。已经建立起来的自然保护区,对药用植物资源的保护作用是十分明显的。例如桂北的国家级花坪自然保护

区,占地面积 174km²,保存植物 186 科、537属、1114 种和 76 变种,其中属国家重点保护的珍稀濒危植物已知有 12 种。保护的药用植物超过 200 多种。桂南国家级的弄岗自然保护区,占地面积 80 km²,保护的植物有 166 科、673 属、1282 种。保存著名的药用植物有密花美登木(*Maytenus confertiflora* J. Y. Luo et X. X Chen)、七叶莲(*Schefflera pauciflora* R. Viguier)、广西马兜铃(*Aristolochia kwangsiensis* Chun et How ex C. F. Liang)、弄岗通城虎(*Aristolochia longganensis* C. F. Liang)、十大功劳[*Mahonia fortunei* (Lindl.) Fedde]、七叶一枝花[*Paris polyphylla* var. *chinensis* (Franch.) Hara]、剑叶龙血树(*Dracaena cochinchinensis* (Lour.) S. C. Chen)、海南大风子[*Hydnocarpus hainanensis* (Merr.) Sleum.]、山银花[*Lonicera confusa* (Sweet) DC.]、砂仁(*Amomum villosum* Lour.)等。桂西国家级的岑王老山自然保护区,占地面积 298 km²,保护的植物共有 122 科、329 种。保存著名的药用植物有金银花(*Lonicera japonica* Thunb.)、何首乌[*Polygonum multiflorum* (Thunb.) Harald.]、昆明鸡血藤(*Millettia reticulata* Benth.)、七叶一枝花、土党参(*Campanumoea javanica* Bl.)、灵芝[*Ganoderma lucidum* (Leyss. ex Fr.) Karst.]、天麻(*Gastrodia elata* Bl.)、黄连(*Coptis chinensis* Franch.)、猕猴桃(*Actinidia chinensis* Planch.)、天门冬[*Asparagus cochinchinensis*(Lour.)Merr.]、八角莲[*Dysosma versipellis* (Hance) M. Cheng ex Ying]、虎杖(*Polygonum cuspidatum* Sieb. et Zucc.)、通脱木[*Tetrapanax papyrifer* (Hook.) K. Koch]等。桂中国家级大瑶山自然保护区,占地面积 2022km²,其中保护的高等植物有 213 科、870 属、2335 种。保护的药用植物有黄柏(*Phellodendron chinense* var. *glabriusculum* Schneid.)、天花

粉（*Trichosanthes rosthornii* Harms）、千年健 [*Homalomena occulta*（Lour.）Schott]、瑶山金耳环（*Asarum insigne* Diels）、马尾千金草 [*Phlegmariurus fargesii*（Herter）Ching]、肉桂 [*Cinnamomum* cassia（Linn.）D. Don]、罗汉果 [*Siraitia grosvenorii*（Swingle）C. Jeffrey ex Lu et Z. Y. Zhang]（*Momordica grosvenori* Swingle）等 1351 种。位于桂西南的自治区级龙虎山自然保护区，占地面积 20km²，保护的维管束植物有 1100 多种，其中药用植物有 800 多种，著名的药用植物有金果榄 [*Tinospora sagittata*（Oliv.）Gagnep.]、密花美登木、青天葵 [*Nervilia fordii*（Hance）Schitr.]、萝芙木 [*Rauvolfia verticillata*（Lour.）Baill.]、石仙桃（*Pholidota chinensis* Lindl.）、广防风 [*Epimeredi indica*（L.）Rothm]、一枝黄花（*Solidago decurrens* Lour.）、七叶莲、千层纸 [*Oroxylum indicum*（Linn.）Bentham ex Kurz]、倒吊笔（*Wrightia pubescens* R. Brown）、小回回蒜（*Ranunculus chinensis* Bunge）等。

1.1.2 迁地保护

迁地保护就是把植物从其原生长地迁移到另一个地方集中保护——即建立植物园。在对物种的保护过程中，植物园起着非常重要的作用。中央、自治区人民政府及有关部门对药用植物资源的迁地保护十分重视，于 1959 年创建了广西药用植物园。占地 202.36 hm²。经过 50 年的建设，建成旅游展示园和科研保存园共 1450 亩的活体保存园，其中旅游展示园包括"立体的《本草纲目》"草部展区、广西特产药物区、药物疗效分类区、木本药物区、藤本药物区、阴生药物区、珍稀濒危药物区以及民族药物区等 11 个展区；科研保存园已建成引种驯化圃、繁育圃、自然分类园、木兰园、茶园、姜园、中国药典区、外来药用植物区等 11 个功能区和专类园，保存种植药用植物 4000 余种，是目前亚太地区规模最大、

种植药用植物品种最多的专业性药用植物园，被誉为"立体的《本草纲目》"，是一座专业性中草药资源保护基地。2008 年被国家发改委批准建设"西南濒危药材资源开发国家工程实验室"。

此外，广西植物研究所植物园、南宁树木园、广西林业科学院树木园、中国林业科学院亚热带林业实验中心（凭祥）、广西中医学院药用植物园等，都引种保存有药用植物种质资源。

1.2 开发利用

1.2.1 原料药材的开发

通过药用植物野生变家种，建立中药材生产基地，使药用植物资源得到更新再生而可持续利用。广西各级政府及有关部门对此十分重视并为之做出巨大努力，获得了巨大成果。新中国成立前，广西家种药材仅有 12 种，如今已发展到 70 多种。其中种植面积近 100hm² 或 100hm² 以上的有三七 [*Panax notoginseng*（Burk.）F. H. Chen]、肉桂、八角（*Illicium verum* Hook. f.）、山药（*Dioscorea opposita* Thunb.）、天花粉、葛根 [*Pueraria lobata*（Willd.）Ohwi]、罗汉果、水半夏 [*Typhonium flagelliforme*（Lodd.）Blume]、山栀子（*Gardenia jasminoides* Ellis）、水栀子、广郁金（*Curcuma kwangsiensis* S. G. Lee et C. F. Liang）、金银花、使君子（*Quisqualis indica* Linn.）、麦冬 [*Ophiopogon japonicus*（Thunb.）Ker － Gawl.]、杜仲（*Eucommia ulmoides* Oliv.]、茯苓 [*Poria cocos*（Schw.）Wolf]）、泽泻 [*Alisma orientalis*（Sam.）Juzep.]、枳壳（*Citrus aurantium* Linn.）、砂仁等品种。根据广西的自然生态环境条件、中药厂的原料需求以及农民的种植技术习惯，有计划地在桂北建立三木药材 [杜仲、厚朴（*Magnolia officinalis* Rehd. et Wils.）、黄柏]、银杏（*Ginkgo biloba*）、罗汉果、薄荷 [*Mentha haplocalyx*（Briq. var. *piperascens* Malinvaud）]、白术（*Rhizoma Atractylodis Macro-cephalae*）、白芍[*Paeonia lactiflora*（*P. albiflora*）]、黄连、佛手（*Citrus medica* Linn. var. *sarcodactylis* Swingle）、丹皮（*Paeonia suffruticosa* Andr.）等品种的生产基地；在桂西建立三七、金银花、茶辣[*Evodia rutaecarpa*（Juss.）Benth.]、使君子、草果（*Amomum tsao - ko* Crevost & Lemarie）等品种的生产基地；在桂东南建立八角、肉桂、砂仁、天冬、蔓荆子（*Vitex trifolia* Linn.）、鸡骨草（*Abrus cantoniensis* Hance）、郁金（*Curcuma aromatica* Salisb.）、地黄（*Rehmannia glutinosa* Libosch.）、山栀子、水半夏、诃子（*Terminalia chebula* Retz.）、苏木（*Caesalpinia sappan* Linn.）、益智（*Alpinia oxyphylla* Miq.）等品种的生产基地；在桂中建立穿心莲[*Andrographis paniculata*（Burm. f.）Nees]、茯苓、水栀子、桔梗[*Platycodon grandiflorum*（Jacq.）A. DC.]、苦玄参（*Picria fel - terrae* Lour.）等品种的生产基地。据统计，2007 年广西药材种植面积 5.67 万 hm²（2008 年是 5.73 万公 hm²），中药材总产值 15 亿元，占全区农业总产值的 1.2%；共建立 GAP 种植示范基地 133 个，遍布 41 县（市）。

1.2.2　科研开发

广西从事植物药开发研究的区直科研单位和教学单位有广西中医药研究院、广西民族医药研究所、广西药用植物园、广西药物研究所、广西植物研究所、广西中医学院等单位。这些科研单位，除了协助政府从事药用植物资源普查、中药材生产基地建设以外，还积极从事药用植物的资源研究及开发利用科研工作，获得了不少的科研成果。

几十年来，广西的科技人员先后对 30 多科、近百种植物药进行了化学成分研究，为这些植物药的开发利用提供了科学依据。例如，20 世纪 60 年代前后，印度曾一度中断向我国出口降压药物"寿比南"的供应，原广西医药研究所（广西中医药研究院前身）姜达衢研究员等，根据植物亲缘关系，对印度蛇根木的同属植物——广西萝芙木（*Rauwolfia verticillate*）进行了化学成分研究，发现其有与寿比南相同的有效成分——利血平等。该所附属制药厂利用广西萝芙木总生物碱制成降压灵片剂，疗效优于进口药物寿比南，打破了印度对中国的封锁，满足了全国临床用药需要，节约了大量外汇。广西植物研究所研究员成桂仁等，从苦玄参（*Picria fel - terrae* Lour.）中分离鉴定出一系列新的四环三萜类化合物，临床证明苦玄参具有很好的消炎抗菌作用，研究成果转让给广西一家中药厂，生产出治疗咽喉肿痛的"炎见宁"中成药，投放市场，取得了较好的经济效益和社会效益。

1.2.3　工业性开发

广西一直注重以本地药材资源研制中成药。广西各药厂收购使用的植物药原料有 200 多种，其中已有 156 种收载进《广西中药材标准》（第一册，1992）[3]，有 118 种收载进《广西中药材标准》（第二册，1996）[4]，并由区卫生厅颁布实施。

目前，广西有中药生产企业 71 家，中药产品有 13 个剂型 410 个品种，其中产值 1 亿元以上的 4 个（最高的达 4.69 亿元），5000 万元至 1 亿元的 6 个，1000 万元至 5000 万元的 22 个。在这些品种中，国家新药 18 个、国家中药保护品种 55 个，如全国闻名的桂林西瓜霜、三金片、金嗓子喉宝、中华跌打丸、玉林正骨水，还有骨通帖膏、妇血康、花红冲剂、金鸡胶囊等。2006 年，全广西中药工业总产值、销售收入和利润总额分别为 53.33 亿元、44.84 亿元、4.83 亿元。

2　存在的问题

2.1　经费投入不足

药用植物资源的保护与开发是高科技、高投入、高产出,产、学、研三结合的行业。无论是建立自然保护区,还是建设迁地保护基地,研发新药,改造中小企业,没有巨额资金资助和投放是不行的。而对于经济相对比较落后的少数民族自治区广西来说,目前政府部门要大幅度提高资金投放数,显然是力不从心。2005～2007 年广西共投入 1220 万元经费,用于支持中药资源的保护和可持续利用研究。

2.2　药用植物资源的科研开发能力弱

广西现有能研制新中成药的科研机构有广西中医药研究院、广西药物研究所、广西民族医药研究所、广西药用植物园等单位,还有广西医科大学药学院、广西中医学院药学院及各中成药生产厂的科研所(室)等。受资金和设备条件的制约,很难引进国内外高级的专业技术人才从事研究开发工作;也很难进行国家新药的研究,投标参与大的国家级研究项目的研究也较难。只能以有限的经费,先开发短、平、快的原地方部门可以审批的保健类药品。

2.3　自然保护区的管理和迁地保护基地的建设有待加强

目前,有少部分自然保护区管理机构尚未落实,山林权界不清,当地群众杂居,或进入保护区开荒扩种,引发边界纠纷和乱砍滥伐山林现象。广西惟一的药用植物资源迁地保护基地——广西药用植物园,也因科研业务经费不足,基础设施相对薄弱,药用植物资源收集与保存工作受到一定的限制。

2.4　中成药企业规模小,急需技术改造

广西通过扶持优势产品,培育了一批优势产业,形成了像"桂林三金"一样具有一定规模的中药企业。但产业集约化、产品集群化程度低,强势大企业、大品牌、大品种少。即使像桂林三金这样广西规模最大的中药企业,2006 年的销售收入也只有 8.9 亿元,"三金片"——广西最大的中药品种,2006 年销售额也只有 4 亿元,没法跟"三九"、"广药集团"、"同仁堂"、"地奥"这样的知名品牌相比。

3　对策

3.1　多方筹集资金,增加投入

中国加入 WTO,中央政府对中药现代化十分重视,广西应利用这一个机遇,高度重视药用植物资源保护和可持续开发利用这个问题,重组广西中药科研力量,联合大企业,积极争取中央的支持。与此同时,加大地方财政的投入,积极利用民间资金和外资,加大广西中药资源开发力度,从财力上保证中药产业作为广西支柱产业的地位。

3.2　加强广西中药材生产基地的建设

为满足制药原料和中药原料的需求,要进一步加强和统筹广西各地中药材生产基地的建设,以保证药源长期保质、保量地供应,避免野生资源的过度采挖。现在尤其重要的是,按照中药现代化的要求,在原有的生产基地和新建的药材生产基地实施中药材标准化规范种植,充分发挥广西资源的优势,以高质量的药材原料、半成品、中成药占领国内外医药市场,把中药产业发展成广西的支柱经济产业。

3.3　切实加强自然保护区的管理工作

应继续加大投入,落实管理机构,理顺关系,以避免人为的破坏,真正保证药用植物资源种类的总数持续增长,并在自然生存环境下得以进化。保护好现存的每种药用植物种质资源,为子孙后代留下一份宝贵的财富。

3.4 增加迁地保护的投入,建设好世界级药用植物园

广西药用植物园从收集保存药用植物品种和占地面积来讲,都是全国乃至亚洲最大的一座专业性药用植物园,国内外从事植物药研究开发的专家都不断来参观和交流,如不继续追加投资,将会前功尽弃,将会使50年的投入和努力毁于一旦。

3.5 加强信息情报工作,完善药用植物资源保护和开发信息网

应用现代先进技术和科学的手段,把药用植物资源的保护和研究开发提高到一个新的水平,使广西从药用植物资源大省上升为中药产业大省,为发展经济和提高人民健康生活水平做出贡献。

参考文献

[1]陈士林,肖培根等.中药资源可持续利用导论[M].北京:中国医药科技出版社,2006.453 – 464.

[2]谭伟福,陈瑚.广西自然保护区建设三十年[J].广西林业科学,2008,37(4):214 – 218.

[3]广西卫生厅.广西中药材标准(第一册)[M].南宁:广西科学技术出版社,1992.

[4]广西卫生厅.广西中药材标准(第二册)[M].南宁:广西科学技术出版社,1996.

中国大花杓兰的濒危机制及保育对策
The Study on Endangered Mechanism and Conservation Strategy of *Cypripedium macranthos* in China

张　毓　赵世伟*

（北京市植物园,北京 100093）

Zhang Yu　Zhao Shiwei*

（*Beijing Botanic Gardens*, *Beijing* 100093）

摘要: 大花杓兰(*Cypripedium macranthos*)是一种分布于我国北方地区、美丽的濒危兰科植物。由于栖息地丧失、园艺过度采集等原因,现存自然种群处于严重濒危状态,亟需采取有效保护措施。尽快设立保护法律和采取迁地保育与就地保育相结合的保育策略,对大花杓兰的可持续利用是十分必要的。

关键词: 兰科;大花杓兰;濒危机制;保育

Abstract: *Cypripedium macranthos* is a beautiful and endangered species of Orchidaceae, which is distributed in North and north-west of China. Loss of habitat and over-collection for horticultural purpose are main reasons for the nature population of *Cypripedium* to be in a seriously awful situation and effective conservation projects are desiderated. For sustainable use of the species, it is necessary to make a law to forbid continuative damage and take the strategy to combine *ex-situ* and *in-situ* conservation.

Key words: Orchidaceae; *Cypripedium macranthos*; endangered mechanism; conservation

　　自然界的生物存在着两种不同的灭绝因素,一是自然灭绝,另一种是人为破坏导致灭绝。地球历史上,自然环境因素导致的大灭绝,都经历了几百万年甚至几千万年的大时间尺度的地质气候变迁时期,而人类对物种灭绝的影响远远超过其他任何生物类群。每一个物种或类群都有其固定的生活节律(生物钟),它的调节幅度是很有限度的。生境、气候的变化或其他人为因素导致的个体减少,超过了某一物种或类群的调节限度,就可能导致该物种或类群不可避免地走向灭绝。尚未灭绝的物种也面临着人类活动所引起的巨大挑战(李俊清等　2002)。

1　大花杓兰的濒危等级与保护等级划分

　　世界自然保护联盟(IUCN)濒危物种红色名录,是被全球广泛接受的全球受威胁物种的分级标准体系,于 1994 年正式采用,其濒危等级划分系统如图1。

　　IUCN《红色名录及标准》(见 http://

基金项目:北京市自然科学基金项目(6072014)

作者简介:张毓,女,高级工程师。主要研究方向:兰科植物与植物保育。E – mail: bjyzhang@ hotmail. com

通讯作者:赵世伟,男,教授级高工。主要研究方向:园林植物资源。E – mail: zhaoshiwei@ beijingbg. com

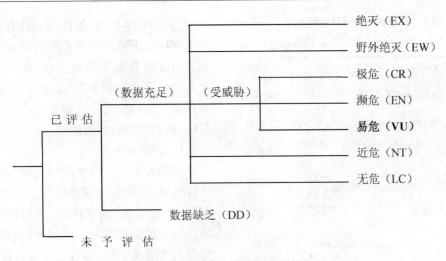

图 1　IUCN 濒危等级划分系统

Fig. 1　The compartmentalization of endangered grade by IUCN

www. iucn. org/themes/ssc/redlists) 是为全球处于高危灭绝物种进行分类而制定的,用于在全球水平上的评估。动态地为评估物种濒危或灭绝风险,在特定地区发布红色名录。如果被评估的地区种群与该地区以外的同种种群互相隔离,我们可以在任何地理范围内应用《IUCN 红色名录及标准》(IUCN 2001)。其等级评估仅代表一定时期内已知信息的评定结果,应根据对象生存现状变化和信息更新情况进行及时调整。从较高到较低受威胁等级的调整以 5 年或 5 年以上为一个时间单元进行动态调整,从较低等级向较高的受威胁等级的转移不应延迟(汪松、解焱 2004)。由于大花杓兰的自然分布区较为广泛,2004 年根据体 IUCN 分级标准被评为近危种 NT,几近符合易危 VU A2c,被认为是种群受威胁不严重。

本研究通过 2004～2008 年 5 年间对我国大花杓兰主要分布区域较为全面的野生资源调查,认为中国大花杓兰真实的生存现状和受威胁的程度远远严重于已经被认识到的情况。绝大多数现存自然种群为数量稀少的超小种群,成熟植株个体数少,种群自我维持和繁殖能力差。与健康的一般自然种群金字塔形种群结构不同,调查中发现的大花杓兰自然种群结构多呈倒金字塔形,有性繁殖实生幼苗所占比例很低,而且其威胁原因未能终止,在未来一段时间里地区性灭绝的概率很高。应该尽快调整其受威胁等级划分,并采取有效的优先保育措施。

目前各地方政府和相关机构已经开始重视我国杓兰属植物的保育工作。北京市政府于 2008 年 2 月 15 日批准了《北京市重点保护野生植物名录》,名录中一共列入 8 种一级保护植物,大花杓兰为代表的北京地区自然分布的杓兰属植物都被列入一级保护,见表1。

《中国植物红皮书》第一卷参考国际 IUCN 红色名录,受威胁物种采用濒危、稀有和渐危 3 个等级。其中濒危等级的定义为:由于栖息地丧失或破坏,或过度采集等原因,导致其生存濒危。这类植物通常生长稀疏,个体数和种群数低,且分布高度狭域。物种有随时灭绝的危险(李俊清等 2002)。

表1 北京市一级保护植物名录

Table1 The red list of the first class in Beijing Region

编号	中文种名	拉丁学名	中文科名
1	扇羽阴地蕨	*Botrychium lunaria*（L.）Sw.	阴地蕨科
2	槭叶铁线莲	*Clematis acerifolia* Maxim.	毛茛科
3	北京水毛茛	*Batrachium pekinense* L. Liou	毛茛科
4	刺楸	*Kalopanax septemlobus*（Thunb.）Koidz.	五加科
5	轮叶贝母	*Fritillaria maximowiczii* Freyn	百合科
6	紫点杓兰	*Cypripedium guttatum* Sw.	兰科
7	大花杓兰	*Cypripedium macranthos* Sw.	兰科
8	杓兰	*Cypripedium calceolus* L.	兰科

本研究在我国华北、东北地区7省、自治区、1市的野外调查中所发现的24个自然种群中，除了百花山种群的大花杓兰个体数量达到100个以上级别，其他23个种群均为几株、数十株的小种群。这种极小种群非常脆弱，常常会因为一个偶然的原因就导致它的死亡。如果不采取合理有效的保育措施，不久的将来，大花杓兰濒临灭绝的概率将很可能增加。

2 我国大花杓兰致濒原因

在大尺度上，随着全球气候变暖，潜在的长期而漫长的变化累积，会给全球物种带来一个由量变到质变的过程。中国在全球变暖面前尤为脆弱，其平均升温幅度与海平面上升速率均高于全球水平，旱灾的影响范围更大，程度也愈加严重（http://www.baohu.org/index.php）。大花杓兰属于典型的高山冷凉生境植物，全球变暖必然导致其分布海拔的升高和现有分布集中区域的破碎化，影响其长期的生存状况，其相关内容需要另项深入研究。在本文中主要讨论人为活动对大花杓兰现有种群的影响，尤其是直接影响，怎样阻止现有种群的缩小和个体的减少。根据野外调查中了解到的情况结合相关资料分析，将导致我国大花杓兰野生种群和个体的减少，以及影响种群更新的原因归纳如下。

2.1 栖息地受破坏的影响

2.1.1 栖息地丧失

我国大花杓兰的生境多为中低海拔的阔叶林缘、开阔草坡或草甸等小环境好、土层厚、土质疏松、保水性好、光照较好的区域。因为曾经长期的农用地开垦、放牧、修路等人为活动干扰，导致其生境片段化，野生种群逐渐缩小，斑块化，甚至消失。生境片段化会阻碍种群间的基因交流，导致种群内个体近交衰退。在2008年9月采集种子时，发现百花山一横道种群所在地新建了一个供游人使用的公共厕所，部分植株在修建过程中已经破坏，幸存的植株如果不加以保护，在今后游人高频的踩踏和干扰下，残存的时间也不可能长。北京玉渡山风景区原来自然分布有大花杓兰，因为修筑度假宾馆、高尔夫球场等配套设施，原来的自然种群已不复存在。黑龙江的一个大花杓兰种群生境20m外就是一个伐树修建的滑雪场，从生境植被来看，受破坏的部分应该是该种群的一部分。曾经大量的林木砍伐，对主要生长于山区的大花杓兰生境也造成严重破坏，目前因为国家在山区实行退耕还林政策，山区农民向平原迁移，而且杓兰分布的大部分地区都已纳入自然保护区管理范围，情况有所改善，但多年来已经形成的濒危状况，凭借自我修复能力在短期内难以恢复。

2.1.2 栖息地破坏对有性生殖的影响

人为活动的负面影响除了直接造成栖息地丧失，还因为影响周围的伴生生物，对种群的繁殖更替等产生重要的间接影响。过度放牧和人工造林代替天然森林，常常改变该区域的植物群落结构，从而打破了该区域各个生物类群,包括动物、植物和微生物长期以来所建立的动态平衡。虽然北京较高海拔山区现在都划为自然保护区,但其植被多为原始植被遭到严重破坏后的次生林,而且很多是用材等为目的的单一人工林,如华北落叶松林等。杓兰属植物的种子细如尘埃,本身不含胚乳,在野外需要遇到合适的共生真菌提供营养才能萌发长成植株。绿色还可以通过植树造林来恢复,但杓兰与有益真菌间相互依存的平衡却很难恢复。在所调查的所有野生种群中,只有 JL2 种群发现有大量的不同年龄的实生幼苗出现,种群结构呈现出幼株多、成株少的正金字塔形的更新状态。虽然北京百花山种群是所有调查种群中最大的野生种群,也是惟一的个体数超过 100 的种群,但是其种群中极少见到实生幼苗。在该种群原地萌发实验中埋置了 10000 余粒种子,随后连续 3 年的定期检查中没有检查到种子萌发,其根系中也未能分离到有益于大花杓兰种子萌发的真菌。虽然该种群 4 年的自然结果率约为 10% ~ 20%,而且大花杓兰 1 个蒴果内有上万粒的种子,但是不能与相应的真菌建立合适的共生关系,这些种子都难以萌发,进行正常更替,导致该种群有性生殖的严重衰弱。自我更新能力差、缺少基因交流的种群最终会逐渐走向消亡。这是在较长的时间尺度上导致大花杓兰区域性种群衰退,甚至灭绝的重要原因。

2.2　资源过度利用的影响

2.2.1　商业过度采集

商业性过度采集是大花杓兰目前面临的最直接、最紧迫的威胁,也是导致其种群和个体在短时间内快速减少的最主要原因。因为通向欧美、日本等发达国家的非法走私贸易渠道的存在,我国杓兰野生资源的过度采集是一个长期存在的老问题。在我国北方杓兰属植物中,大花杓兰因为其极高的观赏价值,受商业过度采集的危害最大。商业采掘者采集大花杓兰时通常不考虑可持续发展,而且采集活动还具有无组织性和竞争性。杓兰被采集者发现后,担心其他的采集者将留存的个体采走,常常是所有出土的个体都被连根挖走,仅有少量休眠植株因为当年未出土而幸存下来,这也是我们在调查中发现的种群常呈少量植株零星分布的原因。本研究在大花杓兰重点分布区域长白山的珍珠门景区,2006 年调查到一个较大的自然种群,在 2007 年时就已经被采挖一空。相对而言,花型小巧的紫点杓兰被整个种群挖走的危险就相对小得多。在资源调查过程中,听说有人曾以每墩 80 元人民币的价格向当地农民收集大花杓兰,所以才对这种野花有了印象(灵山调查)。而在日本的超市中就有来自中国的大花杓兰植株出售(日本同行个人交流信息,所以他一直认为中国有商业生产大花杓兰的苗圃)。

2.2.2　旅游开发

从资源调查所了解的情况来看,大花杓兰的自然生境大多处于自然保护区、森林公园或郊野公园中,随着我国经济的发展和人们回归自然的情结,节假日、双休日城市周边生态旅游热的兴起和交通条件的改善,越来越多的游人进入以前依靠公共交通难以到达的远郊山区旅游。据统计,仅北京百花山一年的游人量在 5 万人左右,其中大约 20% 的游人将进入草甸,他们绝大部分集中在 7 ~ 9 月的旅游旺季,尤其是节假日高峰期,一天进入百花山种群所在区域的游人就可能超过 400 人。游人的践踏和随意性的采摘都会对本已十分脆弱的野生种群造成严重破坏。

2.2.3　放牧破坏

因为近年来北京地区颁布在自然保护区内禁止放牧的政策,这方面的情况已有所好转,如:百花山草甸过去因为当地农民过度放牧,植被受到严重破坏,导致严重的水土流失情况发生。禁牧后,经过近10年的多方整治,植被才得到逐渐恢复。在我们进行野外调查的3年中,都能发现植被生长情况的改善和大花杓兰种群的缓慢恢复。在北京最北端的怀柔喇叭沟门种群,因为介于北京与河北交界的区域,北京虽然禁牧了,但河北省的家畜经常越界在该种群区域活动,造成个体死亡。

2.2.4 其他偶然原因

因为现存种群个体稀少,一些偶然因素也会对这些自然种群的生存造成伤害。在雾灵山北京区域的多次调查中,前后总共仅于2005年发现惟一的1株大花杓兰植株,而且还曾开花、结实,但在2006年我们再次前往观察时,发现其已经消失了,留下一个明显被人挖走的痕迹。甚至有时科研人员采集标本材料等这类偶然性的破坏对小种群的正常发展影响很大,尤其对仅有几株,甚至仅1株的敏感小种群可能造成毁灭性的打击。北京灵山种群位于当地村民每年春天采集山韭菜的必经之路边,现残存仅有的2个个体,随时有消失的可能。

3 我国大花杓兰保育对策与措施

在技术上深入开展大花杓兰的保育生物学特性研究,采取迁地保护与就地保护相结合的方式,克服技术瓶颈,系统研究杓兰的人工繁殖栽培各阶段的关键技术,最终达到规模化繁殖生产,减少野外采集压力。考虑到大花杓兰自然生境主要在各保护区内,应积极开展保护区相关人员的专业知识培训,避免因基础知识的缺乏而导致采取不当的保育措施,加速小种群的灭绝。

3.1 立法保护

从政府管理和法律角度,目前我国尚无一部专门的野生植物保护法律。我国

《野生植物保护条例》于1997年1月开始施行,至今已经十几年,其中的不少条款已经过时,可操作性差,其中个别条款甚至成为保护的桎梏,致使保护工作难以开展,需要尽快修订和完善,建议使之升格为《野生植物保护法》,以便于严格禁止非法采集、非法贸易,加强执法力度。

虽然全世界所有野生兰科植物均被列入《野生动植物濒危物种国际贸易公约》的保护范围,但我国对兰科植物的保护工作开展较晚,到目前为止《中国植物红皮书》濒危植物保护名录(第一批)中仅列入了7种兰科植物(傅立国 1992),杓兰属植物还不在其中。这与我国野生植物资源的丰度和受威胁程度不相符合。包括大花杓兰在内的兰科植物及大量因有重要经济价值而遭到过度利用的植物物种,虽然早已经过专家的论证,同意列入第二批《国家重点保护野生植物名录》,但因为各种原因,一直未能公布,致使大量野生兰科植物物种继续遭到严重破坏而难以依法保护。建议尽快公布第二批"国家重点保护野生植物名录"。如第二批名录难以及时出台,建议将兰科植物单列出来作为保护名录尽快予以公布。现今濒危状况日趋严峻,政府应尽快立法对其进行有效保护,改变目前无法可依,随意采挖的现状。

对以科研等为目的的非商业性少量采集,应采用许可证制度,进行规范化管理。将其与其他商业化或随意性采挖区别开来,同时也避免多个研究机构粗放的重复性保育研究,增加野外采集压力。

3.2 迁地保育

植物迁地保育(*Ex situ* conservation)是指为保护野生植物而在原生群落以外的地区建立的、并能够维持稳定种群的一种保育措施,就是通过人工繁殖栽培增加个体数量。以通过重引种等方式,辅助提高野外种群数量和生存能力的保护行为。迁地

保育是就地保育的一种重要辅助手段和补充，是保护濒危物种的重要组成部分，在濒危物种保育的特定时期内具有不可替代的地位。迁地保护和就地保护两者的关系是相辅相成、相互补充的。需要注意的是，迁地保育与一般的植物引种驯化不同，引种驯化注重驯化向所期望的方向，良性改变遗传特性，但迁地保育则要求尽可能保持原来的遗传多样性。

植物迁地保育根据对象大小来分，主要包括活植物、繁殖器官（组织）和基因库等不同尺度上的遗传多样性保存。其中活植物的迁地保育要考虑其有效种群大小，一般而言，植物最小存活种群所要求的个体数，如果是隔离种群，至少需要 50 个个体，为保持遗传变异最好拥有 500 个个体。

大花杓兰这样的珍稀濒危物种多数残余种群很小，小到不能依靠自我更新来维持，在今后一段时期内种群消失的概率很高。在面临日益增长的人类干扰情况下，即使是在自然保护区内，单纯地进行就地保护也是十分困难的，人类的介入从某种程度上可阻止或减缓野生种群的衰退。来自迁地保护种群的个体能被有计划地释放回野外，以加强就地保护工作。对人工繁殖栽培个体的研究，能够增加对物种的基础生物学特性的了解，并能为就地保护的种群提出新的保护策略。目前维持迁地保护的种群还有另一方面的价值，就是能够减少科普教育展览或研究为目的的采集野生个体的需要，减少野外采集的压力。

因为现存野生植株数量太少，已不适合从野外采集活植物植株作为母本直接进行人工栽培。但可以利用现存野生种群，在花期有计划地进行人工授粉，采集种子进行离体培养，繁殖出幼苗。因为新出瓶的娇嫩幼苗直接种回野外，难以成活，需要建立接近自然生境的迁地保育资源圃，在人工养护条件下进行幼苗期的过渡栽培和迁地保育实验。

3.3　野生种群的人工辅助恢复和重建

人工繁育的大花杓兰幼苗通过苗期过渡栽培，根据种子来源按照"从哪里来回哪里去"的原则，将已经能在野外露天生长的实生苗再移植回原种群，帮助野生种群的恢复和扩大。同时对野生植株已经消失的历史旧有生境，引入新的个体，开展重引种工作，以提高大花杓兰的长期生存能力。

重引种是指在一个物种的历史分布区内的一部分区域内（该区域内此物种已经消失或绝灭），重新建立该物种种群的一种尝试。重引种的主要目的是为野外灭绝（EW）或地区灭绝（RE）的种、亚种或品种，建立可自然繁殖和维持的野外种群。物种重引入应在该物种的原自然栖息地进行，并要求最低限度的长期管理。

重引种项目的实施不能简单地把一个物种种回原生地，在项目实施前，需要进行可行性分析、背景研究和前期准备工作；对现存野生种群的生存现状、生态习性和生物学特性进行细致的研究；对重引入地点、释放种群以及重引种的物种将对生态系统产生的影响进行评估，有必要时还需要进行模拟实验。最后才能根据前期的研究结果，确定是否开展重引种和怎样开展重引种工作。种群重建是否成功的一个很重要的标准，就是看它能否在将来正常、稳定地自我繁衍（Margaret M. R. 1998）。虫媒传粉的大花杓兰，需要自然传粉者进行传粉并结实，才能说明重建的种群真正具有独立生存繁衍的能力。

3.4　就地保育

就地保育（In situ conservation）是指在该植物的原产地开展对生物及其栖息地的保护工作，长期来看是最有效、也是最直接的保护方式。长期保护生物多样性的最佳策略就是在野外保护自然群落和种群，即就地保育。就地保育的重点是对其生境的保护。杓兰属植物已知分布地区多已建立了不同等级的自然保护区,这些自然保护区的有效管理为杓兰属植物的保护提供了基本条件。大花杓兰的种群一般集中分布,而且种群较小,可以考虑划建保护小区或保护点。让大花杓兰最终能回归自然。只有在野外,物种才能在自然群落中继续适应变化的环境进化过程,健康成长,繁衍生息。

大花杓兰现有野生种群的个体是不可替代的宝贵资源,应该在大花杓兰现有生境地采取就地保护措施,使现存的种质资源不再继续受到人为破坏。目前最紧迫的问题是怎样消除商业化过度采集的威胁。这些植株是进行大花杓兰生物学、生态学特性研究的对象,而且也是人工繁育和迁地保育的种源。

百花山种群从 2005 年开始,立项修建了悬空的木栈道,游人通过栈道观赏百花草甸的美景,但不进入草甸活动,在旅游高峰期有专人值班维护,很大程度上保护了草甸上的杓兰和其他野生花卉。几年下来,植被的生长恢复情况呈良性增长,其他存在类似矛盾的自然保护区可以借鉴。

3.5 生态旅游与教育培训

"生态旅游"这个概念最早由世界自然保护联盟(IUCN)于 1983 年提出。20 多年来,其内涵不断扩充,但有两个要点始终不变:生态旅游的对象是自然景物;生态旅游的对象不应受到损害。令人遗憾的是,掠夺式开发,已成为不少景区的"通病"。对生态旅游应该加以引导和管理,其中,核心的一条就是:把握住生态资源承受能力的"底线",做到对资源的可持续利用,必须坚持"保护第一、开发服从保护、开发促进保护"的基本原则。缓冲区只允许进入从事研究观测活动,只有实验区才可允许从事旅游等活动,同时对游客要加强生物多样性保护教育。对自然保护区实行严格的功能分区:

(1)核心保护区,是绝对意义的保护区,除经严格限制的科考人员和巡查人员之外.任何人不得进入,也不允许其他任何形式的人为干扰破坏。

(2)保护小区,是保护某个群落类型或少数珍稀物种的、孤立的群落所在地域,应根据保护目标,制订相应的保护措施,其作用同核心保护区。

(3)资源类型保护物,种资源较为丰富,受人为干扰较轻,允许科考人员、巡查人员和少数有特殊需求的游客进入,禁止在区内搞开发建设和其他活动。

(4)景观保护区,主要为保护和提高该区域内的植被覆盖率,促进退化群落及生态系统的恢复,保护旅游景观资源而设立的保护区。区内禁止放牧、砍伐等破坏植被的行为.除旅游道路和相应的景点建设等,严禁就餐、住宿等服务设施的建设。

(5)珍稀物种繁育试验,针对零星分布于保护区域之外,人工管理不方便的物种或分布于保护区域之内,但个体数量稀少、自然繁衍困难的珍稀物种,选择适宜地段建立珍稀物种繁育试验区,进行迁地保护或引种试验,实现人工繁育。试验区可同时开展其他物种的引种驯化工作,为园林绿化等提供新材料。珍稀物种繁育试验区,同时可开发为旅游参观和科普教育基地,以增加旅游者的自然科学知识,增强物种的保护意识(陈灵芝 1993;李俊清等 2002)。

在有条件的自然保护区,利用现有种群,在保护的前提下,开展与大花杓兰有关的生态旅游,对旅游者进行生物多样性保护教育,让公众了解大花杓兰的珍贵和濒危现状,号召大家不要采摘花朵和挖掘植株,进而普及大花杓兰的开花时期、花部结构、授粉方法等知识。尤其植物园、学校等青少年和植物爱好者比较集中的场所进行科普宣传,发动大家的力量来帮助大花杓兰野生种群的恢复和重建,尤其是青少年和植物工作者或爱好者。

除了公众的生物多样性教育,还应该针对特殊群体开展有针对性的培训。如对海关等执法监管部门进行兰花识别专项培训,堵住张冠李戴,以普通蔬菜花卉名义走私出口大花杓兰等濒危植物的漏洞。一方面严格禁止非法采挖,一方面针对大花杓兰目前主要以非法贸易的形式走私到国外,从采集和进出口两个环节来进行控制。

加强信息交流和专业技术培训,对自然保护区专业技术人员和其他相关科研人员进行迁地保育和就地保育相关专业知识和技术的培训,如人工繁殖和栽培技术培训,避免出现因缺乏基本的专业知识而进行花期移栽、断根栽培等低级错误,把随意采挖当作迁地保育,从而导致对野生种群的破坏和植株的减少。

3.6 加强人工繁育产业化发展和新品种培育

因为大花杓兰在种子萌发和生长过程中所要求的条件与一般组织培养条件不同,应建立专业配套的无菌播种和组织培养实验室、幼苗低温处理、过渡培养室以及种苗的露天栽培基地,进行规模化繁殖的技术改良研究,把人工培育的杓兰作为珍稀花卉品种在园林中推广应用。同时,在现有种质资源的基础上,从国内外较为广泛地引种其他优良的原种和杂交种,培育优良的杓兰新品种。同其他观赏价值很高的植物一样,大花杓兰只有成功地进行商业化栽培,不断培育出新优品种,满足市场的需求,才能真正地减轻野外采集压力,最终达到长期持续的保育目的。

参考文献

[1] 陈灵芝. 中国的生物多样性现状及其保护对策[M]. 北京:科学出版社,1993.

[2] 李俊清,李景文,崔国发. 保护生物学[M]. 北京:中国林业出版社,2002.

[3] 汪松,解焱. 中国物种红色名录(第一卷)[M]. 北京:高等教育出版社,2004.

[4] IUCN. IUCN Red List Categories:Version 3.1. IUCN Species Survival Commission. IUCN, Gland, Switzerland and Cambridge,uk. 2001.

[5] Margaret M. R. and Joyce S.. Re-establishment of the lady's slipper orchid (*Cypripedium calceolus* L.) in Britain. Botanical Journal of the Linnean Society , 1998,126:173 – 181.

杭州市蜡梅品种资源调查与分类研究
Investigation and Classificaiton of *Chimonanthus praecox* Cultivars in Hangzhou

卢毅军　　胡中　　应求是

（杭州植物园,杭州　310013）

Lu Yijun　Hu Zhong　Ying Qiushi

(*Hangzhou Botanical Garden*, *Hangzhou* 310013)

摘要:蜡梅是我国特有的著名观赏植物,目前在园林应用中栽培较多。但由于对蜡梅品种分类鉴定没有统一标准,限制了蜡梅在园林中的广泛应用。对杭州市区的蜡梅栽培品种进行调查,并根据其花部形态特征的差异进行分类,结果发现,杭州市目前栽有蜡梅品种50个,分属3类群7型,其中新品种3个;同时,建立杭州市栽培蜡梅品种检索表,为该地区蜡梅品种检索鉴定和园林应用提供依据。

关键词:蜡梅;品种;调查;分类

Abstract: *Chimonanthus praecox* is an endemic and famous ornamental plant and cultivated in garden usually. However, the widely application was restricted for absencing a unified classification standard. The cultivars of *Chimonanthus praecox* were investigated and classified in Hangzhou acorrding the flower characters, the results showed 50 cultivars were cultivated in Hangzhou which belongs to 3 groups, 7 types, and 3 new cultivars were identified. The key to cultivars in Hangzhou also was given, it was helpful to identification and application for *Chimonanthus praecox* in Hangzhou.

Key words: *Chimonanthus praecox*; cultivars; investigation; classification

蜡梅为蜡梅科蜡梅属植物,原产我国中部秦岭、大巴山等山区,是我国特有的名贵观赏花木之一,栽培历史悠久,品种繁多,观赏价值高,集高洁、秀雅、坚毅、刚强于一身,因而与梅花、山茶、水仙齐称为"雪中四友"(徐晓霞 等　2007),为贞洁不屈的象征和美丽的化身,自古以来为人们所喜爱。

自唐宋以来,蜡梅开始被人工栽植,唐代杜牧诗云:"蜡梅还见三年花",可见蜡梅的栽培迄今已有一千年以上的历史。到了宋代之后,蜡梅更是被广泛栽种,并成为当时宫廷权贵和诗人雅士喜爱之物。杭州的蜡梅栽培历史也非常悠久,北宋时期,苏轼《蜡梅一首赠赵景贶》诗:"天工点酥作梅花,此有蜡梅禅老家。蜜蜂采花作黄蜡,取蜡为花亦奇物。天工变化谁得知,我亦儿戏作小诗。君不见,万松岭上黄千叶,玉蕊檀心两奇绝"。可见其时杭州西湖万松岭曾种有一片蜡梅林。杭州龙井胡公庙旁栽培的两株宋代蜡梅,距今也有八百多年的历史了;杭州植物园灵峰掬月亭、玛瑙寺等

作者简介:卢毅军,男,1977年生,工程师,主要从事园林观赏植物研究

地也保存有多株数百年的古蜡梅。

其冬季开花的特点，给园林景观单调乏味、缺少生机的冬天带来了美丽与活力。充分利用蜡梅的观赏价值，突破城市绿化"三季有花、四季常青"传统标准模式，创造一种美的、有活力的真正的"四季植物景观"已经越来越得到园林设计者的重视。

杭州是著名的旅游城市，园林植物景观优美，各种新优园林植物也不断充实、配置到园林景观中，而作为我国传统观赏花木，蜡梅在新西湖景区的应用却不如一些新开发的植物。

蜡梅花色独特，花味芳香，花姿秀美，园艺造型颇多，可谓色、香、形俱佳（赵冰等 2007），局部地区应用的蜡梅由于品种的观赏价值不高，影响了景观效果，因此加强杭州市蜡梅品种资源调查，筛选出具有较高观赏价值的蜡梅品种成为杭州市蜡梅推广应用的关键。

1　调查时间、地点与方法

1.1　调查时间与地点

2006 年到 2008 年期间，从 11 月下旬蜡梅初花开始后至翌年 3 月中下旬蜡梅末花结束的时间，进行蜡梅品种资源调查，调查地点采用集中分布点普查与零星分布点重点选择的方式相结合，其中集中分布调查点，主要包括杭州植物园、孤山和西溪湿地，零星分布调查点，主要包括湖滨、北山街、龙井等地。

1.2　调查方法

对选定的调查植株进行编号，做出标记，以便进行长期的观察、观测和核对。对不同品种的蜡梅进行了花部形态特征观察记载，包括花径、花被数、花色、花被形状、

花被大小、雄蕊数、树势、着花量、香味程度等，每株标准株上选择不同方位的枝条 2～3 个，进行数据统计，标准枝要求健壮、典型、稳定、无病虫害。同时用数码相机拍摄记录过的蜡梅品种花器官的照片。

依据《中国蜡梅》的蜡梅品种分类系统（赵天榜等 1991），对记载的不同蜡梅品种进行分类、比较和分析。

2　调查结果

通过 3 年的调查与定期观察，剔除性状不稳定的变异类型，发现杭州市目前共有蜡梅栽培品种 50 个（含新品种 3 个），分属于蜡梅品种群、白花蜡梅品种群和绿花蜡梅品种群 3 大类群，其中蜡梅品种群中蜡梅型 13 个，金红蜡梅型 11 个，素心蜡梅型 14 个；白花蜡梅品种群中白花蜡梅型 3 个，银紫蜡梅型 4 个，冰素蜡梅型 3 个；绿花蜡梅品种群 2 个（见表 1）。

调查发现，'墨迹'、'波缘银紫'和'黄灯笼' 3 个品种为本次调查中首次发现的品种，且这些品种特征明显，性状稳定，因此定为新品种。其中'墨迹'为素心蜡梅型品种，杭州本地栽培，主要特点为花圆锥型，中部花被片披针形，边缘内曲，波状起伏明显，内部花被片卵形或三角状卵形，黄色，有明显墨色边缘；'黄灯笼'为金红蜡梅型品种，引自浙江临安，主要特点为花径小，铃铛型，中部花被片内曲，边缘舟状内曲，波状起伏，内部花卵形，先端内曲，具淡紫红色条纹和边缘；'波缘银紫'为银紫蜡梅型品种，杭州本地栽培，主要特点为花径小，盘型，中被片边缘波状起伏，内部花具紫色斑纹。

表 1　杭州市区栽培蜡梅品种类型与分布

Table 1　The types and distribution of *Chimonanthus praecox* cultivars in Hangzhou.

序号	类群	类型	品种名	分布地
1	蜡梅品种群	蜡梅型	金卷紫	杭州植物园
2		蜡梅型	金磬紫	杭州植物园
3		蜡梅型	尖被	杭州植物园、孤山
4		蜡梅型	蜡卷紫	杭州植物园
5		蜡梅型	波被晕心	杭州植物园
6		蜡梅型	卷被晕心	杭州植物园
7		蜡梅型	剑紫	杭州植物园
8		蜡梅型	粉面含春	杭州植物园
9		蜡梅型	黄龙紫	杭州植物园
10		蜡梅型	奇艳	杭州植物园
11		蜡梅型	玉彩	杭州植物园、孤山
12		蜡梅型	晚花	杭州植物园
13		蜡梅型	紫盘	杭州植物园、孤山
14		金红蜡梅型	嫁衣	杭州植物园、西溪、湖滨
15		金红蜡梅型	飞黄	杭州植物园、北山街、孤山
16		金红蜡梅型	金剑舟	孤山
17		金红蜡梅型	黄褐	杭州植物园
18		金红蜡梅型	金红	杭州植物园、孤山
19		金红蜡梅型	红心兔耳	杭州植物园
20		金红蜡梅型	黄红剑	杭州植物园、龙井
21		金红蜡梅型	黄灯笼（新品种）	杭州植物园
22		金红蜡梅型	乔种	杭州植物园
23		金红蜡梅型	卷被金莲	杭州植物园
24		金红蜡梅型	鹅黄红丝	杭州植物园
25		素心蜡梅型	卷被素心	杭州植物园、湖滨、龙井
26		素心蜡梅型	金晃	杭州植物园
27		素心蜡梅型	菊素	杭州植物园、孤山、龙井
28		素心蜡梅型	磬口素心	杭州植物园
29		素心蜡梅型	倒挂金钟	杭州植物园、龙井
30		素心蜡梅型	金颜卷帘	杭州植物园
31		素心蜡梅型	凤飞舞	杭州植物园
32		素心蜡梅型	尖被素心	杭州植物园、孤山
33		素心蜡梅型	金盘素心	杭州植物园
34		素心蜡梅型	大花素心	杭州植物园、孤山
35		素心蜡梅型	金磬口	杭州植物园、孤山、西溪
36		素心蜡梅型	蜡盘波	杭州植物园
37		素心蜡梅型	小磬口	杭州植物园、北山街、西溪
38		素心蜡梅型	墨迹（新品种）	孤山
39	白花蜡梅品种群	白花蜡梅型	白花素心	杭州植物园、湖滨
40		白花蜡梅型	白卷	杭州植物园

（续）

序号	类群	类型	品种名	分布地
41		白花蜡梅型	白玉盘	杭州植物园
42		银紫蜡梅型	银紫	杭州植物园
43		银紫蜡梅型	银盘紫	杭州植物园
44		银紫蜡梅型	波缘银紫（新品种）	杭州植物园
45		银紫蜡梅型	银紫磬口	杭州植物园
46		冰素蜡梅型	冰玉	杭州植物园、湖滨
47		冰素蜡梅型	冰紫纹	杭州植物园、北山街
48		冰素蜡梅型	玛瑙	杭州植物园
49	绿花蜡梅品种群	绿花蜡梅型	霞痕绿影	杭州植物园
50		绿花蜡梅型	绿花	杭州植物园

3　杭州蜡梅分类检索表

在对杭州栽培蜡梅的品种资源进行广泛调查的基础上，观察记载了包括花径、花被数、花色、花型、花被片形状、花被大小等花部形态特征。通过对这些性状的类比分析，选择性状变异相对比较保守的中、内被片的颜色、形状、花径、花型为主要分类依据，对各个蜡梅品种进行分类，并编制杭州蜡梅分类检索表。

1. 中被片金黄色、黄色、蜡黄色或淡黄色 ·························· **蜡梅品种群**
　　2. 内被片黄色、蜡黄色或淡黄色 ····························· **素心蜡梅型**
　　　　3. 花径较大，通常达 2.5cm 以上
　　　　　　4. 花型盘型，中被片平展
　　　　　　　　5. 花径 3.5cm 以上，可达 4.5cm ··················· 大花素心
　　　　　　　　5. 花径 2.5 ~ 3.0cm
　　　　　　　　　　6. 中花被蜡黄色或淡黄色
　　　　　　　　　　　　7. 中花被宽卵形，淡黄色 ··················· 金晃
　　　　　　　　　　　　7. 中花被长椭圆形，蜡黄色，边缘皱缩 ········· 蜡盘波
　　　　　　　　　　6. 中花被金黄色 ······························ 金盘素心
　　　　　　4. 花型圆锥型，中被片边缘内曲成舟状 ················ 凤飞舞
　　　　3. 花径较小，通常为 1.0 ~ 2.2cm
　　　　　　8. 中被片反卷
　　　　　　　　9. 中被片淡黄白色，花型菊花型 ··················· 菊素
　　　　　　　　9. 中被片黄色，花型碗型
　　　　　　　　　　10. 花期早，先端突卷 ······················· 金颜帘卷
　　　　　　　　　　10. 花期较晚，中被片长反卷达 1/3 ~ 1/2 ········· 卷被素心
　　　　　　8. 中被片不反卷
　　　　　　　　11. 花型内扣成磬或钟状
　　　　　　　　　　12. 花朵倒挂，花型钟型 ····················· 倒挂金钟
　　　　　　　　　　12. 花型磬口型
　　　　　　　　　　　　13. 中被片黄色或淡黄色 ················· 磬口素心
　　　　　　　　　　　　13. 中被片金黄色

　　　　14. 花朵较小,中被片先端钝尖 ·· 小磬口

　　　　14. 花朵较大,中被片先端钝圆 ·· 金磬口

　　11. 花型开展成圆锥状

　　　　15. 中被片披针形,内被片有墨色斑纹 ···························· 墨痕(新品种)

　　　　15. 中被片长披针形,内被片无墨色斑纹 ························· 长被素心

2. 内被片具紫褐色、紫(红)色或浅紫(红)色或紫(红)纹

　16. 内被片具紫褐色、紫色或浅紫色或具紫色斑纹 ················· **蜡梅型**

　　17. 中被片金黄色或黄色

　　　18. 花较大,花径大于 3cm

　　　　19. 中被片边缘波状起伏,花期中等 ······························ 波被晕心

　　　　19. 中被片边缘内卷,花期晚 ·· 晚花

　　　18. 花径小于 3cm

　　　　20. 中被片先端反卷

　　　　　21. 花型内扣如磬 ·· 金磬紫

　　　　　21. 花型斜展或平展

　　　　　　22. 中被片黄色,内被片密布紫纹 ························· 紫盘

　　　　　　22. 中被片金黄色,内被片中部以下紫色 ············· 金卷紫

　　　　20. 中被片先端不反卷

　　　　　23. 中被片披针形

　　　　　23. 中被片舟状披针形 ·· 剑紫

　　　　　　24. 花径 1.8~2.5cm ··· 尖被

　　　　　　24. 花径 1.2~1.5cm ··· 黄龙紫

　　17. 中被片蜡黄色或淡黄色

　　　25. 中被片先端反卷

　　　　26. 内被片深紫色 ··· 蜡卷紫

　　　　26. 内被片中央和边缘有淡紫色条纹 ···························· 卷被晕心

　　　25. 中被片先端不反卷

　　　　27. 中被片边缘波状起伏 ·· 玉彩

　　　　27. 中被片边缘无波状起伏

　　　　　28. 花型碗型,内被片布满紫纹 ······························ 奇艳

　　　　　28. 花型盘型,内被片浅紫晕不明显 ······················· 粉面含春

　16. 内被片红色或浅红色或具红色斑纹 ································· **金红蜡梅型**

　　29. 花较大,花径大于 3cm ·· 鹅黄红丝

　　29. 花径小于 3cm

　　　30. 中被片先端反卷

　　　　31. 内被片边缘红色,中间少量红晕 ···························· 卷被金莲

　　　　31. 内被片布满红色条纹 ·· 金红

　　　30. 中被片先端不反卷

　　　　32. 中被片内扣,花型为磬口型或铃铛型

　　　　　33. 花型为磬口型,中被片卵状匙形 ······················ 黄褐

　　　　　33. 花型为铃铛型,中被片长披针形

　　　　　　34. 中被片边缘波状起伏,内被片具淡红色条纹和边缘 ········· 黄灯笼(新品种)

　　　　　　34. 中被片边缘内曲,内被片红色斑纹明显 ········· 黄红剑

32. 中被片平展或斜展,花型不为磬口型
   35. 花型盘型
     36. 中被片边缘皱缩明显 ·· 红心兔耳
     36. 中被片边缘皱缩不明显
       37. 花型整齐,内被片布满红色条纹 ······················· 乔种
       37. 花型松散,内被片仅上半部具红色条纹 ··········· 嫁衣
   35. 花型不为盘型
     38. 花型圆锥形,中被片披针形 ····························· 飞黄
     38. 花型鸟爪型,中被片长披针形 ························· 金剑舟
1. 中被片白色、灰白色、冰色或绿色
  39. 中被片白色、灰白色或冰色 ································· **白花蜡梅品种群**
   40. 中被片白色或灰白色
    41. 内被片白色 ··· **白花蜡梅型**
     42. 花型盘型,中花被先端反卷或不反卷
       43. 中花被先端反卷、宽卵形 ·························· 白花素心
       43. 中花被先端不反卷、长椭圆形 ·················· 白玉盘
     42. 花型钟型,中花被弓形反卷 ························· 白卷
    41. 内被片具紫色、淡紫色或紫晕 ······················ **银紫蜡梅型**
     44. 花型盘型
      45. 花朵较小,1.0~1.2cm
       46. 中被片边缘皱缩不明显 ·························· 银紫
       46. 中被片边缘皱缩明显 ····················· 波缘银紫(新品种)
      45. 花朵较大,2.0~2.5cm ···························· 银盘紫
     44. 花型磬口型 ··· 银紫磬口
   40. 中被片冰色 ··· **冰素蜡梅型**
    47. 内被片无紫(红)色斑纹 ····························· 冰玉
    47. 内被片具紫(红)色斑纹
     48. 花型碗型,内被片具紫红色斑纹 ·················· 冰紫纹
     48. 花型喇叭型,内被片具浅紫红色胭脂状晕 ········ 胭脂
  39. 中被片绿色 ··· **绿花蜡梅品种群**
   49. 花型碗型,内被片无淡紫晕 ···························· 绿花
   49. 花型盘型,内被片有少量淡紫晕 ······················ 霞痕绿影

4 讨论

蜡梅栽培品种繁多,品种变异较大,国内很多学者也都利用不同方法开展蜡梅的品种分类研究(张忠义等 1990;陈志秀 1995;陈龙清等 1995;赵凯歌等 2004;程红梅 2005;芦建国等 2007;赵冰等 2007),但截至目前,尚未形成一个公认的、有说服力、既能反映品种间演化关系又真正方便实用的中国蜡梅分类系统。我们建立的杭州市蜡梅品种分类系统主要从中、内被片的颜色、形状、花径、花型等比较直观的形态特征进行分类,而减少了以中、内被片的大小、长宽比例等特征为分类标准,因此在园林应用时,对品种的鉴定相对更为简便。但是由于受调查地点和蜡梅品种自身变异较大的限制,造成数据统计不完整、部分品种资源遗漏、品种的中间过渡类型鉴别不

清楚、外来蜡梅品种无法鉴定等问题,使得
该系统存在一定的局限性,这将留待以后

去修订、完善。

参考文献

[1]徐晓霞,姜卫兵,翁忙玲.蜡梅的文化内涵及园林应用[J].中国农学通报,2007,23(12):294–298.

[2]赵冰,张启翔.中国蜡梅品种资源在园林中的应用初探[J].北方园艺,2007,2:64–66.

[3]赵天榜.中国蜡梅[M].郑州:河南科学技术出版社,1993.

[4]陈龙清,鲁涤非.蜡梅品种分类研究及武汉地区蜡梅品种调查[J].北京林业大学学报,1995,17(1):103–107.

[5]陈志秀.蜡梅17个品种过氧化物同工酶的研究.植物研究[J],1995,15(3):403–411.

[6]程红梅.江苏地区蜡梅品种资源调查.南京林业大学研究生硕士学位论文,2005.

[7]芦建国,杜灵娟.蜡梅品种的RAPD分析[J].南京林业大学学报(自然科学版),2007,31(5):109–112.

[8]张忠义,赵天榜,孙启水.鄢陵素心蜡梅类品种的模糊聚类研究[J].河南农业大学学报,1990,24(3):310–318.

[9]赵冰,雒新艳.张启翔.蜡梅品种的数量分类研究[J].园艺学报,2007,34(4):947–954.

[10]赵凯歌,江晋芳,陈龙清.蜡梅品种的数量分类和主成分分析[J].北京林业大学学报,2004,26(5):79–83.

合肥地区野生地被植物资源调查及保育初步研究

A Preliminary Investigation and Conservation on Wild Ground-Cover Resources in Hefei

吴翠珍　周莉　周耘峰　童效平　窦维奇

（合肥植物园，安徽 合肥　230001）

Wu Cuizhen　Zhou Li　Zhou Yunfeng　Tong Xiaoping　Dou Weiqi

（*Hefei Bontanical Garden，Anhui Hefei*　230001）

摘要：通过实地考察，共统计出合肥当地野生地被植物210种，隶属于44科129属。以菊科植物最多，达36种，禾本科次之。通过引种试验，到目前为止，我们现在已经移植于合肥植物园艺梅馆内的野生地被植物有34科58属107种。针对野生地被植物保育中出现的问题，提出了合理建议与方案。

关键词：野生地被植物；保育；合肥

Abstract：Investigation and conversation on wild ground-cover resources had not been conducted until the author got there. In total of 210 species of 129 genera in 44 families are indentified. Compositae is the largest family which contained 36 species in this area. So far, we have transplanted 107 species in Hefei Botanical Garden. Facing to the problems of wild ground-covers conversation, reasonable proposals and measures have been put forward.

Key words：wild ground-cover；conservation；Hefei

中国地域辽阔，地形种类多样，由此孕育着十分丰富的野生地被植物资源。但是长期以来，这些资源在园林绿化中没有得到足够重视和应用。许多既具有广泛的适应性，又具有良好观赏效果的乡土地被植物被视为野草不屑一顾，甚至被视为杂草千方百计地予以清除。目前国内对野生乡土地被的资源调查做的比较多，但对其研究和应用却很少。此次调查研究，旨在筛选出合肥本地适生的、观赏性强的优良乡土地被植物，为丰富本地园林绿化地被植物资源，降低绿化成本，增强绿化效果提供有益的依据。

1 野生地被植物应用现状

1.1 地被植物的内涵

本文所指的地被植物是指生长高度在1m以下，枝叶密集，成片种植，具较强扩展能力，能覆盖地面的植物，包括木本、草本及藤本植物。

1.2 国内对野生地被植物资源的开发和利用现状

生物多样性是城市生态园林构建水平的一个重要标志，它是以丰富的植物材料，模拟构建自然植物群落结构。由于野生地被植物不仅可降低水资源和人力资源的消耗，而且可降低因施用化学除草剂、化肥造成的土壤及空气污染，有利于保护生态环境,更符合"节约型园林"的理念,实现园林绿化建设的可持续发展。

野生地被植物的开发和利用,是发展草坪业的一条重要途径,由于起步晚,我国对野生资源的优良特性缺乏研究,很多种质资源还未得到充分利用。随着地被植物的重要性发现,对地被植物的研究也在不断深入。许多科研工作者从不同的角度对地被植物进行了研究。早在1982年,周家琪等[1]曾对秦岭南坡火地塘等地区野生花卉和地被植物种质资源进行了调查,对23科51种野生花卉和地被植物的生活型、花期、植株高度等和园林应用做了研究和评价。谭继清等[2]对重庆市的园林地被植物资源进行了调查和应用研究,认为重庆市的园林地被植物资源丰富,常见的地被植物有86科278属429种。其中禾草占21.9%,菊科占10%,蕨类占14.2%。李燕等[3]对滇西北地区的高山园林地被植物资源进行了调查研究发现,狼毒 *Stellera chamaejasme*、华丽龙胆 *Gentiana sino-ornata* 等12种地被植物有较高的观赏价值,易于大量繁殖,便于引种、推广。对于一些优良地被植物,国内进行了适应性栽培试验。如萧运峰等[4]对绞股蓝 *Gynostemma pentaphyllum* 的生长繁殖特性和耐阴、抗旱等生态特性做了研究,表明绞股蓝是一种适于南方种植的,具有美化、固土和保健药用价值的耐阴性地被植物。石定燧等[5]等对野生地被植物鹅绒委陵菜 *Potentilla anserina* 的研究表明,它是一种适应性广,抗寒、耐践踏、成坪快的、极有推广前景的野生地被植物。

但国内对野生地被植物的研究和应用,特别是在地被植物的应用种类及生态配置方面,总的来说还远远落后于国外的前沿水平。地被植物资源的收集、扩繁、应用仍是现阶段的重要工作。

2　合肥市的自然地理状况

合肥市位于安徽省中部,江淮分水岭南侧面,巢湖北岸。地处北纬 31°31′~32°37′、东经116°40′~117°52′,为亚热带季风性湿润气候带的过渡地域,是南北植物的交汇地区。年平均气温15.7℃,无霜期约227天。合肥地区的雨量比较适中,年平均降水量982.6mm,年平均日照2218h,年平均蒸发量835mm。土壤为黄棕壤。

3　合肥地区野生地被植物的保育与开发研究

野生地被植物虽然适生性强,病虫害少,分布广泛,但由于人类生产活动的影响,它们的生境受到不同程度的破坏,必须对它们采取必要的保护措施,因为它们也是生物多样性的重要组成之一,但是国内对野生地被植物的保护和开发利用还远不够。植物保育是植物园的重要功能之一,植物园更是植物迁地保育的最佳场所之一。据调查,合肥地区的野生地被植物几乎还处在自生自灭状态,缺少合理的保护和利用。2008年,合肥逍遥津公园的张莉等[6]对合肥的野生花卉资源进行了调查,筛选出适合合肥当地开发的野生花卉56种,分属于35个科,但并未在文章中将其名录一一列出,对野生花卉的引种、扩繁方面未有提及。2007年初,合肥植物园启动了"合肥地区野生地被植物资源调查、保育及园林应用"项目,目前完成了前期资源调查统计、标本采集,以及在合肥植物园艺梅馆、科技部实验地等处进行了部分地被植物的引种、观测、记录等方面的工作。

3.1　合肥地区野生地被资源调查

2007年2月至2009年7月期间,选取合肥市植被保存比较好的合肥植物园、大蜀山、小蜀山及紫蓬山等地进行考察,并采集标本带回实验室鉴定。通过查阅相关文献[7-11],我们共统计出合肥当地野生地被 植物210种,隶属于44科129属,见表1。

表1 合肥地区野生地被植物名录

Table 1 List of wild ground-cover resources in Hefei

序号 Number	植物名称 Plant Name	拉丁名 Scientific Name	园林应用 Landscape Application	观赏特性 OrnamentalCharacteristic	生态习性 Habit
1	苘麻*	*Abutilon theophrasti*	缀花草坪	观叶、花、果	阳生
2	牛膝	*Achyranthes bidentata*	林下地被	观叶	半阴生
3	细叶水团花*	*Adina rubella*	林下地被	观叶、花、果	半阴生
4	合萌*	*Aeschynomene indica*	湿地	观叶、花、果	阳生
5	多花筋骨草*	*Ajuga multiflora*	林下地被、缀花草坪	观叶、花	半阴生
6	薤白	*Allium macrostemon*	林下地被	观叶、花	半阴生
7	看麦娘*	*Alopecurus aequalis*	湿地草坪	观叶、果	半阳生
8	日本看麦娘*	*Alopecurus japonicus*	湿地草坪	观叶、果	半阳生
9	点地梅*	*Androsace umbellata*	林下地被、缀花草坪	观叶、花	半阴生
10	曲芒楔颖草	*Apocopis wrightii*	草坪	观叶、果	阳生
11	马兜铃*	*Aristolochia debilis*	林下地被	观叶	阴生
12	燕麦*	*Arrhenatherum elatius*	草坪	观叶、果	阳生
13	野燕麦	*Arrhenatherum fatua*	草坪	观叶、果	阳生
14	黄花蒿*	*Artemisia annua*	缀花草坪	观叶、花	阳生
15	艾蒿*	*Artemisia argyi*	缀花草坪	观叶、花	阳生
16	红足蒿*	*Artemisia rubripes*	缀花草坪	观叶、花	阳生
17	蒌蒿*	*Artemisia selengensis*	缀花草坪	观叶、花	阳生
18	茵陈蒿*	*Artermisia capillaris*	缀花草坪	观叶、花	阳生
19	荩草*	*Arthraxon hispidus*	草坪	观叶、果	阳生
20	杜衡*	*Asarum forbesii*	攀援	观叶	阴生
21	三脉紫菀*	*Aster ageratoides*	缀花草坪	观叶、花	阳生
22	钻叶紫菀*	*Aster subulatus*	缀花草坪	观叶、花	阳生
23	菵草*	*Beckmannia syzigachne*	湿地草坪	观叶、果	阳生
24	鬼针草	*Bidens pilosa*	湿地	观叶、花、果	阳生
25	白花鬼针草	*Bidens pilosa var. radiata*	湿地	观叶、花、果	阳生
26	大狼把草	*Bidens tripartita*	湿地	观叶、花、果	阳生
27	多苞斑种草*	*Bothriospermum secundum*	林下地被	观叶、花	半阴生
28	柔弱斑种草	*Bothriospermun tenellum*	林下地被	观叶、花	半阴生
29	雀麦	*Bromus japonicus*	草坪	观叶、果	阳生
30	篱打碗花*	*Calystegia sepium*	攀援	观叶、花	半阴生
31	荠菜*	*Capsella bursa-pastoris*	林下地被、花境	观叶、花、果	半阴生
32	弯曲碎米荠	*Cardamine flexuosa*	林下地被	观叶、花、果	半阴生
33	假弯曲碎米荠	*Cardamine flexuosa var. fallax*	林下地被	观叶、花、果	半阴生
34	碎米荠	*Cardamine hirsuta*	林下地被	观叶、花、果	半阴生
35	水田碎米荠	*Cardamine lyrata*	林下地被	观叶、花、果	半阴生
36	飞廉	*Carduus crispus*	缀花草坪	观叶、花	阳生
37	红穗薹草	*Carex argyi*	林下地被	观叶、果	半阴生
38	皱包薹草	*Carex chungii*	林下地被	观叶、果	半阴生

（续）

序号 Number	植物名称 Plant Name	拉丁名 Scientific Name	园林应用 Landscape Application	观赏特性 OrnamentalCharacteristic	生态习性 Habit
39	长芒薹草	*Carex davidii*	林下地被	观叶、果	半阴生
40	垂穗薹草*	*Carex dimorpholepis*	林下地被	观叶、果	半阴生
41	隐匿薹草	*Carex infossa*	林下地被	观叶、果	半阴生
42	江苏薹草	*Carex kiangsuensis*	林下地被	观叶、果	半阴生
43	弯喙薹草	*Carexlaticeps*	林下地被	观叶、果	半阴生
44	尖嘴薹草	*Carex leiorhyncha*	林下地被	观叶、果	半阴生
45	翼果薹草*	*Carex neurocarpa*	林下地被	观叶、果	半阴生
46	杯颖薹草	*Carex poculisquama*	林下地被	观叶、果	半阴生
47	天名精*	*Carpesium abrotanoides*	缀花草坪	观叶、花	阴生
48	决明*	*Cassia tora*	花镜、缀花草坪	观叶、花、果	半阴生
49	簇生卷耳*	*Cerastium caespitosum*	林下地被	观叶	半阴生
50	球序卷耳*	*Cerastium glomeratum*	林下地被	观叶	半阴生
51	土荆芥	*Chenopodium ambrosioides*	林下地被	观叶	半阴生
52	灰绿藜	*Chenopodium glaucum*	林下地被	观叶	半阴生
53	小藜	*Chenopodium serotinum*	林下地被	观叶	半阴生
54	野菊*	*Chrysanthemum indicum*	缀花草坪	观叶、花	阳生
55	蓟*	*Cirsium japonicum*	缀花草坪	观叶、花	阳生
56	刺儿菜*	*Cirsium setosum*	缀花草坪	观叶、花	阳生
57	木防己*	*Cocculus orbiculatus*	攀援	观叶	阳生
58	饭包草*	*Commelina benghalensis*	湿地处缀花草坪	观叶、花	阳生
59	鸭跖草*	*Commelina communis*	湿地处缀花草坪	观叶、花	阳生
60	田旋花*	*Convolvulus arvensis*	攀援	观叶、花	半阴生
61	臭荠*	*Coronopus didymus*	林下地被	观叶、花、果	半阴生
62	狗牙根*	*Cynodon dactylon*	草坪	观叶、果	阳生
63	双花狗牙根	*Cynodon dactylon* var. *biflorus*	草坪	观叶、果	阳生
64	阿穆尔莎草*	*Cyperus amuricus*	水景园、湿地	观叶、花、果	阳生
65	扁穗莎草	*Cyperus compressus*	水景园、湿地	观叶、花、果	阳生
66	异型莎草*	*Cyperus difformis*	水景园、湿地	观叶、花、果	阳生
67	头状穗莎草*	*Cyperus glomeratus*	水景园、湿地	观叶、花、果	阳生
68	旋鳞莎草*	*Cyperus michelianus*	水景园、湿地	观叶、花、果	阳生
69	具芒碎米莎草	*Cyperus microria*	水景园、湿地	观叶、花、果	阳生
70	莎草*	*Cyperus rotundus*	水景园、湿地	观叶、花、果	阳生
71	小叶三点金	*Desmodium microphyllum*	缀花草坪	观叶、花	半阴生
72	毛马唐*	*Digitariasanguinalis* var. *ciliaris*	草坪	观叶、果	阳生
73	蛇莓*	*Duchesnea indica*	林下地被	观叶、花、果	阴生
74	长芒稗	*Echinochloa caudata*	草坪	观叶、果	阳生
75	稗子	*Echinochloa crusgalli*	草坪	观叶、果	阳生
76	西来稗	*Echinochloacrusgalli* var. *zelayensis*	草坪	观叶、果	阳生
77	无芒稗	*Echinochloa crusgalli* var. *mitis*	草坪	观叶、果	阳生
78	华东蓝刺头*	*Echinops grijisii*	缀花草坪	观叶、花	阳生

（续）

序号 Number	植物名称 Plant Name	拉丁名 Scientific Name	园林应用 Landscape Application	观赏特性 OrnamentalCharacteristic	生态习性 Habit
79	全缘叶马兰*	Eclipta integrifolia	缀花草坪	观叶、花	阳生
80	醴肠	Eclipta prostrata	湿地	观叶、花	阳生
81	牛筋草*	Eleusine indica	草坪	观叶、果	阳生
82	节节草*	Equisetum ramosissimum	林下地被	观叶	半阴生
83	秋画眉草	Eragrostis autumnalis	草坪	观叶、果	阳生
84	大画眉草*	Eragrostis cilianesis	草坪	观叶、果	阳生
85	知风草*	Eragrostis ferruginea	草坪	观叶、果	阳生
86	画眉草	Eragrostis pilosa	草坪	观叶、果	阳生
87	小画眉草*	Eragrostis poaeoides	草坪	观叶、果	阳生
88	一年蓬	Erigeron annuus	缀花草坪	观叶、花	阳生
89	泽兰*	Eupatorium japonium	缀花草坪	观叶、花	阳生
90	泽漆*	Euphorbia helioscopia	林下地被	观叶、花、果	阳生
91	地锦草*	Euphorbia humifusa	林下地被、缀花草坪	观叶	阳生
92	通奶草*	Euphorbia hypericifolia	林下地被	观叶	阳生
93	斑地锦*	Euphorbia maculata	林下地被、缀花草坪	观叶	阳生
94	水虱草*	Fimbristylis miliacea	水景园、湿地	观叶、花、果	阳生
95	结状飘佛草*	Fimbristylis rigidula	水景园、湿地	观叶、花、果	阳生
96	双穗飘佛草*	Fimbristylis subbispicata	水景园、湿地	观叶、花、果	阳生
97	野老鹳草*	Geranium carolinianum	林下地被、缀花草坪	观叶、花、果	阳生
98	野大豆	Glycine soja	攀援	观叶、花、果	阳生
99	鼠曲草*	Gnaphalium affine	缀花草坪	观叶、花	阳生
100	长柄米口袋	Gueldenstaedtia harmsii	缀花草坪	观叶、花、果	阳生
101	狭叶米口袋*	Gueldenstaedtia stenophylla	缀花草坪	观叶、花、果	阳生
102	渐尖穗莎荸荠*	Heleocharis attenuata	水景园、湿地	观叶、花、果	阳生
103	江南荸荠*	Heleocharis migoana	水景园、湿地	观叶、花、果	阳生
104	牛鞭草*	Hemarthria altissima	草坪	观叶、果	阳生
105	泥胡菜*	Hemistepta lyrata	缀花草坪	观叶、花	阳生
106	野西瓜苗	Hibiscus trionum	林下地被	观叶、花	阳生
107	蕺菜*	Houttuynia cordata	林下地被	观叶、花	半阴生
108	天胡荽*	Hydrocotyle sibthorpioides	湿地	观叶	阴生
109	旋复花*	Inula japonica	水湿处缀花草坪	观叶、花	阳生
110	马兰*	Kalimeris indica	缀花草坪	观叶、花	阳生
111	长萼鸡眼草*	Kummerowia stipuiacea	林下地被、缀花草坪	观叶	半阴生
112	鸡眼草*	Kummerowia striata	林下地被、缀花草坪	观叶	半阴生
113	宝盖草*	Lamium amplexicaule	林下地被、缀花草坪	观叶、花	半阴生
114	稻槎菜	Lapsana apogonoldes	缀花草坪	观叶、花	阳生
115	益母草*	Leonurus japonicus	林下地被、缀花草坪	观叶、花	半阴生
116	北美独行菜	Lepidium virginicum	林下地被	观叶、花、果	半阴生
117	千金子*	Leptochloa chinensis	草坪	观叶、果	阳生
118	阔叶土麦冬*	Liriope platyphylla	林下地被、缀花草坪	观叶、花	半阴生

（续）

序号 Number	植物名称 Plant Name	拉丁名 Scientific Name	园林应用 Landscape Application	观赏特性 OrnamentalCharacteristic	生态习性 Habit
119	半边莲*	*Lobelia chinensis*	水湿处缀花草坪	观叶、花	阴生
120	任滩苦荬菜*	*Lxeris debilis*	缀花草坪	观叶、花	阳生
121	抱茎苦荬菜*	*Lxerissonchifolia*	缀花草坪	观叶、花	阳生
122	海金沙*	*Lygodium japonicum*	林下地被	观叶	阴生
123	早落通泉草*	*Mazus caducifer*	林下地被、缀花草坪	观叶、花	半阴生
124	小苜蓿*	*Medicagominima*	林下地被、缀花草坪	观叶、花、果	阳生
125	南苜蓿*	*Medicagopolymorpha*	林下地被、缀花草坪	观叶、花、果	阳生
126	蝙蝠葛*	*Menispermum dahuricum*	攀援	观叶	阴生
127	萝藦*	*Metaplexis japonica*	攀援	观叶、花、果	阳生
128	乱子草	*Muhlenbergia hugelii*	草坪	观叶、果	阳生
129	乳苣	*Mulgedium tataricum*	缀花草坪	观叶、花	阳生
130	水芹*	*Oenanthe javanica*	湿地	观叶	阳生
131	酢浆草*	*Oxalis corniculata*	林下地被、缀花草坪	观叶、花	阴生
132	疏花鸡矢藤	*Paederia laxiflora*	攀援	观叶、花、果	半阴生
133	鸡矢藤*	*Paederia scandens*	攀援	观叶、花、果	半阴生
134	雀稗	*Paspalum thunbergii*	草坪	观叶、果	阳生
135	狼尾草**	*Pennisetum alopecuroides*	草坪	观叶、果	阳生
136	草胡椒	*Peperomia pellucida*	林下地被	观叶、花	阴生
137	紫苏	*Perilla frutescens*	湿地	观叶、花	阳生
138	铁苋菜	*Phyllanthus australis*	林缘	观叶、果	阳生
139	叶下珠*	*Phyllanthus urinaria*	林下地被、缀花草坪	观叶、果	阳生
140	灯笼草*	*Physalis angulata*	花境	观叶、花、果	阳生
141	美洲商陆*	*Phytolaccaamericana*	林下地被	观叶、花、果	半阴生
142	虎掌*	*Pinellia pedatisecta*	草坪	观叶	阴生
143	车前*	*Plantago asiatica*	林下地被、缀花草坪	观叶、花、果	半阴生
144	两栖蓼	*Polygonum amphibium*	湿地	观叶	阳生
145	萹蓄*	*Polygonum aviculare*	缀花草坪	观叶	阳生
146	卷茎蓼	*Polygonum convolvulus*	湿地	观叶	阳生
147	水蓼	*Polygonum hydropiper*	湿地	观叶、花	阳生
148	蚕茧草	*Polygonum japonicum*	湿地	观叶、花	阳生
149	愉悦蓼	*Polygonum jucundum*	湿地	观叶、花	阳生
150	酸模叶蓼*	*Polygonum lapathifolium*	湿地	观叶、花	阳生
151	圆基长鬃蓼	*Polygonum longisetum*	湿地	观叶、花	阳生
152	何首乌*	*Polygonum multiforum*	林下地被	观叶、花	半阴生
153	红蓼*	*Polygonum orintale*	湿地	观叶、花	阳生
154	杠板归*	*Polygonum perfoliatum*	林下地被	观叶、花、果	半阴生
155	腋花蓼*	*Polygonum plebeium*	缀花草坪	观叶	阳生
156	无辣蓼	*Polygonum pubescens*	湿地	观叶、花	阳生
157	粘毛蓼	*Polygonum viscosum*	湿地	观叶、花	阳生
158	棒头草*	*Polypogon fugax*	湿地草坪	观叶、果	阳生

（续）

序号 Number	植物名称 Plant Name	拉丁名 Scientific Name	园林应用 Landscape Application	观赏特性 OrnamentalCharacteristic	生态习性 Habit
159	马齿苋*	*Portulaca oleracea*	岩石园	观叶、花	阳生
160	翻白草*	*Potentilla discolor*	林下地被	观叶、花、果	阳生
161	莓叶委陵菜*	*Potentilla fragarioides*	林下地被	观叶、花、果	阴生
162	蛇含委陵菜	*Potentilla kleiniana*	林下地被	观叶、花、果	阴生
163	朝天委陵菜	*Potentilla supina*	林下地被	观叶、花、果	阴生
164	三叶朝天委陵菜	*Potentilla supina* var. *ternata*	林下地被	观叶、花、果	阴生
165	夏枯草*	*Prunella vulgaris*	林下地被、缀花草坪	观叶、花	半阴生
166	伪针茅*	*Pseudoraphis spinescens*	湿地	观叶、果	阳生
167	凤尾蕨*	*Pteris nervosa*	林下地被	观叶	阴生
168	台湾翅果菊*	*Pterocypsela formosana*	缀花草坪	观叶、花	阳生
169	球穗扁莎	*Pycreus flavidus*	水景园、湿地	观叶、花、果	阳生
170	茴茴蒜	*Ranunculus chinensis*	林下地被	观叶、花、果	半阴生
171	毛茛*	*Ranunculus japonicus*	林下地被	观叶、花、果	半阴生
172	刺果毛茛	*Ranunculus muricatus*	林下地被	观叶、花、果	半阴生
173	猫爪草*	*Ranunculus ternatus*	林下地被	观叶、花、果	半阴生
174	鹅观草*	*Roegneria kamoji*	草坪	观叶、果	阳生
175	酸模*	*Rumex acetosa*	湿地	观叶、花	阳生
176	齿果酸模	*Rumex dentatus*	湿地	观叶、花	阳生
177	巴天酸模*	*Rumex patientia*	湿地	观叶、花	阳生
178	长刺酸模	*Rumex trisetiferus*	湿地	观叶、花	阳生
179	漆姑草	*Sagina japonica*	林下地被	观叶、花	半阴生
180	荔枝草*	*Salvia plebeia*	缀花草坪	观叶、花	阳生
181	地榆*	*Sanguisorba officinalis*	林下地被	观叶、花	阴生
182	长叶地榆	*Sanguisorba officinalis* var. *longifolia*	林下地被	观叶	阴生
183	蔍草*	*Scirpus triqueter*	水景园、湿地	观叶、花、果	阳生
184	费菜*	*Sedum aizoon*	岩石园	观叶、花	半阴生
185	凹叶景天*	*Sedum emarginatum*	岩石园	观叶、花	半阴生
186	垂盆草*	*Sedum sarmentosum*	岩石园	观叶、花	半阴生
187	天葵*	*Semiaquiligia adoxoides*	林下地被	观叶、花、果	半阴生
188	千里光*	*Senecio scandens*	缀花草坪	观叶、花	阳生
189	狗尾草	*Setaria viridis*	草坪	观叶、果	阳生
190	白英*	*Solanum lyratum*	林下地被	观叶、花、果	半阳生
191	龙葵	*Solanum nigrum*	林下地被	观叶、花、果	阳生
192	苦苣菜*	*Sonchus oleraceus*	缀花草坪	观叶、花	阳生
193	中国繁缕*	*Stellaria chinensis*	林下地被	观叶、花	阴生
194	繁缕	*Stellaria media*	林下地被	观叶、花	阴生
195	蒲公英*	*Taraxacum mongolicum*	缀花草坪	观叶、花	阳生
196	王不留行	*Vaccaria segegtalis*	花境	观叶、花	阳生
197	马鞭草*	*Verbena officinallis*	林下地被、缀花草坪	观叶、花	半阴生
198	婆婆纳*	*Veronica didyma*	林下地被、缀花草坪	观叶、花	半阴生

（续）

序号 Number	植物名称 Plant Name	拉丁名 Scientific Name	园林应用 Landscape Application	观赏特性 OrnamentalCharacteristic	生态习性 Habit
199	阿拉伯婆婆纳*	*Veronica persica*	林下地被、缀花草坪	观叶、花	半阴生
200	直立婆婆纳*	*Veronica urvensis*	林下地被、缀花草坪	观叶、花	半阴生
201	广布野豌豆*	*Vicia cracca*	缀花草坪	观叶、花、果	阳生
202	小巢菜*	*Vicia hirsuta*	缀花草坪	观叶、花、果	阳生
203	救荒野豌豆	*Vicia sativa*	缀花草坪	观叶、花、果	阳生
204	四籽野豌豆	*Vicia tetrasperma*	缀花草坪	观叶、花、果	阳生
205	野豇豆	*Vigna vexillata*	攀援	观叶、花、果	阳生
206	白花地丁*	*Viola lactiflora*	林下地被、缀花草坪	观叶、花、果	阴生
207	紫花地丁*	*Viola yedoensis*	林下地被、缀花草坪	观叶、花、果	阴生
208	蘡薁*	*Vitis adstricta*	攀援	观叶	阳生
209	苍耳*	*Xanthium sibiricum*	水湿处缀花草坪	观叶、花	阳生
210	黄鹌菜*	*Youngia japonica*	缀花草坪	观叶、花	阴生

表1名录中排除了一些野生已被驯化栽培的地被植物种类，如地肤 *Kochia scoparia*、马蹄金 *Dichondra repens*、沿阶草 *Ophiopogon bodinieri*、虎耳草 *Saxifraga stolonifera*、灯心草 *Juncus effusus*、忍冬 *Lonicera japonica*、石蒜 *Lycoris radiata*、假俭草 *Eremochloa ophiuroides*、水烛 *Typha angustifolia*、珍珠菜 *Lysimachia clethroides* 等。对于北美毛车前 *Plantago virginica*、喜旱莲子草 *Alternanthera philoxeroides*、豚草 *Ambrosia artemisiifolia* 等恶性杂草亦将其排除在外。葎草 *Humulus scandens* 因其攀附能力太强，对附生植物有绞杀作用，也不能列入其中，但是该种可以用在荒地、废弃地的先期绿化。表中打*代表是该地区比较常见的、繁殖利用起来比较容易，且观赏价值较高的地被植物，其中绝大部分地被植物，只需要进行扩繁后即可应用到园林绿化当中。虽然上表中很多地被植物的观赏价值并不高，但作为生物多样性组成之一，每个物种都携带有适应当地气候环境的优良基因。如野大豆，

在合肥植物园是很常见的一种杂草，但却是国家三级保护植物。这些野生植物，在今后的分子水平的育种上必定能用上，这也是进行野生地被植物保育的主要原因。

3.2　地被组成分析

在合肥地区210种野生地被中，以菊科植物最多，达36种，禾本科以32种次之，莎草科含有24种野生地被植物，蓼科与豆科则分别含有18种与16种，这5个科共有野生地被植物126种，占合肥地区野生地被植物总数的60%，共同构成该地野生地被植物的优势科。蓼属含14种植物，而薹草属与莎草属则分别含10种与7种植物，共同构成合肥地区野生地被的3大优势属。

3.3　合肥地区野生地被植物类型

经过调查研究发现，合肥地区可供开发利用的野生地被植物资源非常丰富，按照它们的生物学特性可将分为一、二年生地被、宿根类地被、灌木类地被和藤本类地被，见表2。

表 2　合肥地区 4 种地被类型的常见地被植物

Table 2　Common species of wild ground-cover in Heifei

地被类型 Types	常见种类 Common species
一、二年生 地被植物	点地梅、萹蓄、小巢菜、簇生卷耳、中国繁缕、蒲公英、南苜蓿、泽漆、荠菜、斑地锦、通奶草、阿拉伯婆婆纳、天胡荽、早落通泉草、宝盖草、泥胡菜、旋复花、叶下珠、看麦娘、画眉草、马唐、红蓼、天葵、小叶三点金、莎草属等
宿根类地被植物	木贼、猫爪草、蛇莓、莓叶委陵菜、蕺菜、垂盆草、紫花地丁、白花地丁、车前草、半边莲、夏枯草、马鞭草、益母草、多花筋骨草、阔叶土麦冬、渐尖穗莎草、薹草属等
灌木类地被植物	决明、细叶水团花等
藤本类地被植物	何首乌、杠板归、木防己、蝙蝠葛、蘡薁、萝藦、鸡矢藤、疏花鸡矢藤、田旋花、白英、马兜铃、篱打碗花等

另外，其中许多植物种类还兼具有药用价值，如决明、萝藦、鸡矢藤、夏枯草等，是建设专类药草园及园林结合生产的优良植物材料。

3.4　引种保育试验

目前我们从合肥地区选择收集了一批观赏性较强的野生地被植物，栽植于合肥植物园艺梅馆内。如节节草、马兜铃、蝙蝠葛、鸡眼草等叶形都比较奇特，观叶效果非常好；斑地锦的叶上带有红晕，是很好的观叶植物。紫花地丁、宝盖草、夏枯草、饭包草以及红蓼不仅叶形奇特，开的花也非常好看，是观赏效果极佳的野生地被植物。蛇莓、野老鹳草、灯笼草等则是叶、花、果观赏效果俱佳的地被植物，有很高的开发利用价值。到目前为止，我们现在已经移植于艺梅馆的野生地被植物有 34 科 58 属 107 种。通过实践观察，我们在植物园的艺梅馆，专门辟出一片靠近水岸的开阔地，一年四季用不同的野生植物作地被。春天选用南苜蓿、泛生野豌豆、小巢菜、天胡荽、半边莲、宝盖草、阿拉伯婆婆纳作地被。夏秋季在阴坡选用灯笼草、白英、杜衡、细辛、鸡眼草、决明、夏枯草、叶下珠等野生植物作地被；而在阳坡选用大戟科的斑地锦、通奶草、萹蓄、习见蓼，禾本科的狗牙根等不怕太阳的阳生性植物作地被。冬天主要是选

用蒲公英、泥胡菜、黄鹌菜、苦荬菜等菊科的植物作地被。等到了冬天后，斑地锦经过霜冻后，通体红色，非常美丽。

4　讨论

作为世界园林之母的中国，园林绿化资源丰富。但是，在我国的园林绿化上，我们却花很大的代价去国外引进洋花品种，学习西方人，建设大面积的草地。每年需要花费大量的人力、物力去维护。我们更应该着眼于实际，培育属于我们中国特色的地被植物，而这些野生地被植物就是很好的材料。

针对保育过程中遇到的实际问题，提出以下建议：

（1）野生地被植物的利用要因地制宜，不同的生境选育不同的种类，以期达到保育与观赏的双重目的。

（2）在保育过程中，应细心观察，发现好的种类，成片生长的，要及时插牌。因在植物园，除草的并不都是专业技术人员，如果不及时插牌，自然容易被当成杂草除掉。对于量少的种类，要及时移到专用区域，并收集种子，准备扩繁。

（3）在野生地被植物的选育上，蕨类植物与苔藓植物也是很好的选择，但在国内，目前这方面的应用几乎是空白，非常值得

深入研究。

除了可以直接利用野生地被植物作为观赏植物开发外,野生地被植物长期处于天然自生状态,适应性广、抗逆性强,也是宝贵的抗逆性基因库(抗旱、抗寒、抗病、抗热等)。许多野生花卉都是栽培花卉的近缘种,可利用多种技术开展育种工作,培育观赏价值高、适应性强的花卉新品种,这也是我们开展引种调查和保育研究的另一重要意义。

参考文献

[1]周家琪,吴涤新. 秦岭南坡火地塘等地区野生花卉和地被植物种质资源调查初报[J]. 北京林学院学报,1982,4(2):78 – 92.

[2]谭继清,李明清,王世宇. 重庆园林地被植物资源及其利用的调查研究报告[J]. 生态学杂志,1998,24(3):18 – 20.

[3]李燕,李兆光,杨静等. 滇西北高山园林地被植物种质资源[J]. 云南农业科技,2003,(5):43 – 44.

[4]箫运峰,高洁. 耐阴保健地被植物——绞股蓝的研究[J]. 四川草原,1999,(2):10 – 13.

[5]石定燧,秦明,阿不来提. 野生地被植物——鹅绒委陵菜研究初报[J]. 草业科学,1999,16(12):9 – 11.

[6]张莉等. 合肥地区野生花卉种质资源调查研究[J]. 安徽农学通报,2008,14(16):92 – 93,106.

[7]安徽植物志编写组. 安徽植物志(第一卷)[M]. 合肥:安徽科学技术出版社,1985.

[8]安徽植物志编写组. 安徽植物志(第二卷)[M]. 北京:中国展望出版社,1986.

[9]安徽植物志编写组. 安徽植物志(第三卷)[M]. 北京:中国展望出版社,1988.

[10]安徽植物志编写组. 安徽植物志(第四卷)[M]. 合肥:安徽科学技术出版社,1991.

[11]安徽植物志编写组. 安徽植物志(第五卷)[M]. 合肥:安徽科学技术出版社,1992.

仙人掌及多浆植物在北京的种植及
室外造景的应用研究
Studies on Cactus and Succullent Planting Outside in Beijing

成雅京　赵世伟　汪兆林

（北京市植物园,北京香山卧佛寺 100093）

Cheng Yajing　Zhao Shiwei　Wang Zhaolin

（*Beijing Botanical Garden*, *Beijing* 100093）

摘要:通过对几种原产美洲及非洲的仙人掌及多浆植物的栽培,总结出这些植物的栽培要点及种植经验,可以在今后的工作中进行推广。对仙人掌及多浆植物在北京进行室外栽培造景的研究,表明在 4～11 月份可以正常生长、展叶、开花,能够适应室外 5～40℃ 的温度范围,能应用到室外园林造景中。同时总结出仙人掌及多浆植物在造景时的一些种植规范和经验,可以应用到今后的实际工作中。仙人掌及多浆植物具有耐干旱的特性可以半个月补水一次,达到建设节约型园林的要求。因此,仙人掌及多浆植物适合应用于北京的室外绿化造景,具有推广应用的广阔前景。

关键词:仙人掌及多浆植物;北京;室外造景

Abstract: The study on cactus and succullents planting outside was conducted in Beijing. It showed that cactus and succullents could be planted outside from April to November, and that the plants grew very well. Cactus and succullent can save water, and they need watering every fifteen days. It's good for planting outside in Beijing.

Key words:cactus and succullents; Beijing;outdoor planting

仙人掌及多浆植物包括 50 个科 10000 余种植物,原产地多分布在美洲和非洲大陆,因造型奇特,同时又是耐热、耐干旱的植物,独具异域风情,所以近两年受到国内人士的欢迎,国内各大植物园以及各大花商纷纷引种栽培。由于北京特殊的气候类型,冬季有极端低温期,大多数仙人掌及多浆植物只能在室内栽培。北京市植物园自1998 年至今共计引种仙人掌及多浆植物29 科、96 属、2000 种(含变种、变型与品种)。经过多年的栽培、种植、选择,我们现已经总结出种植仙人掌及多浆植物的方法,选育出适合北京室外 4～11 月份种植的仙人掌及多浆植物 200 余种,通过实地栽培造景已经总结出适合北京地区的养护方法及造景方法,为在北京室外运用仙人掌及多浆植物进行绿化造景提供了经验。

1　仙人掌及多浆植物的概念

1.1　仙人掌类植物

指仙人掌科的植物,他们的最大特点是有刺座,刺座是变态的短缩枝,刺座上着生叶芽、花芽和不定芽。因此除了毛外,花、仔球和幼嫩的茎节也从刺座上长出。仙人掌科植物原产于南、北美洲,墨西哥是仙人掌植物的主要原产地之一。

1.2 多浆植物

又称多肉植物，指除仙人掌科以外的包括番杏科、景天科、大戟科、龙舌兰科、萝藦科、百合科在内的五十余科的肉质肥厚的种类。多肉花卉除南极洲之外，各大洲都有分布，但是以非洲最为集中，南非这块土地上集中了多肉花卉 5000 多种。

2 北京市植物园引种栽培仙人掌及多浆植物的经验

2.1 引种类型

北京市植物园自 1998 年至今共计引种仙人掌及多浆植物 29 科、96 属、2000 种（含变种、变型与品种）。北京市植物园成立了仙人掌及多浆植物研究组，由专人负责从国外搜集仙人掌及多浆植物，专人负责养护、培育。

2.2 栽培研究

仙人掌及多浆植物原产地多为热带，而北京地处北温带，两地气候差异较大，通过查阅相关资料，了解所要引种的植物种类，了解引种对象的生长习性、对环境的要求及引种地的气候、土壤、植被，创造适合植物生长的条件，使引种植物的成活率达到了 95% 以上。

在北京市植物园，仙人掌及多浆植物主要种植在阳光板温室中，夏季晴天采取遮光率为 50% 的遮荫网遮光。植物分为盆栽和地栽两种方式，盆栽与地栽采用的种植土配方基本相同，粗沙 3 份、阔叶土 5 份、炉灰渣 2 份、骨粉 1 份。室温夏季最高温度 47℃，冬季最低温度 13℃。浇水方式为 3~5 天浇水 1 次。同时每年 4~11 月选取龙舌兰科、景天科、大戟科、仙人掌科、百合科的植物放于室外养护，一般在第一次霜降后移入温室中，植物均能正常生长、开花、结果。

栽培中有以下两个实验：

（1）土壤配比实验：

配方 1：阔叶土 4 份、珍珠岩 1 份；

配方 2：粗沙 3 份、阔叶土 5 份、炉灰渣 2 份、骨粉 1 份；

配方 3：粗沙 3 份、阔叶土 5 份、炉灰渣 1 份。

三种配方栽培景天科青锁龙属玉米石，经过 1 年的栽培，结果见表 1：

表 1 玉米石不同土壤种植结果对比表

Table 1 *Sedum oryzifolium* growth in different soils

组名	叶色 Colour	根系 Root	叶长（cm）Leaves
配方 1	绿色	烂根	1.5
配方 2	深绿	良好	2.0
配方 3	深绿	良好	2.0

实验证明配方 2、3 都比较适合植物生长，配方 1 不适合植物生长。

（2）盆栽与地栽彩云阁的对比实验：

选用同一批完全一样的盆栽苗，株高 40cm，用土一样：粗沙 3 份、阔叶土 5 份、炉灰渣 2 份、骨粉 1 份，在阳光板温室种植 2 年，结果见表 2：

表 2 盆栽与地栽彩云阁生长对比表

Table 2 *Euphorbia trigona* growth in different areas

组名	高度（cm）Height	叶数 Leaves	色彩 Colour
盆栽	50	7 层	浅紫色有绿色
地栽	70	21 层	紫红色

实验证明地栽更适合植物生长。

2.3 适合室外栽培植物的选择

通过多年的栽培、观察，以及对植物的了解，我们选育出适合北京室外 4~11 月份种植的植物，它们具有耐干旱，喜光照，造型美，适合造景的特性。植物名录及观赏效果见表 3：

表3 适合室外栽植的植物评比表

科 Family	属 Genus	植物特点 Characteristic	适合种植方式 Planting	观赏性 Ornamental
Cactaceae 仙人掌	Opuntia 仙人掌	本属大型品种是最具代表性的仙人掌植物,是造景中最主要的部分	孤植,或景观的中心点	☆☆☆
	Cereus 天轮柱	高大挺拔	丛植	☆☆☆
	Cephalocereus 翁柱	中型植物,背白毛	孤植或丛植	☆☆☆
	Stetsonia 近卫柱	刺长,株形优美	孤植或配植	☆☆☆
	Carnegiea 巨人柱	高大	景观中的中心植物	☆☆☆
	Lamaireocereus 群戟柱	矮小	丛植	☆
	Melocactus 花座球	小球	片植,丛植	☆☆
	Echinocactus 金琥	大球,重要的造景植物	孤植或丛植	☆☆☆
	Ferocactus 强刺球	小型球	适合片植	☆☆
Agavaceae 龙舌兰	Agave 龙舌兰	高大	孤植,配植	☆☆☆
	Yucca 丝兰	中型	孤植,片植	☆☆☆
Euphorbiaceae 大戟	Euphorbia 大戟	本属大、中、小型植物都有	孤植,片植	☆☆☆
Apocynaceae 夹竹桃	Pachypodium 棒棰树	中、小型	丛植	☆☆☆
	Adenium 阿登木	中、小型	孤植	☆☆☆
福桂花	Fouquieria 福桂花	大、中型	孤植,丛植	☆☆
Crassulaceae 景天	Aeonium. 莲花掌	小型	片植	☆☆☆
	Crassula 青锁龙	小型	片植	☆☆☆
	Echeveria 石莲花	小型	片植	☆☆☆
	Sedum 景天	小型	片植	☆☆☆
	Tylecodon 奇峰锦	小型	片植	☆☆☆

说明:观赏性良好☆,好☆☆,极佳☆☆☆。

3 多浆植物的景观布置及前景

3.1 景观种植地的选择

在北京市植物园内,选择了两块具代表性的地方。

一块地方位于展览温室门前,为大理石广场,没有遮蔽物,阳光直射,夏季的地表温度可达50℃,可以代表大多数需要美化的广场情况。

另一个地点位于两个错落的建筑物之间,位于老温室二、三展室南边,地面是土地,周围有绿化,种植有乔、灌木,下午有遮荫。这个环境可以代表大多数小区绿化的特点。

3.2 造景的实施

3.2.1 土壤的配比

种植多浆植物的土壤,要以沙质壤土为好,具备一定保水能力和肥力,排水要良好。

以下列举3种土壤的配制配方:

(1)粗沙3份,阔叶土5份,炉灰渣2份,骨粉少量。这份配比的土壤结构疏松,含有磷、钾肥以及植物生长必要的微量元素,适合大部分仙人掌和多浆植物。

(2)炉灰渣2份,火山灰2份,阔叶土3份,谷壳灰0.5份,骨粉少量。这种配比土壤中颗粒比较大,适合大型植物的种植。火山灰可以起到改善土壤排水性和增加少量矿物质的作用,谷壳灰补充土壤中的钾离子,可提高土壤中的肥力。

(3)粗沙6份,腐叶土3份,火山灰1份。适合粗放型植物的种植,对土壤的肥力要求不高,例如芦荟、龙舌兰等植物。

3.2.2 植物材料选择

广场上选择翡翠盘、金边龙舌兰、丝兰、棒槌树、金琥、大戟阁锦、龙骨、黑法师、草树、光棍树、近卫柱、虎刺梅等。

土地上选择龙舌兰、朝雾阁、仙人掌、霸王鞭、棒槌树、金琥、长寿花、丝兰等。

3.2.3 种植方式及手法

大温室门前广场上采取直接堆土种植植物的方式。老温室前结合原有的土地条件,加入粗沙和少量骨粉,将土壤搅拌均匀使用。

与西方国家不同,中国的园林造景通常具有一定的寓意和主题。大温室前的景区名为"沙漠之旅",其中的仙人掌、龙舌兰、金琥都是生长在美洲沙漠中的植物,景区的铺装采用沙砾,给人的感觉好像进入了美洲的沙漠中(图1)。

图1 沙漠之旅景观

老温室前的景区名为"异域风光",其中种植的仙人掌、龙舌兰、虎刺梅全部来自美洲,它们造型奇特,与老温室前原有植物如油松、黄杨、紫叶小檗、红枫等植物形成的具有中国特色的植物群落形成对比,让游客仿佛置身于遥远的异域他乡(图2)。

多浆植物的景观是,运用艺术的园林造景手法,将多种种植材料组合在一起,形成具有异域风情的景观。人们在造景时,

图2 异域风情景观

须考虑植物材料的规格、形状、颜色、高度等特性,再进行合理布置。既要体现原产地的风貌,又要表现艺术的美感,让自然美与人工美完美地结合在一起。

布景时,首先要根据周围的环境、空间、地形和观赏角度去布置。可先将高大的植物种在景观整体位置中后部大约2/3处,作为坐标位置。然后再根据设计需要,依照后、前、高、低的顺序来进行种植,最终达到色彩协调统一、高低错落有致、整体平衡稳定的效果。如果再配以朽木、山石,则使整个景观更加生动活泼、栩栩如生。造景完毕后,可用卵石或木材进行周边处置,既可防止种植土的流失,又能起到装饰作用,可谓一举两得。最后,用直径6~10mm粗沙或火山岩在景观表面覆盖一层。这样做,不仅美观,还能避免扬尘。

如此一来,原产地的风貌就完全体现出来了。

3.3 养护方式

两种景观的养护方式基本相同,以雨水为主要水源。春秋两季可以进行适当的人工补水。在北京地区适宜造景展示的时间一般在4~11月左右。霜降之后,可将

植株移入室内越冬。

仙人掌多浆植物一般不需要太多的修剪,对于肥力的要求不高,配好的土壤通常可以持续使用 1 ~ 2 年。

3.4 对比实验及结果

选择棒棰树作为实验对象,温室种植作为标本组,大温室前的广场种植,老温室前的地面栽植作为对比组,经过 4 ~ 11 月 7 个月的种植,然后进行测量,结果见表 4:

表 4　棒棰树生长对照表

组　名	叶　色 Colour	叶子层数 Number	叶子长度 (cm) Long	根系长度 (cm) Root
生产温室	黄绿	6	25	10
大温室广场	深绿	10	30	13
老温室前	深绿	10	30	13

三组使用同样的土壤配比:粗沙 3 份,阔叶土 5 份,炉灰渣 2 份,骨粉少量。实验数据均选择 5 株植物测量后取平均值,根系选择有二级以上分枝的测量。实验证明,室外种植的棒棰树生长更健壮。

4　结论与讨论

室外景区的植物均生长良好,可以正常展叶、开花,并且生长健壮,比同时期种植在温室中的植株长势旺盛,叶子也比较繁茂。这是由于它们接受了充足的阳光照射和户外流动的新鲜空气。这说明,这里的环境条件非常适宜它们的生长。

实验证明,在北京 4 ~ 11 月份,运用仙人掌及多浆植物进行室外造景这一设想是完全可行的。多浆植物对于北京春、夏、秋三个季节的气候比较适应。从景观上讲,多浆植物造型独特,具有异域风格。在养护上,操作比较简单,管理起来也比较方便。最重要的是,多浆植物具有耐干旱、耐酷热、耐瘠薄的特点。它们能在 5℃ ~ 45℃ 的温度范围内生长。除春、夏两季的雨水以外,只要补充很少量的水分就可以旺盛地生长。所以选用多浆植物造景可以达到节水及美化环境的目的。

北京是一个缺水的城市,如果在 4 ~ 11 月份可以运用多浆植物造景、绿化,不仅可以满足过节期间美化环境的需要,而且还可以达到节水、省工的效果,一举两得。

除了在城市中,如广场上、建筑物附近、体育馆周边、居民小区等区域,布置成大型景观以外,多浆植物还适宜布置成微缩景观,以"组合盆景"的形式,走入千家万户。这种微缩造景,在日本被称为"合植盆栽",在欧洲则被称为"活的花艺"、"动的雕塑"。这是由于所用的植物材料,全部是带根附土的活植物。所以,用多浆植物作为植物材料的"组合盆景",观赏期一般都很长。

综上所述,大力发展、推广多肉植物在园林造景和盆栽种植中的应用,不仅可以丰富园林景观,美化人们的生活环境,还能达到节约能源,实现节约型园林的建设要求。

参考文献

[1]徐民生,谢维苏．仙人掌及多浆植物［M］．北京:中国经济出版社,1997．

[2]徐民生,谢维苏．仙人掌及多浆花卉栽培问答［M］．北京:金盾出版社,1999．

[3]Werner Rauh. SUCCULENT AND XEROPHYTIC PLANTS OF MADAGASCAR VOLUME TWO. Strawberry Press,1998．

玉簪属主要品种资源栽培应用分类体系研究
Study on Classification of Cultivars Resources of the Genus *Hosta* in Horticulture

莫健彬　黄梅　陈晓敏

（上海植物园，上海 200231）

Mo Jianbin　Huang Mei　Chen Xiaomin

（ *Shanghai Botanical Garden* , *Shanghai* 200231）

摘要：本文研究分析了玉簪品种资源的特点及分类方法，并介绍了玉簪属分类新进展以及国际登录和品种命名新趋势，结合我国花卉品种二元分类体系原则和方法，提出了一个玉簪品种的分类原则和主要玉簪品种的二元五级分类方案。即按花期（或生态型）作为第一级分类标准，以叶形态大小作为第二级分类标准，以种源（种或种群）作为第三级分类标准，以叶色作为第四级分类标准，以品种或品种群作为第五或六级分类标准。其中，花期分 4 类，形态分 5 型，种源分 27 系，叶色分 8 组 6 亚组。

关键词：玉簪属；品种资源；园艺分类

Abstract：The characteristics of the cultivar resources of the genus *Hosta* were studied based on the field investigation , and then the classification of cultivar resources was discussed. Meanwhile , a new horticulture-using classification system's principle and method for the major hostas had been put forward in the first time. The new system scheme consists of 4 branches（according to flowering time）, 5 groups（according to leaf size）, 27 origins（species or forms or hybrida）, 8 leaf color series and 6 sub-series , with the cultivars or cultivar-group as the lowest unit. By the way , taxonomy advance and the current trends of nomenclature and registration for *Hosta* and its cultivars were introduced.

Key words：*Hosta*；cultivar resources；classification

　　玉簪属（*Hosta* Tratt）原产东北亚，主要是中国、朝鲜半岛和日本群岛，以日本最丰，本属长期归于百合科（Liliaceae：如 Engler 1930；Cronquist 1981），但近年多被置于玉簪科（Hostaceae：如 Dahlgren 1989；Kubitzki 1998）或龙舌兰科（Agavaceae：如 APGII 2003；Thorne 2007）。美国玉簪协会主席、分类学家 Schmid（2006）认为，单属科玉簪科（Hostaceae）最合理。其系统地位异议另文叙述，在此不赘。Schmid（1991）在 Maekawa（1940）、Hylander（1954）、Fujita（1976）等的基础上历时 15 年完成的专著 *The Genus Hosta*（1991），严格根据《国际植物命名法规》（ICBN），以野生植物为基础，修正了长期以来在玉簪属植物的分类和命名中野生植物和栽培植物不分所造成的混

基金来源：上海市绿化管理局课题：玉簪品种的筛选及繁育研究（F20040308 − 1）

作者简介：莫健彬，1964 年生，硕士，上海植物园管理处高级工程师，研究方向：园林植物及园艺。Email：seedm-jb@ yahoo. com. cn

乱或混淆,将玉簪属分为 3 个亚属、10 个组、43 种,在前人基础上新增 1 种、3 变种、3 变型,降低原分类级别的涉及 1 种、6 变种,种、栽培种、变种和变型以上的分类单位超过 100 个,同时将 50 个栽培种及以下单位降格为品种,并考查了约 3500 个登录或未登录的品种,从而形成了较全面的玉簪属植物系统分类,同时完成了对既有品种的修订和整理工作[1]。此一体系得到 Grenfell 等学界认同,并被作为玉簪品种国际登录的主要参考基准[2-3]。Schmid (2006,2007) 在分类学新资料情况下,将玉簪属修订为 3 亚属、10 组、39 种、23 变种、10 变型,2 存疑种[10]。同时指出,目前美国玉簪协会及国际登录仍以其 1991 体系为基准[4]。

《国际栽培植物命名法规》(ICNCP) 是规范栽培植物命名的另一个基本文件,如果 ICBN 针对植物合法的拉丁学名,ICNCP 则主要针对的是品种加词。根据 ICNCP (1995)[5],栽培植物分类单位为品种(cultivar)、品种群(cultivar-group)、嫁接嵌合体(graft-chimaeras),其命名必须通过发表(publication)、建立(establishment)和接受(acceptance)3 个程序才能成为合法。对于玉簪属而言,仅有品种和品种群,不存在嫁接嵌合体;ICNCP (2004)[6] 规定品种群加词不能与已命名的品种加词相同,使得此前 Schmid(1991)、Grenfell(1996) 和 Zilis (2000)针对玉簪属命名的一些特定栽培类型或品种群多数无效[1-3],目前 AHS(美国玉簪协会)仍使用的玉簪品种群仅保留了 H. Tardiana Group,代表一群由 H. 'Tardiflora' 和 H. sieboldiana 'Elegans' 杂交而成的系列品种,如 H. 'Halcyon'。另一方面,玉簪属内品种群命名出现停滞的趋势,主要原因在于实际使用中,品种群作为特定的分类单位使用被认为不方便又缺少有用的信息价值而日趋淡出,园艺界和苗圃商

在实际应用中更乐于简单化,即仅用单独的品种名(与 Schmid 个人通信)。因此,就玉簪属而言,作为分类单位意义上的合法命名,目前主要是品种("玉簪属名 + 品种加词"),以及少数品种群("玉簪属名 + 品种群加词"),二者构成了园艺应用分类的最基本单位。在品种分类体系中,各层级下除了野生植物直接转为栽培者外,目前的登录名录都不再附加种加词,当然,登录资料中仍有亲本来源。

美国玉簪协会(AHS)成立后,与美国明尼苏达大学景观树木园共同承担玉簪国际登录权威(IRA),指派玉簪国际登录顾问委员会指导玉簪属品种的命名和分类。AHS 每年举办的年度玉簪展,将登录品种或未登录品种分别展示,其展示分类系统采用二级分类法,先根据叶型大小分 6 组(2004 年以后归并为 5 组),然后将叶色分为 8 类 和 6 亚类,并分别列出每个品种的叶长和叶宽,以及列出叶片的中心色和叶缘色,对展示品种进行分类,显示出玉簪登录详尽而分类简略的办法。由于国际玉簪协会及其年度展的专业性、权威性,其分类体系在国际玉簪界影响较大而应用较普遍,是目前最具影响力的玉簪品种分类体系[8]。

本属植物自古在中日栽培,19 世纪引入欧洲成为贵族植物,并产生了不少园艺品种。20 世纪中叶以后,在美国开始广泛栽培,先作耐阴地被后兼观赏,发展到以观赏为主的庭院或景观绿地耐阴植物,如今成为广受欢迎的、时尚的休闲园艺植物。该属植物簇叶品质独特,通过栽培演化,观赏价值大为提高,叶、花、形俱佳,且变异丰富,育种成果层出不穷。进入 21 世纪以来,仍每年新增登录品种约 205 个,至 2008 年,玉簪登录品种 3940 个[8-11],此外还有众多未登录的商业和苗圃品种,预计总数在 5000 以上。

具有中国特色的观赏植物"二元分类法"由陈俊愉教授倡导并首先用于梅花品种分类,此后在我国多种著名花卉如荷花品种分类上得以应用,对我国花卉分类有重要影响[12-14];另一方面,二元分类法在其发展和完善过程中也面临着与ICNCP等衔接和协调融汇的问题,1999年陈俊愉教授在其中国梅花品种分类最新修正体系中,提出了3种系、5类、18型分类方案,同时对将植物学分类与园艺学分类结合及"二元分类"必须严格以品种演化作主线的观点做了修正,指出虽要力争品种演化为主,但亦应灵活掌握不强求,并要适当重视形态和实用等方面;品种分类层次和类型均不宜过多或太细而失之于繁琐[15]。2007年,陈俊愉教授根据ICNCP(2004)规定,在梅种之下将品种分为3个品种群,品种群以下则不再分类、型等级别,而将"二元分类法"的内涵融入品种名称之中[16]。由梅花品种分类体系的演变可窥我国观赏植物分类发展的一斑。我国学者对栽培植物的命名和分类与国际衔接和协调的,还有亦由我国学者任国际登录权威的桂花品种分类[17-19]。另一方面,我国观赏植物分类在长期脱离国际栽培植物命名法规的影响后,已逐步意识到与国际接轨的必要,但同时也要注意ICNCP自1953年首次创立以来,半个世纪的历史一直在发展中,最近的两版法规在使用中远非令人满意。针对新近的ICNCP(2004)也有学者认为其仍存在不足,认为其在分类、方法和命名等方面仍存在问题,仍未能为不同使用要求的群体提供一个简明系统。除了统一分类等级和标准困难外,一些规则仍过于复杂或限制性太强,而降低了其实用性和接受程度,有必要进一步发展[20]。

我国自20世纪90年代前后,开始从国外引入玉簪属园艺品种,此后,随着城市绿化的发展,玉簪属植物作为优良的观赏植物在国内得到了较大的发展和应用。面对丰富的品种,由于缺少必要的分类系统,而在引种和栽培实践中造成诸多不便。顺便一提的是,当前一些引入的玉簪品种,采取翻译性的商品名,非但不符合ICNCP的要求,而且容易造成混乱或混淆,对了解品种特性没有助益。为此,如何结合玉簪属分类学、品种命名和国际登录发展趋势及二元分类的方法和理念,建立一套服务于栽培应用的分类体系,具有积极的现实意义。

1 材料和方法

上海植物园2003~2004年间引种玉簪属品种幼苗或半成苗700余号,于2004~2009年间苗圃连续栽培,现保存近400号。通过多年的物候记录和田间观察,研究植物田间生长表现和生物学特性,记录成株株型,植株大小、叶型、叶色、叶大小、花型、花色、开花习性等形态特征,以此作为栽培应用分类的依据,探讨本属品种资源的分类方法和体系。

2 结果与分析

2.1 玉簪属品种资源特征

玉簪属植物在园艺上是一群以簇叶观赏为主、兼俱观花的优异耐阴宿根草本。本属种质资源分布的地理范围相对较狭窄,植物地理特征明显,生物学、生态学习性独特,且野生居群小气候多样性丰富,种间杂交容易,系统发育上存在多型性。栽培起源上,多数种和品种来源主要集中在日本本州及以南山地,少数来源于韩国及海岛,而我国来源的玉簪和紫萼在品种演化的历史中有重要和特殊的地位。另一方面,本属品种早期演化过程中,人工选择强化了以细胞质遗传为主的嵌合体叶色变化,尤其是20世纪80年代以后,多种选择与育种方法使品种数量迅速增加,变异方向先以品种叶片和其他观赏性状的新奇特为主,近年则更加注重花色、花香、株型及花葶和叶柄色泽性状等特征,现阶段采取多重组合杂交、反交和自交方法获得新品种,品种演化关系愈趋复杂。

总体而言,(1)玉簪品种资源具有两重性,分类学上种类较多且具有多型性,部分种间性状常具有相似性或过渡型,但品种种源或来源相对集中;种的分类性状较多但品种观赏性状相对集中;由于种源特性和人工选择的结果,观赏性状变化性较大(如叶大小和嵌合体间色在数量上的变化以及不同季节的变化),具有近似于连续分布的特征,但其观赏性状的主要类型仍具有可区分性。(2)不同品种具有不同的生理生态特征表现,主要体现在开花习性、生长发育情况以及对光照、水分等环境因子的不同响应上。这些为品种分类带来了困难也存在希望。

2.2 玉簪属品种主要观赏性状

当前玉簪品种分类主要基于形态学性状,其中一些具有重要分类学意义的性状(如萼片、雄蕊的花药颜色、花被片的颜色纹理等)并非主要的观赏性状,品种登录对性状的描述侧重于观赏性状,这些性状以地上部分为主(地下部分除少数种外大多相似)。在进行品种登录时,主要性状包括:根部结构,株型、直径、高度,叶的大小、叶脉、叶色、叶形、叶表面质地,花葶长度、苞片及苞叶,姿势,花的大小、花形、花色、芳香、开花期,结实等性状。品种分类则建立在对这些性状的定性和定量描述上。AHS 在描述这些性状时,形成了特定的语汇,如表1。

2.3 玉簪属品种资源的种源构成

本属约 39 种及数量众多的变种和变型,分属 3 亚属、10 组、5 亚组,但至今与品种演化有关的主要有 19 种和 8 个品种类

表 1 玉簪属品种主要观赏性状

性状	描述
株型	堆形(丛生状、覆地形)、直立形,常以丛幅和高度描述
根	根状茎,走茎(少)
叶形(长:宽)	带形叶(>12:1),披针形(6:1~3:1),卵形(2:1~3:2),心形(6:5),圆形(1:1)
叶面	平展形、皱凸形、杯状皱凸形、波形、扭曲形、馅饼形、沉脉形
叶色	基本色包括:绿、蓝绿(粉蓝)、黄、白,不同品种有过渡性。细分为浅绿、常绿、深绿;浅蓝绿、常蓝绿、深蓝绿;绿黄、暗黄、黄、金黄;绿白、奶白、纯白;绿斑、白斑、条纹色、嵌色等。色泽(深、暗、光泽),叶表面粉状蜡质附着情况,叶色数量和在叶面上位置的变化;叶色的季节变化,玉簪品种的春季色彩不一定稳定,主要变化趋势包括:变成绿色的(viridescense);变成黄色(lutescense);变成白色(albescense);蓝(粉)色到绿色(blue to green)
叶质	厚薄及纹理等
叶柄色	绿、紫斑红
花葶	长度 10~240cm,苞片,苞片状叶,粗短或细长、直立、倾斜、倒卧姿态
花型	按花大小分为大型(>7.5cm)、中型(2.5~7.5cm)、小型(<2.5cm),按形状分为:钟形、漏斗形、闭花形 3 种
花色	纯白色、浅白色、淡紫色、紫色、深紫色、紫条色
花期	5 月至 10 月
花香	主要是中国种白花玉簪相关品种,少数日本品种也发现有芳香
花葶色	绿、紫红斑

型系列,此外还有 5 个潜在重要种。表 2 为根据登录品种的来源统计而得到的各种或品种直接衍生品种情况[8],其中可分为常见栽培演生品种较多的种和品种类型、少见栽培或衍生品种较少但有育种潜力的种、鲜见栽培且基本没有衍生品种或不具有育种优势的种类。品种的栽培应用分类应主要关注下列 A 类种和品种类型。

表 2　玉簪属主要种或品种及其直接衍生品种数量分布表 *

种或变型	品种数量	种或变型	品种数量	种或变型	品种数量
atropurpurea	1	*tsushimensis*	3	*montana*	62
cathayana	1	*kiyosumiensis*	4	*plantaginea*	62
clavata	1	*capitata*	5	*sieboldiana*	217
crassiflia	1	*clausa*	5	*albofarinosa*	0
densa	1	*pulchella*	6	Bella	1
ibukiensis	1	*longissima*	8	Hippeastrum	1
jonesii	1	*gracillima*	10	Helonioides	2
okamotoi	1	*fluctuans*	11	Nakaimo	3
shikokiana	1	*hypoleuca*	11	Opipara	3
tardiva	1	*rupifraga*	11	Decorata	8
aequinoctiiantha	2	*yingeri*	11	Tardiflora	9
alismifollia	2	*kikutii*	16	Crispula	9
pachyscapa	2	*rectifolia*	16	Iron Gate series	10
takahashii	2	*pycnophylla*	22	Undulata	17
takiensis	2	*nigrescens*	25	Lancifolia	21
tibae	2	*longipes*	32	Tardiana	51
calliantha	3	*ventricosa*	35	Tokudama	100
laevigata	3	*venusta*	40	Fortunei	101
minor	3	*nakaiana*	52		
rohdeifolia	3	*sieboldii*	60		

 * 首字母：上表省略属名，小写为种，大写为品种（省略单引号）；以上种中包括部分 Schmid（1991）定为种但最近修订为品种或分类地位存疑的分类群。

根据引种材料观察和玉簪品种国际登录情况，可将本属种质资源各分类群在栽培中的应用状态分为如下 3 部分：

A　常见园艺栽培且衍生品种多种类和品种，包括 19 种和 8 品种（变型）：

H. capitata — Plantainlily from Iya（头花玉簪）

H. clausa — Closed flower ball Plantainlily（闭花玉簪）

H. gracillima —Small rock Plantainlily（秀丽玉簪）

H. hypoleuca —White-backed Plantainlily（粉背玉簪）

H. kikutii —Crane-beaked Plantainlily（菊池玉簪）

H. longipes —Rock Plantainlily（长柄粉玉簪）

H. longissima —Swamp Plantainlily（沼生玉簪）

H. montana —Large-leaved Plantainlily（山地玉簪）

H. nakaiana —Ornamental hairpin Plantainlily（中井玉簪）

H. nigrescens —Black Plantainlily（墨叶玉簪）

H. plantagenia —Fragrant Plantainlily（玉簪）

H. pycnophylla —Setouchi Plantainlily（密叶玉簪）

H. rectifolia —Erect，upright Plantainlily（直叶玉簪）

H. rupifraga —Plantainlily from Hachijo（裂岩玉簪）

H. sieboldiana —Siebold's Plantainlily（圆叶玉簪）

H. sieboldii —Plantainlily from Koba（美

边玉簪）

H. ventricosa —Dark-purple flowered Plantainlily（紫萼）

H. venusta —Dwarf Plantainlily（矮玉簪）

H. yingeri —（蜘蛛花玉簪）

H. 'Crispula'—Ripple-margined Plantainlily（皱叶玉簪）

H. 'Decorata'—Blunt Plantainlily（钝叶玉簪）

H. 'Fortunei'—Fortune's Plantainlily（高丛玉簪）

H. 'Lancifolia'—Narrow-leaved Plantainlily（狭叶玉簪）

H. 'Tardiana'—Blue-leaved Plantainlily（天蓝玉簪）

H. 'Tardiflora'—Late floweringPlantainlily（迟花玉簪）

H. 'Tokudama'—Tokudama Plantainlily（圆珠玉簪）

H. 'Undulata'—Wavy-leaved Plantainlily（波叶玉簪）

B 少见园艺栽培或衍生品种少的种类，其中部分种被园艺界认为有作为种质资源的潜在价值（星号＊标示）：

H. aequinoctiiantha — Plantainlily of the equinox（秋分玉簪）

H. alismifolia — Aspidistra-like Plantainlily（似蜘蛛抱蛋玉簪）

H. cathayana — Autumn wind Plantainlily（紫玉簪）（降为品种）

H. densa — Keyari Plantainlily（密花玉簪）（分类地位存疑种）

H. fluctuans — Dark and wavy Plantainlily（墨波玉簪）

＊*H. jonesii*—（琼斯玉簪）

＊*H. laevigata*—Polished leaved Plantainlily（光叶玉簪）

＊*H. kiyosumiensis* — Mount Kiyosumi

Plantainlily（关东玉簪）

H. minor — Korean Plantainlily（小玉簪）

H. okamotoi — Plantainlily from Okuyama（奥山玉簪）

＊*H. pachyscapa* — Benkei Plantainlily（粗莛玉簪）（降为品种）

H. pulchella —Grandmother mountain Plantainlily（碧玉簪）

H. rohdeifolia—Rohdea-leaved Plantainlily（似万年青玉簪）

H. takahashii — Plantainlily of Shihizo（獭氏玉簪）

＊*H. tardiva* — Plantainlily of the Southern ocean（晚花玉簪）

H. tibae — Nagasaki Plantainlily（长崎玉簪）

H. tsushimensis — Hosta from Tsushima（对马岛玉簪）

C 一般未见园艺栽培的种类：

H. atropurpurea — Dark-flowered Plantainlily（墨花玉簪）

H. calliantha — Fuji Plantainlily（美花玉簪）

H. clavata —Small Plantainlily（棒玉簪）（降为品种）

H. crassifolia —Thick-leaved Plantainlily（厚叶玉簪）（分类地位存疑种）

H. ibukiensis — Mount Ibuki Plantainlily（伊吹玉簪）（降为品种）

H. shikokiana — Plantainlily from Shikoku（四国玉簪）

H. takiensis — Plantainlily from Taki（多纪玉簪）

H. albofarinosa（白粉玉簪）

2.4 玉簪属品种的开花习性区别和生态型

玉簪属野生植物由于分布和具体生境不同，具有不同的生态适应性。本属的分类学研究结果表明了其明显的生态地理特征,并以此分为不同的亚属、组和亚组等地理类群。玉簪属现仅见连续分布于东北亚温带和亚热带约北纬 25°~45°的温润地区,以日本最丰,我国最广。主要在中国东北和中东部以至西北和西南;日本群岛中部和南部的本州、四国、九州及附近诸岛,本州北部和北海道南部;朝鲜半岛及附近岛屿。从地带生物群落特征而言,东亚北纬 35°是一个特殊的湿润亚热带群落,实际上,以日本本州中部为分界线,不同玉簪属种类表现明显差异,北部较冷凉,南部较温润。此外还有山地和海岛的区别,不同的种类或组对温度、日照和水分适应性不同[1]。本属的 3 个亚属中,我国特有种白花玉簪(*H. plantaginea*)地理分布最南,独自构成玉簪亚属(Subgenus *Hosta*),野生见于四川(峨眉山至川东)、湖北、湖南、江苏、安徽、浙江、福建和广东(但不达台湾)等地海拔 2200m 以下的林下、草坡或岩石边。本种及其变型或通过杂交具有本种遗传特性的品种及其相关衍生品种一般萌芽早,初期生长一般,后期迅速,并能在高温季节过后开花,开花较迟,通常属于盛夏季节开花,具有较强的耐热性和耐阳性;日本北部和中南部以及韩国南部海岛的种类,在生态特性和形态大小上均有差别[21-26]。

玉簪属品种的田间生长表现,在很大程度上是本属植物地理特征的反映,不同种源的品种表现出不同的生理节律和生活史。这些不同类群在栽培中表现出不同的生长发育特点和开花休眠习性,除了春化特性外,部分品种还表现出明显高温休眠和光周期特性,同时表现出个体不同的生活史特征。栽培表明,不同玉簪品种的芽萌动,前后相差达 60~70 天,开花期相差也很大,早在 5 月,晚至 9 月。除了温度,玉簪开花期也受光周期影响,相对地分为长日照品种、中性日照品种、短日照品种,

分别表现为早花品种、中花期品种、晚花品种和迟花期品种。不同开花期品种杂交,可以改变后代开花期。玉簪属品种的开花习性是较稳定的特征,可以作为分类的基础性状之一。

Schmid(1991)曾将玉簪属植物的花期分为 5 类群:早花(6 月 1 日以前)、常花(6 月 1 日~7 月 15 日)、夏花(7 月 15 日~8 月 15 日)、晚花(8 月 15 日~10 月 1 日)、迟花(10 月 1 日以后)。Grenfell(1996)根据在英国的栽培经验,将玉簪属开花季节分为早期(6 月 1 日以前)、中期(6 月 1 日~7 月 15 日)、中晚期(7 月 15 日~9 月 1 日)和晚期(9 月 1 日以后)。玉簪国际登录权威则以 4 个典型种或品种(*H. sieboldiana*、*H. ventricosa*、*H. plantaginea*、*H.* 'Tardiflora')的开花时间节点划分开花情况是比较科学的。根据我们的实际栽培,在上海的气候条件下,玉簪属植物开花期一般在 5 月下旬至 10 月上旬之间,因此,我们认为根据起始时期,按以下节点划分为:

早花期(典型种 *H. sieboldiana*):5 月 25 ~6 月 25;

中花期(典型种 *H. ventricosa*):6 月 25 ~7 月 30;

晚花期(典型种 *H. plantaginea*):8 月 1 ~9 月 10;

迟花期(典型品种 *H.* 'Tardiflora'):9 月 10 ~10 月 10。

玉簪种的开花习性具有明显的地理纬度特征,同时又受具体生境的综合环境因子影响,表现为 4 个典型的生态类型:

(1)早花玉簪类,或称圆叶玉簪群

本群以似麦秆菊玉簪组为主,但不包括山地玉簪。特点是野生分布于日本本州以北较冷凉、肥沃山谷湿地或林缘,属于冷凉型。以圆叶玉簪为代表(*H. sieboldiana*,*H.* 'Tukodama'),包括一系列蓝(粉)叶、大叶种和品种,其中 *H. sieboldiana* 'Elegans'衍生的本类品种非常多。此类玉簪芽萌发稍迟,但开花较早,通常只有 1 个生长高峰期,夏季高温进入热休眠,秋季停止生长,分蘖力较弱。

(2)中花玉簪类,或称中井玉簪群

以薄片玉簪组为主,也包括中国的紫萼类群和山地玉簪类群。此类玉簪生长旺盛、迅速,通常有多个生长高峰期,株型紧密,秋凉后仍有生长,成芽较多。包括 H. nakaiana , H. venusta , H. ventricosa , H. montana , H. 'Undulata Erromena'等。

(3)晚花玉簪类,或称中国玉簪群

此类玉簪分布于较温暖的中国东部的玉簪,日本本州中部的本州玉簪组、部分岩生玉簪组以及韩国南部海岛的蜘蛛花玉簪组,分布地理范围较宽。本州玉簪组相对耐热,没有热休眠,阳光耐受性较一般品种好,生长活力大,成型迅速,能生长到晚秋;蜘蛛花玉簪群野生分布于韩国西南海岸岛屿岩石上,是 1985 年新发现的种类,能忍受适度阳光照射,前期生长较慢,后期生长迅速,开花较晚。本类群包括 H. plantaginea , H. clausa , H. sieboldii , H. rectifolia , H. pycnophylla , H. yingeri , H. laevigata 等。

(4)迟花玉簪类,或称菊池玉簪群

主要包括菊池玉簪组和南方玉簪组或部分岩生玉簪组的种及品种和迟花玉簪品种。分布日本中南部、韩国,这类玉簪叶通常为中小型种,一般为狭叶或长椭圆形,有 1 ~ 2 个生长高峰,但开花较迟,通常在夏末秋初。包括 H. kikutii , H. tardiva , H. longissima , H. gracillima , H. rupifraga , H. 'Tardiflora'等。

2.5 玉簪属品种的大小分类

通过对近 270 个引种品种的田间调查发现,常见栽培品种在上海气候条件下,植株体量和叶大小范围如表 3,其中可见不同玉簪品种形态大小差异非常大,但品种按叶面大小(通常也反映株型大小),中(叶)型、小(叶)型品种所占比例较高,分别为 48%、43%,大(叶)型比例较低占 6%,微型 3%,而极端的特大型和微型品种很少,统计所占比例几乎可以忽略。

如前所述,美国玉簪协会和国际登录权威,采用叶型大小 5 级别分类法(最初为 6 级,见表 4,2004 年后归并为 5 级),玉簪属品种植株形态通常以 3 年成株的体量来衡量,具体测量时以丛的篷幅(篷径)和高度来表现。一般而言,叶型大小与植株的体量正相关,如果将玉簪品种按株丛高度分为矮型(< 30cm)、中型(30 ~ 60cm)、高型(> 60cm)3 种形态,则一般大叶型以上品种都较高,中叶和部分小叶品种为中型,部分小叶品种和微型品种为矮型(表 5)。野生状态下,玉簪属植物没有在栽培状态下的生长量,似麦秆菊组(Section Helipteroides)通常为大型种,玉簪亚属和真紫萼组(产中国的玉簪和紫萼)为中型种,本州组和菊池玉簪组一般为中小型种,薄片组为小型种,岩生玉簪组和南方组则为微型种。

品种的叶型和大小基本反映了其遗传特性。按大小分类,既反映了种源特征,又表现了该品种的观赏性状和后续的园艺功能,因此可以作为品种分类的主要性状之一。

表 3　上海地区栽培玉簪属常见品种形态大小状况(2007 年 6 月)

叶长(cm)	叶宽(cm)	丛幅(cm)	丛高(cm)	统计叶面积(cm²)
6 ~ 38	1.5 ~ 32	14 ~ 115	8 ~ 75	21 ~ 1216

表4　AHS玉簪品种按叶型大小分类表*

section	叶长(cm)×叶宽(cm)					叶面积(cm²)
I-Giant（≥）	30×30	33×28	35×25	40×26	46×20	≥900
II-Large	30×30	33×28	35×25	40×26	46×20	900~530
	23×23	25×21	28×19	30×16	35×15	
III-Mediun	23×23	25×21	28×19	30×16	35×15	530~160
	13×13	15×10	18×9	20×8	25×6	
IV-Small	13×13	15×10	18×9	20×8	25×6	160~36
	6×6	8×5	10×4	13×3	15×2.5	
V-Miniature	6×6	8×5	10×4	13×3	15×2.5	36~13
	3.6×3.6	5×2.5	8×1.5	10×1.3	13×1	
VI-Dwarf（≤）	3.6×3.6	5×2.5	8×1.5	10×1.3	13×1	≤13

*据 Schmid WG. The Genus Hosta. . Portland, Oregon:Timber Press,1991. 玉簪属品种的大小分类:AHS 于 2004 年后采用叶型大小 5 级分类法(最初为 6 级,后将 VI 归并入 V)。

表5　玉簪属品种高度与株型大小的关系

株型	巨型	大型	中型	小型	微型	矮型
丛高(cm)	>70	45~70	25~45	15~25	10~15	<10
丛幅(cm)	>90	60~90	40~60	25~38	13~23	<10

2.6　玉簪属品种的叶色分类

玉簪品种的叶色和叶质具有种的特点,但质地特征性不强,区分不易。叶色作为主要观赏性状易于变异,其间色受不同的遗传模式影响,其中不少有细胞质遗传控制的特点,因此玉簪属品种可以出现诸多共同叶色,且比野生状态丰富得多,如黄色就是栽培后出现的。

叶色组合和叶质特征,作为美国玉簪协会和国际登录权威进行品种登录和分类的主要性状,是基于对观赏性状的重视,同时也具有很强的人为性。Schmid(1991)和 Dian Grenfell（2003）以叶色分类为基础[1,27],将玉簪品种分为如下品种类群,包括:绿叶系列,蓝叶系列,黄叶种群,叶缘变叶系列,叶中变叶系列,条纹或斑纹叶系列8 大类和 6 亚类。此一体系是美国玉簪协会用于玉簪年度展的分类标准。由于本属植物以色彩丰富、独特、易变而著称,且纹理变化细腻,从品种登录的角度需要尽可能详细记录和描述。

根据我们多年对栽培品种的观察研究认为,在玉簪栽培应用中要注意的问题是:(1)不同种类或亲本来源的品种,叶色稳定性不同,不同品种叶色变化常存在数量上的区别,易变的品种叶色存在返祖现象;(2)一些品种的叶色(包括单色和复色)的季节性变化,如蓝(或黄)变绿,金黄色变银白色等;(3)有些复色品种,叶色比例明显极端化,观赏性能上也可视同单色;(4)很多品种由于亲本渊源相同,即使有叶色的区别,但总体形态和观赏价值上并无区分的必要,因此在栽培应用中过细区分较困难,也不必要。

3　讨论

3.1　AHS 玉簪属品种分类方法合理反映了品种主要的观赏特征但非全部

AHS 的玉簪品种分类系统以形态大小和叶色为基础,反映出(叶)形态大小和叶色是最主要的观赏性状。其中,叶型大小属于经验分类,通常以叶长和叶宽相乘的面积来划分大小;以叶色组合来分色系。无法体现园艺界对品种的其他观赏性状如叶子质地、花及花葶的大小和颜色等的兴趣,此外该系统不能直接从系统中了解到各种类特点及其生理生态等特征。实际上,这些性状特征只能通过种系或亲缘特点来反映。AHS 分类体系结构如下:

一级性状:株型大小

Ⅰ组(Section Ⅰ):巨叶型(Giant);

Ⅱ组(Section Ⅱ):大叶型(Large);

Ⅲ组(Section Ⅲ):中叶型(Medium);

Ⅳ组(Section Ⅳ):小叶型(Small);

Ⅴ组(Section Ⅴ):微叶型(Miniature)。

二级性状:叶色类型

1 类(Class 1)全绿(Green);

2 类(Class 2)全蓝(粉叶)(Blue);

3 类(Class 3)全黄(Yellow);

4 类(Class 4)白边(White Margined),

　a 中黄\中白\中黄绿(yellow, white, or chartreuse center),

　b 中绿或蓝(green to blue center);

5 类(Class 5)黄边(yellow margined),

　a 中黄\中白\中黄绿(yellow, white, or chartreuse center),

　b 中绿或蓝(green to blue center);

6 类(Class 6)绿或蓝边(green or blue margined),

　a 中黄\中白\中黄绿(yellow, white, or chartreuse center),

　b 中绿或蓝(区别于边缘颜色)(green to blue center);

7 类(Class 7)条块或斑块(streaked or mottled);

8 类(Class 8)其他(季节变化等)(others)。

3.2　玉簪属品种分类原则

(1)就玉簪属而言,本属是以观叶为主的宿根花卉,野生资源仅在相对有限范围内连续分布,种类较多,不存在生殖隔离,具有多型性和过渡性,在品种的栽培演化中,人为强化了简单或复杂的杂交选择和各种品种种质资源的芽变选择。由于本属植物的易变性,品种演化中存在大量的自然芽变和人工诱导芽变,如很多品种就是在栽培过程中人工选择的无性系,在组织培养过程中也产生大量的芽变品种,尤其是通过杂交育种,往往一个组合就能产生一系列新品种,如著名的 Tardiana 系列就是 H. Tardifolia × H. sieboldiana 'Elegans' 产生的多样性的品种类群,Iron Gate series 品种系列则是由 H. plantagenia × H. 'Tokudama' 产生的系列品种,'Sugar and Cream' 为 'Honeybell' 的组培苗芽变品种,而后者是 H. plantagenia 与 H. sieboldii 或 H. 'Lancifolia' 杂交而产生的品种。可见广泛的种间杂交而出现丰富的过渡类型,使得品种栽培演化关系复杂,存在诸多亲缘不明或难以理清亲缘关系的品种类型。

(2)玉簪属品种以观叶为主,且其变叶多由细胞质遗传,叶色组合的变化不一定与其分类学性状完全一致,其观赏性状并非其植物分类学中关注的主要的分类特征。

(3)本属的植物品种分类和鉴定与其植物分类学的发展密切相关。Schmid (1991)在对本属的分类学研究中,很多的工作是基于对历史和现有的栽培植物的整理而进行的,而其对品种的分类和描述同时也采用了植物分类学的方法和术语进行。

(4)该属品种资源主要来源于国外,在国外有了一定的习惯,尤其是玉簪国际登录权威 40 余年的工作,已对玉簪属栽培品种的登录形成了一套标准化的内容,对园艺界影响很大;此外,近年来随着新的国际栽培植物命名法规,关于栽培植物品种的命名又出现了新的趋势,同样也影响到了本属植物的命名和分类,包括其中的分类单位和分类等级。另一方面,还应注意到栽培植物命名的单位和等级的简化和严格,在利于检索的同时,也模糊了栽培植物的种源或来源特征,不太利于直观反映栽培植物品种的生物学特性和栽培应用特征,而这恰恰是观赏植物分类和栽培中需要面对的问题。

通过对大量品种多年的田间栽培观察和资料分析,作者认为玉簪属品种的分类应基于以下 3 个原则:

(1)尽可能反映种源特征和演化趋势并力求实用,具体而言就是要反映本属分类学发展的最新成果;

(2)结合我国品种"二元分类法"的成就和国际栽培植物命名法规及国际登录要求和发展趋势;

(3)以相对重要的性状为基础,并注意尽可能简化分类等级。

3.3 玉簪属主要品种资源栽培应用分类系统建立方法的探讨

综合玉簪属品种资源以上分类特征,结合前述分类原则讨论,作者认为,要建立一个适于栽培应用的玉簪属品种资源分类体系,以下方法可能是较为科学和适用的。即以生态型为第一分类等级,以叶型大小为第二分类等级,以主要种系为第三等级,以叶色系列为第四等级,以品种或品种群为第五等级的"二元五(六)级分类法",必要时增加亚类。如此,既能满足栽培、观赏和应用等要求,又能反映分类学及国际登录的现状。于是得到一个玉簪属主要品种资源分类系统框架:

生态型(花期)(4 类及相关亚类群)→形态大小(5 型)→种系(种源)(27 系)→色系(8 组 6 亚组)→品种或品种群。

4 结语

玉簪属品种繁多,亲缘关系复杂,其种间和品种间差异有时很细微,要进行分类界定有时显得相当困难,以致于美国玉簪协会(AHS)只能根据量化标准进行划分。从分类学而言,玉簪属种的划分尽管存在差异,但分类学家并未否定种间区别;与此相应,虽然本属品种具有多样性和复杂性,但其种类间仍是有区别,且其基本类型仍然是相对集中的。

品种分类的目的在于识别品种的基本特性和栽培应用,本研究系基于这目的而做出的诸多尝试之一。考虑下述情况,即AHS 在以量化为基础进行分类时,仍强调品种的识别严格依据玉簪品种的国际登录为依据,而后者目前已对特定品种的形态、特征和来源做了格式化的详尽描述,相较于此种描述,作者认为,在尚缺少更好的分类手段和技术之前,集中关注主要的品种类型,同时,对主要的品种进行分类时可以采用相对粗放的归类方法,如以上所述的生态型特征为第一分类等级,或者直接按AHS 的方法以品种形态大小为一级标准,结合种系特征进行分类,但如此又回到了以功能为目的的简单分类上,似有违为本研究的初衷。

最后需要说明的,正是由于玉簪品种分类的复杂和困难,当前园艺界仍采用多种分类方法对玉簪品种进行描述,相信这种状态仍将持续相当时期。因此,本研究提出的方案仅是一种尝试和探索,正如 IC-NCP 在对品种的界定时,仅关注于其某一片面特征一样。

参考文献

[1] Schmid WG. The Genus Hosta：Giboshi Zoku ［M］. Portland，Oregon：Timber Press，1991. 428p.

[2] Grenfell D. The gardener's guide to growing Hosta ［M］. Portland，Oregon.：Timber Press，1996. 160p.

[3] Zilis MR. The Hosta Handbook［M］. Rochelle IL：Q & Z Nusery，2000. 18 – 19.

[4] Schmid WG . Hosta Species Update W. George Schmid 2007. http://www. hostalibrary. org.

[5] 向其柏，臧德奎. 国际栽培植物命名法规 ［M］.北京：中国林业出版社,2004.

[6] Brickell CD. , Baum,BR. ,Hetterscheid WL. A. , Leslie AC. , McNeill J. , Trehane P. , Vrugtman F. & Wiersema JH. (eds). International Code of Nomenclature for Cultivated Plants (ICNCP) ［J］. Acta Horticulturae2004，647：1 – 123，i – xxi.

[7] Nomenclature and Classification Committee of AHS. AHS 2006 Hosta Show Classification List ［M］. Minnesota：American Hosta Socity, 2006. 1 – 113.

[8] AHS. The Hosta Journal. The Hosta Registry-Checklist. http://www. hostaregistrar. org/.

[9] AHS. The Hosta Journal -Registrtions 2000［M］. Minnesota：American Hosta Socity, 2001. 1 – 47.

[10] AHS. The Hosta Journal -Registrtions 2005 ［M］. Minnesota：American Hosta Socity, 2005. 1 – 63.

[11] AHS. The Hosta Journal -Registrtions 2008 ［M］. Minnesota：American Hosta Socity, 2009. 1 – 26.

[12] 陈俊愉. 二元分类——中国花卉品种分类新体系［J］. 北京林业大学学报,1998,20(2)：1 – 5.

[13] 陈俊愉主编. 中国花卉品种分类学［M］. 北京：中国林业出版社,2001.

[14] 王其超，张行言. 二元分类法在荷花品种分类中的应用［J］. 北京林业大学学报, 1998, 20(2)：33 – 37.

[15] 陈俊愉. 中国梅花品种分类最新修正体系 ［J］. 北京林业大学学报,1999,21(2)：1 – 6.

[16] 陈俊愉,陈瑞丹.关于梅花 *Prunus mume* 的品种分类体系［J］. 园艺学报,2007,34(4)：1055 – 1058.

[17] 臧德奎,向其柏. 中国桂花品种分类研究 ［J］.中国园林,2004,20(11)：40 – 49.

[18] 吴光洪,胡绍庆,宣子灿,向其柏. 桂花品种分类标准与应用［J］. 浙江林学院学报, 2004,21(3)：281 – 28.

[19] 胡绍庆,张后勇,吴光洪,宣子灿. 桂花品种分类系统研究［J］. 浙江大学学报(农业与生命科学版),2005,31(4)：445 – 448.

[20] Ochsmann J. Current problems in nomenclature and taxonomy of cultivated plants［J］. Acta Horticulturae, 2004,634：53 – 61.

[21] 中国科学院中国植物志编辑委员会. 中国植物志(第十四卷)［M］. 北京：科学出版社, 1980.

[22] 王德群. 安徽玉簪属一新种[J]. 广西植物 ［J］,1989,9(4)：297 – 298.

[23] Jones SB. Hosta yingeri (Liliaceae/Funkiaceae)：A new species from Korea ［J］. Ann. Missouri Bot. Gard. , 1989, 76(2)：602 – 604.

[24] 李书心主编. 辽宁植物志(下)［M］. 沈阳：辽宁科学技术出版社,1992.

[25] 中国科学院昆明植物研究所. 云南植物志 (第七卷)［M］. 北京：科学出版社,1997.

[26] 安徽植物志协作组. 安徽植物志(第五卷) ［M］. 合肥：安徽科学技术出版社,1992.

[27] Grenfell D. The color Encyclopedia of Hostas ［M］,Timber Press, INC, 2003.

钩藤的研究进展
Advances on the *Uncaria rhynchophylla*

韦树根[1]　付金娥[1]　施力军[1]　马小军[*1,2]

（1. 中国医学科学院药用植物研究所广西分所, 南宁 530023

2. 中国医学科学院药用植物研究所, 北京 100093）

Wei Shugen[1]　Fu Jin'e[1]　Shi Lijun[1]　Ma Xiaojun[*1,2]

（1. *Guangxi Branch of Institute of Medicinal Plant Development*, *Chinese Acadimy of Medical Sciences*, *Nanning* 530023　2. *Institute of Medicinal Plant Development*, *Chinese Academy of Medical Sciences*, *Beijing* 100093）

摘要：钩藤为茜草科钩藤属多年生藤本植物,是我国传统的常用大宗中药材之一。本文分析近十几年来国内外钩藤的研究概况,对钩藤的资源分布、化学成分、药理活性及临床应用进行了阐述。为该钩藤的进一步深入开发利用研究提供了参考依据。

关键词：钩藤；综述

Abstract：*Uncaria rhynchophylla* is a kind of perennial liana plant from Rubiaceae and is one of the traditional Chinese medicine. The advances in *Uncaria rhynchophylla* are introduced in this paper, the resource distribution, chemical constituents, medicinal function and clinical application. It provides some references for further research of medicine.

Key words：*Uncaria rhynchophylla*；review

中药钩藤以茜草科钩藤属钩藤 *Uncaria rhynchophylla*（Miq.）Jacks.、大叶钩藤 *Uncaria macrophylla* Wall.、毛钩藤 *Uncaria hirsute* Havil.、华钩藤 *Uncaria sinensis*（Oliv.）Havil. 或无柄果钩藤 *Uncaria sessilifmctus*（Oliv.）Roxb. 的带钩茎枝为主[1]。广泛分布于福建、江西、湖南、广东、广西、贵州、四川等地。中国医学文献（清《本草丛新》）对钩藤性质及效用早有记载："钩藤性味甘、凉,归肝、心包经,具有清热平肝,息风定惊之功效；人肝经,以凉血祛风,治昏止眩,主肝风相火之病,风静火熄,则诸症自除。"临床上已广泛用于头痛、高血压、惊痫抽搐、神经衰弱等症[2]。近年来,我国有多个药厂都在使用钩藤作原料生产中成药,并且其需求量呈大幅度增长趋势,市场的需求引起人们对钩藤研究的日益重视。为了进行广泛深入的研究和开发,本文综述了近年来国内外有关钩藤的研究进展。

1 资源

1.1 资源分布

钩藤属植物在全世界约有 70 种,在我国共有 15 种（另有两种钩藤栽培变异待定）,主要分布于西南、中南和东南各地。目前已知药用者 13 种,其中作为商品药材使用的有 10 种。国产钩藤种类以云南和

资助项目：广西科学研究与技术开发计划项目：桂科攻 0718002 - 3 - 6

＊通讯作者：马小军,研究员。E - mail：xjma@ public. bta. net. cn

表1 我国钩藤资源一览表

学名	分布	资源情况
钩藤 U. rhynchophylla（Miq.）Jacks.	广西、云南、广东、四川、贵州、安徽、浙江、江西、福建、湖南、湖北	分布较广,资源丰富。
华钩藤 U. sinensis（Oliv.）Havil.	广西、四川、贵州、湖南、湖北、云南、陕西、甘肃	分布较广,资源丰富
毛钩藤 U. hirsute Havil.	广西、广东、贵州、福建、台湾、云南、四川	分布较广,资源丰富
大叶钩藤 U. macrophylla Wal1.	广西、云南、广东、海南	分布较广,资源较丰富
无柄果钩藤 U. sessilifmctus（Oliv.）Roxb.	广西、云南、广东	分布较狭窄,资源稀少
倒挂金钩 U. lancifolia Hutchins.	云南、广东、广西	分布较狭窄,资源稀少
攀茎钩藤 U. scandans（smith）Hutchins.	广西、云南、广东、海南、四川、西藏、贵州	分布较广,资源较丰富
平滑钩藤 U. laevigata Wall. ex G. Don	广西、云南、广东	分布较狭窄,资源稀少
恒春钩藤 U. Lansa Wall. f. setiloba（Benth）Ridsd.	台湾	分布较狭窄,资源稀少
候钩藤 U. rhynchophylloides How	广西、广东	分布较狭窄,资源稀少
北越钩藤 U. homomalla Miq.	广西、云南	分布较狭窄,资源稀少
云南钩藤 U. yunnanensis K. C. Hsia.	云南	分布较狭窄,资源稀少
鹰爪风 U. wangii	广西、广东、贵州、云南	分布较广,资源较丰富
东京钩藤 U. tonkinensis	广西、云南	分布较狭窄,资源稀少
类钩藤 U. rhynchophylloides	广东、广西、云南、四川、贵州	分布较狭窄,资源稀少

广西分布最多,各13种,其次为广东(10种)、贵州(6种)、四川(5种)、海南(3),湖北、湖南、福建、台湾各2种,安徽、江西、西藏、浙江各1种,分布规律从西向东和向南发展。在这些钩藤种类中,分布最广的是钩藤,分布于11个省(自治区),其次是华钩藤和毛钩藤[3]。我国钩藤分布情况见表1。

1.2 药用资源

《新修本草》中记载:"钩藤出梁州(今陕西汉中一带),叶细长,其茎间有刺若钓钩"。《本草纲目》载:"钩藤,其刺曲如钓钩,故名。或作吊,从简耳。状如葡萄藤而有钩,紫色。古方多用皮,后世多用钩,取其力锐尔。"《植物名实图考》载:"江西、湖南山中有之。插茎即生,茎叶俱绿。"以上本草所言形态特征、产地等均与钩藤属植物相符。1977年至2005版《中国药典》,收载的钩藤基源由钩藤增载至钩藤、大叶钩藤、毛钩藤、无柄果钩藤、华钩藤5种。

传统上钩藤的采收加工方法为去叶,将带钩的枝茎剪成小段,其他部位被作为废料丢弃,药用部位为带钩茎枝,分单钩和双钩。目前,钩藤商品主要来源于野生资源,钩藤属植物在我国民间广泛应用,除传统药用带钩茎枝外,还用根及老茎入药,导致人为的资源破坏,有些地区的品种因逐年采挖,资源面临濒危。

2 化学成分

钩藤的茎枝叶中含有吲哚类生物碱、三萜类成分及糖苷类物质,其中生物碱是其主要的有效成分。郑嘉宁等[4]用氯仿提取及柱色谱等方法进行分离,波谱法鉴定结构,从大叶钩藤生物碱部分分离并鉴定了6个生物碱类化合物,其结构钩藤碱、异钩藤碱、柯诺辛碱、柯诺辛碱B、异去氢钩藤碱、去氢钩藤碱。辛文波等[5]采用不同柱色谱技术进行分离,从毛钩藤叶中分离19-epi-3-iso-ajmalicine,3-iso-ajmalicine,哈尔满碱,帽柱木菲碱,异帽柱木菲碱,异钩藤碱,柯诺辛,钩藤碱,异帽柱木菲酸,台钩藤碱A 和台钩藤碱 B。马大勇等[6]运用柱色谱的方法从攀茎钩藤中分离得到 5 个化合物,经波谱解析分别鉴定为:对羟基肉桂酸甲酯、邻苯二甲酸二丁酯、钩藤碱 E、喜果苷和 cadambine。Wen Boxin 等[7]在 2008 年从毛钩藤叶中提取出 2 个新的化合物,分别为钩藤酸 A 和 hirsutaside A。此外,还含有三萜类成分及其他成分,如:常春藤苷元、多种钩藤苷元、东莨菪素,β-谷甾醇,β-育亨宾,以及少量酚性化合物等。部分生物碱和酚性化合物以葡萄糖苷的形式存在。

3 药理作用

3.1 对心脑血管系统的药理作用

3.1.1 降压作用

钩藤中降压主要成分是钩藤碱和异钩藤碱。两者强度比较,异钩藤碱强于钩藤碱[8]。近代研究表明,无论对麻醉或不麻醉动物、血压正常或高血压动物,皆能引起明显的降压效应,其特点是先降压,继而快速升压,然后持续下降。主要是通过直接和反射性地抑制了血管运动中枢,以及阻滞交感神经和神经节,使外周血管扩张,阻力降低所致;其次,亦能抑制细胞内 Ca 释放,产生直接扩张血管的作用,但其作用较弱。徐惠波等[9]研究发现,复方钩藤片可以明显降低原发性高血压大鼠的血压,使ANP 含量显著增高,能够明显降低高血脂小鼠血清中胆固醇和甘油三酯水平(P <0.05),说明复方钩藤片具有降压、降脂作用。赵琦[10]研究发现,自发性高血压大鼠给予煎煮 15min 的钩藤提取物 60mg/kg,血压呈下降趋势;200mg/kg 时,60 ~ 90min 后则明显下降。煎煮 60min 的提取物,即使给予相同剂量对血压无影响,而以钩藤中有效成分异钩藤碱作为降压药使用时,其

血药浓度最好控制在 0.75mg/L[11]。怡悦[12]研究发现,钩藤可抑制血管内皮细胞生成自由基,保护内皮细胞的功能;对于内皮依赖性血管松弛也有增强的趋势,故而SHR 的早期高血压可能有血管保护的作用。

3.1.2 对脑和心脏缺血缺氧的保护作用

刘卫等[13]采用膜片钳全细胞记录技术,研究钩藤总生物碱预处理对急性缺氧后海马神经元 Na$^+$ 电流的影响,发现钩藤总碱预处理可提高海马神经元对急性缺氧的耐受性,对神经元有显著保护作用。钩藤的甲醇提取物给大鼠腹腔注射 100 ~ 1000mg/kg,能有效地保护暂时性前脑缺血(10min)对海马 CA 1 区神经元所造成的损伤;缺血后 24h,钩藤组的大鼠海马区环氧合酶-2 的生成明显受到抑制;缺血后第 7d 用尼斯尔染色法测定 CA1 区神经元密度,钩藤组大鼠的神经元细胞受保护程度大于70%[14]。胡雪勇等[15]采用小鼠断头张口喘气模型,大鼠大脑中动脉缺血 2h/再灌注22h 模型,测定大鼠脑组织中超氧化物歧化酶(SOD)活性、一氧化氮合酶(NOS)及丙二醛(MDA)含量的变化,观察对脑细胞凋亡的影响,结果钩藤碱可延长小鼠张口喘气时间,降低大鼠脑缺血/再灌注后脑梗死范围,降低脑组织 MDA、NOS 含量及升高SOD 活性,减少神经细胞的凋亡。

3.1.3 抑制血小板聚集和抗血栓

谢笑龙等[16]以比浊测定 Isorhy 体外给药对大鼠血小板聚集的影响;采用动 - 静脉旁路血栓形成法大鼠血栓模型,观察 Isorhy 对血栓形成的作用;以放免法测定 Isorhy 对 ADP 作用下 cAMP 含量的影响。结果 Isorhy 0.65 mmol/L 和 1.30mmol/L 对ADP 和凝血酶诱导的大鼠血小板聚集均有抑制作用。静脉注射 Isorhy 10 mg/kg 和5mg/kg 可明显降低大鼠血栓形成湿重(P<0.01)。Isorhy 0.33 ~ 1.30mmol/L 可升

高 ADP 作用后的血小板 cAMP 浓度（P < 0.01）。

3.2 对中枢神经系统的作用

3.2.1 对去多巴胺、5 - 羟色胺、甲肾上腺素（NA）神经元系统的作用

石京山等[17] 研究发现,钩藤碱在 5 μmol/L 和 50 μmol/L 的浓度下,能显著抑制多巴胺所致的 NT2 细胞乳酸脱氢酶的漏出,明显提高以 P - S 试剂转化为指标的生存率（P < 0.05）;在分化的 NT2 细胞神经元中,钩藤碱能使多巴胺诱导的转染 bcl - 2 基因神经元和未转染 bcl - 2 基因神经元的凋亡率均明显减少,显示出其对抗多巴胺诱导的 NT2 细胞损伤的作用。对小鼠中枢 5 - 羟色胺神经元系统,缝籽嗪甲醚有复合的 5 - HTIA 受体激动剂和 5 - H T2A /2C 受体颉颃剂的作用,通过阻滞 5 - HT2 受体和部分兴奋 5 - HTIA 受体可抑制小鼠头部的颤搐反应[18]。钩藤碱 20mg/kg 使脊髓甲肾上腺素的含量减少,脑干甲肾上腺素含量增加,剂量增至 40mg/kg,下丘脑、皮质、杏仁核、脊髓及脑干甲肾上腺素含量均下降[19]。

3.2.2 抗癫痫作用

徐淑梅等[20] 以离体海马 CA1 区锥体细胞诱发群峰电位 PS 的幅度为指标,观察钩藤对毛果芸香碱致痫大鼠海马脑片诱发场电位的影响,结果表明,钩藤能降低癫痫大鼠海马脑片 CA1 区顺向诱发 PS 幅度,表明钩藤对中枢神经系统的突触传递有明显的抑制效应,具有抗癫痫作用。

3.2.3 对免疫功能的影响

熊明华等[21] 对钩藤颗粒剂进行免疫方面的实验研究。发现钩藤颗粒剂（剂量为 20g/kg）对 DNFB 所致迟发型过敏反应有影响:肿胀度为 6.172 ± 2.210mg（P < 0.01）;碳廓清除率 K 为 0.01897 ± 0.003687（P < 0.01）;脾脏重量为 66.9 ± 10.2 0mg（P < 0.01）;胸腺重量为 49.01 ± 8.12（P < 0.01）。实验结果表明,钩藤颗粒剂对IV型变态反应、吞噬免疫功能及免疫器官等均有抑制作用。

3.3 抗癌作用

钩藤总碱可逆转 KBv200 细胞（口腔上皮癌细胞 KB 的多药耐药细胞）对长春新碱的耐药性。张慧珠等[22] 采用噻唑蓝法测定药物的体外杀伤作用,应用金氏公式进行联合用药分析,测得钩藤总碱 5 μg/ml 对长春新碱在 KBv200 细胞的逆转倍数为 16.8 倍,说明其具有较强的逆转肿瘤细胞多药耐药的作用。刘建斌等[23] 观察钩藤煎剂浓缩液对自发性高血压大鼠（SHR）左室肥厚（LVH）及原癌基因 c-fos 在心肌组织中表达的机制,发现钩藤能降低自发性高血压大鼠的收缩压（SBP）,逆转左心室肥厚（LVH）,其作用机制可能与抑制原癌基因 c-fos 表达有关。周知午等[24] 研究异钩藤碱脂质体在体外对人肺腺癌细胞系 A549/DDP 对顺铂（DDP）的逆转作用,结果发现 IR-L 无细胞毒浓度组（2.0μg/mL）使 A549/DDP 细胞对 DDP 的 IC_{50} 由 16.81μg/mL 降至 3.36μg/mL;低细胞毒浓度组（7.0μg/mL）的 IC_{60} 降至 2.34mg/L,两组均明显提 DDP 在 A549/DDP 细胞内的浓度,证明 IR 能部分逆转 A549/DDP 细胞的 MDR。

4 临床应用

4.1 治疗高血压

郭承栋[25] 用天麻钩藤葛根汤治疗原发性高血压 60 例中,将 60 例患者随机分为治疗组和对照组,对照组采用常规西药治疗,治疗组在对照组的基础上加服天麻钩藤葛根汤治疗 3 个疗程,观察治疗前后血压改善情况,治疗组明显优于对照组,且治疗过程中没发现任何毒副作用。周虹等[26] 治疗 32 例轻、中度原发性肝阳上亢型高血压病患者,于治疗前后进行动态血压监测,

发现天麻钩藤饮降压效果持续,白天降压效果较夜晚突出,与原发性肝阳上亢型高血压病的血压变化特点相适应。魏红玲[27]用天麻钩藤饮治疗高血压眼底出血患者38例,治前,患者临床表现为视力急剧下降甚至失明,眼底可见视网膜有不同程度出血。治疗后视力提高4行以上者18例,提高1~3行者14例,6例无明显变化,收到满意效果。张奇等[28]用天麻钩藤饮治疗高血压120例,以高血压指标为诊断标准,结果观察组显效的为44例(36.7%),有效66例(55.3%),无效10例(8%),总有效率92%;对照组显效21例(30%),有效38例(54.3%),无效11例(15.7%),总有效率84.3%。

4.2　治疗眩晕

徐玉华[29]用杞菊地黄汤合天麻钩藤饮加减治疗颈性眩晕86例,治疗组和对照组各43人,以眩晕症状和TCD为治疗标准,结果治疗组治愈18例,好转22例,未愈3例,总有效率93.0%;对照组治愈16例,好转18例,未愈9例,总治愈率为79.1%,治疗组明显优于对照组。吴积海[30]用天麻钩藤饮加减治疗各证型眩晕80例,以眩晕及伴随症状消失为治疗标准,结果治愈62例,显效12例,有效4例,无效2例,临床治愈率为77.5%,总有效率97.5%。刘春甦[31]将88例病人随机分为两组,治疗组口服天麻钩藤饮加减方及静脉输注葛根素葡萄糖注射液;对照组静脉输注纳洛酮及血塞通。结果治疗组总有效率91.1%,优于对照组的74.4%(P<0.05);其血液流变学指标及椎–基底动脉血流速度改善明显,优于对照组(P<0.05)。

4.3　治疗椎动脉型颈椎病

李丹牧用[32]钩藤天麻饮治疗椎动脉型颈椎病33例,以天麻钩藤饮(治疗组)和颈富康颗粒(对照组)对照治疗,在2个疗程内疗效评价,结果为治疗组总有效率81.85%,对照组总有效率70.8%,两组总有效率比较具有显著性差异(P<0.05),证明天麻钩藤饮治疗椎动脉颈椎病有确切疗效。

4.4　治疗头痛

赵江用[33]天麻钩藤饮治疗血管性头痛43例,以头痛和峰值血流速度为治疗标准,结果治愈32例,显效7例,有效者2例,无效者2例,治愈率为74.4%,总治愈率为95.3%。治疗期间,部分病人出现恶心、呕吐、轻度乏力,未见其他不良反应。姜蓉[34]利用逆散合天麻钩藤饮治疗内伤头痛,每天1剂,疗程3~5周,16例患者中显效10例,有效5例,无效1例,总有效率为93.75%,服药期间无不良反应。

4.5　其他临床应用

现代中医药研究表明,钩藤还可以用于治疗缺血性中风[35]、脑血管疾病[36]、帕金森病[37]、脑梗塞[38]、儿童多动症[39]、椎–基底动脉供血不足[40]、神经衰弱、美尼尔综合征、抑郁症、面部带状疱疹、中枢性发热、小儿夜啼、小儿腹型癫痫等多种病症。

5　存在问题及展望

5.1　存在问题与对策

(1)野生资源濒临灭绝

钩藤野生资源多生于植被保护较好的山谷、林边、深山中的山路边。近几年来,山区农民开山、修路、种植经济林等,严重破坏了钩藤的生境,毁掉了大量的野生资源。此外,由于市场用药量的增加,价格不断上升,过渡采收药材,至使野生资源日渐枯竭。

(2)对策

目前,对钩藤的研究多在化学成分、药理、临床等方面,在资源、生物学特性、栽培等方面研究较少,随着野生资源日益减少,为了满足市场的需求,人工栽培势在必行。因此,必须对钩藤的资源类型、繁殖特性、生长习性等进行深入研究,建立 GAP 生产基地,并加大对野生资源的保护力度,保证钩藤产业的可持续发展。

5.2 展望

钩藤及其制剂在民间和临床应用较为广泛,特别是在对心脑血管疾病、抗癌、对中枢神经的保护等方面有作用,而且疗效确切。目前,国内外对钩藤的研究已逐步从药材或有效部位进入到有效成分,从药效验证进入到机理摸索,确定了钩藤中的有效成分为钩藤碱、异钩藤碱等多种生物碱,不仅具有较高的生物活性,且无副作用,在治疗心脑血管疾病,尤其是高血压方面有较大的优势。近几十年来,人们对钩藤的化学成分、药理作用及临床应用方面都做了大量的工作,为科学、有效地开发钩藤资源打下了良好的基础。随着现代科学的发展,对钩藤的有效成分钩藤总碱的研究日益深入,钩藤的作用和应用将会有更广阔的空间,其产品开发具有相当大的潜力和市场。

参考文献

[1] 刘佳,富志军. 钩藤的研究概况[J]. 海峡药学,2006,18(5):90－93.

[2] 刘卫. 钩藤总生物碱的研究进展[J]. 实用医药杂志,2008,25(3):360－362.

[3] 王宛. 我国钩藤药材资源现状调查[J]. 中国药师,2008,11(11):1368－1369.

[4] 郑嘉宁,王定勇. 大叶钩藤生物碱化学成分研究[J]. 中医药导报,2009,15(1):80－81.

[5] 辛文波,顾平,俞桂新等. 毛钩藤叶生物碱成分的研究[J]. 中国中药杂志,2008,33(17):2124－2127.

[6] 马大勇,汪冶,宴晨,等. 攀茎钩藤化学成分的研究[J]. 中国医药工业杂志,2008,39(7):507－509.

[7] Wenbo Xin, Guixin Chou, Zhengtao Wang. Two new alkaloids from the leaves of Uncaria hirsute Haviland[J]. Chinese Chemical Letters, 2008, (19):931－933.

[8] 宋纯清,樊懿,黄伟晖. 钩藤中不同成分降压作用的差异[J]. 中草药,2000,31(10):762－764.

[9] 徐惠波,史艳宇,纪凤兰,等. 复方钩藤片降压、降脂作用的实验研究[J]. 中国中医药科技,2008,15(3):182－183.

[10] 赵琦. 钩藤散对自发性高血压大鼠的降压作用[J]. 国外医学中医中药分册,2003,25(6):351.

[11] 黄彬,吴芹,文国容,等. 血浆异钩藤碱浓度对大鼠血压和心脏收缩性能的影响[J]. 遵义医学院学报,2000,23(4):299－300.

[12] 怡悦. 钩藤对自发性高血压大鼠血管内皮功能的影响[J]. 国外医学中医中药分册,2000,22(1):28－29.

[13] 刘卫,张昭芹,赵晓民,等. 钩藤总碱预处理对海马神经元急性缺氧的保护作用[J],中国中药杂志,2006,31(9):763.

[14] Suk K, Kim S Y, Leem K, et al. Neuro protection bV methanol extract of Uncariarhynchopylla against global cerebral ischemiain rats[J]. Life Sic,2002,70(21):2467－2480.

[15] 胡雪勇,孙安盛,余梅,等. 钩藤总碱抗实验性脑缺血的作用[J]. 中国药理学通报,2004,20(11):1254－1256.

[16] 谢笑龙,吴敏,吴芹,等. 异钩藤碱对血小板聚集与血栓形成的抑制作用[J]. 中国药理学通报,2007,23(12):1636－1638.

[17] 石京山,Kenneth,Haglid. 钩藤碱对 DA 诱导 NT2 细胞凋亡的保护作用[J]. 中国药理学会通讯,2000,17(2):18.

[18] Pengsuparp T, Indra B, Nakagawasai O, et al. Pharmacological studies of geissoschizine methyl ether, isolated from Uncaria sinensis Oliv, in the central nervous system[J]. Eur J Pharmacol, 2001,425(3):211－218.

[19] 石京山,谢笑龙,田静,等. 钩藤碱对人鼠脑内去 NA 含量及释放的影响[J]. 遵义医学院学

报,1994,17(2):99.

[20] 徐淑梅,何滓岩,林来祥,等.钩膝对大鼠海马脑片诱发场电位的影响[J].中国应用生理学杂志,2001,17(3):259.

[21] 能明华,钟建国,刘永忠.钩藤颗粒剂对大鼠免疫功能的影响[J].江西中医学院学报,2000,12(4):182.

[22] 张慧珠,杨林,刘叔梅,等.中药活性成分体外逆转肿瘤细胞多药耐药的研究[J].中药材,2001,24(9):655-657.

[23] 刘建斌,任江华.钩藤对自发性高血压大鼠心肌重构及原癌基因 c-fos 表达的影响[J].中国中医基础医学杂志,2000,6(5):40-44.

[24] 周知午,周于禄.异钩藤碱脂质体逆转人肺腺癌细胞 A549/DDP 对顺铂耐药的研究[J].湖南中医药大学学报,2008,28(3):29-31.

[25] 郭承栋.天麻钩藤葛根汤治疗原发性高血压 60 例总结[J].中国实用医药,2008,3(18):129-130.

[26] 周虹,邢之华,刘卫平,等.动态血压分析天麻钩藤饮的降压效果[J].湖南中医学院学报,2005,25(4):40-41.

[27] 魏红玲.天麻钩藤饮治疗高血压眼底出血 38 例报道[J].甘肃中医,2004,17(7):17.

[28] 张奇,张志民,李冰玉.天麻钩藤饮治疗高血压病 120 例[J].光明中医,2008,23(10):1487-1489.

[29] 徐玉华.杞菊地黄汤合天麻钩藤饮加减治疗颈性眩晕 86 例[J].陕西中医,2008,29(4):430-431.

[30] 吴积海.天麻钩藤饮加减治疗各证型眩晕 80 例[J].中医研究,2008,21(4):47-48.

[31] 刘春甦.天麻钩藤联合葛根素治疗中老年 VBI 性眩晕症[J].中西医结合心脑血管病杂志,2007,(8):16.

[32] 李丹牧.天麻钩藤饮治疗椎动脉型颈椎病 33 例[J].中医药学报,2008,36(3):57-58.

[33] 赵江.天麻钩藤饮治疗血管性头痛 43 例[J].中华医学实践杂志,2008,7(1):57-58.

[34] 姜蓉.四逆散合天麻钩藤饮在内伤头痛中的应用[J].海南医学,2001,10(1):15.

[35] 刁殿军.加味天麻钩藤治疗缺血性中风 40 例[J].天津中医药大学学报,2007,26(3):125.

[36] 任惠锋.天麻钩藤饮加味治疗脑血管疾病 126 例[J].中国中医药杂志,2008,6(3):49-50.

[37] 张永全,谭文澜,陆晖,等.天麻钩藤饮合美多巴治疗帕金森病 62 例[J].陕西中药,2008,29(6):666-667.

[38] 刘红权.天麻钩藤饮联合依达拉丰治疗肝阳上亢型脑梗塞 30 例[J].陕西中医,2008,29(10):1302-1303.

[39] 于涛,刘霖.小柴胡汤合天麻钩藤饮加减治疗儿童多动症 76 例[J].中医研究,2008,21(4):40-41.

[40] 马启林,可新玲,张国勇.天麻钩藤饮治疗椎-基底动脉供血不足 90 例[J].河南中医学院学报,2008,(6):55-56.

生态修复中的植物应用

——以北京市门头沟区生态修复工程为例

Plants Application on Ecosystem Restoration

——A Case Study on Ecosystem Restoration Projects in Beijing Mentougou District

吴菲　朱仁元

（北京市植物园,北京 100093）

Wu Fei　Zhu Renyuan

(*Beijing Botanical Garden* , Beijing 100093)

摘要:本文从生态恢复基本理论及历史发展入手,通过对门头沟区 4 个生态修复工程(即永定大沙坑生态修复工程;妙峰山大小河峪口及桃园灰窑采矿废弃地生态修复工程;斋堂镇废弃煤矿生态修复工程;龙泉雾采石场,下苇甸天桥、石坑采石场生态修复工程的介绍,探讨了门头沟区生态修复植物选择的原则及工程施工中的主要技术。

关键词:生态修复;植物应用;北京市门头沟区;植物选择原则

Abstract: Based on the historical development and basic theories of ecosystem restoration, through the introduction of the following four ecosystem restoration project in Mentougou District, that is Yong-ding Da-sha-keng ecosystem restoration project; Miaofengshan Da-xiao-he-yu-kou and Taoyuan desert-ed ash furnace mining area ecosystem restoration project; Zhaitang Town deserted coal mine ecosystem restoration project; Long-quan-wu quarry, Xiaweidian overpass, Shikeng quarry ecosystem restoration project, the principles of plant selection and main techniques in engineering construction of Mento-ugou District ecosystem restoration were explored in this paper.

Key words: ecosystem restoration; plants application; Beijing Mentougou district; the principles of plant selection

随着人口的增长和工业化的快速发展,人类对自然资源的过度利用日益加剧,致使许多类型的生态系统出现严重退化,继而引起了森林破坏、土壤沙化、水土流失、环境污染、气候恶化、生物多样性锐减、淡水资源短缺等一系列生态环境问题,这些问题对人类的生存和社会经济的可持续发展构成越来越严重的威胁。

20 世纪 80 年代,恢复生态学应运而生,并得以迅猛发展,现已成为世界各国的研究热点。北京市在领该域也展开了深入研究和实践。"十一五"期间,按照北京城市空间布局和区县功能定位的要求,门头沟区将充分发挥区位、生态环境和历史文化等比较优势,主动承接首都历史文化名城、宜居城市的功能扩散,实现能源基地向生态涵养发展区的主导功能转型。北京市自 2005 年以来开展了一系列生态修复工程,而门头沟区的生态修复工程则是这一系列工程中的重点。

本文将以具体工程案例来分析门头沟区的生态修复工程,在进行深入分析前,先引入生态修复的基本理论及历史发展,以为我们后面的分析理清思路。

1　生态恢复基本理论及历史发展

1.1　生态恢复的基本理论

生态修复是相对于生态破坏而言,采取生态工程或生物技术手段,使受损生态系统恢复到原来或与原来相近的结构和功能状态[1-2]。与生态修复对应的概念有生态恢复、生态重建、生态改建、森林培育等。生态修复和生态恢复基本上是两个对等的概念,强调将受损的生态系统从远离初始状态的方向,通过一定方式恢复到初始状态。水土保持、小流域治理工作者习惯用生态修复这一术语,而环境生态和林学工作者常常用生态恢复这一术语。因此本文出现"生态恢复"一词的地方均指"生态修复"。

生态恢复一词出现以来,许多学者和机构对它进行了定义,有代表性的定义是美国生态学会给出的:生态恢复就是人们有目的地把一个地方改建成定义明确、固有的、历史的生态系统的过程,这一过程的目的是竭力仿效那种特定生态系统的结构、功能、生物多样性及其变迁过程。可以从这个定义看出,生态恢复不是自然生态系统的自然演替,而是人们有目的地进行改造;不是物种的简单恢复,而是对系统的结构、功能、生物多样性和持续性进行全面的恢复。生态恢复包括以下一些基本理论:(1)生态限制因子原理;(2)生态系统的结构理论;(3)生物适宜性原理;(4)生态位原理;(5)生物群落演绎理论;(6)生物多样性原理。生态修复的原则包括自然法则、社会经济技术原则和美学原则。

1.2　生态修复的历史发展

生态修复的历史发展分为以下3个阶段:第一阶段,早期生态修复试验研究阶段。这一阶段突出人类向未干扰的自然生态系统学习,把学习中获得的自然生态法则应用到生态系统修复中。

第二阶段是大规模生态修复工程实践阶段。在此阶段,我国开展了三北防护林工程,20世纪80年代开始了长江中上游地区水土保持重点建设工程,长江防护林工程,沿海防护林工程,退耕还林、还草工程,天然林保护工程,沙尘暴的治理,小流域治理生态修复等一系列的生态修复工程的实施。

第三阶段是后期生态修复基础理论研究阶段。近30年来,大规模的生态破坏和生态退化,已危及到人类的可持续发展,为了回答地球各类生态系统受损和退化的特征、机制及修复的机理,生态修复的基本理论研究在实际需要的推动下,得到了较快的发展[3]。

目前,门头沟区的生态修复工程属于第二阶段与第三阶段齐头并进的时期。

2　门头沟区生态修复案例分析

门头沟是北京的上风上水之地,是北京市惟一的纯山区,区域面积1455km²,山地面积达98.5%,森林覆盖率76%。

门头沟区历史上曾经是北京重要的能源基地。长期以来,以煤炭、沙石和石灰为代表的资源开采业一直是地区的主导产业。但是开采资源带来滚滚财源的同时,也让门头沟区付出了沉重的代价:水土流失严重、地区生态失衡、环境日益恶化……

门头沟区生态效益与资源开采业收入的比例为25:10。据专家测算,门头沟区仅涵养水源、纳碳制氧等方面的生态效益,每年高达25亿元,而资源开采业,即使效益较好的年份实现收入也不过10亿元左右。门头沟区每年为北京市提供的生态价值远远大于煤炭开采等行业创造的经济价值,生态建设是必然的选择。而更重要的是，作为首都西部屏障，必将对保护首都环境做出巨大贡献。

2005 年，北京市科学技术委员会和门头沟区人民政府共同主办，北京市可持续发展科技促进中心和门头沟科学技术委员会承办的"北京生态建设国内研讨会暨 2005 北京市门头沟区生态修复重点科技示范工程启动仪式"及"首届北京生态建设国际论坛"在门头沟区召开。会上，北京市科委宣布投资 3000 万元支持门头沟利用国内外先进的科技资源、智力资源和经济资源，推动当地生态修复和环境治理，并为其他区县生态修复和建设提供可借鉴的经验和模式。

自此，北京市门头沟区生态恢复工程全面展开。以下 4 个生态恢复的工程由北京市植物园园景园林工程公司和阳光林苑工程有限公司施工，工程均取得了较好的效果。

2.1 滨河世纪广场——永定大沙坑生态修复工程

滨河世纪广场的前身是个巨大的采沙坑，有 30 多万平方米，经过 3 期工程的建设，现在已经成为门头沟绿地建设的一大亮点。它集健身、休闲、集雨、防风固沙、紧急避险等多项功能于一身，健身设施、集雨设施、景观设施、直升机停机坪，一应俱全，让人赏心悦目。利用沙坑、山地造公园，是门头沟区进行生态修复的一个创举。

该公园在实施生态修复工程时，一期大量采用的植物包括：沙地柏（*Sabina vulgaris*）、火炬树（*Rhus typhina*）、臭椿（*Ailanthus altissima*）、山桃（*Prunus davidiana*）等耐旱乡土树种，迅速建植，起到防风固沙、水土保持的作用；二三期在灌溉系统完善的前提下重点加入景观美化品种如槐树（*Sophora japonica*）、银杏（*Ginkgo biloba*）、梓树（*Catalpa ovata*）、紫叶矮樱（*P.* ×

cistena 'Pissardii'）、金叶接骨木（*Sambucus racemosa* 'Plumosa Aurea'）、金叶风箱果（*Physocarpus opulifolius* 'Luteus'）、醉鱼草（*Buddleja lindleyana*）、月季（*Rosa chinensis*）等。

2.2 妙峰山大小河峪口及桃园灰窑采矿废弃地生态修复工程

该工程于 2006 年进行施工。工程位于妙峰山镇桃园村。工程分 3 部分，包括河峪口钙厂、小河峪口灰窑入口和桃园灰窑。本工程面积约 11000 m²。工程内容包括土方调整、绿化栽植、山体修复、边坡绿化和加固等工程。

在工程施工中，结合技术措施并采用科学的规划方法，分期实施，将妙峰山地区典型的废弃采石矿、废弃灰窑、废弃裸露岩面进行生态修复，在前期对外围地区绿化美化的基础上，完善整个地区的景观构成，把废弃矿区的生态修复与新农村建设紧密结合起来，通过生态修复及相关措施，变废为宝，在保护环境的同时，有效地丰富当地的旅游资源，促进当地经济的快速发展。

此地段主要采用沙地柏、山桃、碧桃（*P. persica* var. *duplex*）、旱柳（*Salix matsudana*）、蔷薇（*R.* spp.）、红叶小檗（*Berberis thunbergii* var. *rubrifolia*）、五叶地锦（*Parthenocissus quinquefolia*）等植物。

2.3 斋堂镇废弃煤矿生态修复工程

该工程于 2007 年施工。斋堂镇的煤窑在门头沟最多，全区原有的近两百个煤窑中斋堂镇就占了 125 个。由于长期从事煤炭开采，这个地区生态环境系统遭受到了很大的破坏。山梁大面积裸露，满坡的煤矸石形成黑色的煤山，挖完煤后剩下的黑窟窿眼随处可见。还造成了地面塌陷沉降，采空区大量出现，地下水位急剧下降，有的地区近乎枯竭。

在市、区两级的支持下，斋堂镇全面启动了禁煤复垦的生态治理工程，拟投入生态治理资金 2480 万元，矿址平整复耕 1750 亩地。计划用 3 年时间，复垦土地 4300 亩，逐步涵养水源，恢复植被。

此项目考虑到当地盛产火村红杏，在生态修复同时需要兼顾当地经济发展，因此，在进行工程施工时，将整个山沟整理成一层层梯田形，同时沿山脚修建排水渠，防止雨季山洪冲垮梯田。在平整地段，主要品种选择耐旱性能很强的红杏；在边坡上，种植沙地柏和五叶地锦，然后用土工格网在坡面进行固定，防止因雨水冲刷冲毁植被。

2.4 龙泉雾采石场，下苇甸天桥、石坑采石场生态修复工程

该工程于 2007 年施工，此项目中采用了挂网喷播工艺。主要通过工程和生物相结合的技术手段实现对自然和人为活动造成的生态破坏区域的生态修复，为类似地区的生态修复提供技术支撑。根据该区自然环境特征及废弃采石场的具体特点，以及已有的治理经验，结合工程的实施开展生态修复。

本工程的实施可有效加快林草植被建设速度，提高造林成活率和保存率，提高本地区的林草植被覆盖，使人为破坏的自然环境尽快得到改善和恢复。同时可减少和遏制风沙活动，防止水土流失、滑坡、泥石流等灾害的发生。

本工程选用灌木和草本植物物种混合组配方案。采用草灌结合的搭配，同时还考虑浅根植物和深根植物的结合、豆科植物与非豆科植物的结合，构建乔灌草立体防护生态体系，使用的植物种子主要是乡土物种，通过种间竞争、自然演替成与周边自然环境融为一体的稳定植被群落，从而达到保护边坡、绿化边坡、美化边坡的目的。

此项目主要采用品种：香花槐（*Robinia pseudoacacia* 'Idaho'）、油松（*Pinus tabulae-formis*）、火炬树、山桃、红叶碧桃（*P. persica* 'Alropurpurea'）、丁香（*Syringa oblata*）、侧柏（*Platycladus orientalis*）；藤本的有五叶地锦；喷播中采用了波斯菊（*Cosmos bipinnatus*）、荆条（*Vitex negundo* var. *heterophylla*）、胡枝子（*Lespedeta bicolor*）、紫穗槐（*Amorpha fruticosa*）等。

在上述 4 个生态恢复工程中，其理论基础为：

（1）生物群落演绎理论：该理论认为在自然条件下，如果群落遭到破坏，一般能够恢复，尽管恢复时间有长短。恢复的过程是：首先是先锋植物侵入遭到破坏的地方并定居和繁殖，改善了被破坏地的环境，使得其他物种侵入并被部分或全部取代，进一步地改善环境和更多物种的侵入的结果是生态系统逐渐恢复到它原来的外貌和物种。然而自然群落演替的周期是十分漫长的。

（2）潜生植被理论：通过人为干扰为植被演替创造有利条件，缩短植被重建的时间，使重建地植被尽快恢复到自然演替的中间阶段，朝向顶级植物群落正常发展。同时本着保持原生景观的原则进行景观规划，保证生态重建与地域文化重建的统一。

据清华大学生态保护研究中心的调查发现：随着采石矿场废弃关闭时间的延长，植被结构层次由单一的一年生草本植被向多年生草本植被、草本与灌木、草本与灌木和乔木多层结构的方向演化。最终由石砾裸地到草地最后演替到灌草丛。调查结果表明，采石矿场关闭 6 年以后，植被盖度可以达到 40%，关闭 9 年以后植被盖度可以达到 50%，关闭 30 年的矿场植被盖度和总体评估情况已经几乎与周边植被情况完全一致。

而通过人为干预，进行生态恢复工程，则可以大大缩短这一演替时间。

在上述 4 个生态修复工程中，我们满

足了以下技术标准:(1)植被覆盖度达到约98%的水平;(2)有完整的植被结构层次,总体上包括草本、灌木、乔木3层结构;(3)在正常养护期结束,植被能够自我维持,不需要进一步浇水施肥等人力投入。

3 门头沟区生态修复植物选择所遵循的原则

通过对工程所在地植被的调查,我们发现:一年生草本植物狗尾草(*Setaria viridis*)、牛筋草(*Eleusine indica*)、虎尾草(*Chloris virgata*)及藜等是该区重要的建群种,随后出现的蒿属植物及胡枝子对土壤植被恢复至关重要,最后出现以荆条、胡枝子为优势的灌丛群落。臭椿、榆树是废弃矿场中出现最多的乔木,藤本葎叶蛇葡萄(*Ampelopsis humulifolia*)也是适应性很强的植物,另外在废弃矿场还发现长势良好的葛藤。这意味着臭椿、榆树、胡枝子、荆条、葎叶蛇葡萄及葛藤是废弃矿场生态修复的适生物种。

在上述4个生态修复工程的施工中,我们选择植物材料时遵循了以下一些原则:

(1)所选植物具有较强的抗性:具体表现在具有抗旱、抗寒、耐瘠薄等特点。如臭椿耐旱、耐碱,且生长快。山杏,耐寒性强。

(2)所选植物大多具有护坡防沙、保持水土的作用:如沙地柏,耐寒、耐旱、耐瘠薄,对土壤要求不严。适应性强,生长较快,宜护坡固沙,作水土保持及固沙造林用树种。酸枣(*Ziziphus jujuba* var. *spinosa*),在水土流失地区,可作固土、固坡的良好水土保持树种。

(3)所选植物多数是北京市的乡土植物:乡土乔木有刺槐(*Robinia pseudoacacia*)、元宝枫(*Acer truncatum*)、侧柏、榆树、山桃;乡土花灌木有丁香、珍珠梅(*Sorbaria kirilowii*)、黄栌(*Cotinus coggygria*)等。利用乡土物种,可节约成本,在人为辅助下,达到快速恢复自然生态系统的功能。

(4)植物配植时还兼顾了植物群落的景观效果,植物配植做到乔—灌—草复层结构,乔木主要以榆树、山桃、山杏等为主,灌木主要采用绣线菊(*Spiraea salicifolia*),在岩面底部栽植金银花(*Lonicera japonica*)、爬山虎(*P. tricuspidata*)等。同时注意乔木与灌木的合理比例。此外,还注重植物色彩的合理搭配,植物色相(四季有叶,三季有花)的巧妙处理。如油松、侧柏、沙地柏为常绿树种,可弥补冬季绿色景观。栽植金叶植物金叶接骨木、金叶风箱果以及彩叶植物紫叶矮樱,增加了季相。

(5)所选植物为在裸露区域长势好并在数量上居多的植物,如:荆条、臭椿、酸枣、山桃、山杏、狗尾草、大籽蒿(*Artemisia sieversiana*)。

4 门头沟区生态修复主要技术

在上述生态恢复工程中,主要采用的工程技术手段[4]有:

4.1 挂网喷附与保育基培养结合的生态修复技术

该技术从日本引进,具体做法是将本地植被种子喷附、栽植于公路上、下边山体,植物选取做到草灌结合,采用了等离子胶、国外特制肥料等多种产品,实施于我国生态修复工程中。该技术与国内同类技术相比,具有成本低、栽植方法新颖等特点。该技术采用的植物有绣线菊、胡枝子、波斯菊等。

4.2 植生基质喷射技术等

该工程集成了植生基质喷射技术(PMS技术)、植被垫施工技术等,使用了植生基质、生态棒、生态袋等专利产品,对因修路造成的公路上边坡破坏进行生态修复。

4.3 客土大苗造林

对由于矿山开采造成的植被稀疏区域,采用客土造林的方式进行生态修复。主要是对局部裸露的坡面客土栽植丁香、珍珠梅、黄栌等乡土花灌木,提高植被的覆盖率,快速实现生态修复。

4.4 格宾挡墙

由于部分开采坡面坡脚具有一定的不稳定性,采用修建格宾挡墙进行工程防护,保证坡面稳定和防止渣体外泄,并且通过在挡墙内侧栽植爬山虎实施垂直绿化,当经过 1 年的生长后,格宾挡墙为爬山虎所覆盖,形成生物墙。也可以在格宾挡墙上铺生长基质,喷播混合的乡土花灌木种子,最终完成修复效果。

5 总结

据中国科学院植物研究所的调查:门头沟区保存完好的生态系统面积约 509 km^2。因人为干扰出现退化的生态系统面积约 654km^2,受强烈人类干扰或破坏受到损伤的生态系统面积约 291km^2。该区每年为北京市提供的生态服务的生态经济现值为 18.27 亿元,修复后的潜在价值 25.24 亿元,生态修复增值潜力为 6.97 亿元。

由上述 4 个工程实例可知,在人为破坏严重的采矿区,人为的辅助生态修复建设,既缩短了生态恢复的周期,又提高了生态恢复的质量,是完全符合工矿区客观实际的改造技术。生态修复是一项长期的工作,需要不断地进行技术经验的积累,不能只追求眼前的效果,更应注重后期效果,尤其是与周边环境和谐的目标群落能否如期实现,并且效果持久。

参考文献

[1] 余新晓,牛健植,徐军亮. 山区小流域生态修复研究[J]. 中国水土保持科学, 2004, 2(1): 4-10.

[2] 彭少麟. 恢复生态学. 生态学的回顾与展望[J]. 北京:气象出版社, 2004: 497-511.

[3] 王震洪,朱晓柯. 国内外生态修复研究综述[A]. 发展水土保持科技、实现人与自然和谐——中国水土保持学会第三次全国会员代表大会, 25-31.

[4] 于长青等. 北京门头沟西山采石矿场生态修复研究[A]. 2007 北京门头沟生态修复论文集, 33-35.

郑州黄河植物园在邙岭水土保持生态工程建设中的地位和作用

The Status and Function of Zhengzhou Yellow River Botanical Garden in the Conservation of Water and Soil Ecological Engineering Construction of Mang Mountain Ridge

贺敬连　孙志广　王华伟　黄明利　马国民

（郑州黄河风景名胜区,郑州黄河植物园, 450043）

He Jinglian　Sun Zhiguang　Wang Huawei　Huang Mingli　Ma Guomin

(*Zhengzhou Yellow River Scenic Area* , *Zhengzhou Yellow River Botanical Garden* , 450043)

摘要:近年来,国家加大了治理黄河及黄土高原水土保持建设的力度。面积达270km² 的邙岭处于黄土高原的终端,黄淮平原的始端及地上悬河的起点,同时也是郑州西北风沙起源地。搞好邙岭绿化及水土保持工程,对减少黄河泥沙含量及建设绿色郑州都具有非常重要的意义。黄河植物园地处邙岭东北端,濒临黄河,经过三十多年的引种绿化,已经满山披绿、四季常青、三季有花、两季有果。再加上特殊的地理位置,深厚的文化内涵,优良的服务管理,先后被评为国家级风景名胜区,国家级地质公园,国家 AAAA 级景区和省级森林公园。通过对植物园三十多年的绿化建设的成功经验、失败教训及生产技术的总结,将为邙岭及黄土高原的水土保持生态工程建设提供一定的帮助。

关键词:植物园;水土保持;引种;绿化

Abstract: In recent years, the state has increased governance of the Yellow River and the Loess Plateau Soil and Water Conservation building efforts. Area of 270 square kilometers in the Loess Plateau of Leng Mangshan terminals, the Huang – Huai Plain and on the ground before the end of the starting point for hanging the river, but also the origin of Zhengzhou, the north – west wind. Green Ridge Mangshan and do a good job of soil and water conservation projects to reduce sediment content and the construction of the Yellow River in Zhengzhou green are of great significance. The Yellow River Botanical Garden is located in the Yellow River north verge of the Yellow River, more than three decades after the introduction and afforestation, have been put on the mountains green, evergreen, flowering three quarters, two quarters have fruit. Together with a special geographical location, rich cultural connotations, excellent service management, has been named the state – level scenic spots, national geological parks, national AAAA level scenic spots and provincial forest park. Botanical Garden for more than three decades through the building of the greening of the successful experiences and lessons from the failure of the Aggregate production technology will Mangshan Ling and ecology of soil and water conservation in the Loess Plateau project to provide some help.

Key words: botanical gardens; water and soil conservation; introduction; green

1 位置和自然条件

1.1 地理位置

郑州黄河植物园位于东经112°14′~113°10′和北纬34°50′~35°06′之间,地处黄土高原的东南边缘与黄淮平原的交接地带,山势陡降,最高海拔261m,向南缓降到海拔110 m左右。属黄土高原东南丘陵地区,沟壑纵横,冲沟发育,黄土堆积深厚,地貌特征显著,塬、梁、峁具全[1]。

1.2 气候条件

属大陆性季风气候,四季分明,光照充足。春暖少雨,风沙多,植物生长困难;夏季多雨,水土流失严重;秋高气爽;冬季寒冷多风。年均气温14.9℃,极端高温43℃,极端最低零下18℃,年均降雨量653mm,年均相对湿度66%,最大积雪深度230mm,最大冻土深度180mm,年均无霜期220天。

1.3 地质条件

郑州黄河植物园处在黄土风积深积区和现代冲积平原交接地,第四系松散沉积层较厚,结构疏松,具有湿陷性,在雨季水体冲刷下,易造成大的滑坡和崩塌,致使自然植被较差。

2 前期绿化采取的措施及失败的教训

2.1 原有植被

以前整个邙岭都是一片荒山秃岭,沟壑纵横,地形复杂,坡陡风大,水土流失严重,自然植被少,只有零星生长的山皂荚(Gleditsia japonica Miq.)、酸枣〔Ziziphus jujuba var. spinosa(Bunge)Hu〕、小叶锦鸡儿(Caragana microphylla Lam.)、黄荆(Vitex negundo L.)、杞柳(Salix purpurea L.)等灌木层及少量耐干旱的杂草[2]。由于当时居民生活条件较差,做饭烧火主要靠砍这些灌木做原料,再加上无控制的放牧及无序

的垦荒,对仅有的一些植被破坏严重,加速了水土流失的程度。

2.2 前期绿化

新中国成立后到1973年,市政府开始重视邙岭植树,并在现景区绿化队所在地成立学生连及邙山林场,先后进行了3次大的绿化栽植,但成活率极低,水土流失的现象丝毫没有好转。

3 黄河植物园的建设

3.1 植物园建设的背景及任务

黄河风景区建设初期,成立园林组对五龙峰景区进行绿化,效果同样不太理想。经市政府批准,邙山林场与景区园林组合并,成立景区绿化队,专业绿化管理。

随着景区旅游事业的发展,人民生活水平的提高,人们迫切要求更绿、更美的环境,所以需要寻求更多的适宜树种和更美观的植物。加之教学需要实习基地,科研需要研究所,1983年2月由河南农业大学原校长、著名林木专家蒋建平,郑州果树研究所原所长张子明牵头,邀请了32位有关专家进行实地考察,就兴建黄河植物园的可行性进行探讨论证,并确定成立黄河植物园。主要任务是:引种驯化,开发适应黄土高原生长绿化的树种,借助各种研究机构的技术力量,针对黄土高原的特点,拿出科研课题,搞好科研成果,以加速黄河风景区的绿化进而为黄土高原的绿化提供科学的依据。同时向省市领导提出肯定性的建议,并得到省市领导的批准和大力支持,随后成立了以蒋建平为组长,张子明、丁宝章等11名专家为委员的黄河植物园顾问小组。

3.2 植物园近年来所做的工作及取得的成就

黄河植物园建立后,迅速开展各项工作,首先总结了近20年邙岭绿化的经验教训,开展植物的引种驯化,寻求绿化黄土高

原及治理黄河沙滩地的植物种类和手段，丰富景区园林植物的种类和数量。选择确定以耐干旱、瘠薄，对土壤适应性较强的侧柏及当地树种刺槐（*Robinia pseudoacacia* L.）、杨树、石榴（*Punica granatum* L.）等作为主打树种。在栽植技术措施上，对梯田的开垦宽度、走向，浇水等进行研究对比，使山岭上树木栽植的成活率迅速提高。结合并指导郑州市数万名干部群众义务植树活动。经过二十多年的努力，使景区所辖的荒山上栽植侧柏〔*Platycladus orientalis* (L.) Franco〕等近 50 万株，基本达到荒山披绿的效果。

科研绿化人员，在管理山岭上栽植树木的同时，又经过二十多年的努力并克服种种困难，引种驯化成功 82 科，310 个属，840 多种植物，引种的油橄榄（*Olea europaea* L.）、枇杷（*Eriobotrya japonica*）等树种已开花结果，银杏（*Ginkgo biloba*）、水杉（*Metasequoia glyptostroboides* Hu et Cheng）、珙桐（*Davidia involucrata* Baill）、红豆杉（*Taxus celebica*）、鹅掌楸〔*Liriodendron chinense* (Hemsl.) Sarg.〕、杜仲（*Eucommia ulmoides* Oliv.）、秤锤树（*Sinojackia xylocarpa* Hu）[3]等国家一、二级珍贵树种和重点保护野生植物，先后在景区内迁地保护，并产生较好的科普和观赏效果。在引种绒毛皂荚（*Gleditsia sinensis*）成功的基础上，对当地山皂荚进行嫁接改良，并取得成功。

3.3 专类园的建设，丰富了适应黄土高原栽植树木的种类，同时提高了景区的观赏品位

经过二十多年的努力，景区内目前已建成和在建的专类园有牡丹园、盆景园、月季园、竹类园、水生植物园、水土保持植物园、裸子植物园、彩叶植物观赏园和菊花园等。基本实现了四季常青，三季有花，两季有果，色彩绚丽的观赏效果。

牡丹园：

建于 1984 年，占地 10 余亩，依山势呈台阶状分 5 层，种植牡丹 8 大色系，400 多个品种，8000 余株，芍药 40 多个品种近 2000 株。由于特殊的地理位置和气候特点，每年开花时间早于洛阳、菏泽 7～10 天。每到 4 月鲜花盛开时，迎来数以万计的游客和诗画名人，并留有"细雨清风带露开，牡丹岂独洛阳栽，岳山春日花如锦，迎得游人结队来"（牡丹园所在地史载岳山，现有岳山寺一座）、"帝子仙居本洛阳，嫁来郑邑试新装"等优美诗篇。

盆景园：

以树木盆景为主，数量达 500 余盆，主要采集邙岭及黄土高原上生长的黄荆、山榆（*Ulmus davidiana* Planch. var. *japonica* (Rehd.) Nakai）、石榴、枸杞（*Lycium barbarum* L.）、柽柳（*Tamarix chinensis* Lour.）等品种 80 余个，充分体现黄河流域景物特色。大力加强盆景学术交流与合作，并于 2003 年、2004 年在景区内成功举办"河南省中州盆景展"及学习交流大会，对中州盆景的发展及黄土高原适生植物的研究，发挥了很大的作用。

月季园：

现有月季品种 400 多个近 2 万株，其中树状月季 300 余株，曾代表郑州市参加全国首届月季展，代表河南省花协参加成都全国花博会，为郑州市市花月季的研究推广做出了一定的贡献。

水土保持植物园：

主要针对邙岭沟壑纵横，原始植被破坏殆尽，水土流失严重的特点，引种栽培适应能力强，有很好的水土保持功能及涵养水源的植物，目前已引种成功的有沙地柏（*Sabina vulgaris* Ant.）、盐肤木（*Rhus chinensis* Mill.）、火炬树（*Rhus typhina*）、海州常山（*Clerodendron trichotomum* Thunb.）、扶芳藤〔*Euonymus fortunei* (Turcz.) Hand.-Mazz.〕等数十种，许多树种已在景区山坡

上大片栽植,并与当地的黄荆、酸枣、山皂荚等混生,取得良好的效果。

裸子植物园:

主要对适合本区黄土丘陵生长的柏树的种植研究,目前已封山成林规模达45万株,在此基础上又引种水杉、银杏、罗汉松〔*Podocarpus macrophyllus*(Thunb.)D. Don〕、火炬松(*Pinus taeda* L.)、美国香柏(*Thuja occidentalis*)、岷江柏木(*Cupressus chengiana* S. Y. Hu)、杜仲等64种,许多树种在近两年郑州市大规模邙岭水土保持生态工程中得以推广利用。

3.4 二十多项科研成果及推广应用,为邙岭水土保持及绿化提供理论上和技术上的保障

20年来,黄河植物园园林科研成就颇丰,生根粉在植物扦插及栽植上的应用获得国家科技三等奖。绒毛皂荚在改良山皂荚上的应用研究,牡丹园、盆景园的建设及研究,山体绿化及水土保持植物引种驯化及应用,竹类园的建设及竹类品种的引种驯化研究等,分别获得省市科技成果二等或三等奖,在景区绿化及专类园建设中都得以推广应用,并取得良好的效果,还将在邙岭水土保持生态绿化工程中发挥作用。

4 近几年的绿化建设及管理

4.1 调整树种,增加景观效果

经过多年的努力,景区内山体全部被柏树、松树等常青树种所覆盖,但还属于幼林,密度较大,为搞好冬季防火,我们采取树木提干,冬季清除林下杂草枯叶等措施。随着树木的长大及游客对观赏要求的提高,在几座山岭的柏树间栽植火炬树、黄栌(*Cotinus coggyria* Scop.)、红叶李(*Prunus cerasifera* 'Pissardii' Ehrh.)等彩叶树种,以增加观赏效果,同时减少油性树种的数量,起到生物防火林带的作用[4]。

4.2 在林下增加常绿地被植物品种的数量,充分发挥水土保持和冬季防火的功能

在黄土丘陵栽树时,为便于操作和保证成活率,多采用梯田式,这无疑对山体和原生植被造成了破坏,雨季冲刷水土流失严重。近年来在山坡林下大量引种栽植了扶芳藤、常春藤〔*Hedera nepalensis* K, Koch var. *sinensis*(Tobl.)Rehd〕、络石〔*Trachelospermum jasminoides*(Lindl.)Lem.〕等常青地被藤木,凤尾兰(*Yucca gloriosa* L.)、迎春(*Jasminum nudiflorum* Lindl.)、大叶素馨(*Jasminum mesnyi*)等灌木和地被竹、金鸡菊(*Coreopsis lanceolata* L.)、波斯菊(*Cosmos bipinnatus* Cav.)、悬钩子(*Rubus corchorifolius* L. f.)等防地面径流植物。由于其生长快、附着力强等特点,起到很好的护坡防水土流失作用,冬季不易引燃,并大大减少每年冬季清除干枯杂草的劳动量。

4.3 加大山上林区喷灌消防设施的建设力度

2006年景区投资300多万元在五龙峰、浮天阁、向阳山、竹类园4景区林区内安装喷灌系统及建造防池,对林区树木、林下常青地被植物的生长及冬季防火发挥了重要作用,同时使景区成为邙岭及黄土高原水土保持绿化的范例和亮点。

5 对邙岭水土保持生态保护工程建设的建议

(1)尽量减少对山体原貌和原生植被的破坏。

(2)植物品种多样化,乔、灌、草相结合,特别是多栽适生、水土保持力强的灌木及地被植物,提高绿化成活率,减少水土流失量,同时考虑到生物防火林带建设,山背、陡坡栽植生物防火林带的树种如榆树(*Ulmus pumila* L.)、山核桃(*Carya cathayensis* Sarg.)、臭椿(*Ailanthus altissima* Swingle)、刺槐、石楠(*Photinia serrulata* Lindl.)等[4],缓坡营建针阔混交林,沟底或山顶平地栽植石榴、苹果(*Malus pumila* Mill.)、核桃(*Juglans regia*)、柿子(*Diospyros kaki* Linn. f.)等果树,既增加观赏效果,又能为当地居民增加收入。

(3)加强管理,提高成活率,有条件地封山,禁止放牧、垦荒。

6 结 语

黄河植物园经过近 30 年的建设,已经初具规模。由于其处在特殊的地理位置,必将发展成为一个多功能、综合性的植物园,即功能较全,面积较大,物种种类丰富,植物景观优雅[5]。2009 年 7 月,郑州市政府已在此设立政府办事机构——郑州市黄河生态旅游风景区管理委员会,管辖面积达 108km²,更有利于多功能综合性植物园的建设。其中 44km² 是黄土丘陵,其余为黄河湿地。黄河植物园的科研成果、绿化经验及引种驯化植物的推广,将在邙岭地区水土保持生态工程建设中发挥越来越重要的作用。

参考文献

[1]黄河风景名胜区基础设施建设项目可行性研究报告. 郑州:河南省工程咨询公司, 2004.

[2]丁宝章. 河南植物志[M]. 郑州: 河南人民出版社, 1998.

[3]王明荣. 中国北方园林树木[M]. 上海:上海科学技术出版社, 2004.

[4]中国生物防火林带建设[M].北京: 中国林业出版社, 2003.

[5]贺善安, 张佐双, 顾姻. 植物园学[M]. 北京: 中国农业出版社, 2005.

台大实验林下坪热带植物园植物调查与分析
Investigation and Analysis of Vascular Plants in the Xia-Ping Tropical Botanical Garden of the Experimental Forest of National Taiwan University

王亚男[1]   刘启福[2]   杨智凯[3,4]
Ya-Nan Wang[1]   Chi-Fu Liu[2]   Chih-Kai Yang[3,4]

摘要:2009 年的植物调查显示,下坪热带植物园维管束植物共计 97 科 276 属 418 种,其中裸子植物 21 种,双子叶植物 344 种,单子叶植物 42 种;45 种特有种,153 种栽培种,185 种原生种。豆科植物最多,有 26 种。最常见的植物包括:黑板树、香楠、大叶桃花心木等。此次调查还发现了 3 种新归化植物:蟾蜍树、号角树及檀香。

关键词:下坪热带树木园;原生植物;引进栽培植物;归化植物;蟾蜍树;号角树;檀香

Abstract: Based on the investigation of plant in Xia – Ping Tropical Botanical Garden, 97 families, 276 genus, 418 species, which include 45 endemic species, 153 imported cultivated species and 185 native species, were record. The families with highest species richness of Fabaceae has 26 species. Common woody plants species found at the Tropical Botanical Garden in Xia – Ping include: *Alstonia scholaris*, *Machilus zuihoensis*, *Swietenia macrophylla*. Three new naturalized plants were found near the garden this time. They are *Tabernaemontana elegans* Stapf, *Cecropia peltata* L., and *Santalum album* L.

Key words: Xia – Ping Tropical Botanical Garden; native species; imported cultivated species; naturalized plant; *Tabernaemontana elegans*; *Cecropia peltata*; *Santalum album*

1 前言

下坪热带树木园,位于南投县竹山镇,距离竹山市区约 3 km,系位于浊水溪与其支流清水溪会流处之上方,面积 8.873 hm², 位于北纬 23°45′,东经 120°45′,海拔高约 155 m,年平均温度约 23.4℃,年平均降雨量约 2,400 mm,最高年雨量平均可达 3,600 mm。雨量则集中在 6 月至 9 月,年平均降雨日数为 140 天。全年可依降雨情

---

1 国立台湾大学生物资源暨农学院实验林管理处处长。Director, The Experimental Forest, College of Bio – Resources and Agriculture, National Taiwan University, Chu – San, Nantou 557 – 50, Taiwan.

2 国立台湾大学生物资源暨农学院实验林管理处技士。Specialist, The Experimental Forest, College of Bio – Resources and Agriculture, National Taiwan University, Chu – San, Nantou 557 – 50, Taiwan.

3 国立台湾大学生物资源暨农学院实验林管理处研究助理。Research Assistant, The Experimental Forest, College of Bio – Resources and Agriculture, National Taiwan University, Chu – San, Nantou 557 – 50, Taiwan.

4 1982 年 8 月出生,男,研究助理,通讯作者。E – mail: eflora. yang@ gmail. com ,植物分类学、植物生态学

形,划分为干季与雨季,自10月至翌年4月为干季,其余月份为雨季。年平均相对湿度在80%以上,年平均总蒸发量471.8~1,048 mm,平均月蒸发约为946 mm,土壤为沙土,系河川冲积所成,地势平坦。

下坪热带树木园为台大实验林所属5个树木标本园之一,建置于日据时期。本处接收初期,虽曾拟加整顿,然未积极进行;民国49年,辟为果树园,栽植菠萝(*Ananas comosus*)、香蕉(*Musa sapientum*)、葡萄(*Vitis vinifera*)、荔枝(*Litchi chinensis*)、柳橙(*Citrus sinensis*)、木瓜(*Carica papaya*)等;民国55年1月,重新建置树木标本园,现有树种调查整理外,积极自国内外引进苗木,原先栽种之果树除保留少数作为标本树,余则逐步淘汰。植物园设置之主旨以收集热带树种为主,现有树种大部分由台湾大学森林环境暨资源学系已退休教授廖日京老师及路统信先生于民国55~57年间所引种。民国60~62年间,高振襟先生从台湾各地引进甚多珍稀树种。民国75年8月,韦恩台风过境,损害严重,后经整理风害木,记有460株,立木材积117m³,而后至78年陆续枯死计有54株,立木材积约为28m³。民国78年,柳重胜(1989)首次整理了下坪树木园的木本植物名录。民国89年,自林试所恒春分所港口工作站及中埔分所四湖工作站搜集台湾主要的海岸树种与本处苗圃提供之绿化树种等约50余种。

民国91年"全国植物园系统与经营计划"之推动,特向农业委员会林业试验所申请经费,规划整建"国家植物园系统–下坪热带植物园",经营目标为(1)建立中部地区本土植物资源基础研究基地;(2)成为中部地区本土濒危植物迁地保育中心;(3)设置自然教室,结合小区教学资源,发展自然教学教案,成为中部地区自然教学户外教室,提供完整自然教育体系;(4)结合小区观光资源,提供具地区特色的生态旅游活动;(5)建立完整植物园经营管理体系,作为地区性植物园经营之示范。其中以物种保育、特殊物种展示、自然教学区、植物学教学区、景观游憩区等7区,配合管理中心、自然教室及环园导览系统,充分发挥园区之功能。

林德勋等(2002)编撰下坪热带植物园自然解说手册。近年则由锺年钧博士栽植自行培育之实生苗、由台东农业试验所搜集药用植物、林业试验所恒春的港口工作站、嘉义中埔分所四湖工作站搜集海岸树种及六龟分所扇平工作站搜集之竹类,于云林县政府及台湾大学森林环境暨资源学系苗圃搜集的多种绿化、原生植物,此上百种热带种源苗木栽植于园区。近年在全国植物园系统推动之下,让下坪热带树木园趋于完整,台大实验林设立60周年,藉此机会重新调查下坪热带植物园之树种,并供研究人员、参观人士及实习学生之参考。

2 材料与方法

2.1 调查方法

(1)平均每星期调查一次,每次时间不等。疑问的物种,采取标本,以便将来鉴定。调查植物种类及株数。

(2)植物鉴定之依据:依台湾植物志(Huang, T. C. et al. 1993–2002)、台湾植物名汇(杨再义 1982)、台湾维管束植物简志(杨远波等 1997;杨远波等 1998;杨远波等 2001;刘和义等 1999;杨远波等 2003)、台湾种子植物要览(杨远波等 2008)、台湾树木志(刘业经等 1994),最新台湾园林观赏植物名录(赖明洲 1995)、台湾花卉实用图鉴(薛聪贤 1985–2003)等文献查出植物种类的科名及种名。原生种、特有种及归化种的中文名以台湾植物志为准则。

(3)分析资料:制作植物目录,并定出

各类植物百分比；出现频率最高之植物种类；双子叶植物与单子叶植物比率；原生种及外来种之比率。

（4）根据所调查资料，依各季节前往植物园拍摄各种植物之全株、叶、花、果、特殊辨识部位，以提供将来编辑《下坪热带植物园彩色图鉴》。

2.2　调查时间

从 98 年 1 月~98 年 7 月止，共 7 个月。

3　结果

根据调查下坪热带植物园内植物，经统计后，共记录到 97 科 276 属 418 种，其中包括原生种 185 种、归化种 25 种、特有种 45 种、栽培种 153 种 *。此次调查并发现引进栽培的植物蟾蜍树（*Tabernaemontana elegans* Stapf）、号角树（*Cecropia peltata* L.）及檀香（*Santalum album* L.）新归化于附近地区。

4　讨论

4.1　最常见的植物探讨

根据调查下坪热带植物园种类种植数量，将树种相同者加以统计后，按照数量多寡，整理出较多之最常见的 15 种植物（表 1）。

前 15 名的常见植物木本植物总数量约 1,841 棵，其中香楠（*Machilus zuihoensis*）及台湾肖楠（*Calocedrus formosana*）为台湾特有种，共 378 棵，仅占数量的 21%；血桐（*Macaranga tanarius*）、枫香（*Liquidamber formosana*）、白鸡油（*Fraxinus griffithii*）、苦楝（*Melia azedarach*）、相思树（*Acacia confusa*）为非特有种之原生种植物，共有 351 棵，占总数量的 19%；其余 8 种均为外来种，共 1,112 棵，占总数量的 60%。而前 15 名之木本植物为黑板树（*Alstonia scholaris*）、香楠、大叶桃花心木（*Swietenia macro-*

phylla）、台湾肖楠、白鸡油、桉树属（*Eucalyptus* spp.）、锡兰橄榄（*Elaeocarpus serratus*）、血桐、檬果（*Mangifera indica*）、变叶木（*Codiaeum variegatum*）、铁刀木（*Cassia siamea*）、苦楝、枫香、荔枝（*Litchi chinensis*）、相思树（*Acacia confusa*），作为各界参考。

4.2　台湾特有植物的探讨

台湾特有种是指特产于台湾本岛、澎湖群岛、兰屿及绿岛等岛屿的原生维管束植物，亦即除了台湾之外，世界任何地区皆未见其自然分布，乃独一无二，此类植物一旦灭绝，就永远在地球上消失。根据第二版台湾植物志（Huang, T. C. 2003）及相关研究（Hsieh, C. F. 2002）所记录的种类有 4,339 种维管束植物中，台湾特有植物约有 1,067 种，约占全部种类的 26%。根据此次调查结果得知，下坪热带植物园植物有 418 种，其中 45 种为特有种，约占 10%，特有种的比率太少，将来在进行种植植物时，可先以特有种为优先考虑，而这刚好与 2002 年植物园重整经营计划相符合，可先搜集中部地区特有植物打造中部地区特有植物种源基地。

4.3　原生植物的探讨

原生植物所指系数百年即生长于本地的植物。学者研究（蔡振聪 1984；赖明洲 1987）指出，原生植物因长期演化结果而塑造出高度的适应性，致其生长、抗病虫害以及对抗环境逆压的潜能易于发挥，植栽抚育管理更为容易；同时广为栽植原生植物可以保存基因资源，对于生态保育，尤其已列为稀有及濒临灭绝的植物之复育更有帮助。根据调查结果，下坪热带植物园的原生种植物 185 种。在 418 种中有 185 种为原生种，占 43% 左右。台湾有 4077 种原生种（Huang, T. C. 2003），在补植时仍可以多考虑种植原生种，以发挥生态保育的功能。

4.4　植物种类最多的科

　　下坪热带植物园之树种,其中种类最多的 10 科(表 2):以豆科(Fabaceae)最多有 26 种,其次为樟科(Lauraceae)植物有 25 种,大戟科(Euphorbiaceae)其次有 25 种、桑科(Moraceae)有 18 种、棕榈科(Arecaceae)及禾本科(Poaceae)各有 15 种、依序为桃金娘科(Mytraceae)、茜草科(Rubiaceae)、菊科(Asteraceae)、壳斗科(Fagaceae)。

**表 1　下坪热带植物园木本植物最常见的
15 种植物及总棵树**

Table 1　The top fifteen common woody species
in Xia-Pin Tropical Garden.

植物名称	科名	总株数
黑板树(*Alstonia scholaris*)	夹竹桃科	478
香楠(*Machilus zuihoenesis*)	樟科	201
大叶桃花心木(*Swietenia macrophylla*)	楝科	164
台湾肖楠(*Calocedrus formosana*)	柏科	118
白鸡油(*Fraxinus griffithii*)	木犀科	112
桉树属(*Eucalyptus spp.*)	桃金娘科	102
锡兰橄榄(*Elaeocarpus serratus*)	杜英科	94
血桐(*Macaranga tanarius*)	大戟科	89
檬果(*Mangifera indica*)	漆树科	72
变叶木(*Codiaeum variegatum*)	大戟科	61
铁刀木(*Cassia siamea*)	豆科	57
苦楝(*Melia azedarach*)	楝科	52
枫香(*Liquidamber formosana*)	金缕梅科	52
荔枝(*Litchi chinensis*)	无患子科	51
相思树(*Acacia confusa*)	豆科	43

表 2　下坪热带植物园植物种类最多的前十科

Table 2　The top ten families with highest species
richness of Xia-Pin Tropical Botanical Garden.

科名	种数
豆科(Fabaceae)	26
樟科(Lauraceae)	25
大戟科(Euphorbiaceae)	25
桑科(Moraceae)	18
棕榈科(Arecaceae)	15
禾本科(Poaceae)	15
桃金娘科(Myrtaceae)	14
茜草科(Rubiaceae)	14
菊科(Asteraceae)	13
壳斗科(Fagaceae)	11

5　结论与建议

　　(1)下坪热带植物园植物调查结果共有 97 科 276 属 418 种,乔木 281 种,灌木 69 种,草本 46 种,藤本 13 种,其中特有种 45 种,原生种 185 种,其余 178 种为外来种。调查中发现 3 种新归化植物,分别为蟾蜍树、号角树及檀香。

　　(2)结果显示下坪热带植物园以种植外来种的比率最高,约为 42.58%,这表明了下坪热带植物园制定的 5 项经营目标中的"建立中部地区本土植物资源基础研究基地""和"建立中部地区本土植物资源迁地保育中心"方向明确。尔后植物园应该积极搜集中部重要本土植物物种补植,可预期将来的植物园为研究中部植物必造访之地。

　　(3)调查结果得知下坪热带树木园最常见的 10 种植物为黑板树、香楠、大叶桃花心木、台湾肖楠、白鸡油、桉树、锡兰橄榄、血桐、檬果、变叶木。种类包含最多的 10 科植物分别为豆科、樟科、大戟科、桑科、棕榈科、禾本科、桃金娘科、茜草科、菊科、壳斗科。

　　(4)下坪热带树木园中的黑板树(*Alstonia scholaris*)数量远远超过其他树种,其原因是民国 75 年韦恩台风过境,造成植物园损害甚为严重,为了加快恢复植物园内的空旷之地,用当时苗圃内培育的大量黑板树大规模种植。

　　(5)下坪热带植物园植物中仅有 45 种为特有种,约占 10%,特有种的种植比率太少;另外原生植物有 185 种,种植比率约占 44.25%,这个比率已将近一半,未来引种方面可朝着特有种与植物园规划之特殊植物搜集方向为优先考虑。

　　(6)早期栽培的白鸡油,在 5 月至 6 月进行调查时可观察到鞘翅目(Coleoptera)、兜虫科(Scarabaeidae)的独角仙(*Allomyrina dithotomus*)聚集在植株上吸取树液,这部分已成为下坪热带植物园的特色,需多加费心保育,避免有心人士之商业采集,也让明星生物能够增加小朋友亲近植物园的动力,并了解与树木之亲密关系。

(7)希望相关单位持续补助相关经费,完善园中的硬件设施,增加管理和解说人力,以利植物园经营更加卓越,让国家植物园能迈向国际化。

6 谢志

感谢台大实验林管理处森林作业组吴建业博士及林静宜小姐在植物园调查时的协助;此外已退休的副研究员柳重胜博士在热带植物园初期资料的建置,锺年钧博士在调查过程的协助及历年进行调查的教学研究组的同仁,特此致谢。

参考文献

[1]林德勋,蔡孟兴,张淑姬.下坪热带树木园自然解说手册[M].国立台湾大学生物资源暨农学院实验林管理处,2002.1-148.

[2]杨再义.台湾植物名汇[M].天然书社有限公司,1982.1-351.

[3]杨远波,刘和义,吕胜由.台湾维管束植物简志 第二卷[M].行政院农业委员会,1997.1-352.

[4]杨远波,刘和义,吕胜由,施炳霖.台湾维管束植物简志 第四卷[M].行政院农业委员会,1999.1-432.

[5]杨远波,刘和义,林赞标.台湾维管束植物简志 第五卷[M].行政院农业委员会,2001.1-457.

[6]杨远波,廖俊奎,唐默诗,杨智凯.台湾种子植物要览[M].行政院农业委员会,2008.1-278.

[7]刘和义,杨远波,吕胜由,施炳霖.台湾维管束植物简志 第三卷[M].行政院农业委员会,1998.1-389.

[8]刘业经,吕福原,欧辰雄.台湾树木志[M].国立中兴大学农学院丛书第七号,1994.1-925.

[9]蔡振聪.台湾原产观赏植物之调查研究[J].台湾省立博物馆年刊,1988,31:1-21.

[10]赖明洲.台湾原生景观树木栽培手册[M].交通部观光局员工消费合作社,1987.1-204.

[11]赖明洲.最新台湾园林观赏植物名录[M].地景企业股份有限公司,1995.1-472.

[12]薛聪贤.台湾花卉实用图鉴 第1册-第15册[M].台湾普绿有限公司出版部,1989-2003.

[13]柳重胜.台大实验林下坪树木园木本植物名录[J].台大实验林成立四十周年纪念特刊,1989,153-167.

[14]Hsieh, C. F.. Composition, endemism and phytogeographical affinities of theTaiwan flora. Taiwania, 2002, 47: 298-310.

[15]Huang, T. -C. and Editorial Committee of the Flora of Taiwan. (eds.). Flora ofTaiwan, Volume Three. 2nd ed. Editorial Committee of the Flora of Taiwan, Department of Botany, National Taiwan University, Taipei, Taiwan. 1993, 1-1084.

[16]Huang, T. -C. and Editorial Committee of the Flora of Taiwan. (eds.). Flora ofTaiwan, Volume One. 2nd ed. Editorial Committee of the Flora of Taiwan, Department of Botany, National Taiwan University, Taipei, Taiwan, 1994. 1-648.

[17]Huang, T. -C. and Editorial Committee of the Flora of Taiwan. (eds.). Flora of Taiwan, Volume Two. 2nd ed. Editorial Committee of the Flora of Taiwan, Department of Botany, National Taiwan University, Taipei, Taiwan, 1996. 1-855.

[18]Huang, T. -C. and Editorial Committee of the Flora of Taiwan. (eds.). Flora of Taiwan, Volume Four. 2nd ed. Editorial Committee of the Flora of Taiwan, Department of Botany, Nation-

al Taiwan University, Taipei, Taiwan, 1998. 1
－1217.

[19]Huang, T. － C. and Editorial Committee of the
Flora of Taiwan. (eds.). Flora of Taiwan, Vol-
ume Five. 2nd ed. Editorial Committee of the
Flora of Taiwan, Department of Botany, Nation-
al Taiwan University, Taipei, Taiwan, 2000. 1
－1143.

[20]Huang, T. － C. and Editorial Committee of the

Flora of Taiwan. (eds.). Flora of Taiwan, Vol-
ume Six. 2nd ed. Editorial Committee of the
Flora of Taiwan, Department of Botany, Nation-
al Taiwan University, Taipei, Taiwan, 2003. 1
－343.

＊鉴于篇幅有限,下坪热带植物园植物名录,
有意者可以通过 email 与作者取得联系。

苦苣苔科植物资源分布及其研究利用概况
Survey on the Resource Distribution and Utilization of Gesneriaceae

吕惠珍　潘春柳

(广西药用植物园,南宁 530023)

Lü Huizhen　Pan Chunliu

(*Guangxi Botanical Garden of Medicinal Plant*, *Nanning* 530023)

摘要:对苦苣苔科植物的资源分布、化学成分、临床应用、药理作用和开发利用现状进行了阐述,提出为加快我国苦苣苔科植物的资源开发进程,应进行苦苣苔科植物的资源普查,并加强苦苣苔科植物资源的保护及开发利用。

关键词:苦苣苔科;地理分布;化学成分;临床应用;药理作用;开发利用

Abstract: The resource distribution, chemical component, clinical application, pharmacological effect and utilization of Gesneriaceae are summarized in this paper, and the advices of carrying out the resource investigation of Gesneriaceae and strengthening the protection and the utilization of Gesneriaceae are put forward to accelerate the course of resource exploitation of Gesneriaceae.

Key words: Gesneriaceae; geographical distribution; chemical component; clinical application; pharmacological effect; utilization

苦苣苔科(Gesneriaceae)分为两个亚科:大岩桐亚科(Gesnerioideae)和苦苣苔亚科(Cyrtandroideae)。苦苣苔之名实际上指的是苦苣苔科内苦苣苔亚科所有种的总称。苦苣苔科植物体态多姿,花朵绚丽,具有独特的耐阴性,深受广大花卉爱好者的喜爱。中国是苦苣苔亚科植物分布和分化的中心。中国苦苣苔科植物全部隶属于苦苣苔亚科。中国苦苣苔科蕴含着丰富的植物资源,除了可作观赏外,还发现 3 种美味的野菜和 100 余种民间草药。植物化学研究表明,该科植物含有丰富的黄酮类和苯丙素苷类成分。近年来,苯丙素苷类成分的生物活性日益引起人们的兴趣,已发现其具有昆虫拒食作用、抗病毒作用、抗菌作用,以及对神经系统的作用、抗衰老作用、免疫抑制作用等。从民间草药中发掘新药已成为许多药学家的研究目标。可见,该植物具有很大的开发潜力。

1 苦苣苔亚科植物地理分布概况

1.1 世界苦苣苔科植物分布概况

全世界苦苣苔科植物约有 150 属 3700 余种,主要分布在亚洲东部及南部、非洲、欧洲南部、大洋洲、南美洲至墨西哥的热带及温带地区。大岩桐亚科,主要分布于美洲热带地区,少数分布于大洋洲;苦苣苔亚科,约有 86 属,主要分布于亚洲及非洲热

作者简介:吕惠珍,1963 生,女,汉族,广西陆川人,助理研究员,主要从事植物资源和保育研究。E – mail:343797190@ qq. com

带地区,少数分布于欧洲南部及大洋洲,仅2种分布在北美洲南部和南美洲北部。

1.2 中国苦苣苔科植物的分布概况

中国迄今发现的苦苣苔科植物有58属470种左右,其中27属375种为中国特有。自西藏南部、云南、华南至河北及辽宁西南部广泛分布。但是多数种、属分布于滇、黔、川、桂、粤、闽等地区的热带以及亚热带丘陵地带,多生长在石灰岩山地石壁,向北则种、属数量逐渐减少。有少数属如短檐苣苔属(*Tremacron*)、金盏苣苔属(*Isornetrttra*)、珊瑚苣苔属(*Corallodiscus*)分布在西南高山地区。仅有2种越过秦岭分布到中国北部,即珊瑚苣苔(*Corallodiscus cordatulus*)和旋蒴苣苔(*Boea hygrometrica*)。

1.3 广西苦苣苔科植物分布概况

滇、黔、桂及其邻近地区是我国苦苣苔科植物的分布和特有中心,广西正处于这个中心的位置上,种类十分丰富,共计有40属165种,其中8属90种为广西特有,属数居全国第一,种数仅次于云南(约189种)而位居第二,其中65%以上的种类是20世纪80年代以后才发现的新种,而且现在每年都有新种陆续发表。从滨海平原、丘陵到海拔2000余米的高山地貌均有分布,在88个县市中,除北海、合浦未见采到标本外,可以说到处都有。但是大部分种类植株数量都较少,很多仅在某个山头有发现,居群个体数量极少。如方鼎苣苔(*Paralagarosolen fangianum*)被发现时,整个群体仅46株,桂林蛛毛苣苔(*Paraboea guilinensis*)野外仅存20余株。红苞半蒴苣苔(*Hemiboea rubracteata*)目前仅发现1个居群,个体总数不足60株。这些种类极易因环境的破坏或人为的影响而绝灭。仅少数种类如蚂蝗七(*Chirita firmbrisepala*)、吊石苣苔(*Lysionotus pauciflorus*)、牛耳朵(*Chirita eburnean*)等分布较广,在广西多个县均有发现。

因此,苦苣苔科植物资源的保护和合理开发利用,已成为当前研究的重要课题。

2 化学成分

苦苣苔科植物主要含黄酮类和苯丙素苷类成分,还含醌类等化合物。

2.1 黄酮类

黄酮类普遍存在于苦苣苔科各个属中,含有黄酮的有16个属,含有查耳酮的有3个属,含有橙酮的有4个属,含有花色素苷元的有19个属,含有二氢黄酮的有1个属。

1966年和1967年,英国学者J. B. Harborne连续对苦苣苔科植物化学成分进行了报道,大岩桐亚科有12属含有芹菜素(apigenin)、木犀草素(luteolin)和香叶木素(diosmetin)等黄酮化合物,16属含花色素(anthocyanidins)类成分;苦苣苔亚科有12属18种植物含有花色苷成分。

迄今已从长蒴苣苔属(*Didymocarpus*)植物中分离出20余种黄酮类化合物。从石蝴蝶属(*Petrocosmea*)的滇泰石蝴蝶(*P. kerrii*)中分离到1种橙酮苷化合物(cernuoside)(Harborne 1967),从唇柱苣苔属(*Chirita*)的橙花唇柱苣苔(*C. micromusa*)(Harborne 1966)中分离到橙酮苷。2001年周立东等从蚂蝗七(*C. fimbrisepala*)根中分离鉴定了3个黄酮类化合物。2004年李振宇等报道了从半蒴苣苔(*Hemiboea subcapitata*)中分离鉴定了5个黄酮类化合物,从吊石苣苔(*Lysionotus pauciflorus*)分离鉴定了石吊兰素(nevadensin)等10个黄酮类化合物,对吊石苣苔属(*Lysionotus*)17种植物中的黄酮成分石吊兰素进行研究,结果表明17种植物均含有石吊兰素,且含量较高。2006年冯卫生等从吊石苣苔中分离出6个黄酮类化合物。

2.2 苯丙素苷类

到目前为止,从苦苣苔科苦苣苔属

（*Conandron*）、吊石苣苔属（*Lysionotus*）、珊瑚苣苔属（*Corallodiscus*）及唇柱苣苔属（*Chirita*）分离鉴定了 15 个苯丙素苷类成分。其中从苦苣苔（*Conandron ramoidioides*）中分离出 2 个苯丙素苷类成分——阿克苷和苦苣苔苷，从唇柱苣苔（*Chirita sinensis*）中分离出 8 个苯乙醇苷类成分，从吊石苣苔中分离出 3 个苯丙素苷类化合物；从石胆草（*Corallodiscus flabellate*）中分离出 14 个苯乙醇苷类成分；2005 年王满元等从红药（*Chirita longgangensis* var. *hongyao*）中分得 5 个苯乙醇苷类化合物。

　　1987 年丹麦学者 Kvist 利用顺磁共振（EPR）技术分析了苦苣苔科 91 属 590 种植物中阿克苷（acteoside）及苦苣苔苷（conandroside）的分布，指出这 2 种苯丙素苷成分在该科中分布广泛。苯丙素苷因其具有显著的生理和药理活性及化学分类价值而受到极大的关注。

2.3　其他成分

　　醌类也是本科植物研究较多的一类成分，包括苯醌、萘醌、蒽醌及其苷类。如 2006 年王满元等从红药中分得蒽醌类化合物。1983 年 Kenichiro 等从 *Streptocarpus dunnii* 中得到奎尼酮及其衍生物。1998 年 Lu Y 等从线柱苣苔（*Rhynchotehum vestitum*）中得到一个新的蒽醌苷和 3 个已知的蒽醌苷。

　　Christian 等从 *Paradrymonia macrophylla* 中分离出 7 个五环三萜及三萜苷。

3　临床应用和药理研究

3.1　临床应用

　　苦苣苔科有 100 多种民间草药，具有清热解毒、祛痰、止咳、平喘、活血散结、消肿止痛、除湿等功效。对于各种炎症、咳喘、疮疖、风湿、跌打、烫伤、蛇虫咬伤及妇科疾病有较好的疗效。如石胆草，又名石花，在豫西伏牛山一带民间用于治疗感冒初期上呼吸道感染及治疗妇女月经不调、赤白带下。卷丝苣苔在西藏用于泄泻、阳痿早泄、月经不调、带下病，并可解野菜、肉类及乌头中毒。吊石苣苔，又名石吊兰，在云南及贵州当地人称黑乌骨，用于跌打、麻疹、风湿痹痛，其宽叶类型在广西民间称为岩泽兰，用于骨折、产褥热、咳嗽、痰喘、痈疽肿毒。半蒴苣苔在广西民间称为尿桶草，用于中暑、黄疸、烧烫伤，在云南用于伤暑、蛇虫咬伤、疮疖，等等。

3.2　药理作用

3.2.1　抑菌作用

　　Mitra（1987）等对从矩圆长蒴苣苔（*D. oblonga*）中分离出的贝壳杉型二萜类化合物进行了抗真菌和抗细菌活性研究，结果表明该类化合物通常具有较好的抗真菌活性，但未显示出满意的抗细菌活性。上海药物研究所徐垠等（1979）从吊石苣苔全草中分离出的石吊兰素，经体外试验，有显著的抑制结核杆菌作用，体内试验亦有一定作用。石吊兰素针剂或经改良的针剂用于治疗支气管炎，尤其是淋巴结核、肺结核、骨结核疗效显著。

3.2.2　抗炎、抗肝毒

　　本科植物所含的苯丙素苷类成分，经药理试验表明具有抗炎、抗肝毒活性。苦苣苔所含的毛蕊花糖苷对 CCl_4 诱导的肝毒性有保护作用，Kimura 等观察了苯丙素苷等对鼠腹腔白细胞产生 15 – HETE, 5 – HETE 及 LTB4 的影响作用，认为苯丙素苷具有抗炎作用。

3.2.3　止咳、祛痰、平喘

　　经豚鼠试验，石吊兰水煎剂有镇咳作用，能增加小白鼠气管分泌物，有祛痰作用。对豚鼠鼠因组织胺吸入导致的哮喘，有一定的保护作用，用药后动物表现安静，活动减少。以氨雾法引致豚鼠咳嗽，腹腔注射 200% 的石豇豆（*Lysionotus cavaleriei*）水煎剂，止咳效果显著。

3.2.4　其他

本科植物还有抗蛇毒活性。

4　开发利用

4.1　园林利用概况

大岩桐亚科众多属被开发并进入商业应用领域，成为室内观赏植物的宠儿，如大岩桐属（*Sinningia*）、喜荫花属（*Episcia*）、月宴属（*Rechsteineria*）等已在国内外室内观赏植物市场流行多年；苦苣苔亚科，仅非洲紫罗兰属（*Saint - paulia*）、芒毛苣苔属（*Aeschynanthus*）等少数属在国外开发利用多年，而中国的同类依然沉寂于深山幽谷之间。目前我国苦苣苔科植物的研究主要是集中在对苦苣苔科植物的系统分类学、进化学、核形态学、化学、基因克隆等实验室范畴之内的研究，近几年国内才开始对野生种的引种驯化、繁殖技术、培育方面做出相应的研究。

4.2　医药开发利用

目前，利用苦苣苔科植物资源开发中成药产品的寥寥无几，仅有红药和吊石苣苔。

5　几点建议

目前我国苦苣苔科植物主要还是集中在对其系统分类学、进化学、核形态学、基因克隆、植物化学等实验室范畴之内的研究，而对其他方面的研究甚少。为加快我国苦苣苔科植物的资源开发进程，提出以下几点建议：

（1）进行苦苣苔科植物的资源普查。对我国的苦苣苔科植物进行一次全面的调查，掌握苦苣苔科植物的具体分布、居群数量及生境特征，并进行资源的分类和归纳。

（2）加强苦苣苔科植物资源的保护。利用就地保护、迁地保护和离体保存相结合的方法，对珍稀濒危或有开发利用前景的植物进行保护，并开展野生抚育工作。

（3）加强苦苣苔科植物的开发利用。在保护资源的前提下，利用现代科技手段将其引种、扩繁，并进行种间、属间的杂交育种，为今后可持续利用苦苣苔科植物观赏价值、科研价值、药用价值奠定坚实的理论依据和技术基础，并为其进一步的研发提供充足的材料来源。

参考文献

[1]中国科学院中国植物志编辑委员会.中国植物志（第69卷）[M].北京:科学出版社,1990.

[2]李振宇,王印政.中国苦苣苔科植物[M].郑州:河南科学技术出版社,2004.

[3]郑晓珂,李军,冯卫生等.苦苣苔科植物研究进展[J].中国新药杂志,12(4):261—263.

[4]温放,李湛东.广西苦苣苔科植物资源及产业化前景[J].广西园艺,16(4):56—59.

[5]文和群,钟树华,韦毅刚.广西苦苣苔科观赏植物资源[J].广西植物,18(3):209—212.

[6]李振宇.苦苣苔亚科的地理分布[J].植物分类学报,34(4):341—360.

[7]韦毅刚,钟树华,文和群.广西苦苣苔科植物区系和生态特点研究[J].云南植物研究,26(2):173—182.

[8]周立东,余竞光,郭伽等.蚂蝗七根的化学成分研究[J].中国中药杂志,26(2):114—117.

[9]冯卫生,李倩,郑晓珂等.吊石苣苔中的化学成分[J].天然产物研究与开发,2006,18:617—620.

[10]王满元,杨岚,屠呦呦.红药化学成分的研究[J].中国中药杂志,31(4):307—308.

[11]王满元,杨岚,屠呦呦.红药苯乙醇苷类化学成分的研究[J].中国中药杂志,30(24):1922—1923.

何首乌人工栽培研究进展
Research Survey of Artificial Cultivation of
Polygonum multiflorum Thunb.

吴庆华　董青松

（广西药用植物园,南宁 530023）

Wu Qinghua　Dong Qingsong

（*Guangxi Botanical Garden of Medicinal Plants*, *Nanning*　530023）

摘要:对何首乌的基源、遗传多样性、栽培技术、病虫害防治和采收加工研究概况进行了回顾。明确了何首乌之正品应为蓼科植物何首乌 *Polygonum multiflorum* Thunb. 的块根;DNA 分子标记技术在何首乌种质鉴定、分类,良种选育上已得到应用:何首乌可通过种子、扦插、分块和组培进行繁殖,且技术已较成熟,但在田间管理、病虫害防治、采收加工方面多为药农经验总结,深入量化的研究报道较少。

关键词:何首乌;人工栽培;研究概况

Abstract: To review the general research survey of *Polyonum multiflorum* Thunb. in origin, genetic diversity, cultivation technique, pest control, harvest and process. It was explicit that certified product of was the root of *Polygonum multiflorum* Thunb. , Polygonaceae, that DNA molecular marker was used in the following aspects: germplasm identification classification, selecting and Breeding. The reproduction was mature and could be carried on by seed, cutting, using rooting and tissue culture. And it was experience summary in the following aspects: field management, pest control, harvest and process. There were a few reports of further and quantitative research.

Key words:*Polygonum multiflorum* Thunb. ; artificial cultivation; research survey

　　何首乌是我国常用中药,有着悠久的药用历史。何首乌中主要含蒽醌、二苯乙烯苷、卵磷脂、糖类等成分。蒽醌具有泻下作用,二苯乙烯苷能降低血清中的胆固醇,具有保肝作用,多糖类有良好的抗衰老、补益和强壮作用。何首乌在中药制剂、保健品和日用品等多方面均有广泛应用,市场需求量较大。近年来,由于过度采挖,何首乌野生资源已近枯竭,许多单位和药农投入大量人力、物力开展人工栽培技术研究,并取得了一定的成果,有些地方已形成了规模化种植,社会效益和经济效益良好。为了更好地推广此项技术,并为今后更进一步的研究打好基础,特对其栽培生产技术研究进展进行综述。

1　何首乌基源研究

　　何首乌有赤首乌与白首乌之别。关于

*基金项目:广西壮族自治区科技厅攻关项目(桂科攻 0992003B－33)

作者简介:吴庆华,男,1965 年生,副研究员,主要从事药用植物栽培研究工作。E－mail:wqh196501@163.com

赤首乌与白首乌的植物基源,目前比较公认的观点是赤首乌为蓼科植物何首乌 *Polygonum multiflorum* Thunb. 的块根,系何首乌之正品[1];而所谓白首乌者,多指萝藦科牛皮消属植物而言,山东的白首乌为白首乌 *Cynanchum bungei* Decne. 的块根,江苏、浙江一带的白首乌为飞来鹤 *Cynanchum auriculatum* Royle 的块根,东北延边地区的白首乌为隔山消 *Cynanchum wilfordr* Hemsl. 的根,湖北和云南部分地区的白首乌为青洋参 *Cynanchum otophyllum* Schneid. 的块根[2]。赤首乌与白首乌分属两科植物,二者的化学成分和药理作用等方面有很大差别,效用也不相同,因此,某些地方将白首乌作何首乌用是欠妥的[3]。事实上,何首乌分赤、白2种古已有之,如宋代的《开宝本草》就有明确记载:"何首乌……有赤、白2种,赤者雄,白者雌"。但也有学者认为,古书中所记述的"白"何首乌并非以上所言萝藦科植物的块根,而很有可能是广西长期使用的断面白色的何首乌药材,其原植物是蓼科植物何首乌的一个变种——棱枝何首乌 *Polygonum multiflorum* var. *angulatum*[3,4]。

2 何首乌遗传多样性研究

植物遗传多样性研究是优良品种选育的基础。随着实验方法和研究技术的发展,植物遗传多样性研究从形态学水平、细胞学水平、生化水平发展到了 DNA 分子水平。以 DNA 分子标记技术对植物遗传多样性进行研究非常简便、快捷,用少量的材料就可以直接比较不同种质在遗传物质 DNA 上的细微差异,获得丰富的遗传信息。这些技术在何首乌上也已得到应用:王凌晖等通过 RAPD 分子标记技术,将广西 10 个何首乌种质资源划分为 5 大类[5];程远辉等选择重庆各地区形态差异较大何首乌材料进行 SRAP 多态性分析,将 16 份材料

划分为 2 大类和 1 个特异类[6];张宏意等以核基因组 ITS 通用引物为引物进行扩增,用 PCR 产物直接测序法进行测序,对何首乌的道地性做出鉴别,并对野生资源品种进行准确鉴定[7]。

3 栽培技术研究

3.1 选地与整地

何首乌以块根入药,人工栽培的目标就是提高块根的产量和质量。生长在排水良好、结构疏松、富含腐殖质的沙质壤土的何首乌块根发育肥大,黏土地上则生长不良[8]。因此,应选排灌方便,土壤深厚、肥沃、湿润,阳光充足的坡地或平地进行种植。将地块深翻 25～30cm,碎土,清除杂草,起 1.0～1.2m 宽的平畦。667m^2 施 2000～2500kg 腐熟有机肥作基肥。

3.2 繁殖方法

繁殖方法有多种。

种子繁殖:10～11 月份种子成熟,当外表由白色变为褐色、内部变成黑色时及时采收,晾干后装入布袋置阴凉干燥处贮藏。种子千粒重 2.3g,寿命 1 年[9]。拌细土或沙撒播,播种量 4～6g/m^2,春播比秋播出苗率高 10%～15%[10]。播种后 7 天左右开始出苗,15 天齐苗,90 天即可移栽。也可以直播。张莘蓉等试验表明,种子直播不但繁殖系数高,节省费用,而且产量比扦插繁殖的高[11]。

扦插繁殖:何首乌茎枝的再生能力较强,扦插繁殖的成活率高,同时简便易行,因而在生产上此法最为常用。研究表明:3 茎节和 2 茎节插穗的生根效果远较 1 茎节好;100mg/L 的 GGR、4×10^{-4} mg/L 的 NAA、4×10^{-4} mg/L 的 IBA 和 150mg/L 的 ABT$_2$ 溶液处理,对促进插穗生根均具有显著的效果。扦插时间以 3～4 月为佳。肥沃、疏松的基质有利于插穗生根和芽的生长[12～14]。

分块繁殖:块根上具有芽眼,可作繁殖材料。方法是:收获时选带有茎的小块根或大块根分切成几块,每块带有 2 ~ 3 个芽眼,用草木灰涂上伤口,或放在阴凉通风处晾 1 ~ 2 天,等伤口形成一层愈合层后种植[9]。此法需要大量的块根作种,生产成本较高,因此不常用。

近年来,有不少人通过组织培养,由何首乌茎尖或带腋芽茎段诱导获得完整植株,从而丰富了其繁殖方法,这对扩大生产和良种选育具有极大的促进作用[15~20]。以何首乌茎、叶为外植体诱导得到的愈伤组织或毛状根的培养物中含有大黄素、大黄酚或大黄酸等蒽醌类化合物,其中大黄酸的含量高于原植株,说明利用组织培养技术,直接生产何首乌活性成分也是有可能的[21~23]。

3.3　定植

春植何首乌发根快,成活率高,但须根多,产量低,质量差。夏植在 5 ~ 7 月份进行,因这时地温高,阳光充足,种后新根易于膨大,结薯快,产量高。但植期不宜超过 8 月中旬。定植时,种苗留基部 20cm 左右的茎段,其余的剪掉,并将不定根和小薯块一起除掉,这是高产的关键。行株距以 20cm × 20cm,667m² 种植 5600 株为好[24]。

3.4　肥水管理

何首乌为喜肥植物,生长发育需要大量肥料,栽培上一定要施足基肥,并进行多次追肥。追肥应掌握前期施有机肥,中期磷钾肥,后期不施肥的原则。同时还应结合中耕培土,清除杂草,防止土壤板结。刘学彬等试验表明,收获 1500kg/667m² 的地块,需施用纯氮 9 ~ 10kg/667m²,有效磷 7.5kg/667m²,有效钾 5 ~ 6kg/667m²,并在肥料运筹上要合理施用三肥,即早施提苗肥(6月上旬),重施发棵肥(7月下旬主蔓长至 3 ~ 4 个分枝时),适施促根肥(8月下旬块根开始膨大时)[26]。定植后,要经常淋水,前 10 天早晚各淋 1 次,成活后,视天气情况适当淋水,苗高 100cm 以后一般不淋水。何首乌生长忌过分潮湿,如果水分太多,须根过度萌发,影响块根膨大,造成低产。雨季要加强田间排水,防止烂根。

3.5　搭架修剪

何首乌若任其生长,藤蔓可长达 10m 以上,且缠绕性极强。搭架栽培有利于通风透光,增加叶片受光面积,是提高栽培产量的重要措施。

搭架方法:①在两株间插入一根树枝、竹竿或竹片,长 2m,顶部 1/3 处用铁丝捆住,3 根竹竿连接搭成"人"字架[8];②顺行每隔 2 ~ 4m 立一根高 2m 的水泥杆,地下埋入 0.5m,地面露出 1.5m,水泥杆间顺行用 4 ~ 5 根铁丝连接[26]。每株只留 1 藤,剪掉多余的分蘖苗和基部分枝,长到 1m 以上才保留分枝,以利下层的通风透光。如肥水太多,地上部生长过旺,要适当打顶。于 5 ~ 6 月间摘除花蕾,以免养分分散,影响块根生长。大田生产每年修剪 5 ~ 6 次。

4　病虫害及防治研究

何首乌人工栽培历史不长,但发展较快。随着栽培面积的不断扩大,危害何首乌的病虫害越来越严重。主要有:叶斑病、根腐病、锈病、蚜虫、红蜘蛛等。不同种植区病虫害种类及危害程度会有所差别。在防控上提倡以防为主,尽量减少化学农药的使用,降低污染。预防措施包括:选用健壮无病虫种苗;施足腐熟的农家肥和磷钾肥,适当补施钙、硼、锌、镁等微肥,少施或不施氮素化肥;雨后及时清沟沥水,降低田间湿度;及时搭设支架,适当剪除过密藤蔓,改善通风透光条件;实行轮作换茬等。

桑维钧等对何首乌叶斑病症状及其病原形态进行了观察,并对其病原菌进行分离、纯化、培养、鉴定及室内药剂筛选。何首乌叶斑病病原菌经鉴定为掌状拟盘多毛孢[*Pestalotiopsis palmarum*（Cke.）Stey.]，抑制该菌丝生长效果较好的杀菌剂是70%甲基硫菌灵 WP,抑菌率达100%[27]。应进一步做田间防效试验。其他病虫害的药剂防治未见有深入量化研究报道。而药农的经验总结较多见,最常用的药剂及使用方法:锈病发病初期可选用30%固体石硫合剂150倍液,或喷75%敌锈钠300~400倍液,7~10天喷1次,连喷2~3次;根腐病发病初期可选用50%甲基托布津800倍液,或50%多菌灵1000倍液浇灌根部;蚜虫可用40%氧化乐果2000倍液喷杀;红蜘蛛可选用73%克螨特乳油1000~2000倍液,或25%灭螨猛可湿粉1000~1500倍液进行喷杀。

5　采收与加工技术研究

何首乌种植3~4年即可收获,直播4年收比3年收增产10.3%,育苗移栽4年收比3年收增产30.2%,扦插的4年收比3年收增产32.4%[28]。陈惠玲等测定了不同栽培年龄何首乌中二苯乙烯苷的含量,结果生长年龄长者多于生长年龄短者[29]。于长秀测定了不同季节采收何首乌炮制品总卵磷脂含量,结果差异显著,以秋季(10月份)进行采收最佳[30]。

产地加工的一般方法:将块根挖起,除去须根,洗净泥土,大的切成约2cm厚的片,小的不切,晒干或烘干。田源红等曾以何首乌中二苯乙烯苷、多糖、大黄素的含量为指标,采用正交设计综合评分法,优化何首乌产地加工工艺,结果8~12h,60~80℃干燥都没有显著差异,也就是说,产地采收何首乌后,在8~12h,60~80℃干燥均可以[31]。

参考文献

[1]国家药典委员会. 中国药典,Ⅰ部[S]. 北京:化学工业出版社,2005:122-123.

[2]全国中草药汇编写组. 全国中草药汇编(上册)[M]. 北京:人民卫生出版社,1996:469-470.

[3]谢崇源. 白首乌、白何首乌与何首乌[J]. 广西中医学院学报,2001,4(4):97-99.

[4]周燕华. 白首乌的考证[J]. 中国中药杂志,1999,24(4):243-245.

[5]王凌晖,曹福亮,汪贵斌,等. 何首乌野生种质资源的 RAPD 指纹图谱构建[J]. 南京林业大学学报,2005,29(4).37-40.

[6]程远辉,周昌华,马爱芬,等. 重庆何首乌遗传多样性的 SRAP 研究[J]. 中国中药杂志,2007,38(8):661-663.

[7]张宏意,石祥刚. 不同产地何首乌的 ITS 序列研究[J]. 中草药,2007,38(6):911-914.

[8]李华荣,何首乌的栽培与管理[J]. 农家科技,2007,10:20-20.

[9]赵渤. 药用植物栽培采收与加工[M]. 北京:中国农业出版社,2000:57-59.

[10]何燕,陈艳琼,铁万祝. 攀西地区何首乌播种育苗技术[J]. 中国园艺文摘,2008,6:96.102.

[11]张莘蓉,潘世民,曾维群,等. 何首乌栽培试验[J]. 中药材,1997,20(5):217-218.

[12]黄荣韶,盛孝邦. 野生何首乌茎蔓切段根芽生长影响因素研究[J]. 中国野生植物资源,2004,23(5):37-39.

[13]张宝生,陈菊,孙伟,等. 不同浓度 GGR 对何首乌扦插的影响[J]. 安徽农业科学,2009,37(3):1136-117.

[14]刘晓辉,高洁,党甲军. 影响何首乌嫩枝扦插生根的因素[J]. 现代中药与实践,2008,22(6):14-16.

[15]张鲁文,程炳嵩,邹琦. 何首乌的组织培养[J]. 植物生理学通讯,1987,(1):28-28.

[16]杨振德,何际选,黄寿先,等. 何首乌组培快速繁殖技术的研究[J]. 广西农业生物科学,

2002, 21(3): 181－184.

[17] 李鹃玲, 刘国民, 邱文华, 等. 何首乌茎段离体培养的研究[J]. 贵州科学, 2003, 21(3): 86.

[18] 衷维纲, 刘素珍. 何首乌茎切段培养[J]. 中草药, 1987, 18(2): 29－31.

[19] 龙滢, 杨鑫, 余春香. 何首乌的组织培养研究[J]. 中医药导报, 2005, 11(11): 63, 72.

[20] 王凌晖, 曹福亮, 汪贵斌. 何首乌茎段快速繁殖技术的研究[J]. 林业科技开发, 2005, 19(1): 52－54.

[21] 于荣敏, 张辉, 陈家琪, 等. 何首乌愈伤组织培养和蒽醌类成分的产生[J]. 中国药物化学杂志, 1995, 5(2): 131－133, 139.

[22] 王振华, 杜勤, 刘浩, 等. 何首乌毛状根培养及大黄酚的含量测定[J]. 中草药, 2001, 32(8): 695－696.

[23] 王莉, 于荣敏, 张辉, 等. 何首乌毛状根培养及其活性成分的产生[J]. 生物工程学报, 2002, 18(1): 69－73.

[24] 何耀章, 何植毅, 冼炎新. 何首乌优质高产栽培技术措施[J]. 中药材, 1991, 14(6): 8

－10.

[25] 刘学彬, 殷松枝. 何首乌高产栽培技术[J]. 农牧产品开发, l995, (9): 42－43.

[26] 易思荣, 黄亚, 肖中, 等. 何首乌的高产栽培技术[J]. 中国现代中药, 2008, 10(3): 41－43.

[27] 桑维钧, 李小霞, 吴文辉, 等. 防治何首乌叶斑病的室内药剂筛选[J]. 农药, 2007, 46(1): 60－61.

[28] 中国医学科学院药用植物资源开发研究所. 中国药用植物栽培学[M]. 北京: 农业出版社, 1991: 602－603.

[29] 陈惠玲, 高言明, 任劲. 野生与栽培何首乌中二苯乙烯苷含量的测定[J]. 贵阳中医学院学报, 2007, 29(1): 16－17.

[30] 于长秀. 不同采收季节何首乌炮制品总卵磷脂的含量分析[J]. 实用医技杂志, 2007, 14(4): 451－452.

[31] 田源红, 张丽艳, 杨玉琴, 等. 综合评分法优化何首乌产地加工工艺[J]. 时珍国医国药, 2007, 18(11): 2668－2669.

北京地区郁金香的生长发育研究
Growth and Development of Tulips in Beijing

陈进勇　刘洋　程炜

（北京市植物园,北京 100093）

Chen Jinyong　Liu Yang　Cheng Wei

（*Beijing Botanical Garden*，*Beijing* 100093）

摘要：通过对北京市植物园露地栽培的 35 个郁金香品种的物候及生长发育特性的观测分析，发现萌动及展叶最早的品种为'构思的印象'，萌动最晚的为'和平王子'、'春绿'、'哈密尔顿'，两者相差约 20 天，从萌动到植株枯黄，各品种生长期天数从 56 到 75 天不等。'杏色印象'、'构思的印象'和'黄普瑞斯玛'始花期最早，在 4 月 9～10 日，'哈密尔顿'、'猩红天空'在 4 月 28～29 日才始花，差异近 20 天。大多数品种在 4 月 20 日左右达到盛花期，花期达 14～20 天。郁金香生长迅速，'王朝'、'猩红天空'、'羞涩小姐'高度超过 70～80cm，'和平王子'、'黄飞翔'、'哈密尔顿'等少数品种株高不足 50cm，而且'黄飞翔'和'羞涩小姐'整齐度较好，植株间高度差约 2cm，'法国之光'、'哈密尔顿'、'猩红天空'等整齐度较差，植株间高度差大于 8cm。花瓣较大的品种有'法兰西奥斯'、'金色牛津'、'领袖'、'王子'等，大小 8cm×5 cm 左右，花瓣较小的品种有'卡奈沃德乃斯'、'天使'、'雪莉'等，大小 5 cm×4 cm 左右。文中还对生长发育进行了分析和讨论。

关键词：郁金香；物候；生长发育；聚类分析

Abstract：Based on the phenological observation of 35 tulip cultivars that were planted in Beijing Botanical Garden，the results showed that the earliest sprouting cultivar was 'Design Impression'，and that the latest sprouting cultivars were 'Spring Green' and 'Hamilton'. Their difference was ca. 20 days. The growth period ranged from 56 to 75 days depending on the cultivar. The earliest blooming (before April 10th) cultivars were 'Apricot Impression'，'Design Impression' and 'Yellow Purissima'，and the latest blooming(April 28th/29th)cultivars were 'Hamilton' and 'Sky High Scarlet'. Their difference was ca. 20 days. Many cultivars had best flowers around April 20th and lasted 14 – 20 days. Tulips grew quickly, and 'Dynasty'，'Sky High Scarlet' and 'Blushing Lady' were more than 70 – 80 cm high, while 'Prince Irene'，'Yellow Flight' and 'Hamilton' less than 50 cm high. The height difference between plants in 'Yellow Flight' and 'Blushing Lady' was ca. 2 cm, while 'Ile de France'，'Hamilton' and 'Sky High Scarlet' more than 8 cm. 'Francoise'，'Golden Oxford'，'Big Chief' and 'Ad Rem' had larger petals, around 8cm × 5 cm, while 'Carneval de Nice'，'Angelique' and 'Shirley' had smaller petals, around 5 cm × 4 cm. In addition, the growth and development of tulips were analyzed and discussed.

Key words：*Tulipa*；phenology；growth and development；cluster analysis

郁金香（*Tulipa gesneriana* L.）属于百合科郁金香属多年生草本植物,是世界著名球根花卉之一,原产地中海沿岸、中亚细亚及土耳其等地[1]。其花茎挺拔,花朵突出,花形优雅,色泽丰润,可地栽、盆栽或用作切花,观赏价值极高。常见的郁金香品种多达数百个,我国很多地方都对郁金香进行了栽培和研究,沈强等[2]对上海栽培的282个郁金香品种进行了物候观测记录,谢玲超等[8]对18个郁金香品种在庐山的适应性进行了研究,孙国峰等[9]对22个郁金香品种在北京进行了引种栽培试验,翟蕾等[3]对北京栽培的14个郁金香品种进行了物候观测,胡新颖等[1]和张爱霞等[4]在沈阳、江苏对郁金香进行了促成栽培试验。

近些年来,郁金香在北京的应用越来越广泛,北京市植物园自2004年举办首届世界名花博览会以来,每年应用的郁金香达上百个品种近百万株,成为北京市民早春赏花的重要场所,深受游人喜爱。在多年的栽培应用实践中,形成了中花期品种为主,早、晚花期为辅;暖色系品种为主,冷色系品种为辅;中型株为主,矮生和高生品种为辅的布置原则,各品种间花期相对集中、株高一致,对成片种植的观赏效果非常重要。由于北京为大陆性季风气候,种球的原产地荷兰为海洋性气候,应用中发现有些品种在北京的性状表现与原产地有所差异,花期表现与预期效果不一。为此选择35个郁金香品种进行物候和生长发育观测记录,分析其生长发育规律及影响因素,以期为北京地区郁金香的引种栽培和应用提供有益参考。

1 材料与方法

1.1 试验材料

观测的35个品种的郁金香种球由北京神州克劳沃园艺技术有限责任公司和北京碧溪花卉有限公司从荷兰引进,于2008年10月底至11月初栽植于北京植物园内,各品种规格及描述性状见表1。

表1 供试郁金香品种及其描述性状

序号	英文名	中文名	颜色	花期	株高	种球规格
1	Design Impression	构思的印象	深粉	早	高	12/ +
2	Red Impression	红色印象	红色	早	高	12/ +
3	Apricot Impression	杏色印象	杏红色	早	高	12/ +
4	Yellow Purissima	黄普瑞斯玛	黄色	早	中	11/12
5	Happy Generation	幸福一代	白瓣红斑	中	中	11/12
6	Blushing Lady	羞涩小姐	黄红晕	中	中	12/ +
7	Yokohama	横滨	黄色	中	中	12/ +
8	Christmas Dream	圣诞梦	粉色	中	中	12/ +
9	Prince Irene	和平王子	橙瓣,中基部紫红	中	中	12/ +
10	Leen van der Mark	标志	红瓣白边	中	中	12/ +
11	Negrita	小黑人	紫色	中	中	12/ +
12	Purple Prince	紫衣王子	紫色	中	中	12/ +
13	Shirley	雪莉	白色紫边	中	中	12/ +
14	American Dream	美国梦	黄瓣红边	中	高	12/ +
15	Big Chief	领袖	淡粉,基部渐淡	中	高	12/ +
16	Francoise	法兰西奥斯	杏白	中	高	12/ +
17	GoldenOxford	金色牛津	黄色	中	高	12/ +
18	Beauty of Parade	普拉达美人	黄色	中	高	12/ +

（续）

序号	英文名	中文名	颜色	花期	株高	种球规格
19	Dynasty	王朝	粉,基部渐白	中	高	12/ +
20	Orange Queen	橙色皇后	橙红	中	高	11/12
21	Oxford	牛津	红色	中	高	14/ +
22	Oxford's Elite	牛津精华	红瓣黄晕边	中	高	12/ +
23	Ad Rem	王子	橙红	中	高	12/ +
24	Pretty Woman	漂亮女人	红色	中	高	11/12
25	World Favourite	世界代表	黄瓣红斑	中	高	12/ +
26	Spring Green	春绿	白瓣中间绿	晚	中	12/ +
27	Queen of Night	夜王后	紫黑色	晚	高	12/ +
28	Pink Diamond	粉钻石	淡粉	晚	中	12/ +
29	Sky High Scarlet	猩红天空	红色	晚	高	12/ +
30	Yellow Flight	黄飞翔	黄色	晚	矮	12/ +
31	Angelique	天使	玫瑰粉	晚	高	12/ +
32	Carneval de Nice	卡奈沃德乃斯	白瓣红斑	晚	中	12/ +
33	Flaming Parrot	热情鹦鹉	黄瓣红斑	晚	高	12/ +
34	Hamilton	哈密尔顿	黄色	晚	高	11/12
35	Ile de France	法国之光	深红	晚	高	12/ +

1.2　试验方法

1.2.1　物候观测

根据北京市植物园栽种郁金香情况，以杨树林主景区为主要记录区域，自 2009 年 3 月 10 日开始观测萌动期、展叶始期、现蕾期、展叶盛期、始花期、盛花期、末花期、枯黄期。营养生长阶段每 5 天观测一次，花期每 2 天观测一次，生长后期每 7 天观测一次。记载标准参照邓涛等[6]、沈强等[2]及相关草本花卉的物候记录方法，萌动期:10% 的地下芽萌动后幼叶出土;展叶始期:幼叶出土后,10% 的幼芽第二片叶平展;现蕾期:60% 的花蕾自基生叶间抽出,并开始着色;展叶盛期:植株叶片全部展开;始花期:10% 的花绽放;盛花期:60% 的花绽放;末花期:60% 的花凋谢;枯黄期:60% 植株全部枯黄。

1.2.2　性状观测

郁金香各品种营养生长阶段仅记录物候,进入花期后从 35 个品种中各随机抽取 10 株,测量其株高、花瓣长、花瓣宽(由于郁金香花形不同,仅测量花径并不能完全反映出花的开放状况)、花径、叶片长、叶片宽等,所得数据求其平均值和标准差,并用 Microsoft Excel 软件制作图表。

将物候等数据进行数量化处理,应用 MVSP 多变量分析软件,采用 UPGMA 加权方法,计算高尔相似系数,进行聚类分析。这样综合考虑各项(如初花期、盛花期、末花期),可避免根据单一性状和人为标准进行分类的弊端。

2　结果与分析

2.1　郁金香品种间生长期比较

在观测的郁金香品种中(图 1),除了'构思的印象'在 3 月 12 日萌动外,其余品种均在 3 月 15 日以后萌动,如'小黑人'、'紫衣王子'、'王子';其中'和平王子'、'春绿'、'夜王后'、'哈密尔顿'在 3 月 29 日后才萌动,相差 14 天以上。

萌动最早的'构思的印象'展叶也最早,3 月 18 日开始展叶,3 月 30 日展叶完全。萌动最晚的'和平王子'、'春绿'、'哈密尔顿'4月4日后才开始展叶,而展叶完全最晚的是'猩红天空'和'哈密尔顿',在4月24日才完成。生长较早的品种与较晚的品种物候相差约20天。

叶片枯黄时间以'杏色印象'、'构思的印象'、'红色印象'和'黄普瑞斯玛'最早,在5月17~18日;'横滨'、'猩红天空'、'天使'、'法国之光'最晚,在6月1~2日,两者相差约14天。从萌动到植株枯黄,各品种生长期天数从56到75天不等;叶片从开始展开到枯黄为49~65天,可见郁金香在北京生长时间约2个月左右,明显不足。

根据萌动期、展叶始期、展叶盛期、枯黄期综合考虑,运用聚类分析方法,可将35个品种分为早生长和晚生长两大类型(图2),前者包括23个品种,主要为早花和中花品种,还有2个晚花品种'粉钻石'(28)、'卡奈沃德乃斯'(32);后者包括12个品种,主要为晚花品种,还有4个中花品种'圣诞梦'(8)、'和平王子'(9)、'雪莉'(13)、'牛津精华'(24)。早生长类型一般在3月12~20日萌动,3月18~29日开始展叶,枯黄期在5月17~30日,生长期62~75天;晚生长类型一般在3月24日~4月1日萌动,3月31日~4月7日开始展叶,枯黄期通常在5月27日~6月2日,生长期56~65天,两类品种之间营养生长节律差异比较明显。

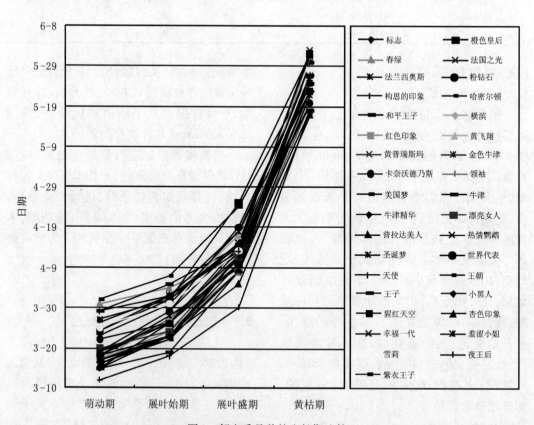

图1　郁金香品种的生长期比较

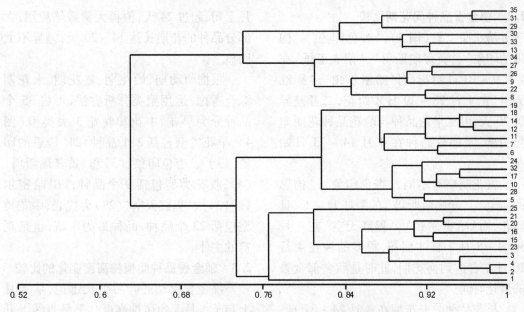

图 2　基于营养生长的郁金香品种聚类图（品种编号见表 1）

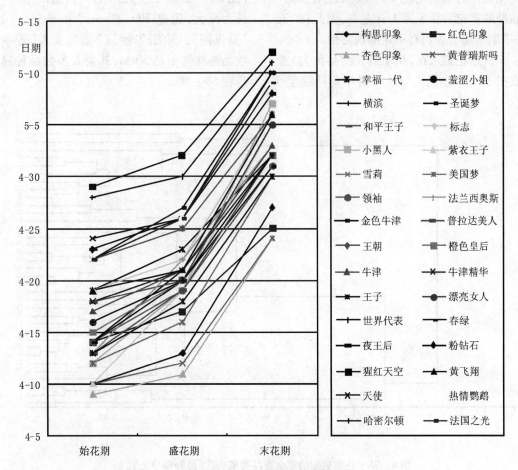

图 3　郁金香品种花期的物候图

2.2 郁金香品种间花期比较

从花期上看(图3),'杏色印象'、'构思的印象'、'黄普瑞斯玛'、'紫衣王子'在4月9~10日始花,而'哈密尔顿'、'猩红天空'在4月28~29日才始花,二者差异近20天,可见早花品种与晚花品种花期差异明显,大部分品种在4月14~23日始花。

盛花期略有不同,'杏色印象'、'构思的印象'、'黄普瑞斯玛'在4月11~13日盛花,而'哈密尔顿'、'猩红天空'在4月30日~5月2日才盛花,很多品种在4月20日左右达到盛花期,此时是欣赏郁金香的最佳时间。

早花品种的末花期在4月24~27日,晚花品种的末花期在5月10日左右,部分品种的末花期在5月1日左右,因此在"五一"期间郁金香仍有一定的观赏性。

从始花到末花,花期最长的品种为'紫衣王子'和'小黑人',从4月中旬持续至5月上旬,超过24天,值得大量栽培应用;大部分品种的花期长达14~20天,差异不太明显。

根据萌动期、始花期、盛花期、末花期综合考虑,运用聚类分析方法,可将35个品种分为早花、中花和晚花3大类型(图4),早花类型包括3个品种,即'构思的印象'(1)、'杏色印象'(3)和'黄普瑞斯玛'(4);晚花类型包括9个品种,以'哈密尔顿'(34)、'猩红天空'(29)为代表;中花类型包括23个品种,品种最为丰富,也是观赏的主体。

2.3 郁金香品种间植株高度变化的比较

郁金香萌动展叶后生长迅速,从4月上旬至5月上旬植株高度几乎呈直线上升(图5),'王朝'、'猩红天空'、'羞涩小姐'最为高大,超过70~80cm;'和平王子'、'黄飞翔'、'哈密尔顿'、'漂亮女人'等少数品种株高不足50cm;其余大多数品种株高在50~70cm。

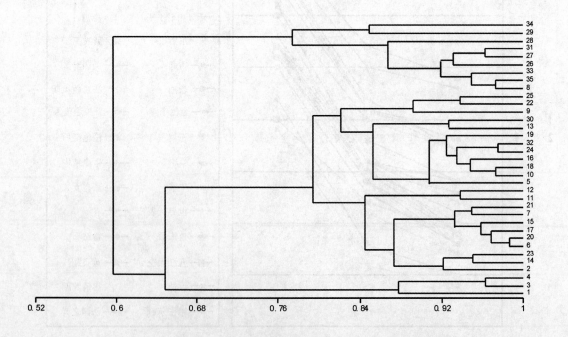

图4 基于花期数据的郁金香品种聚类图(品种编号见表1)

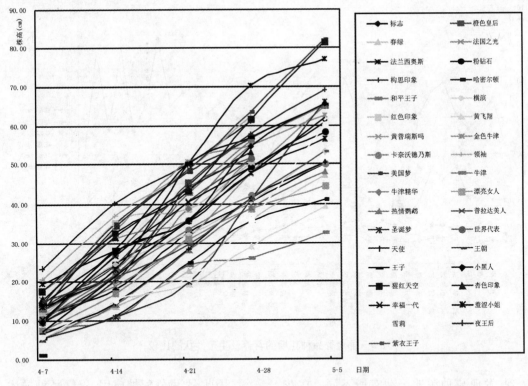

图5　郁金香品种的株高变化

不同品种的株高变异幅度不一,从4月下旬统计各品种株高的标准差可以看出,整齐度较好的为'羞涩小姐'、'黄飞翔',高度差小于2.2cm;整齐度最差的为'法国之光'、'哈密尔顿'、'猩红天空',高度差大于8cm。大多数品种株高变异幅度在10%~20%,受环境等条件影响较大。

2.4　郁金香品种间营养和生殖性状的比较

盛花期观测郁金香各品种的株高、叶片长、叶片宽、花瓣长、花瓣宽等性状(图6),可以看出这些性状有一定相关关系,植株高大的品种如'猩红天空'往往叶片较长且宽,花瓣也较大,表明品种生长势较为旺盛;植株矮小的品种如'和平王子'、'紫衣王子'、'黄飞翔'等往往叶片和花瓣也相对较小。各品种间以株高差异最大,最高与最矮的品种间株高相差1倍以上;叶片长差异也较大,'猩红天空'叶片长达30cm,

而'和平王子'仅13cm,二者相差也在1倍以上;叶片宽'王子'最大,为14cm,'雪莉'最小,为6cm。

郁金香花瓣为椭圆形,长5~8cm,宽3~5cm,花径5~10cm,花瓣较大的品种有'法兰西奥斯'、'金色牛津'、'领袖'、'王子'、'杏色印象'等,大小8cm×5cm左右;花瓣较小的品种有'卡奈沃德乃斯'、'天使'、'幸福一代'、'雪莉'等,大小5cm×4cm左右,其中'卡奈沃德乃斯'和'天使'花重瓣,视觉效果较好。可见品种间在株高和叶片等营养性状上有较大差异,而在花瓣大小等生殖性状上差异相对较小。表明营养性状可塑性强,容易受种球质量和环境条件等因素的影响;而生殖性状比较稳定,受影响程度较小。

3　小结与讨论

通过观测35个郁金香品种在北京的

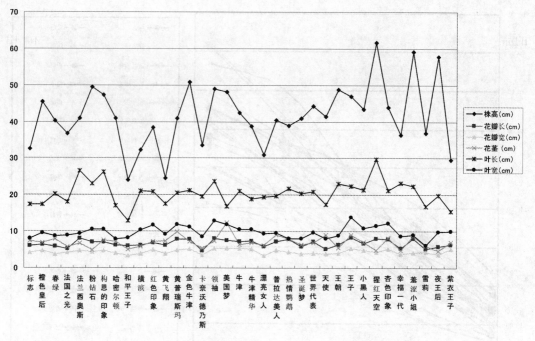

图 6　郁金香品种花期的营养及生殖性状的比较

表现,发现与种源地记载有所不同。在花期上,'红色印象'在荷兰为早花品种,但我们观测为中花品种,4 月中旬始花;'圣诞梦'记载为中花品种,观测为晚花品种,4 月下旬始花;'黄飞翔'和'卡奈沃德乃斯'记录为晚花品种,观测为中花品种,4 月中旬始花。这些品种在北京与荷兰的花期差异,可能是由于两地气候条件不同,而这些品种对气候的敏感性较强。其他品种的花期与种源产地则相近。

在植株高度上,'羞涩小姐'、'圣诞梦'、'小黑人'记录为中生品种,实际观测株高在 60 ~ 70cm,应为高生品种;'漂亮女人'、'热情鹦鹉'记载为高生品种,观测高度不足 50cm,应为中生品种;'和平王子'记载为中生品种,观测高度在 30cm 左右,应为矮生品种。可见这些品种在北京的植株高度表现与在荷兰的表现差异较大,株高的可塑性较大,容易受环境的影响,尤其是在林下带状种植时,受局部小环境的影响较大。

因此,要做好配植应用,仅靠品种描述是不够的,由于引种栽培地与原产地的气候、土壤等环境条件会影响其特性,因此在引种地要对其品种特性进行观测复核。郁金香在北京生长时间约 2 个月左右,比翟蕾等在北京观测的 45 ~ 60 天略长[3]。由于生长期限短,种球营养积累少,导致逐渐退化,开花效果差,因此要保证开花效果,需要重新引进高质量的种球进行栽培。

郁金香虽然从花期上可分为早花、中花、晚花品种,早花与晚花品种花期能相差 2 周以上。但是大多数为中花品种,盛花期在北京地区为 4 月 20 日左右,与孙国峰等[9]观测的 4 月中旬和翟蕾等[3]观测的 4 月下旬相当,比上海观测的 4 月上旬[2]要晚,比哈尔滨观测的 5 月中下旬[10]要早,可见温度是影响郁金香花期的关键因素。4 月 20 日早花品种还未凋谢,晚花品种含苞待放,是欣赏郁金香的最佳时间。"五一"期间有部分品种尚未凋谢,仍有一定的观赏性。从始花到末花,大部分品种的花期长达 14 ~ 20 天,差异不太明显。花期最长的品种'紫衣王子'和'小黑人',从 4 月中旬持续至 5 月上旬,超过 24 天,值得大量栽培应用。'卡奈沃德乃斯'和'天使'花重瓣,花期晚,'夜王后'植株较高,花黑色,独特,这些品种深受欢迎。

从植株高度上看,郁金香品种一般分为矮生、中生、高生 3 种类型,但三者之间没有明确的界限,矮生品种较少,一般低于 50cm,如'和平王子'、'黄飞翔';中生品种一般在 50 ~ 70cm,而高生品种达到 80cm,这与翟蕾观测的株高基本相近[3]。但是,有些品种由于株高变异较大,往往难以归类。根据植株高度栽植时,矮生品种可靠近路缘,起镶边的作用,高生品种则可作为背景花卉种植。

郁金香为球根花卉,生长发育受种球质量的影响,此次观测的品种'春绿'和'哈密尔顿'由于引进时种球质量不佳,导致早春出苗率低,盲花率较高,花小。同时温度、光照、水分和土壤条件对其生长发育的影响也较为明显,郁金香在北京地区栽培时,生长发育很容易受到小气候的影响,同一品种的株高和花期会有差异,如'法国之光',栽植于背风向阳的绿篱旁显示出明显的生长优势,'热情鹦鹉'栽植在地势不平及土壤质地较差处,植株生长不均匀,花小,观赏效果明显不佳。有些品种栽植区域跨度较大,生长发育也存在差异。此外,种球栽植深度、浇水均匀程度等均会影响郁金香的生长发育。

参考文献

[1] 胡新颖,雷家军,王志刚等. 郁金香引种栽培研究[J]. 北方园艺,2008(9):104 – 106.

[2] 沈强,陈亚平,史益敏. 上海地区郁金香引种与物候期观察[J]. 上海交通大学学报,2006,24(2)168 – 176.

[3] 翟蕾,马越,张黎霞. 郁金香生长发育规律及观赏性状的调查研究[J]. 南方农业,2008,2(2):5 – 8.

[4] 张爱霞. 郁金香种球在苏北地区的复壮技术研究[J]. 安徽农业通报,2007,13(19):238 – 239.

[5] 王旭生,朱东兴. 保护地栽培条件下郁金香生长发育与种球复壮的研究[J]. 西北农业学报,2007,16(6):178 – 181.

[6] 邓涛,张延龙,牛立新,何永艳. 郁金香子球的生长变化研究[J]. 西北农业学报, 2008,17(5):317—320.

[7] 罗利,马腾. 郁金香高效促成栽培技术[J]. 现代农业科技,2008.18:74 – 75.

[8] 谢玲超,胡晓俊,单筱玲,鲍海欧,熊绍员. 郁金香引种及其在庐山适应性的研究[J]. 江西农业大学学报,2000, 22 (1): 61 – 65.

[9] 孙国峰,张金政. 郁金香品种在北京的引种栽培[J]. 中国园林,2000, 16 (71):76 – 78.

[10] 汤伟权,曹玉峰,樊金萍. 寒地郁金香的栽培研究[J]. 东北农业大学学报, 2007, 38 (3): 348 – 351.

郁金香春节室内花展初探
A Preliminary Study on the Indoor Flower Show of Tulips at Spring Festival

杨丽　王志辉　王琴　高伟哲

（石家庄市植物园，石家庄 050000）

Yang Li　Wang Zhihui　Wang Qin　Gao Weizhe

（*Shijiazhuang Botanical Garden*, *Shijiazhuang*　050000）

摘要：几年来，通过对郁金香进行冬季促成栽培，从温室温度、种植时间等方面调控花期，成功举办郁金香春节室内花展。本文总结了春节花展的操作步骤、方法等经验，并提出了一些注意事项，希望能够为郁金香的利用、推广开辟新的途径。

关键词：郁金香；春节；室内花展

Abstract：Forcing culture of tulips has been carried out for several years to regulate the flowering time by adjusting the greenhouse temperature and planting time. Thus indoor tulip show in the Spring Festival was successfully hosted. Some experiences of the process and method were summarized and key points were proposed for the extensive use of tulips.

Keys words：tulip；Spring Festival；indoor flower show；

郁金香（*Tulipa gesneriana* L.）为百合科郁金香属多年生草本植物，在欧洲有着悠久的栽培历史，而在我国的引种栽培却比较晚[1]。近些年来，随着人民生活水平的提高，花卉业的不断发展，郁金香在我国的应用也日益增多，除了对郁金香的鲜切花生产应用，越来越多的城市公园利用郁金香的自然花期开花，在早春季节进行花展展示，比如在北京中山公园、北京植物园、上海植物园等，每年早春季节都会举办郁金香花展。但是在国内，尤其是北方举办郁金香春节花展的却不多，主要是由于花展时间定在春节，需要对其花期进行严格而准确的控制，操作比较繁琐。

在我国北方冬季，室外植物枯落，人们可选择的出游地点很少。特别在春节，为了让人们在春节就能够欣赏到高贵典雅、色彩纯正、花色繁多的、带有荷兰气息的郁金香，我园连续几年来引进荷兰郁金香种球，对其进行促成栽培，并在热带植物观赏厅举办郁金香春节花展，摸索并积累了一些郁金香春节花展的经验，为郁金香利用开辟了新途径。

1　基本情况介绍

1.1　郁金香培养及花展的环境条件

郁金香花展地点选择在热带植物观赏厅；种球箱式栽植地点设在生产温室。生产温室与热带植物观赏厅都为钢架结构，全光玻璃围墙、高透光保温阳光板的温室，

作者简介：杨丽，1979 年生，工程师。HBYL2000@sina.com.cn

保证了充足的光照;风机、水帘降温系统、天窗和侧窗、暖气等设施保证了温室内温度、湿度和通风等情况的调节。另外,热带植物观赏厅总建筑面积 6000m²,厅内各种热带珍稀植物高低错落,各种园林景观设计独立而统一。选择合适地段做郁金香花展,色彩艳丽的郁金香与热带植物搭配形成的景观和谐且抢眼。

1.2 郁金香种球情况

目前,市场上销售的郁金香主要有 3 种:9℃、5℃ 处理球和未处理的常温球,其中 9℃、5℃ 处理球用做圣诞、春节开花。5℃ 处理球是指种球经过中间温度的变温处理后,放置于 5℃ 的冷凉环境中冷处理 10~12 周的种球[2];9℃ 处理球是指在变温处理后,种球进入 9℃ 的低温贮藏室处理预冷。对于做春节郁金香花展,根据我们的经验,9℃、5℃ 处理球均可。9℃ 球由于是在种植前低温处理没有完全结束,因此需要在 9℃ 环境下继续进行一般为 4 周的生根处理,方可进入生长温室,20~30 天后开花;而 5℃ 处理球在 2 周的生根期后,40 天左右开花。因此,相对而言,5℃ 处理球可控性强一些,运用起来更为方便,做花展可以选择 5℃ 处理球。

2 春节花展操作流程

2.1 郁金香种球选择、存放

郁金香种球选择从荷兰进口、周径在 12cm 或 12cm 以上的 5℃ 优质种球。做花展的种球要选择花色艳丽、花型美观、植株粗壮、抗病力强的品种,同时要注意颜色,早、中、晚花期及植株高低的搭配。通过这几年的花展,有一些品种效果不错,见表1。

种球到货后,如不能立即栽种,应放在温度为 5℃ 左右、相对湿度 70%,并有一定空气流通的地方。

2.2 前期准备工作

2.2.1 种球准备

郁金香栽种前要仔细去除包在根外的褐色皮层,露出根盘,利于长根,决不能伤害到种球根原基,如有侧生仔球也一并剥去,以集中营养[3]。

2.2.2 备土

为了便于郁金香生根并保证植株有良好的根系,要求栽培土排水性能好,疏松无菌。我们按草炭土:中沙(生土也可) = 1:2 的比例配土。

2.2.3 其他材料准备

箱式栽培的包装箱(由硬质塑料制成),规格 60cm×40cm×20cm,底部与四周

表1 郁金香春节室内花展品种
Table 1 Tulip cultivars on the indoor show at Spring Festival

品种	中文名	颜色	花期	类型
World's Favourite	世界喜爱	橙色	中	达尔文杂交类
GoldenApeldoorn	金阿波罗	黄色	早	达尔文杂交类
Dow Jones	道琼斯	红/黄	中	凯旋类
Ide de France	法国之光	红色	晚	晚花单瓣类
Leen wan der Mark	标志	红/白	中	凯旋类
Negrita	小黑人	紫色	中	凯旋类
White Dream	白梦	白色	中	凯旋类
Ad Rem	王子	橙/黄	中	达尔文杂交类

都有条形孔;10cm×10cm 的营养钵;用于降温的遮阳网等材料。

2.3　郁金香栽培、管护及花期控制

2.3.1　栽培

为了使花展形式丰富多样,郁金香种球栽种分为箱栽和地栽两种。箱栽的郁金香是为插花、景观小品用花而备,同时,箱子可以随意搬动,有利于温度控制和集约栽培,并充分利用栽培空间。也可为地栽郁金香换花而备用。

(1)箱式栽培

种植时间:根据花展要求,一般在春节前 50~60 天。

种植方法:将配好的基质装入营养钵内,至营养钵的 2/3 处即可,再把装好基质的营养钵入箱备用;栽种前浇一遍透水;之后将种球种进营养钵内(稍用力摁摁种球),覆一层净沙,以没过种球为宜;种植完毕应立即再浇一遍水,以防止干燥脱水。

栽种密度:每箱 54 个营养钵的种植密度。

(2)地栽

种植方法:种前半个月深翻土壤至少20cm 深,结合整地加入适量多菌灵土壤消毒,浇透水,栽前整细整平用地,确保土质疏松;之后按设计栽种,栽植采用沟栽,种植深度为栽后保持鳞茎上方土层厚 2~4cm。

种植密度:株行距 12cm×12cm 或 64粒/m² 均可。

2.3.2　栽后管理

生根期管理:5℃郁金香种球栽植后需要 2 周的生根期。在生根期的白天温度保证在 12℃左右,夜间温度不低于 6℃。生根期内郁金香不需要光照,用 2 层遮阳网覆盖,同时保证温室通风;生根期内若基质非常干燥可进行少量补水,否则不需浇水。

生长期管理:生根期后,郁金香进入生长、开花阶段。对于箱栽郁金香,可以根据计划分批次移至温度高的温室,保证白天温度在 18~20℃,夜间在 10℃以上。地栽的郁金香所在地点应根据生长需要适时调整温度;生长期适当浇水,以提供植株生长足够的水分,但要注意通风,郁金香忌积水,植株以较湿的状态过夜,会感染灰霉菌[4]。浇水时间最好在晴天的上午进行。整个生长过程,相对湿度不要超过 80%。

施肥:一般情况下,郁金香不需要施肥。但是'世界喜爱'品种箱栽有时会出现猝倒现象,因此可以考虑在其生根后施一些硝酸钙,钙离子可以预防郁金香猝倒。

2.3.3　花期控制

郁金香春节花展就是要将开花控制在春节期间,因此为保证花展效果,花期控制尤为重要。

首先要根据当地的冬季环境温度和当年的春节时间确定种植时间。一般在种植后的 2 周生根期内,要求保持土壤的低温条件,最好是 10℃或更低,略高些也可,但如果在 10~11 月最早的种植时期内,这种温度条件较难保持,若温室内的土壤温度高于 17℃,则需要推迟 1~2 周种植。一般郁金香从种植到开花时间为 50~60 天。

其次,注意生根期、生长期、花期几个阶段的温度控制。生根期要求低温,12℃左右,促使早生根、发壮根[5]。具体降低室内温度和土壤温度措施,可以采用覆盖遮光率 50%~70% 的遮阳网,并可以开窗通风或是用冷水浇地;生长期则要求逐渐升温,保持在 18℃,最高不得超过 25℃,这个阶段一般是采用暖气达到加温的目的;花期,5℃球郁金香从栽种到第一朵花开,一般需要 40~50 天左右,花冠着色到盛花期一般需要 10~15 天,可维持 2~3 周的花期。花期适当降温,可延长开花时间。在生长期温度低 1℃,开花将会推迟 2~3 天。

总之,要根据实际环境和郁金香生长

情况,随时采取措施调整温度,保证在春节期间,郁金香达到盛花的观赏效果。

2.4　花展布展

春节郁金香花展布展,为了更好地突出春节的节日气氛,每年的花展都经过精心的设计和构思,确定不同的主题。我们采用了多种布展形式:

地栽郁金香,按设计栽种,与温室植物搭配协调,形成色彩艳丽、线条流畅、景观和谐的效果;

其次,鲜切花插花,利用箱栽郁金香作插花主材,其他花卉、叶材等制作插花,配以各式花瓶、花篮并用饰物点缀,对插花艺术进行展示。同时箱栽郁金香可以装饰花坛,制作简单小品。

总之,在布展方面要充分利用栽种的郁金香,与展览温室的景观结合,再加上中国传统节日的气氛烘托,使整个花展从空间、视觉上丰满、协调和流畅。

3　注意事项

经过几年的花展经验,在热带展览温室内做春节花展要注意几点:

(1)郁金香种球数量要适量,合理安排好箱栽和地栽的数量,否则可能会导致郁金香的浪费和工作量的加大。

(2)如果栽植地点连作,对该地点必须要进行土壤消毒,可用1:(50~100)的甲醛等消毒[6]。

(3)由于花展地点设在热带温室,郁金香和温室内的植物在生长条件的要求会有不同,因此要注意选择郁金香的地栽地点,充分考虑周围的植物,以不影响其正常生长为宜。根据郁金香的生长要求及习性,其周边植物可以是较耐低温的棕榈科和龙舌兰科中的部分植物。

参考文献

[1]翟蕾,马越,张黎霞. 郁金香生长发育规律及观赏性状的调查研究[J]. 南方农业,2008,3(2):5-8.

[2]李秀芬,宋玉民等. 郁金香5℃处理球的室内栽培试验[J]. 山东林业科技,2004,(3):18-19.

[3]班小重,王天文,等. 5℃郁金香冬季促成栽培优质丰产技术[J]. 贵州农业科学,2004,32(4):67-68.

[4]周法华,胡银春. 5℃郁金香球的栽培与管理[J]. 中国花卉园艺,2007,5(10):12-15.

[5]何建国,严华. 日光温室栽培郁金香[J]. 农村实用工程技术,2002,(10):11.

[6]赵统利,朱朋波. 切花郁金香日光温室促成栽培技术规程[J]. 江苏农业科学,2008,(5):157-158.

安吉竹子博览园竹子种质资源研究现状
Research Advance on Bamboo Germplasm Resources in Anji Bamboo Museum Garden

易国文　胡娇丽　周昌平*

（安吉竹子博览园，浙江安吉　313300）

Yi Guowen　Hu Jiaoli　Zhou Changping

（*Anji Bamboo Museum Garden, Zhejiang Anji*　313300）

摘要：竹子种质资源是各类竹种信息载体的总和，进行竹子种质资源收集整理研究具有重要意义。本文从竹子种质资源的收集、研究等方面综述了安吉竹子博览园竹子种质资源研究现状，分析了研究中存在的问题，最后进行了展望。

关键词：安吉竹子博览园；竹类植物；种质资源，收集整理

Abstract：Bamboo germplasm resource is critical collective vector since it contains a lot of information about collection of a variety of bamboo species. Thus, researches on Bamboo Germplasm collection and preservation held significant value. In this paper, it was firstly summarized on collection and study of bamboo germplasm resources in Anji Bamboo Museum Garden. And then, potential problems on research were further analyzed. Finally, the prospective views on current researches were put forward.

Key words：Anji Bamboo Museum Garden；bamboo plants；germplasm resources；collecting

1　前言

竹子种质资源是各种竹种性状的遗传信息载体的总和[1]，收集保存竹种资源是保护其遗传多样性、物种多样性，防止遗传信息的载体——基因丢失和物种灭绝，进行竹子种质资源收集保存研究具有重要意义。

安吉竹子博览园的前身是安吉竹种园，于1974年由中国林业科学院亚热带林业研究所、安吉县林峰寺林场、安吉县林业局共同筹建，1980园区初具规模。国际林业科学联合会主席里斯教授参观了竹园，并肯定了建设竹种园的重要意义。1981年加拿大国际发展研究中心莱萨德处长考察了竹园，将安吉竹种园建设列入了资助项目范围。20世纪90年代，发展旅游业。2000年10月，中国惟一一家竹子专业博物馆，即中国竹子博物馆在竹种园内落成。2001年组建安吉竹子博览园有限责任公司。2002年竹种通过国家评审，成为湖州市首家国家AAAA级旅游区，同年，安吉竹种园正式更名为安吉竹子博览园，简称安吉竹博园，融入市场竞争，开发多种项目经

课题项目：科技平台项目"我国特产珍稀濒危竹类资源的保存和保护"，编号：2003DEB6J080

作者简介：周昌平，男，1978年生，工程师，从事竹类研究工作，0572－5338318，email：ajfzc139@163.com

营。经过三十多年发展，成为集科研、教学、旅游、娱乐、科普为一体的竹子种质资源保护基地。

本文从种质资源收集保存、分区概况、科学研究工作等方面综述了安吉竹子博览园竹子种质资源研究现状，分析了研究中出现的问题，最后进行了展望，为今后同行进行竹子种质资源研究工作提供参考。

2 竹子种质资源收集与保存现状

2.1 竹子种质资源收集与保存概况

安吉是浙江省竹子分布最多的地区，其中乡土竹种有 51 种[3]。安吉竹子博览园于 1974 年建园后，首先调查、移栽安吉县内乡土竹种，然后以《中国植物志·竹亚科》[4,5]为属、种界定标准，从江苏、安徽、福建、江西等周边省市收集竹种。短短 10 年里共引进竹种 150 多种，基本形成了一座以散生竹种为主的竹类植物园。此后 10 多年，建园人员足迹踏遍全国 20 多个省、市、自治区，东至舟山群岛，西至云贵高原，北至沈阳、京、津，南至十万大山，收集引种竹种。为了使南方热带珍稀丛生竹种，在安吉竹子博览园内安家落户，顺利生长，1997 年建造 960m² 大型温室。90 年代末，安吉竹子博览园竹种数量发展为 28 属，300 余种，其中热带珍稀竹种 60 多种。进入 21 世纪，为了打造安吉竹子博览园在全国的领先地位，保持竹种数领先水平，以后的 7 年间从云南、四川、福建、贵州、浙江、江苏、湖南等原产地引进竹种共计 96 种，此外 2005 年与日本吉永俊彦先生交换日本品种竹 32 种，2006 年 2 月引进日本品种 10 多种。截止到现在，引进竹种共 42 属 400 个品种竹（包括变种或变型）。因自然环境、气候及竹种本身适应性、引种栽培技术、竹子开花等因素，有些竹种不能顺利保存下来，到 2007 年底，保存 398 个品种。2008 年 1 月罕见大雪，导致园内栽培温室倒塌，120 多个热带竹种死亡 40 多种，如香糯竹、狭叶瓜多竹等冻死。目前收集保存竹种 38 属，352 种，详见表 1。根据报道可知[4-12]，安吉竹子博览园收集保存竹种属种最多，是当前最大的竹类植物园。

安吉竹子博览园这三十多年的引种建设，先后发现了天目早竹、安吉金竹、芽竹、灰水竹、黄秆乌哺鸡竹、多毛箬竹、乳文方竹、佛肚毛竹、花秆早竹、白叶灰竹等 20 多个新竹种[13-17]。安吉竹子博览园引种建设的成功也表明竹子适应能力强，扩大竹类种质资源分布是可行的，这为竹子种质资源多样性保护探索了一条有效途径。

2.2 竹子种质资源收集区概况

安吉竹子博览园在建园后的十几年内，竹种区分为引种区和优良经济竹种生产区。20 世纪 90 年代安吉竹子博览园发展旅游业，竹种收集区在区划和功能设置上做了一系列调整，分为分类引种区、观赏旅游区和栽培温室[18]。

分类引种区：主要进行竹子引种、分类及保存工作。新引进的竹种首先进行适应性栽培，然后培育繁殖。同时本地区为周边省市科研院所及高等院校竹子研究工作提供竹子材料和基地，还为相关机构和单位提供种苗。

观赏旅游区：本地区主要栽培一些具有观赏价值的竹种，区内竹种根据园林设计要求进行配置，也利用竹历史、竹文化等典故，设置不同的竹林小品、景点，供人欣赏。该区同时也是试验基地和供种苗场所。

栽培温室：主要种植热带丛生竹种及一些不耐寒的混生竹。该温室被 2008 年大雪压塌，安吉竹子博览园现拟重新建造一个 4500 m² 大型热带竹餐饮温室，集科研、科普、旅游、娱乐为一体。

3 竹子种质资源研究现状

安吉竹子博览园有着丰富的竹子种质

资源,这非常有利于科学研究的开展。几十年来,安吉竹子博览园利用这得天独厚的优势,开展了多层次、多方面研究,取得了许多显著成果。

建园初期在中国林业科学院亚热带林业研究所技术指导下,开展了竹种分类鉴定、竹林营造、竹种笋期生长特性研究,竹林施肥、竹林繁育技术等多方面的研究工作,其中"安吉竹种园"科技项目在 1985 年获县科技进步一等奖、市科技进步二等奖、部省科技进步三等奖,"观赏竹生物学特性及繁育试验"于 1990 年获湖州市科技进步三等奖[18]。另外,1979 年马乃训[19]报道了刚竹属竹种出笋期,接着 1985 年发表刚竹属一新变型[14],同年与王正平等人报道了贵州产竹亚科新植物[13]。1989、1990 年张文燕[20-22]等报道了竹类植物花期生物学特性、花粉形态及萌发试验、花粉生活力和自然授粉等研究。1990 年张培新[23]报道了安吉刚竹属植物新变型。

随着园区的发展,相继又开展了引种栽培[24-27]、人工培植观赏性竹秆、观赏竹矮化、珍稀竹种繁育及竹种开花结实[28]和病虫害防治[29]研究。如黄树田[24]报道了引进的茶秆竹生长情况,张培新[25,26]等报道了方竹及从日本引进的优良观赏竹螺节竹的引种栽培试验,结果表明这些竹种在园内都能生长且状况极好。张培新等人进行了竹秆观赏整形研究,在安吉竹子博览园内成功整形了人工方竹、夫妻竹等。接着安吉竹子博览园在园内进行了矮化金镶玉、黄秆京竹试验,取得了良好成果。为了使具有很高观赏价值的竹子——黄秆乌哺鸡大面积扩增,1991 年吴玲玲[30]等人进行了竹鞭段育苗试验,使得该竹种大面积扩增。这段时期"安吉竹种园观赏竹盆景研究"获得 1998 年度省优质农产品银奖,"九五期间安吉竹种园引种技术研究"于 2001 年获县科技进步三等奖,市科技进步二等奖。

2000 年后也开展了多项课题,如"竹子在城镇园林和道路绿化中的应用技术研究"、"竹类植物在城市绿化中的应用技术与示范推广",前者获得 2004 年湖州市科技进步二等奖;后者筛选出优良观赏竹种 9 属 111 种,完成城市绿化观赏竹林营建新技术研究、造林一次成景及培育技术、竹类绿坪、绿篱培育技术、城市绿化圃地建设技术、城市绿化用竹示范景点营建及推广等技术研究工作,建立绿地观赏竹配置、竹类绿篱、绿坪示范景点多处,该课题 2005 年获省林业厅、省林学会科技兴林奖二等奖。此外 2009 年课题"中国安吉竹子博物馆创建技术研究"获得县科技进步一等奖,浙江省林业厅、省林学会科技兴林奖二等奖。课题"珍稀濒危竹种的引种保护和繁育"课题获得县科技进步一等奖,浙江省林业厅、省林学会科技兴林奖三等奖。

表1 安吉竹博园现保存竹种属

Table 1 The reservation of Bamboo Genus in Anji Bamboo Museum Garden

序号	属名	主要引种地	竹种数
1	泡竹属 *Pseudostachyum* Munro	云南	1
2	泰竹属 *Thyrsostachys* Gamble	云南	2
3	新小竹属 *Neomicrocalamus* keng f.	云南	1
4	簕竹属 *Bambusa* Retz. Corr. Schreber	福建、广西、云南、四川等	59
5	慈竹属 *Neosinocalamus* Keng f.	四川	3
6	绿竹属 *Dendrocalamopsis* Keng f.	福建、广西等	7
7	牡竹属 *Dendrocalamus* Nees	云南、四川、贵州等	24

（续）

序号	属名	主要引种地	竹种数
8	大节竹属 *Indosasa* McClure	广西、湖南、云南、贵州、福建等	11
9	唐竹属 *Sinobambusa* Makino ex Nakai	福建、四川、浙江	7
10	短穗竹属 *Brachystachyum* Keng	江苏、浙江	2
11	刚竹属 *Phyllostachys* Sieb. et Zucc.	福建、河南、浙江、江西、湖南、江苏等	84
12	倭竹属 *Shibataea* Makino ex Nakai	浙江、福建；日本等	6
13	寒竹属 *Chimonobambusa* Makino	四川、云南；日本等	10
14	筇竹属 *Qiongzhuea* Hsueh et Yi	四川	3
15	香竹属 *Chimonocalamus* Hsueh et Yi	云南	3
16	镰序竹属 *Drepanostachyum* Keng f.	贵州、四川等	5
17	箭竹属 *Fargesia* Franch. emend. Yi	云南、贵州等	5
18	玉山竹属 *Yushania* Keng f.	四川、浙江等	6
19	酸竹属 *Acidosasa* C. D. Chu et C. S. Chao	福建、浙江、广东、湖南等	9
20	少穗竹属 *Oligostachyum* Z. P. Wang et G. H. Ye	浙江、江西、福建等	6
21	大明竹属 *Pleioblastus* Nakai	浙江、湖南、四川、江苏、广东；日本等	32
22	巴山木竹属 *Bashania* Keng f. et Yi	四川	2
23	井冈寒竹属 *Gelidocalamus* Wen	湖南	2
24	矢竹属 *Pseudosasa* Makino ex Nakai	福建、浙江；日本等	14
25	月月竹属 *Monstruocalamus* Yi	四川	1
26	赤竹属 *Sasa* Makino et Shibata	江苏；日本等	6
27	箬竹属 *Indocalamus* Nakai	浙江、湖南、福建等	18
28	阴阳竹属 *Hibanobambusa* I. Maruyama et H. Okamura	日本	1
29	业平竹属 *Semiarundinaria* Makino	日本	1
30	东笹属 *Sasaellea* Makino	日本	3
31	思劳竹属 *Schizostachyum* Nees	云南等	6
32	空竹属 *Cephalostachyum* Munro	云南	1
33	巨竹属 *Gigantochloa* Kurz ex Munro	云南	2
34	业平竹属 *Semiarundinaria* Makino	云南	1
35	悬竹属 *Ampelocalamus* S. L. Chen et al	贵州	1
36	四方竹属 *Tetragonocalmus* Nakai	日本	4
37	单枝竹属 *Monocladus* Chia et al	广西	2
38	李海竹属 *Neohouzeaua* A. Camus	云南	1
合计	38 属,352 种		

这些科研成果的取得,前期是在中国林业科学院亚热带林业研究所的指导下进行的,中后期都是建立在与安吉县林业局、中国林业科学院亚热带林业研究所、浙江林学院、南京林业大学等单位合作基础上。安吉竹子博览园自己独立的科研成果很少,今后在这方面有待进一步改善。

4 存在的问题及展望

经过 30 年来的发展,安吉竹子博览园逐渐成为国内保存竹类植物品种最多、最齐全的基地,为我国竹类生物多样性保护做出了重要贡献。在竹子种质资源研究方面取得了不少成绩,但是仍然存在着诸多问题。首先,安吉竹子博览园内竹种混杂尤为严重,亟待探索出一个行之有效的解决方法;其次,园内大力发展旅游业,如何保证旅游与科研并重、相容,实现双赢,需要探索;再次,在技术方面投入的资金不足,技术人员严重缺乏,技术人员流动频繁,很多技术资料丢失,不利于研究成果系统化的归档和整理;另外,本园大多数科研工作采用了与亚热带林业研究所、林业局、浙江林学院等高校的合作方式,缺乏自己独立的科研项目;最后,在技术管理、研究硬件设施等方面,有待进一步加强。

综上所述,安吉竹子博览园在今后发展和完善的过程中,既要加大经济效益方面的投入,更需要增加对学术研究的资金和人才投入,利用之前的竹子旅游发展平台,发展系统的竹子种质资源基地,不断扩大研究规模;在技术成果方面,要对以往及今后的资料进行汇总,形成系统的阐述竹子科研、学术性知识的框架,这样才能在国内众多的竹种园中脱颖而出,成为国内科研和旅游一体化的竹类植物园。

参考文献

[1]朱积余,莫钊志.林木种质资源的收集保存及其研究进展[J].广西林业科学,1996,3(25):218-222.

[2]张宏亮.中国竹子博物馆[M].杭州:西泠印社出版社,2007.

[3]张培新,王云珠,盛文明,董敦义.安吉乡土竹种现状与发展刍议[J].竹子研究汇刊,2001,1(20):33-37.

[4]耿伯介,王正平.中国植物志[M].北京:科学出版社,1996.

[5]马乃训,张文燕.中国珍稀竹类[M].杭州:浙江科学技术出版社,2007.

[6]邹跃国.福建华安竹类植物园种质资源异地保存与分析[J].世界竹藤通讯,2006,4(4):23-26.

[7]卢义山,李荣锦,倪竞德.竹类植物种质资源的收集及其利用研究[J].江苏林业科技,2007,1(34):1-6.

[8]严颜,王伟.安徽太平地区竹类种质资源库简介[J].世界竹藤通讯,2008.

[9]杨健标,王城辉.德兴市竹种资源收集整理建园[J].江西林业科技,1997.

[10]丘云兴.福建梅花山国家级自然保护区竹类资源的保护与开发利用[J].福建林业科技,2003.

[11]刀建红,辉朝茂,薛嘉榕,杨宇明.西双版纳国家自然保护区竹类种质资源及其保护发展对策[J].竹子研究汇刊,2001,1(20):38-44.

[12]杜小红.高黎贡山国家自然保护区竹类植物及其保护发展对策[J].竹子研究汇刊,1999,2(18):67-73.

[13]王正平,马乃训,巫启新,李文德,张培新.贵州产竹亚科新植物[J].竹子研究汇刊,1985,1(4).

[14]马乃训.河南刚竹属植物一新变型[J].竹子研究汇刊,1985,1(4).

[15]张培新.安吉刚竹属植物新变型[J].竹子研究汇刊,1990,4(9).

[16]张培新.浙江安吉刚竹属2新变型.世界竹藤通讯,2006,3(4).

[18]张培新.浙江安吉毛竹新变型.世界竹藤通讯,2008,2(6).

[19]易国文,董敦义.浅谈安吉竹种园的发展[J].中国竹产业社会经济、市场和政策研讨会论文集,2000.

[20]马乃训.刚竹属竹种的出笋期和竹林生产[J].林业科技通讯,1979,10.

[21]张文燕,马乃训.竹类花粉形态及萌发试验[J].林业科学研究,1989,2.

[22]张文燕,马乃训.竹类植物花期生物学特性[J].林业科学研究,1989,7.

[23]张文燕,马乃训.竹类植物花粉的生活力和自然授粉[J].林业科学研究,1990,4.

[24]黄树田.安吉竹种园茶秆竹引种报告[J].竹子研究汇刊,1993,3.

[25]张培新,董敦义.安吉竹种园螺节竹引种初报[J].浙江林业科技,2003,4.

[26]张培新,兰林富,吴玲玲,黄树田.方竹引

种栽培试验及其地下茎特性观察初报[J].
竹子研究汇刊, 1991, 2(10): 40 – 46.

[27] 董敦义, 洪月明, 潘春霞. 安吉竹种园引种
探析[J]. 浙江省林学会竹类专业委员会学
术研讨会, 2000, 12.

[28] 张文燕, 吴玲玲. 五月季竹开花结实的研究
[J]. 竹子研究汇刊, 1992, 2.

[29] 董敦义, 洪月明, 郑建佳. 安吉竹种园病虫
害及防治初报[J]. 竹子研究汇刊, 2001, 2
(20): 39 – 43.

[30] 吴玲玲, 黄树田, 兰林福, 张培新. 黄秆乌
哺鸡竹鞭段育苗试验[J]. 浙江林业科技,
1991, 2(11): 35 – 38.

石蒜属种质资源收集、快繁及园林应用研究
Studies on Germplasm Collection, Fast Propagation, and Landscaping Prospect in *Lycoris* Herb

张海珍　鲍淳松　徐敏　徐云茜　周虹

（杭州植物园,杭州　310013）

Zhang Haizhen　Bao Chunsong　Xu Min　Xu Yunqian　Zhou Hong

(*Hangzhou Botanical Garden*, *Hangzhou* 310013)

摘要：本文对石蒜属植物的资源收集、快速繁殖以及园林应用做了系统的研究。《中国植物志》记载的 15 种原生种及 2 种变种已收集齐全,并收集到人工杂种 3 种。对红蓝石蒜、长筒石蒜、玫瑰石蒜和换锦花进行组织培养研究,同时对红蓝石蒜、忽地笑及玫瑰石蒜 3 种石蒜进行切割快繁技术研究,两种方法均取得理想结果。对石蒜属植物的园林应用也进行了初步研究,并对石蒜属植物的未来研究方向进行展望,为石蒜属植物的进一步研究奠定基础。

关键词：石蒜；种质资源；繁殖；园林应用

Abstract：Germplasm collection, fast propagation, and landscaping prospect of *Lycoris* Herb were studied in this article. Fifteen original species and two varieties including all wild species in China and three hybridize species were collected. Tissue culture of *L. haywardii*, *L. longituba*, *L. rosea* and *L. sprengeri* was studied. Cutting propagation of *L. haywardii*, *L. aurea*, and *L. rosea* was also studied. Compared with natural propagation coefficient of *Lycoris* bulbs, tissue culture and cutting propagation coefficient was much higher. The landscaping prospect of *Lycoris* was also introduced in this paper. It also expected the future direction of the studies in *Lycoris*, which established bases for further research in *Lycoris*.

Key words：*Lycoris*；germplasm collection；propagation；landscaping prospect

1　引言

石蒜属(*Lycoris* Herb)属于单子叶植物纲石蒜科(Amaryllidaceae),为一类具地下鳞茎的多年生草本植物,是世界公认的著名球根花卉,具有丰富的花型与色彩,花型有大花和小花；平瓣、皱瓣、宽瓣和窄瓣；百合型和长筒型等(Tae 等 1987；Tae 和 Sung-Chul Ko　1995；Kim 和 Lee)。花被裂片的色彩更是五彩缤纷,有白、乳白、淡黄、麦秆黄、鲜黄、玫瑰红、鲜红、紫红、紫红色带蓝色晕和白色带红色条纹等。石蒜属植物适应性强,耐旱、耐湿、耐瘠薄,花期又逢夏秋高温少花时节,因此被广泛用于园林绿化。石蒜属植物不仅可以作为赏花和切花生产,非花期还是一种优良的赏叶植

课题受"杭州园文局科技创新项目"资助,编号：200508

作者简介：张海珍,女,1975 年生,博士,高级工程师,主要从事园林植物育种及应用研究。email：haizhenzhang@hotmail.com

物,其叶挺拔直立、丛生,形似兰草,姿态幽雅,从出叶到叶长成,为最佳观叶期。该属植物或先花后叶,或叶枯后花再开放,这在显花植物中是非常少见的,所以西方人称之为"魔术花",又因大多数种原产中国,故又名"中国的郁金香"。

2 国内外研究现状

本属全世界共有 20 个种以及一些杂交种(Kurita 1986),为东亚地区的特有属。从暖温带到亚热带均有生长,但主要分布于中国、日本和韩国,少数分布于缅甸、尼泊尔和印度尼西亚等地(Kurita 1987;Tae 和 Kyoung-Hwan 1996)。我国石蒜属植物具有绝对的种质资源优势,有15 种,占世界上该属所有种的 3/4;主要分布于长江以南,浙江是石蒜属种类分布最多的省份之一(中国植物志,1989)。

近年来,国内外的研究人员已经对石蒜属植物进行了一些研究,包括对染色体核型(陈耀华和李懋学 1985;刘琰和徐炳声 1989;柯丽霞等 1998;孙叶根等 1998;余本祺等 2004;周守标等 2004)及其花粉形态(Walker 1976;Kurita 1985;任秀芳等 1995)等进行遗传生理特征的研究。邓传良和周坚(2005)对部分石蒜种类的叶片进行了微生态特征及发育方面的研究,李淑顺和赵九洲(2004)也对石蒜花的观赏性进行了灰度评价。石蒜属植物在分子生物学水平的研究资料极少,仅见于 Motomilto(1999)和聂刘旺(2000)对个别种类的零星报道。以上研究成果为石蒜的研究及开发利用提供了一定的理论依据,但缺乏系统性和完整性,还需深入与完善。此外,石蒜属植物在种质资源及育种方面的研究主要集中于杂交育种(Choisk 1991;董庆华 1995;黄宗春 1997),应用和开发力度十分有限,对石蒜属植物种群生态学、种群动态以及自然生态分布等

方面的研究也较少(秦卫华等 2004;周守标等 2004)。

在石蒜的快繁及栽培方面,其栽培方式至今仍相当粗放,除了台湾将忽地笑作为切花生产,有过人工栽培和比较系统的研究外(台湾花卉 1984;李久贡和李良 2000),国内几乎未见较深入、系统的快繁及栽培研究。现有的研究只是集中在石蒜、换锦花和忽地笑几个种(黄雪方 2009)。南京林业大学通过对石蒜、换锦花、中国石蒜、忽地笑和长筒石蒜进行切割法和双鳞片扦插法繁殖取得了一定成效(姚青菊等 2004)。李玉萍等(2005)研究了人工切割方式、植物生长调节剂种类和植物生长调节剂浓度 3 个因素对石蒜(*Lycoris radiata*)子球性状的影响。石蒜属植物开花后结实率极低,一般以自然分球繁殖为主,并且在 *L. radiata* 中还发现在母鳞茎上端可形成小鳞茎的现象(Tae 1995),以石蒜属植物为材料进行组织培养的报道仅有几例,且局限于个别种(董庆华 1995)。

我国对石蒜属植物资源的开发比较滞后。而日本、美国和欧洲各国已把石蒜属植物作为商品生产(Creech 1952;Choisk 1991)。

要充分开发和利用石蒜资源,首先必须对野生石蒜进行全面的调查和系统的研究,建立石蒜属植物种质资源库。其次,在条件较好的场圃建立种球驯化、繁殖基地,同时进行常规繁殖和组织培养快繁研究,以便向城市园林绿化提供较多的优质种球,满足市场需要,为全面开发利用我国占有资源优势并极具发展潜力的野生资源提供技术支持。

3 杭州植物园研究成果

近几年来,杭州植物园主要针对石蒜属的资源收集、快繁研究以及园林应用等

方面做了一系列的工作。具体如下：

3.1 种质资源的调查收集

据《中国植物志》记载，石蒜属植物在我国分布共有17种。杭州植物园自20世纪80年代起，开展石蒜属植物的引种及育种工作。近年来，主要在石蒜资源相对丰富的江苏南京、湖南沅陵、广西阳朔、陕西秦岭南五台山、安徽九华山等地进行种质资源调查与收集，目前收集整理到《中国植物志》上记载的全部石蒜属植物，另外收集整理原来植物园保存下来的人工杂交种3个。收集到的石蒜种及3个杂交种见表1。

表1　石蒜属植物的主要性状

种名	拉丁名	展叶期	花色	花期
乳白石蒜	*Lycoris albiflora*	春	淡黄、白	8～9月
安徽石蒜	*Lycoris anhuiensis*	春	黄色	8月
忽地笑	*Lycoris aurea*	秋	黄色	9月
短蕊石蒜	*Lycoris caldwellii*	春	浅黄	8～9月
中国石蒜	*Lycoris chinensis*	春	黄色	7～8月
广西石蒜	*Lycoris guangxiensis*	春	黄色	7～8月
陕西石蒜	*Lycoris shaanxiensis*	春	白色	8～9月
红蓝石蒜	*Lycoris haywardii*	秋	玫瑰色尖端蓝色	7～8月
江苏石蒜	*Lycoris houdyshelii*	秋	白色	7～8月
香石蒜	*Lycoris incarnata*	春	肉色有红色条纹	8月
长筒石蒜	*Lycoris longituba*	春	白色	8月
石蒜	*Lycoris radiata*	秋	红色	7～8月
矮小石蒜	*Lycoris radiata* var.	秋	红色	7～8月
玫瑰石蒜	*Lycoris rosea* var.	秋	玫瑰红色	7～8月
换锦花	*Lycoris sprengeri*	春	淡紫玫瑰色顶端蓝色	8月
鹿葱	*Lycoris squamigera*	春	淡粉紫色	8月
麦秆石蒜	*Lycoris straminea*	秋	稻草色	8月～9月
杂交种1	*Lycoris sprengeri × Lycoris chinensis*	春	粉红、粉白	8月
杂交种2	*Lycoris haywardii × Lycoris chinensis*	秋、春	稻草色顶端紫红	8月
杂交种3	*Lycoris chinensis × Lycoris rosea*	春	粉红	8～9月

3.2 石蒜属组织培养研究

杭州植物园近年来主要针对石蒜属植物进行组培快繁方面研究，系统归纳了几种观赏性强，市场前途好而种球供应相对较少的石蒜种的组培研究成果。制定出系统的速生、丰产、优质的繁殖及栽培模式。

包括红蓝石蒜基本培养基：MS，其中蔗糖20～40g/L，琼脂8g/L，pH5.8；诱导培养基：MS + TDZ0.2～1.0mg/L；增殖培养基：MS + 6 − BA3～7mg/L + NAA0.5～2.5 mg/L；壮苗培养基：MS + 6 − BA 0.5～2.5mg/L + NAA0.5～1.0 mg/L；生根培养基：1/2MS

+ KT0.5～2.5mg/L + IBA0.5～2.5 mg/L + 活性炭2g/L。

长筒石蒜基本培养基：MS，其中蔗糖20～40g/L，琼脂8g/L，pH5.8；诱导培养基：MS + TDZ0.2～1.0mg/L + 活性炭2g/L；增殖培养基：MS + 6 − BA5～12mg/L + NAA1～2.5 mg/L；壮苗培养基：MS + 6 − BA2～5mg/L + NAA0.5～1.0 mg/L；生根培养基：1/2MS + KT0.5～2.5mg/L + IBA0.5～2.5 mg/L + 活性炭2g/L。

玫瑰石蒜基本培养基：MS，其中蔗糖20～40g/L，琼脂8g/L，pH5.8；诱导培养基：MS + TDZ0.2 ~ 1.0mg/L + 活性炭 2g/L；增殖培养基：MS + 6 - BA5 ~ 10mg/L + NAA1 ~ 3 mg/L；壮苗培养基：MS + 6 - BA1 ~ 4mg/L + NAA0.5 ~ 1.0 mg/L；生根培养基：1/2MS + KT0.5 ~ 2.5mg/L + IBA0.5 ~ 2.5 mg/L + 活性炭 2g/L。

换锦花基本培养基：MS，其中蔗糖20 ~ 40g/L，琼脂 8g/L，pH5.8；诱导培养基：MS + TDZ0.2 ~ 1.0mg/L + 活性炭 2g/L；增殖培养基：MS + 6 - BA2 ~ 7mg/L + NAA0.5 ~ 3mg/L；壮苗培养基：MS + 6 - BA1 ~ 3.5mg/L + NAA0.5 ~ 1.0 mg/L；生根培养基：1/2MS + KT0.5 ~ 2.5mg/L + IBA0.5 ~ 2.5 mg/L + 活性炭 2g/L。

3.3　石蒜属切割繁殖方法研究

在切割快繁的研究方面，主要是对红蓝石蒜、忽地笑及玫瑰石蒜的最适切割繁殖方法及相应栽培管理措施做了研究。研究发现：在以增加子球数目为主要目的的快繁中，采用"＊"切割至鳞茎盘处的切法，可有效提高繁殖系数。

两种切割方法繁殖的小鳞茎子球数目可以看出，只要对处理进行切割，其产生小鳞茎的数目都明显多于对照，说明对玫瑰石蒜、红蓝石蒜和忽地笑 3 个石蒜种进行切割在快繁中的效果还是显著的。但不同的切割方法，包括切割母球的深度以及切割的形状，都会对子球的数目产生影响。其中从母球顶部往下切割至鳞茎盘的 1/2 到 2/3 处这种切割方法产生的子球数目虽然比对照产生的子球数目要多，但远远少于从母球顶部往下切割至鳞茎盘这种切割方法。所以在试验操作中，我们应尽量切割到鳞茎盘位置。这种切割方法的好处是显而易见的，但同从母球顶部往下切割至鳞茎盘这种切割方法比较操作起来要困难，技术难度更大一点。

对玫瑰石蒜、红蓝石蒜和忽地笑 3 个石蒜种采取"一""＋"和"＊" 3 种切割方法，以采用"＊"切割方法产生的石蒜子球数目最多，最多的每个母球产生的子球数为 10 个（红蓝石蒜）。

所以在以增加石蒜种球数目为目的的快繁中，我们一般推荐采用从母球顶部往下切割至鳞茎盘，"＊"形切割方法。

在园林应用中，石蒜作为商品并不只看种球的数量，石蒜作为商品的另一个指标是看石蒜鳞茎的大小，对于采取以上不同方法产生的子球，经过一段时间培育后生长的速度是否相同，以及成为合格商业种球的时间还有待进一步研究。

此外 3 种石蒜切割后的处理较关键，即用 0.1% 浓度的灭菌灵处理 2 分钟。在本试验中，经过处理的种球在进行沙培快繁过程中，种球腐烂率在 3% 以内，而未经过处理的种球的腐烂率超过了 40%。

3.4　石蒜属植物园林应用

在杭州植物园内建立示范基地，并在西湖景区进行园林应用示范，取得良好反应。石蒜属植物在园林配置上一般成片种于林下，或与麦冬、过路黄、匍匐亮绿忍冬、蔓锦葵等地被植物配置。从 2005 年到 2008 年共向社会推出观赏价值较高的 10 种石蒜，种球数累计 7 万只。

此外，在园林应用的基础上，杭州植物园于 2009 年 8 月 3 日 ~ 8 月 16 日举办首届石蒜科普展，展出了 15 个我国石蒜原生种，包括江苏石蒜、忽地笑、玫瑰石蒜、鹿葱、换锦花等，分别布置在植物园的南门假日通道的两侧和分类区，共计 50 余万株。

4　应用前景及研究展望

石蒜属植物的生态效益、经济效益和绿化价值日益受到重视，除园林中用以观花栽植外，更可用作盆花与切花。我国石蒜属植物资源丰富，但并没有系统地研究其资源分布及其起源中心问题，在今后工作应中，应对石蒜属植物的生境和分布做进一步调查研究,了解现有资源量,有效地对其种质资源进行保护。

在保护野生资源的同时,还应加强引种驯化和人工繁殖工作,为石蒜植物的开发应用提供技术支撑。由于石蒜属植物花色、花型丰富,应继续进行诸如杂交育种、辐射育种、化学诱变育种在内的人工育种工作,培育出适用于园林的新型石蒜品种。由于石蒜属植物的自然变异比较大,所以收集野生变异种也是育种的有效方法之一。

石蒜属植物一个重要特点就是种间杂交频繁,不论在自然界还是在人工栽培的环境下,自然杂交的现象都很明显,这使石蒜属植物在传统的形态分类和鉴定都比较困难,种的划分和种间关系一直比较模糊。所以在石蒜属中,应用传统的形态分类和鉴定已不能产生很好的效果。迄今为止,对石蒜属植物的基础研究仍然有很多问题没有得到解答,例如石蒜起源问题,核型演化的机制,石蒜属种间关系和居群演化关系等等。展望未来,我们对石蒜属的基础研究应该侧重于更多的采用分子生物学技术,从分子(核酸和蛋白质)水平,对属内种间关系和居群演化关系进行探讨,综合形态学、解剖学、细胞学、胚胎学和分子生物学等各方面的性状对石蒜属进行系统分析,保护并合理利用这一中国的特有种。

参考文献

[1] Tae, Kyoung-Hwan, sung-Chul Ko, Kim Y S. A Cytotaxonomic study on genus *Lycoris* in Korea. Kor J Plant Tax, 1987, 17:135 – 145.

[2] Tae Kyoung-Hwan, Sung-Chul Ko. A taxonomic study on epidermal characters of the genus *Lycoris* in Korea. Kor Plant Tax, 1995, 25(3):177 – 193.

[3] Kim M, Lee S. A taxonomical study on the Korean *Lycoris* (Amaryllidaceae). Korean J Pl Taxon, 1991, 21:123 – 139.

[4] Kurita S. Variation, evolution in the karyotype of *Lycoris* Amaryllidaceae I, General karyomorphological characteristics of the genus. Cytologia, 1986, 51:803 – 815.

[5] Kurita S. Variation and evolution in the karyotype of *Lycoris*, Amaryllidaceae III, intraspecific variation in the karyotype of L. *Traubii Hayward*. Cytologia, 1987, 52:117 – 128.

[6] Tae Kyoung-Hwan, Sung-Chul Ko, A taxonomic study on the genus *Lycoris*, Kor Plant Tax, 1996, 26(1):19 – 35.

[7] 中国科学院中国植物志编辑委员会. 中国植物志(第十六卷第一分册)[M]. 北京:科学出版社,1989.

[8] 陈耀华,李懋学. 四种石蒜属植物的染色体核型研究[J]. 园艺学报,1985,12(1):57 – 60.

[9] 刘琰,徐炳声. 石蒜属的核型研究[J]. 植物分类学报,1989,27(4):257 – 264.

[10] 柯丽霞,孙叶根,郑艳等. 石蒜属三种植物的核型研究[]J. 安徽师范大学学报,1998,21(4):343 – 348.

[11] 孙叶根,郑艳,张定成. 安徽石蒜属四种植物核型研究[J]. 广西植物,1998,18(4):363 – 367.

[12] 余本祺,王影,周守标,秦卫华. 安徽省中国石蒜的核型研究[J]. 皖西学院学报,2004,20(2):30 – 32.

[13] 周守标,秦卫华,余本祺,崔影,汪恒英,王晖. 安徽产石蒜两个居群的核型研究[J]. 云南植物研究,2004,26(4):421 – 426.

[14] Walker J W. Evolution significance of the exine in the pollen of primitive angiosperms. In: I K. Ferguson & J. Muller eds. The evolutionary significance of exine. London: Academic Press, 1976: 251 – 308.

[15] Kurita S. Geoclinal change in the pollen ornamentation of *Lycoris sanguinea* Maxim. var. *sanguinea*. J Jap Bot, 1985, 60:275 – 279.

[16] 任秀芳,周守标,郑艳等. 中国石蒜属植物花粉形态的研究[J]. 云南植物研究,1995,17

(2):182 – 186.

[17]邓传良,周坚. 石蒜属植物叶微形态特征研究[J]. 西北植物学报,2005,25(2):355 – 362.

[18]李淑顺,赵九洲,袁娥. 几种石蒜属花卉观赏性状的灰色评价[J]. 徐州师范大学学报:自然科学版,2004,22(1):69 – 72.

[19]Motomilto Atsushikawamota. Phylogenetic Relationships of Amaryllidaceae Based on matk Sequence Data. J plant Res, 1999, 112:207 – 216.

[20]聂刘旺,张定成,等. 安徽产石蒜属植物三种酶同工酶的分析[J]. 生物学杂志,2000,17(3):19 – 22.

[21]Choisk. Studies on the culture of *Lycoris radiata* Herb. as a medicinal plant. 1. The effect of bulb size at planting on plant growth and bulb yield. Research Reports of the Rural Development Administration. Upland Industrial Crops, 1991, 33(2): 84 – 88.

[22]董庆华. 石蒜的组织培养[J]. 植物生理学通讯, 1995(5):54 – 54.

[23]黄宗春,胡一民. 微野生石蒜的种质资源及开发利用[J]. 中国林副特产,1997,3:46 – 47.

[24]秦卫华,余本祺,周守标. 安徽省九华山野生石蒜居群的核型研究[J]. 安徽师范大学学报:自然科学版,2004,27(4):440 – 442.

[25]访台北县淡水镇农会花卉研究班谈"金花石蒜"[J]. 台湾花卉,1984,57 – 59.

[26]李久贡,李良. 奇花石蒜忽地笑花木盆景[J]. 花卉园艺,2000(8):17.

[27]黄雪方. 石蒜属植物种球繁殖试验研究[J]. 江苏教育学院学报,2009,1:38 – 40.

[28]姚青菊,夏冰,彭峰. 石蒜鳞茎切片扦插繁殖技术[J]. 江苏农业科学,2004(6):108 – 110.

[29]李玉萍,张庆峰,汤庚国. 石蒜(*Lycoris radiata*)种球的繁殖试验[J]. 南京林业大学学报:自然科学版,2005,29(2):103 – 105.

[30]Creech J L. The genus *Lycoris* in the mid-Atlantic states. Batl Hort Mag, 1952, 31:167 – 173.

秋海棠属植物的引种栽培及繁殖技术研究
Study on Introduction, Cultivation and Propagation of *Begonia*

卢鸿燕　赵世伟

(北京市植物园,北京　100093)

Lu Hongyan　Zhao Shiwei

(*Beijing Botanical Garden*,*Beijing* 100093)

摘要:秋海棠属(*Begonia*)植物具有丰富的形态多样性和极高的观赏价值,北京市植物园为丰富专类观赏植物种质资源、并异地保护以及科学展示,于2002年从美国大规模引进秋海棠属植物共计246种(品种)1000余株,重点是观叶和观花类型。首先设立秋海棠专类温室,模拟原生地创造适宜的环境条件,满足秋海棠类植物正常生长对环境条件(温度、湿度、光照等)的需求。通过对引种植株进行药剂和其他措施的特殊处理,有效地恢复了植株的不良状态,达到了85%的引种成活率。转入正常生长后,结合浇水、施肥、除草、修剪、设立支柱等一系列技术措施进行栽培养护,保证植株健康良好的状态,证明秋海棠类植物在北京地区室内完全可以实现周年栽培。还尝试对不同类型秋海棠分别做了播种、扦插、水培繁殖试验,三者均为有效的繁殖方法。这些研究及经验为进一步对秋海棠类植物在北京及国内的推广、应用起到了重要的作用,也为秋海棠的育种提供了依据。

关键词:秋海棠属;引种;栽培;繁殖

Abstract:Two hundred and forty – six cultivars of *Begonia* were introduced into Beijing Botanical Garden from American *Begonia* Society in 2002. The acclimatization, cultivation and propagation techniques on the *Begonia* plants have been studied. The survival rate of the introduction plants is 85%. Under the correct methods and careful cultivation, *Begonia* could be grwon in greenhouse all year around. Seeding, cutting and hydroponics were three effective ways to propagate *Begonia*.

Key words:*Begonia*;introduction;cultivation;propagation

1　引言

秋海棠属(*Begonia*)植物是世界著名的观赏植物,其丰富的形态多样性展现了极高的观赏价值,加之花期较长,易于栽培,长期以来作为园艺和美化庭院的观赏植物,已成为全球十分青睐的花卉种类之一。本属植物种质资源极为丰富,全世界约2000余种(含变种),快速发展的园艺品种已经达到1万余个,例如四季秋海棠、丽格秋海棠、茶花秋海棠以及各种观叶类型的秋海棠。新优园艺品种不仅在花形、花色等观赏价值上有很大变化,在对环境的适应性、抗性等方面也有了很大提高。我国秋海棠花卉发展较晚,特别在北方地区,虽是绿化部门以及民间自古十分钟爱并珍稀的花卉,但是品种相对较少,应用也较单一,相关科研也未深入。北京植物园为改变这一现状、丰富国内秋海棠品种,并向游人展示、普及优良的专类观赏植物,于2002年从美国引种了秋海棠属植物,共计246种(品种)、1000余株,其中南美洲原生种

34种、约占1/8。引种类型包括五种：竹节类（Cane-Like *Begonias*）、蟆叶类（Rex Cultorum *Begonias*）、根茎类（Rhizomatous *Begonias*）、蔓生类（Semperflorens *Begonias*）、灌木类（Shrub-like *Begonias*）。

2　栽培方法

2.1　引种植株的处理

　　首先设立秋海棠植物专类温室，依据原生地的气候条件进行模拟和控制，满足秋海棠类植物正常生长对环境条件的需求[1]。引种植株的处理是直接关系到植株是否能够存活的重要环节。由于运输时间长，植株和根部有的已经较干，往植株及根系上喷洒清水，使其尽快吸收并恢复水分。种植前仔细检查植株是否腐烂以及是否有机械损伤，部分品种由于运输时间或包装问题出现的局部腐烂，将腐烂部位清除，并且喷洒百菌清600倍液进行消毒处理[2]，待伤口稍干燥后种植。

2.2　栽培基质

　　引种秋海棠栽培基质选用腐叶土、沙、珍珠岩，三者比例为5∶1∶1。灌木和竹节类秋海棠由于植株比较高大，并且是须根系，基质要求肥沃、疏松、透气并且较重的沙质土壤，选用的是腐叶土和沙，比例为5∶2，以固定整个大型植株，避免倒伏。

2.3　上盆

　　上盆前，根据植株大小和生长快慢选择尺寸合适的花盆，盆器洁净并消毒。上盆时，花盆底部先放入1/3盆土，一只手轻轻捏住苗的基部，放入盆中，扶正，并将根系均匀舒开，另一只手，从四周填入适量的土，拿植株的手把苗轻轻上提，使根须成45°下伸。根系较长时，可将过长的根系轻轻盘曲，再均匀填土。填好土后，拿起整盆蹾实，确保盆土之间没有空隙。上盆基质湿润，植株在4~48小时后，再浇透水，以避免烂根，并能够促发新根迅速生长。上盆后，先将植物放在阴凉通风处，叶面喷洒适量清水。经过1~2周的缓苗移入适宜地点，转入正常养护。

2.4　温、湿度

　　绝大多数秋海棠对环境的温度要求并不苛刻，在比较大的范围内它们都可以较好地生长。温度在30℃以上时，秋海棠停止生长进入休眠，低于10℃时生长停滞。冬季北京地区气温低，夏季天气炎热，气温非常高。温室内采取的措施是冬季暖气增温，基本可以保持最低在15℃左右；夏季风扇、水帘降温，基本可以将温度控制在32℃左右[3]。所有秋海棠在控制的条件下生长良好。

　　由于原产地的原因，无论是园艺品种还是野生种的秋海棠，都喜欢空气湿度较大、温暖的生长环境。在温室内安装了自动喷雾设备，以保证室内湿度保持在70%~100%之间；定时往地上喷水，以使室内湿度均匀。

2.5　光照

　　大多数秋海棠喜欢半阴或明亮的散射光，光照过强会使秋海棠株型过于紧凑，或者灼伤叶片，光照太弱会使叶色和图案暗淡不清，植株细弱，节间伸长，大大影响观赏质量。只有适宜的光照，才能保证它叶片的正常生长，展现出最高的观赏价值。彩叶和蟆叶类的品种 *B*.‘Arabian Night’、*B*.‘Soil-Mutala’、*B*.‘Burning Bush’、*B*.‘Cowardly Lion’、*B*.‘Red Reigh’、*B*.‘Yanonalli‘Rhiz’在充足和不足的光照条件下，株型和叶片的色泽差异就很大。蟆叶类型对光照比较严格，适宜光照为15000Lx~28000Lx。北京地区特别是夏季光照过强，为此设置了遮荫网进行遮荫，遮荫网遮光率为40%~60%。

2.6　浇水

　　秋海棠植物的特点是体内水分很多，所以特别注意采用最适宜的浇水时间、浇水量、浇水频度等方法细节。原则是避开中午日灼时间和阴雨天气。经验显示,由于浇水过多、过频,土壤水分太多,易造成根系呼吸不畅,根、茎腐烂感病,甚至死亡,叶子变黄脱落的结果。采取的浇水时间一般为春、秋两季上午 8:30~10:30,下午 2:30~4:30;夏季上午 8:00~10:00,下午 3:00~5:00;冬季上午 9:00~11:00,下午 2:00~4:00,所有类别都是如此。每次的浇水时机和量都遵循"见干见湿"、"上满下流"原则进行。浇水频度一般为夏季 1~2 天浇水 1 次,冬季 3~5 天浇水 1 次。

2.7 施肥

秋海棠喜欢肥沃疏松、富含有机质的沙质基质,在整个生长期给予充足的肥料,合理施用氮、磷、钾复合肥。春季蟆叶类型施用比例为 23-19-14 氮、磷、钾复合肥,浓度为 200mg/L,每两周施用 1 次;或每 3 个月施用 1 次缓释肥。其它种类施用比例为 20-10-20 氮、磷、钾复合肥,浓度为 200mg/L,每 2 周施用 1 次,在秋冬之前停止施肥。根茎和灌木类型秋海棠栽种时施基肥以给植株提供基础的营养原料,基肥为腐熟的鹿粪、猪粪和适量的氮磷钾复合肥。夏、秋、冬三季,大部分秋海棠进入休眠期或生长缓慢,停止施肥。

2.8 整形修剪

早春季节,对灌木类型的种类剪除老的、木质化的枝条,其他绿色的枝条也要修剪至剩余 4~5 个节间。留下一些新芽,使其正常生长。与此同时,将其换盆移植到新鲜的基质中。对其它类型结合扦插繁殖和整形进行修剪。在生长季节里,对不易分枝或较弱的植株适当摘心,促进枝条强健和从基部促发新芽,保证植株长势和较好的株型。

2.9 设立支架及其他

竹节类和灌木类有些品种茎干较高,对其设立支架,以防止倒伏,保持植株的株型美观。对垂吊品种设立支架和使用吊盆栽植,使其枝条充分生长。另外,每周给植株转换方向,保证植株每侧都能得到充足的光照。在养护过程中,秋海棠叶片积淀灰尘,定期每周 1 次用清水喷淋植株、清洗叶片,使叶片保持清洁,保证生理功能正常进行。

3 繁殖试验

3.1 播种

引种秋海棠多为人工杂交种(品种),根据新优观赏植物杂交品种有性繁殖后实生苗优良性状易变异或退化的习性,随机选取根茎、蔓生、灌木 3 个类型 12 种秋海棠(3 个原生种、9 个品种)进行播种试验、对比,目的是测试种子是否能成熟并正常萌发,以及实生苗的性状遗传情况。

3.1.1 材料

随机选取 12 个秋海棠种(品种)进行试验(名称见表 1)。

3.1.2 方法

于 5 月初采收种子,12 日后进行播种;基质为腐叶土和细沙,比例为 1:1,用清水喷透;种子与细沙混合后均匀撒播在播种盘中,用喷雾器轻喷水雾一遍。温室内播种,室温 12~32℃。

3.1.3 结果与分析

(1)参试种类发芽天数为 16~26 天,因不同品种而异;

(2)参试种类发芽率在 50%~80% 之间,因不同品种而异,品种发芽率最高达到 80%,发芽率较高;

(3)秋海棠种子不需任何处理,采摘后直接播种,能够正常萌发;实生苗基本能够保持母本的优良性状,叶形、叶色、花型、花色等主要观赏指标未发现明显退化或变异。播种可作为根茎、蔓生、灌木 3 个类型秋海棠的主要繁殖方法之一。

表1 秋海棠植物种子发芽情况

学名	类型	种或品种	发芽天数	发芽率（%）
B. purua	根茎	种	24	64
B. dregei	根茎	种	20	68
B. 'Euphrates'	根茎	品种	21	60
B. 'Precious Patti'	根茎	品种	26	50
B. 'Two Face'	根茎	品种	18	80
B. 'Ramirez'	根茎	品种	21	72
B. 'Yanonalli Rhiz'	根茎	品种	24	60
B. hydrocotylifolia	根茎	种	20	75
B. 'Soli-Mutala'	蔓生	品种	26	55
B. 'Frances Fickewirth'	灌木	品种	25	60
B. 'Partita'	灌木	品种	22	65
B. 'Viaude'	灌木	品种	16	65

3.2 扦插

本试验选定10种（品种）秋海棠进行基质扦插试验，测试其生根率及成活率，为推广选用的繁殖方法提供依据[4][5]。

3.2.1 材料

随机选取灌木、蔓生、根茎3个类型的10种（品种）秋海棠（*B. peltata*、*B.* 'Burning Bush'、*B.* 'Morocco'、*B.* 'Fragrant Beauty'、*B.* 'Orococo'、*B.* 'Manans'、*B.* 'Cowardly Lion'、*B.* 'Red Under'、*B.* 'Comedian'、*B.* 'Muddy Water'）试验。

3.2.2 方法

试验时间为1月中旬；剪取中上部、健壮无病虫害的枝条，将花蕾摘除，保留2~4节，6~10cm长做插穗；扦插基质为珍珠岩，于前一天喷透清水；扦插时用小木棍插出小洞穴再插入插穗，扦插深度为2~4cm，成排成行，并保持一定株行距；用喷雾器向插穗喷洒适量清水，保持叶面清洁，并使插穗地下部分和基质充分接触。温室内扦插，室温为12~28℃。

3.2.3 结果与分析

（1）从扦插、生根到上盆天数为38~45天；

（2）参试种类生根率均高于85%；除灌木类型原生种 *B. peltata* 和蔓生类型品种 *B.* 'Fragrant Beauty' 生根率为85% 之外，其余品种生根率均达到90%~100%；

（3）参试种类成活率除灌木类型原生种 *B. peltata* 为90%之外，其余品种成活率均达到100%；

（4）参试种类秋海棠的类型和品种均为随机选取，扦插时插穗不需任何处理，生根率、成活率均可达到较高的比率，因此扦插是灌木、蔓生、根茎3个类型秋海棠简便易行的繁殖方法。

3.3 水插及培养

在我国，水插繁殖并培养秋海棠虽然有一定历史，但是应用种类较少，除2~3种竹节秋海棠外，几乎没有其它种类。本试验以8种不同类型的秋海棠进行水插试验，4周和8周后进行根系长度测量和发根数量的计数。目的是通过观测根系、叶片、色泽等指标判断秋海棠是否适宜水插方式繁殖[6]。

3.3.1 材料

随机抽取2个原生种和6个品种进行试验（名称见表2）。

3.3.2 方法

试验时间为10~11月；选取低矮玻璃容器，放入清水，并且3天更换一次。扦插枝条健壮、无病虫害；室温为10~30℃。

3.3.3 结果与分析

（1）截至到8周，8种参试种类水插后发根迅速，生根率均达到100%；

（2）发根数量较多，为4~45条不等，除 *B. dregei* 一原生种发根数量较少之外，其余品种均达到14条以上，根系丰满、健壮；

（3）参试种类水插繁殖无需生根剂处理均可正常发根；发根后植株生长良好、叶片色泽鲜艳、开花正常，适宜水插繁殖并培养。

图 1　根茎类型 *B. hydrocotylifolia* 水插根系及水培情况

图 2　块茎类型 *B. dregei* 水插根系及水培情况

图 3　灌木类型 *B.* '*Ramirez*' 水插根系及水培情况

图4　蔓生类型 *B.* 'Orococo' 水插根系及水培情况

图5　蟆叶类型 *B.* 'Soli-Mutala' 水插根系及水培情况

表2　水插繁殖生根率

学名	类型	4周(28天) 发根长度(cm) /数量(条)	8周(56天) 发根长度(cm) /数量(条)
B. hydrocotylifolia	根茎	1.5 / 20	4 / 32
B. 'Royal Lustre'	根茎	2 / 32	4.7 / 45
B. 'Tiger Kitten'	根茎	1.8 / 5	4.4 / 20
B. 'Arabian Night'	灌木	1.6 / 8	4.6 / 16
B. 'Ramirez'	灌木	0.5 / 2	5.6 / 14
B. dregei	块茎	0.9 / 3	4.8 / 4
B. 'Orococo'	蔓生	2.8 / 10	6.2 / 22
B. 'Soli-Mutala'	蟆叶	2.4 / 9	6.2 / 22

4　结论

（1）通过模拟原生地创造最适宜的栽培环境条件和有效的处理引种植株，获得了引种植株的成活率85%的结果。

（2）成年植株每年可以正常生长、开花、结实。在正确的栽培养护方法下，秋海棠类植物在北京地区室内完全可以完成周年栽培。

（3）通过近3年的细致观察和摸索，对各类别秋海棠的观赏特性、最适环境条件及有效栽培方法进行了总结。环境条件的控制和浇水、施肥、修剪、栽培基质等栽培措施都是至关重要的，是保证成活和健壮生长的根本。夏季室内的降温处理是保证秋海棠安全越夏的关键。

（4）通过3个繁殖试验可以看出，基质扦插、水插、播种均可作为其有效的繁殖方法，在生产实践中，可根据实际需要而采用不同的方法。①在需要大量植物而又有足够的时间时,可首选播种的方法。秋海棠种子无需任何处理,成熟后可直接播种,温室内播种不受时间限制,一年四季均可进行,但以春季最佳。实生苗基本能够保持母本的优良性状,未发现明显退化或变异现象;但发芽率中等,今后还应在种子处理方面进行更细致的研究,以提高种子的发芽率。②灌木、蔓生、根茎三种类型秋海棠基质扦插繁殖生根率和成活率均较高,可作为这些类型秋海棠品种的主要繁殖方法。③水插繁殖绚丽精美、洁净卫生、操作简便、无病虫害,部分品种适宜水插繁殖及培养。

(5)秋海棠的观赏价值毋庸置疑,今后如何结合展览场地科学地展示这类美丽的观赏植物,以及如何更加广泛的应用这类植物需要更进一步的研究。今后的主要研究方向和育种目标都应重点放在观赏性状和抗性性状上。同时还将继续观察各种秋海棠周期生长规律,研究栽培新技术,并做进一步筛选、繁殖与推广。

参考文献

[1]过永惠,范眸天. 秋海棠[M]. 北京:中国林业出版社, 2006.

[2]田代科,李景秀,等. 秋海棠属植物白粉病发生与防治[J]. 植物保护,2000,26(4):33 – 34.

[3]余树勋. 秋海棠[M]. 上海:上海科学技术出版社,2000.

[4]李建革,刘敏,王磊. 蟆叶秋海棠快速繁殖的研究[J]. 山东农业科学,2006,5:26 – 28.

[5]田代科,李志坚,管开云. 五种秋海棠属植物的叶插繁殖研究[J]. 云南农业科技,2002,3:7 – 10.

[6]张云峰,严胜柒. 秋海棠属几个品种的快速繁殖[J]. 云南师范大学学报,2001,21(4):65 – 67.

内蒙古地区大青山呼和浩特段
乡土野生观赏花卉资源及园林应用
Study on the Resources of Wild Flowers and
Application in Hohhot Area of the Daqing Mountain

靳守茂　武爱玲　郭晓雷　扎娜　王静涛
（呼和浩特市园林科研所　010050）

Jin Shoumao　Wu Ailing　Guo Xiaolei　Zhana　Wang Jingtao
（*Hohhot Gardening Scientific Research Institute*　010050）

摘要：在呼和浩特地区用于城市园林绿化的园林植物大部分从外地引进,其成本很高,而用当地植物就会大大降低成本。课题组通过调查具有观赏价值的野生植物分布、物候、繁殖等生物学特性,完成了58种宿根花卉的引种栽培,筛选出32种观赏价值较高的花卉,其中成功地对12种植物的采种、繁育、园林应用等一系列技术进行了研究和总结。

关键词：野生观赏植物资源;园林应用

Abstract：In Hohhot areas many plants introduced from other places were applied in the cities, which cost abundance of money. While the local cultivars can be used were less, the research group has selected 32 flowers with high ornamental value from 58 wild perennials through investigating the distribution, phenology, and propagation characteristics etc.. At the same time, there were 12 species successfully summarized a series of technique of seed collection, propagation and application in the garden.

Key words：resources of wild ornamental plants; landscape application

1　野生植物在城市绿地中应用的意义

物种多样性保护首先是乡土植物的保护和应用,乡土植物是城市所在地域周边自然植被的植物,它的物种组成是城市潜在植物群落的物种结构。加强种内不同生态型变种的筛选和强化,选择和培育观赏和适应性强的品种,可为不同地域和小环境条件下的城市绿化提供丰富的植物资源,根据地带性特征选择乡土植物,并在城市绿地系统中大量合理应用,则具有生态、景观、经济等多方面作用。近年来,对城市而言,随着建设生态型、节约型园林城市的呼声日益高涨,城市湿地公园、自然生态公园等公园类型应运而生,体现新的园林美学思想的景观在城市园林中逐渐成为一种时尚。野生环境的营造实践,应成为改变人类生存方式行动、计划的组成部分,反映出风景园林师对可持续发展观的理解和认识,它拥有哲学、美学和更深远的社会意义。

乡土植物是抵抗来自外界干扰的首选植物。由乡土植物为主要材料组成的生态系统,具有较强的抗干扰能力和周边环境恢复力,乡土植物的应用能减少外来种对本地的侵蚀,保证城市自然植物群落。乡土植物有丰富的种质资源,在城市绿地中合理应用,是提高植物多样性最有效的方法,它能增强城市生态系统的稳定性、复杂性和观赏性,提高城市的生物多样性,有利于建立健全城市绿地生态系统。乡土植物的应用是建立健全城市生态系统的物质基础,在城市生态系统中起着不可替代的生态保护作用。所以自然植被的保护、乡土野生植物的利用是城市植物物种多样性保护的前提。城市绿地系统合理的植物物种规划、生态廊道规划和自然植被保护规划等,是生物多样性保护的基础。

2　野生植物的特点

(1)适合当地的气候条件,适应性好、抗逆性强;

(2)种类很多,可形成大面积纯种群落,花期集中且花量大,有较好的观赏性;

(3)管护简单,可进行粗放式管理,从而节省管护成本;

(4)利于节水,不需要特殊管理,几乎是"靠天吃饭",而观赏性不受影响;

(5)病虫害少,不需打药,利于保护环境;

(6)属新、奇、特品种,可满足人们的猎奇心理;

(7)符合生态园林生物多样性原则,利于对原生态植物的保护。

3　内蒙古地区大青山呼和浩特段乡土野生植物资源研究

3.1　课题立题目的、意义

野生花卉(wild flowers)是指现在仍在原产地处于天然生长状态的观赏植物。很多野生花卉具有极高的观赏价值,花色丰富、花型别致、花期持久,可观叶、观花、观果和观植株。但是在现有大多数的园林绿地中,大规模地使用外来洋花,使得园林

景观比较单调,且生态效益不很理想,尤其是在北方地区面临春季干旱缺水、夏季酷热、冬季寒冷的现状,引进外来植物的生长受到一定限制。而野生花卉长期生长在自然状态下,具有极强的抗逆性和适应性,生态效果明显且栽培管理相对粗放。加强野生花卉在园林中的应用,不但能有效地提高园林绿地覆盖率,丰富植物种类,还可以通过野生花卉所特有的优势和特点,净化、美化环境,突出体现内蒙古地区园林景观乡土气息的地域特色,实现城市园林绿化建设的节约型和可持续发展,同时,也给园林增加生动活泼的情趣,迎合人们返朴归真、回归融于自然的向往和追求。

3.2　内蒙古地区大青山呼和浩特段自然条件

大青山位于阴山山脉中部,海拔 1500 ~ 2400m,由太古代片麻岩、石英岩及古生代的砂页岩、砾岩组成。大青山呼和浩特段山前平原地区,近 3 年年均温 7.7 ~ 8.8℃。2005 ~ 2007 年降水量 280 ~ 290mm,相对湿度 50%,蒸发量相当于年降水量的 6 ~ 7倍。山体阴阳坡植被差异明显:阴坡主要以针叶林和夏绿阔叶乔灌林为主,阳坡主要以山地草原为主,是半干旱区山地植被的基本特征。区域内地形复杂,植被物种丰富,有被子植物 84 科 384 属 862 种,蕴藏着极其丰富的野生花卉、花木资源,是华北地区天然的种质基因库。

3.3　内蒙古地区大青山呼和浩特段野生花卉资源及分布

内蒙古地区大青山分布着丰富的野生花卉资源,在呼和浩特段有着较为集中的野生观赏花卉资源。此区域属于较典型的半干旱性高山植被生长特性,野生观赏花卉资源丰富,是天然的种质资源库。

大青山野生植物按用途可分为:药用植物:甘草、黄芪、防风、黄芩、赤芍、苍术、远志、麻黄、知母、枸杞、党参等 40 多种;油

用植物：山杏、苍耳、文冠果、芝麻菜、野亚麻等；纤维植物：芨芨草、芦苇、香蒲、龙须草、马莲等；食用果类植物：酸枣、沙棘、豆姑娘、酸梨、面果子、山葡萄、欧李等；淀粉植物：稗草、沙蓬、狗尾草、野燕麦等。

按区域分布：山地草原主要生长本氏针茅、冷蒿、隐子草、万年蒿、百里香、狭叶柴胡、羊草、鹅冠草、披碱草、苔草、苍术、委陵菜、牛枝子及其他半灌木和多年生草类等；山地阴坡、半阴坡林木主要生长有青海云杉、油松、白桦、山杨、辽东栎、蒙椴等天然林；山地半阴坡灌木丛主要生长有虎榛子、绣线菊、山刺玫、山楂、枸子木、黄刺玫、蒙古荚蒾等灌木；沟谷路边主要生长虎尾草、画眉草等低矮植物；平原地带多生长黄蒿、大籽蒿等蒿类植物和禾草、沙蓬等尖叶植物，车前子、毛茛类等阔叶植物，打碗花、田旋花等藤蔓类植物，菟丝子、列当等寄生植物及苔藓类植物，杨、柳、榆树和各种经济树种。

另外，自然生境复杂多样，野生花卉因原生地的不同，形成了不同的生态类型，可适应各种不同的生境应用。

3.4　野生观赏花卉在园林中的应用

3.4.1　花境中的应用

花境是花卉应用的一种重要形式，是根据林缘野生花卉自然散布生长的规律，加以艺术提炼而应用于园林中，表现不同花卉的群体美以及不同种花卉相互搭配所展示的对比和协调。宜选用花色艳美、花姿雅致、花期集中、适应性强的野生观赏花卉，按观赏花色可分为以下几类：

红粉色系：主要种类有石竹 *Dianthus chinensis*、细叶益母草 *Leonurus sibiricus*、小红菊 *Chrysanthemum chanetii*、碗苞麻花头 *Serratula potanini*、多头麻花头 *Serratula polycephala*、细叶葱 *Allium tenuissimum* 等。

兴安石竹 *Dianthus chinensis*

山丹 *Lilium pumilum*

白色系：主要种类有小红菊 *Chrysanthemum chanetii*、唐松草 *Thalictrum petaloideum*、歧花鸢尾 *Iris dichotoma*、细叶葱 *Allium tenuissimum* L. 等。

瓣蕊唐松草 *Thalictrum petaloideum*

楔叶菊 *Dendranthema naktongense*（Nakai）Tzve

黄色系：主要种类有野罂粟 *Papaver nudicaule* Linn.、糖芥 *Erysimum bungei*（Kitag.）Kitag.、菊叶委陵菜 *Potentilla tanacetifolia* Willd、线叶菊 *Filifolium sibiricum*（L.）Kitam.、柳穿鱼 *Linaria vulgaris* Mill.、黄花葱 *Allium condensatum* Turcz.、达乌里龙胆 *Gentiana dahurica* Fisch. 等。

糖芥 *Erysimum bungei*（Kitag.）Kitag.

线叶菊 *Filifolium sibiricum*（L.）Kitam

蓝紫色：翠雀 *Delphinium grandiflorum* Linn.、耧斗菜 *Aquilegia viridiflora* Pall.、黄芩 *Scutellaria baicalensis* Georgi、马蔺 *Iris lactea* Pall. var. *chinensis*（Fisch.）Koidz.、草原老鹳草 *Geranium pratense* Linn、阿尔泰狗娃花 *Heteropappus altaicus* Novopokr.、窄叶蓝盆花 *Scabiosa comosa* Fish、蒙古糙苏（串铃草）*Phlomis mongolica* Turcz、蓝刺头 *Echinops latifolius* Tausch、细叶鸢尾 *Iris tenuifolia* Pall、香青兰 *Dracocephalum moldavica* Linn 等。

蓝刺头 *Echinops latifolius* Tausch

草原老鹳草 *Geranium pratense* Linn

在花境应用中,野生花卉可与栽培花卉适当搭配,既能体现整体景观和季相变化,又能丰富花境质感、增添更多野趣。

3.4.2　花坛中的应用

花坛是应用各种不同色彩的草本花卉相配植,以花卉的群体平面效果来体现精美的图案纹样或盛花时艳丽色彩的一种园林设计形式。应用于花坛的植物材料,要求植株低矮、长势整齐、花期集中、株型紧凑、花色艳丽、枝叶繁茂等。在花坛中适当增加野生花卉,会给景观增加生动活泼之感。如:楼斗菜 *Aquilegia viridiflora*、石竹 *Dianthus chinensis* 等植物,株高多在 50cm以下,花期较长、花形整齐、株型美观,可将其应用在花坛布置当中。

3.4.3 林下、林缘中的应用

在自然式园林中,有大量的树丛和林缘地带,应用耐阴的野生花卉种类,可使景观更具山野气息。林下光照不足的地带,可配置草芍药 *Paeonia obovata* Maxim.、委陵菜 *Potentilla* 等。林缘可配置毛茛 *Ranunculus japonicus*、马蔺 *Iris lactea*、翠雀 *Delphinium grandiflorum*、野罂粟 *Papaver nudicaule*、瓣蕊唐松草 *Thalictrum petaloideum* 及野生葱类 *Allium* 植物等。

3.4.4 应用于缀花草坪

用野生花卉点缀草坪,常散布于开阔草坪之中或置于林缘、树丛的边缘,在树丛与草坪之间起过渡的作用,可丰富景观,增加野趣。应用缀花草坪的野生花卉,要具有植株矮小,有一定观赏价值,枝叶致密,繁殖容易,抗逆性强,管理粗放等特点。如:地榆 *Sanguisorba officinalis* Linn、紫花地丁 *Viola philippica* ssp. munda W. Beck.、蒲公英 *Taraxacum mongolicum*、委陵菜 *Potentilla chinensis*、楔叶菊 *Chrysanthemum naktongense*. 等。

3.4.5 专类园中的应用

应用于岩石园和水景园,按植物生长的习性,充分借鉴自然的山野岩石缝间野生花卉所显示出来的风光,结合土丘、山石、溪涧等景观变化,点缀各种岩生和湿生花卉。如:老鹳草 *Geranium pratense*、野鸢尾 *Iris dichotoma* Pall.、山野豌豆 *Vicia amoena* Fisch. ex DC、蓝刺头 *Echinops latifolius* Tausch 等。野生花卉飘逸的姿态、紧凑的株丛和淡雅的花色可增加山体、水体景观的层次美。

3.5 野生植物的开发利用和保护

对野生花卉进行引种驯化、繁殖栽培、并在园林中充分应用,是保护和美化环境,丰富园林植物种类的一条重要途径。内蒙古地区丰富的野生花卉资源,也为呼和浩特城市园林绿化的建设在发挥乡土植物利用方面提供了物质基础。

3.5.1 科学引种、综合开发与利用

对野生花卉进行引种驯化,首先应遵循生态相似原理,避免盲目的引种。对适应性强、根系发达、繁殖容易、易引种成功的野生花卉,可直接引种利用,但要注意采用适当的栽培措施。对于那些对环境条件要求严格,自然生境与引入地相差较远,不易适应引入地环境条件的种类,采取驯化、育种等多种方法才能在园林中应用。

部分野生花卉除可作为观赏植物开发利用外,还具有药用、食用、香料、纤维、杀虫、蜜源、干花等多种经济用途。除了直接利用外,野生花卉由于长期处于天然自生状态,适应范围广、抗逆性强,也是宝贵的抗逆性基因库(抗寒、抗旱、抗盐碱、抗病虫、抗热等)。许多野生花卉是栽培花卉的近缘种,可利用多种生物技术手段,开展育种工作,培育观赏价值高、适应性强的花卉新品种。

2005 年开始,呼和浩特市园林科研所野生花卉课题组全体技术人员,通过 3 年的努力先后 15 次进入大青山进行野生植物调查。对大青山呼和浩特段野生植物分布范围、生长海拔、观赏效果及价值进行了系统的调查、研究,掌握了大青山不同生境野生植物的分布现状,建立数个调查点,根据不同物候期,收集野生植物品种、采集种子,并对目标植物进行物候期观察。从大青山的小井沟、黑牛沟、哈拉沁沟、红召、东乌素图等地,整株带土移栽野生植物野罂

粟、乳浆大戟、披针叶黄华、地黄、紫花地丁、细叶鸢尾、漏斗叶绣线菊、三裂绣线菊、土庄绣线菊、北方沙参、角蒿、委陵菜、铁线莲、狼毒、达呼里龙胆、瓣蕊唐松草、青杞、蒙古糙苏、地榆、歧花鸢尾、兴安石竹、土三七、小红菊、阿尔泰狗娃花、达呼里黄芪、草原老鹳草、线叶菊、蒙古芄、香青兰、翠雀、细叶婆婆纳等野生植物。从 2006 年起，建立引种试验地，利用采集的野生籽种，繁育出大批苗木，2007、2008 年度先后进入生殖繁育阶段，收获籽种。

由于野生植物的生物学、生态学习性的差异，成活率差异较大。从植被地带讲，大青山正好处于半干旱区典型草原地带内，平均海拔 1100～1400m，因而在引种种植地选择立地条件背风向阳地，沙质壤土，依 1.5m×5m 作畦，依采集地及采集时间分片栽植，以自然灌溉为主，极度干旱时适度补水，选择较耐干旱的、具有一定观赏价值的野生植物品种。经过 3 年的努力，已完成 58 种宿根花卉的引种栽培，筛选出 32 种观赏价值很高或较高的花卉，总结了栽培繁殖的技术经验，并对草原老鹳草、细叶鸢尾、紫花地丁等 20 种较为突出的野生花卉的形态特征，生长习性和栽培繁殖方法等做了系统研究。在详细调查记载野生花卉植物生物学、生态学习性基础上，采取采种、播种育苗、整株带土移栽和扦插等方法，选择观赏价值较高的种类，进行了室外露地栽培驯化试验，其中引种培育成功的野生观赏花卉植物计有十余种（从野外采引种子播实生苗，经过引种地生长采种再播为引种苗），详细观察记载了引种栽培后的生长状况和成活率，对大青山呼市段野生花卉植物引种培育进行了有益尝试。根据本区野生花卉植物资源特征、观赏价值和药用价值，初步制订了地区性优势观赏花卉植物资源综合开发利用的措施和途径。

从引种的具有观赏价值的各种野生花卉在试验地的生长情况来看，不论是引种苗还是播种苗，它们与山间自然生长的野生花卉相比较，都具有植株高、冠径大、花的数量多的特点。我们引种的野生花卉在呼市地区可以良好生长。如果土壤中有机质含量高，速效养分多，其相应的植株就高，冠径大，花的数量就多。在城市大面积园林种植中，节水性好，管理粗放，观赏效果明显。在这里值得注意的问题就是控水。因我们引种的野生花卉在山区是靠自然灌溉，但其观赏价值也很高，如果人为地加大灌水量，必会引起徒长、倒伏。因此我们可以也靠自然灌溉，遇到干旱严重，适量给水。

呼和浩特市园林科研所课题组人员，历经 3 年的不懈努力，在 2008 年 11 月 22 日通过鉴定。课题组通过对具有观赏价值的野生植物分布、物候、繁殖等生物学特征的调查、筛选与引种驯化，完成了 58 种宿根花卉的引种栽培，筛选出 32 种观赏价值较高的花卉，其中成功地对 12 种植物的采种、繁殖、繁育、园林应用等一系列技术进行了研究和总结。为进一步培育出观赏价值高、适应性强的野生园林植物新品种奠定了扎实基础。专家一致认为，该项目对内蒙古大青山呼和浩特段野生观赏植物进行了规模性的引种和系统、科学的栽培研究，其中引种成功了兴安石竹、串铃草等 12 种植物，该项研究达到了自治区先进水平，填补了乡土野生观赏植物在内蒙古城市园林绿化应用研究方面的空白。对于乡土植物资源在城市园林绿化中开发应用具有十分重要的意义，为内蒙古地区野生植物资源可持续发展和利用奠定了一定的基础。对野生植物保护具有重要参考价值，为城市与自然环境相融合起到了枢纽作用。

3.5.2 引种驯化及利用的建议

（1）开发利用野生植物，必须保持生态

平衡,防止水土流失。要科学、合理、适量地开发利用,切忌滥采乱挖。

（2）对新引种和新开发的植物品种,在栽培过程,要同时建立示范性试验基地,长期观察其生长发育规律、适应性、稳定性等,适时总结培育经验,积累基础研究资料,以便适时提供技术储备,推广示范先进技术。

（3）常绿植物与落叶植物要结合,做到科学搭配,发挥综合效益。

总之,在城市园林绿地建设中,应充分考虑物种的生态特征,合理选配植物种类,避免种间直接竞争,形成结构合理、功能健全、种群稳定的复层群落结构,以利种间互相补充,既充分利用环境资源,又能形成优美的景观。在特定的城市生态环境条件下,还应将抗污吸污,抗旱耐寒,耐贫瘠,抗病虫害,耐粗放管理等作为植物选择的标准。

4　结　语

内蒙古地区野生花卉种类虽然丰富,但用于城市园林绿化、美化的种类还很有限,大力开展本地野生花卉的引种驯化和应用研究,更多更好地应用到园林绿化中来,才能使呼和浩特的园林景观更具地方特色。同时,要遵循因地制宜的原则,适地适栽,又要根据不同绿地的性质和功能要求,采用适当的种植形式,处理好野生花卉与园林环境的布局关系,展示其最佳的观赏价值,实现资源的可持续发展。

参考文献

[1]马毓泉.内蒙古植物志第1-5卷 第二版修订本[M].呼和浩特:内蒙古人民出版社,1989.12-1998.4.

[2]赵一之.内蒙古珍稀濒危植物图谱[M].北京:中国农业科技出版社,1992.2.

[3]赵一之.内蒙古大青山高等植物检索表[M].呼和浩特:内蒙古大学出版社,2005.3.

[4]贾建中.城市绿地规划设计[M].北京:中国林业出版社,2001.1.

[5]傅立国.中国植物红皮书第一卷·稀有濒危植物[M].北京:科学出版社,1992.9.

[6]陈俊愉,程绪珂.中国花经[M].上海:上海文化出版社,1991.5.

[7]金恩梅.生物多样性译丛(一)[M].北京:中国科学技术出版社,1992.7.

火烧干扰对野生黄花蒿群落物种多样性的影响
Effect of Burning Disturbance on the Community Species Diversity of Wild *Artemisia annua*

闫志刚[1]　马小军[1,2]*　冯世鑫[1]　韦树根[1]　徐永莉[1]

（1. 中国医学科学院药用植物研究所广西分所, 广西南宁　530023

2. 中国医学科学院药用植物研究所, 北京　100094）

Yan Zhigang[1]　Ma Xiaojun[1,2]*　Feng Shixin[1]　Wei Shugen[1]　Xu Yongli[1]

(1. *Guangxi Botanical Garden of Medicinal Plants*, Nanning 530023

2. *Institute of Medicinal Plant Development*, *Chinese Academy of Medical Science*, Beijing 100094)

摘要：通过对融安基地野生黄花蒿群落进行调查, 研究火烧处理对黄花蒿群落物种组成、群落类型、群落的结构及黄花蒿生物量变化的影响。研究结果表明：火烧处理使物种减少13科36种植物, 减少3个群落类型；火烧处理使黄花蒿和狗尾草重要值增加, 而元宝草等植物下降；火烧处理降低了样地群落的多样性指数和丰富度, 但均匀度指数有一定程度提高；火烧处理可提高黄花蒿产量。

关键词：黄花蒿；火烧处理；群落；多样性

Abstract：The effects of afforestation and intercropping on species composition, community type, community structure and biomass of *Artemisia annua* were studied through investigating community of wild *Artemisia annua* at Rongan. The result showed that 13 families and 36 species, 3 types of community decreased because of burning treatment; Burning treatment leaded to *Artemisia annua* and *Setaria viridis* increase while *Hypericum sampsonii* decrease in the community; Burning treatment decreased community diversity and species richness, but increased evenness index to some extent; Burning treatment can improve production of *Artemisia annua*.

Key words：*Artemisia annua*；burning treatment；community；diversity

　　黄花蒿（*Artemisia annua* L. ）为菊科蒿属植物, 是青蒿素来源的惟一植物, 青蒿素及其衍生物是治疗疟疾的特效药[1]。由于野生黄花蒿资源量有限, 特别是由于受品种[2,3]和生长地域性等条件[4,5]影响, 其青蒿素含量相对较低, 制约其大规模开发利用, 短期内难以满足市场需要。张小波等人研究了地形条件等对野生黄花蒿青蒿素含量的影响[6], 结果表明各地青蒿素含量影响差异较大, 而各地的伴生植物及人为干扰方式的不同, 是造成这一差异的相对重要原因。因此, 为加速黄花蒿产业化发展, 合理开发和利用野生黄花蒿资源, 有必要对黄花蒿进行野生抚育研究, 特别是野

---

* 基金项目：广西壮族自治区科技厅资助项目（桂科攻 0630002 - 3K）

作者简介：闫志刚, 男, 1978 生, 山西繁峙人, 助理研究员, 主要从事药用植物繁育及生态学研究。

* 通讯作者：通讯作者 E - mail：xima@ public. bta. net. cn

生黄花蒿伴生植物资源分布状况及其人为干扰的研究,以其为野生黄花蒿产量和质量的提高提供技术支持。

1 材料与方法

1.1 研究区概况

调查地位于广西北部融安县泗顶镇内。基地经度 E109°31.447′,纬度 N25°02.701′,海拔 312m。地貌为中低山陡坡地、低山缓坡地、岩溶峰丛地等类型。地势东北高西南低,东北部属中山、低山及丘陵地区;东南部为岩溶峰林洼地和岩溶峰丛谷地;西南部多为岩溶孤峰平原;西北部为融江河谷小平原。地处中亚热带季风气候区,气候条件优越,年光照时数 1416.3 小时,太阳辐射强,气候温和,雨水充沛。年平均气温 19.0℃,极端最高气温 38.6℃(1971 年 7 月),平均为 27.9℃,极端最低气温 −5.5℃(1963 年 1 月),春季为 10 ~ 20℃,夏季在 22℃以上,秋季为 10 ~ 22℃,冬季在 10℃以下。年平均雨量 1942.5mm,无霜期 295 天。热量充沛,雨量充足,温度适宜,非常适合野生青蒿的生长。

1.2 调查研究方法

1.2.1 群落调查

采用线路调查与样地调查相结合的方法,野生黄花蒿植物群落调查于 2006 年和 2007 年的生长盛期展开。在全面踏查的基础上,在试验地范围内,按不同方向选择 5 条具有代表性的线路(每个点按不同生境选取 5 条线,每条线 100m),每个样带每次随机取重复样方 20 个;火烧试验处理于冬季展开,火烧处理和对照分别选择 3 个有代表性样地进行重复试验,调查并记录每个样方内的植物种类,各物种在样方中的多度、频度、密度、盖度。

1.2.2 物种多样性测定

物种多样性测定依据马克平的方法,用盖度作为数量指标,以克服无性系个体和丛生个体计数的困难,采用以下指数度量群落的物种多样性:

丰富度指数 $R = S$;Shanno-Wiener

指数 $H = 3.3219[lg N - 1/N\Sigma n_i lg n_i]$

Simpson 指数 $D = 1 - \Sigma(n_i - 1)/[N(N-1)]$;Pielou 均匀度指数 $J = 1 - (\Sigma P_i ln P_i)/ln N$

其中,S 为每个群落中出现的种数,n_i 为第 i 种的盖度,P 为第 i 种的相对盖度,N 为群落中所有种的盖度之和。

1.2.3 数据分析

用 SPSS 10.0 统计分析软件对所得数据进行多重比较。

2 结果与分析

2.1 野生黄花蒿植物群落物种组成的影响

2.1.1 野生黄花蒿植物的群落物种组成

调查样地内植被丰富,共有 36 科 67 种植物,且绝大部分是药用植物。群落中以草本植物为主,几乎没有灌木及乔木等大型植物,以小群落生长。整个抚育基地内有以黄花蒿、狗尾草、磨盘草等为主的十几个群落,各群落之间有一定的相关性,狗尾草、磨盘草、葛麻藤等植物在多个群落中与黄花蒿伴随出现,在一些群落中这些植物占主导地位,与黄花蒿形成竞争关系,争夺养分和水分(表1)。

表1 黄花蒿野生抚育基地伴生植物统计表

Table 1 Statistical table of accompanying plants on base of wildlife tending

序号 No.	科名 Family name	属名 Genus name	植物名 Plant name	目测多度 Abundance visual measurement	备注 Note
1	大戟科	野桐属	白背叶 *Mallotus apelta*（Lour.）M. A.	+	
2	水蕨科	水蕨属	水蕨 *Ceratopteris thalictroides*（L.）Brongn	+	
3	木贼科	木贼属	木贼 *Hippochaete hiemale*（L.）Boerner	+	
4	毛茛科	毛茛属	毛茛 *Ranunculus helenae*	+	
5	毛茛科	铁线莲属	铁线莲 *Clematis florida*	+	
6	天南星科	半夏属	半夏 *Pinellia ternata*	+	
7	车前科	车前属	车前 *Plantago major* Linn.	+	
8	十字花科	荠菜属	荠菜 *Capsella bursa-pastoris*（L.）Medic.	+ +	
9	堇菜科	堇菜属	紫花地丁 *Viola yedoensis* 犁头草 *Viola japonica*		
10	菊科	艾属	野艾 *Artemisia lavandulaefolia* DC. Prodr	+ +	
11	菊科	艾属	黄花蒿 *Artemisia annua* L	+ + + +	
12	菊科	菊属	野菊 *Chrysanthemum indicum* L	+ + +	
13	菊科	菊属	青蒿 *Artemisia apiacea*	+	
14	菊科	飞蓬属	加拿大飞蓬 *Erigeron canadensis* L.	+	末见植株,
15	菊科	苍耳属	苍耳 *Xanthium sibiricum* Patrin	+ + +	只见地上果
16	菊科	黄鹌菜属	黄鹌菜 *Youngia japonica*（Linn.）DC.	+ +	实
17	菊科	霍香蓟属	熊耳草 *Ageratum houstonianum*	+ + + +	
18	菊科	鬼针草属	三叶鬼针草 *Bidens pilosa* Linn.	+ + + +	
19	菊科	鬼针草属	鬼针草 *Bidens bipinnata* L.		
20	菊科	鬼针草属	三叶婆婆针 *Bidens pilosa* L	+ + +	
21	菊科	千里光属	千里光 *Senecio scandens* Buch-Ham. ex D. Don	+	
22	菊科	泽兰属	飞机草 *Eupatorium odoratum* L	+ + +	
23	金星蕨科	毛蕨属	渐尖毛蕨 *Cyclosorus acuminatus*	+ +	
24	锦葵科	苎麻属	水苎麻 *Boehmeria macrophylla* Don	+	
25	锦葵科	苎麻属	苎麻 *Boehmeria nivea*	+	
26	锦葵科	苘麻属	磨盘草 *Abutilon indicum*（L.）Sweet	+	
27	锦葵科	梵天花属	地桃花 *Urena lobata* L.	+	
28	锦葵科	棉属	陆地棉 *Gossypium hirsutum* L	+	
29	凤尾蕨科	凤尾蕨属	剑叶凤尾蕨 *Pteris ensiformis* Brum.	+ + +	
30	蓼科	蓼属	辣蓼 *Polygonum hydropiper* L.	+ +	
31	蓼科	蓼属	虎杖 *Polygonum cuspidatum* Sieb. et Zucc.		
32	桑科	桑属	桑 *Morus alba* L.		
33	桑科	榕属	地瓜 *Ficus tikoua* Bur.	+ +	
34	酢浆草科	酢浆草属	酢浆草 *Oxalis corniculata* Linn.	+ +	
35	酢浆草科	酢浆草属	红花酢浆草 *Oxalis corymbosa*	+ +	
36	伞形科	天胡荽属	天胡荽 *Hydrocotyle sibthorpioides*	+ +	
37	伞形科	苋属	皱果苋 *Amaranthus viridis* L	+ +	
38	蔷薇科	梅属	桃 *Prunus persica*	+	
39	蔷薇科	悬钩子属	腺花茅莓 *Rubus parvifolius* Linn.	+	

（续）

序号 No.	科名 Family name	属名 Genus name	植物名 Plant name	目测多度 Abundance visual measurement	备注 Note
40	蔷薇科	蛇莓属	蛇莓 *Duchesnea indica*	+	
41	茜草科	耳草属	白花蛇舌草 *Hedyotis diffusa* Willd.	+	
42	禾本科	白茅属	白茅 *Imperata cylindrica* var. *major*	+ +	
43	禾本科	狗尾草属	狗尾草 *Setaria viridis*（L）Beauv.	+ +	
44	禾本科	芦苇属	芦苇 *Phragmites communis*	+	
45	禾本科	玉米属	玉米 *Zea mays* L.	+ +	
46	蝶形花科	葛藤属	野葛 *Pueraria lobota*	+	
47	蝶形花科	鸡血藤属	鸡血藤 *Millettia reticulata* Benth.	+	
48	茄科	茄属	龙葵 *Solanum nigrum* Linn.	+ + +	
49	茄科	颠茄属	颠茄 *Atropa belladonna*	+ +	
50	马鞭草科	牡荆属	黄荆 *Vitex negundo* L	+ +	
51	马鞭草科	大青属	大青 *Clerodendrum cyrtophyllum* Turcz.	+	
52	马鞭草科	马缨丹属	马缨丹 *Lantana camara* L.	+	
53	石竹科	牛繁缕属	牛繁缕 *Myosoton aquaticum*	+	
54	玄参科	通泉草属	通泉草 *Mazus japonicus*（Thunb.）O. Kuntze	+ +	
55	玄参科	婆婆纳属	婆婆纳 *Veronica didyma* Tenore	+ +	
56	金丝桃科	金丝桃属	元宝草 *Hypericum sampsonii* Hance	+	
57	葡萄科	乌蔹莓属	乌蔹莓 *Cayratia japonica*（Thunb.）Gagn.	+	
58	马钱科	醉鱼草属	密蒙花 *Buddleja officinalis* Maxim.	+	
59	半边莲科	半边莲属	半边莲 *Lobelia chinensis*	+ +	
60	紫草科	斑种草属	斑种草 *Bothriospermum chinense*	+ +	
61	苋科	牛膝属	土牛膝 *Achyranthes aspera* L	+	
62	兰科	泽兰属	华泽兰 *Eupatorium chinense* L	+	
63	藜科	藜属	土荆芥 *Chenopodium ambrosioides* L.	+	
64	桃金娘科	番石榴属	番石榴 *Psidium guajava* L.	+	
65	楝科	楝属	苦楝 *Melia azedarach* L	+	
66	豆科	胡枝子属	截叶铁扫帚 *Lespedeza cuneata* G. Don	+ +	
67	罂粟科	博落回属	博落回 *Macleaya cordata*（willd.）R. Br.	+	

　　多度目测估计表示法:用相对概念来表示,分5级,即非常多(背景化＋＋＋＋＋)、多(随处可遇＋＋＋＋)、中等(经常可见＋＋＋)、少(少见＋＋)、很少(个别,偶遇＋)。

2.1.2 火烧处理对植物群落物种变化的影响

调查结果表明:未经过火烧处理的样地内分布有26科62种植物,基本上涵盖了抚育基地内所有的植物种类,其群落分布及相互间关系相似。经过火烧处理后,样地分布有13科24种植物,分别为菊科的苍耳、黄花蒿、苦荬菜、加拿大飞蓬、白花草、三叶鬼针草、千里光、飞机草;其次为禾本科植物3个种,分别为白茅、狗尾草、芦苇;蝶形花科2个种,葛麻藤和鸡血藤;锦葵科的磨盘草;玄参科的通泉草;金丝桃科的元宝草;凤尾蕨科的剑叶凤尾蕨;紫草科的斑种草;豆科的铁扫帚;酢浆草科的酢浆草和红花酢浆草;桑科的地瓜榕;伞形科的野芥菜;藜科的土荆芥。出现种数最多的是菊科,其次是禾本科,在各群落中出现次数最多的是狗尾草、白花草、芦苇,白花草、芦苇主要分布在基地的边缘,火烧程度轻,其中狗尾草主要分布在群落中间,形成单优势群落,火烧程度重。火烧处理以后还继续分布的植物,这些种类的生命力顽强,其繁殖能力受火烧处理影响不大,特别是狗尾草分布不仅未减少,而且数量增多,成为主要优势种,黄花蒿数量也增多,但增加不明显。发生这一改变的原因,可能是经过火烧处理后,群落中生境发生改变,生境有趋向于中生化的趋势,部分植物不适应退出群落,狗尾草数量增多,其更适应改变后的生境,其他种群的减少,也减弱了对其的竞争力,但同时也加剧其和黄花蒿的竞争,影响黄花蒿的产量和质量。

2.2 对野生黄花蒿植物群落类型的影响

重要值是物种在群落中生态适应能力和所处地位的综合指标,其大小是确定优势种的重要依据。根据重要值和盖度可将黄花蒿植物群落分为 8 种类型,经过火烧处理后的样地黄花蒿植物群落分为 5 种类型(表 2)。就黄花蒿植物群落类型来说,

经过火烧处理后的样地群落类型比未经过处理的减少 3 种,说明火烧处理改变了原生境,既减少了植物的种类又减少了群落分布类型。从表 2 可看出,狗尾草等植物的重要值与未经过火烧处理有明显增加,而元宝草等植物虽仍有分布,但重要值却明显降低。

2.3 对野生黄花蒿植物群落物种多样性指数的影响

丰富度 R 是表示群落中物种丰富程度的指标。从表 3 可看出,经过火烧处理的样地植物群落的 R 明显低于未经过火烧处理的样地,这说明火烧处理有明显减少样地植物群落物种多样性的作用。进一步分析其原因,可能是由于火烧处理使生境发生比较大的改变,部分物种不适应这种改变,自然从群落中消失,同时为其他植物种类的壮大创造了条件。

多样性指数是表明群落的优势度集中在少数物种上的程度指标。表 3 表明,火烧处理的样地,其多样性指数差异较大,而

表2 火烧处理和对照的植物群落类型比较
Table 2　Comparison of plant community type by burning treatment and contrast

样地种类 Sample type	群落类型 Community type	盖度 Cover degree	多度 Plant abundance	频度 Frequency	重要值 Importance value
对照样地	狗尾草	45	3.51	3.78	21.38
	磨盘草	12	3.3	1.75	17.31
	飞机草	11	1.63	1.75	8.07
	三叶鬼针草	24	2.46	1.02	3.24
	元宝草	16	1.98	1.16	3.04
	白花草	6	1.41	0.58	3.83
	芦苇	16	0.75	1.75	2.67
	黄花蒿	12	3.53	3.68	22.93
火烧处理样地	狗尾草	60	4.21	3.58	25.42
	磨盘草	10	2.81	2.33	15.14
	元宝草	14	1.58	0.82	2.13
	白花草	8	1.62	0.72	6.48
	黄花蒿	18	3.78	3.92	24.18

注:以主要群落优势种为群落组成名称

对照样地的多样性差异不大,且火烧处理样地多样性指数小于对照样地,说明火烧处理对样地内植物群落的多样性指数产生比较显著影响,这可能与植物种类及个体都减少,且由于火烧程度的不同,因而多样性指数也产生较大差异。

均匀度指数 *J* 是表示群落均匀度的指标,可反映群落中个体数量分布的均匀程度。火烧处理的样地均匀度指数均高于对照样地,且与对照样地有一定的差异,这可能与草本植物个体大小差异巨大有关,说明火烧处理样地在一定程度上可提高植物群落的均匀度。

2.4 对黄花蒿生物产量的影响

对黄花蒿生物产量的影响研究发现(见表4),经过火烧处理的样地高于未经过火烧处理的样地,且有着极显著的差异,这与经过人工火烧处理后的样地内物种减少,野生黄花蒿种群增加,其在种群中的重要值呈上升趋势的结果一致。该结果进一步反映了人工火烧处理后改变了原生境,抑制了部分原生优势种的生长,使其在群落中的优势度下降,从而导致其他物种的增加。在减少了物种多样性的同时,也增加了黄花蒿种群的数量,但其主要竞争物种狗尾草种群不降反升,影响野生黄花蒿种群的增加,下一步要研究更为有效的人工处理方法,增加野生黄花蒿在整个群落中的地位。

表3　火烧处理样地与对照群落多样性指数影响
Table 3　Effect ofburning treatment and contrast on diversity of plant community

样地号 No.	植物种数 Number of species	植物个体数 Number of plant	多样性指数 Diversity index	丰富度指数 Abundance index	均匀度指数 Evenness index
火烧处理样地1	10	118	2.75	0.264	71.1
火烧处理样地2	9	171	2.14	0.385	67.2
火烧处理样地3	7	185	2.41	0.156	65.6
对照样地1	12	242	2.84	0.239	65.6
对照样地2	13	218	2.78	0.236	63.6
对照样地3	14	256	2.88	0.232	44.1

表4　火烧处理与对照样地黄花蒿产量比较
Table 4　Comparison of biomass of *Artemisia annua* with burning treatment and contrast

处理 Treatment	样地1 Sample1	样地2 Sample2	样地3 Sample3	小区平均产量(kg/小区) Average product of each,plot (kg/plot)
火烧处理	7.2	6.8	7.9	7.3Aa
对照样地	6.3	6.0	6.5	6.2Bb

3　结论与讨论

(1)火烧处理改变了原生境条件,打破原来的优势种群群落结构,导致部分不适应物种退出。使植物物种减少了13科36种,群落类型减少3种;同时抑制了部分优势种的生长,使其重要值和生物量都有所下降,促进目标植物野生黄花蒿重要值和生物量增加。

(2)人工火烧处理明显减少了样地内

植物群落的物种多样性,使其多样性指数 H 和丰富度 R 有显著降低,但均匀度指数有一定程度的提高。

(3) 人工火烧处理后,降低样地植物群落的物种多样性。物种多样性主要反映了群落或生境中物种的丰富度、变化程度或均匀度,可定量表征群落和生态系统的特征。此次研究结果表明,火烧处理减少了样地植物群落的物种数,物种多样性指数有明显降低,但均匀度有一定程度的提高。这说明火烧处理对改善样地生境具有一定的消极影响,但通过其处理可以有效增加野生黄花蒿种群数量,使伴生植物对其生长发育发挥最大作用,下一步需继续研究其他人工处理方法,既增加群落物种多样性,又可增加黄花蒿在群落中的数量,使植物群落生态综合效益达到最高,使其成为人工综合治理和保护利用野生黄花蒿资源的重要模式。

参考文献

[1] 胡世林,许有玲. 纪念青蒿素 30 年[J]. 世界科学技术—中医药现代化,2005, 7(2):1 - 2.

[2] 韦树根,马小军,冯世鑫,等. 中国黄花蒿主产区种质资源评价[J]. 中国中药杂志, 2008,33 (3):241 - 243.

[3] 张荣沭,赵敏,韩颂. 引种的不同种源黄花蒿青蒿素含量的研究[J]. 林产化学与工业,2008,28(6)83 - 87.

[4] 岑丽华,徐良,黄荣岗,等. 不同纬区及不同栽培立地条件对黄花蒿青蒿素含量的影响[J]. 安徽农学通报,2007,13(13):46 - 47.

[5] 元四辉. 不同产地栽培青蒿中青蒿素的含量测定[J]. 中药材,2007,30(10):1257 - 1259.

[6] 张小波,王利红,郭兰萍,等. 广西地形对青蒿中青蒿素含量的影响[J]. 生态学报,2009,29 (2):688 - 697.

观赏凤梨的引种搜集与栽培
The Collection, Introduction and Cultivation of Bromeliads

牛夏　袁萌　赵世伟

（北京市植物园,北京 100093）

Niu Xia　Yuan Meng　Zhao Shiwei

（*Beijing Botanic Garden*, *Beijing* 100093）

摘要:本文介绍凤梨科植物的观赏价值及其引种目的和意义,总结了北京植物园近些年观赏凤梨的引种工作,列出全部引种的一千多分类群(32 属 220 原种),对其中部分观赏价值较高的种和品种进行详细描述,着重总结观赏凤梨的主要栽培养护技术,最后展示其在室内景观布置中的应用实例以推动它的市场前景。

关键词:观赏凤梨;引种;种质保存;热带植物展览温室

Abstract:This paper introduced the work of Bromeliads collection in Beijing Botanic Garden, over 1000 taxa (32 genera, 220species) of bromeliads were cultivated in the exhibition greenhouse and preparing greenhouse, emphasized on somes important taxa, techniques of cultivation and application in greenhouse.

Key words:Bromeliads; introduction; germplasm resources; tropical conservatory

观赏凤梨是当今流行的室内观花观叶植物,株形端庄秀丽、叶色光亮、叶形优美且富有多样斑纹,花色艳丽、花型丰富,花期长;此外,观赏部位多:一些品种的果实、叶缘的刺以及叶片表面的吸收鳞片都可观赏。它是凤梨科(Bromeliaceae)多年生草本植物,原产中、南美洲热带、亚热带地区,分布从北纬 36°到南纬 44°,海拔高可达 4000m 以上[1]。叶莲座状基生,旋叠成筒状,叶色大多是深浅不同的绿色和红褐色,临近花期时,一些品种叶片的中心或前端变成光亮的深红色、粉色。花茎高出叶丛,花序总苞和小花苞片常带有各种强烈耀眼的颜色。

1　观赏凤梨的引种搜集

观赏凤梨最早在 19 世纪由传教士带入我国,20 世纪 50 年代华南植物园和厦门植物园引种过少数几种,80 年代国外生产的凤梨盆花被引进,很快热销国内花卉市场,受到园艺工作者和花卉爱好者喜爱,成为美化环境,装点居室的优秀花卉。于是国内一些花卉生产企业开始盆栽凤梨的栽培、生产和销售工作;同时一些植物科研机构也开始引种驯化凤梨,进行研究工作;北京市植物园从 90 年代末开始大规模引进凤梨科植物,作为植物园,除了种质保存功能外,还有对游客进行科普教育、展示凤梨科植物的任务。

1.1　引种条件

在原产地,不同种类的凤梨生活环境差异很大,依据不同凤梨的栖息地和生活习性分为地生、附生和气生 3 种类型,大多数凤梨为后两者,附生或气生于热带丛林的岩石、树干、腐败枝叶上,因此性喜温暖湿润、半阴环境,忌酷暑。

光照:怕强光直射,喜柔和的长日照。现在栽培的大多数品种需要的光照强度为18000～20000 lx,但不同栽培阶段、不同季节有所不同。

温度:生命力很强,耐热耐旱,适应范围较广,但夏季应不高于37℃,冬季应不低于5℃,气温偏低易受冷害,如叶与花会变色,甚至腐败。短时的低温或极高温,虽然会对生长造成一定危害,但当温度恢复正常后,植株仍可生长良好。原产于高纬度的(如美国南部及南美洲南部)及高海拔的多耐寒,而原产于热带地区低海拔(如亚马孙盆地)的品种一般不耐寒。

水分:大部分附生凤梨由叶片螺旋状排列形成一个不透水的莲座状储水叶筒,植株可以从叶筒储存的水中吸收所需要的水分和养分,因此凤梨具有比较强的抗旱能力。

空气湿度与通风:最适宜凤梨生长的空气相对湿度在50%～75%。通风不良会影响植株正常生长,容易徒长和发生病害。当空气干燥,相对湿度低于40%时或过度通风,对凤梨植株生长亦不合适,易造成叶尖枯萎。

1.2　北京植物园温室环境条件

观赏凤梨属热带植物,除一些特殊种外,必须选择冬季无霜的地点。如果有条件的话,最好能在具有调温功能的现代化温室内种植,这样一年四季可保证凤梨生长良好。

1.2.1　热带植物展览温室

热带植物展览温室是植物园将热带植物以优美方式展示的玻璃或其他建筑[2]。温室环境可以人工调控,能满足生长在热带、亚热带气候条件下的植物需求。北京市植物园热带植物展览温室总建筑面积9800m²,展览面积6500 m²,设置4个可以对环境条件分别进行调节控制的展室。凤梨做为专科植物收集拥有高湿、中温、半阴的专类展室,年平均气温20℃左右,冬季最低温不低于15℃,空气相对湿度在80%以上。

1.2.2　生产温室

占地面积6000多 m²,与热带植物展览温室四展室设置相对应为四座独立的可以单独调控的温室群,为展览温室的植物提供后台服务。观赏凤梨专类温室依据其喜高温、湿润、半阴等生活习性,创造尽可能满足其生长发育所需的温室内环境条件,规范和加强浇水、施肥、病虫害防治等栽培措施。种质资源收集保存要求重视植物的名牌管理,尤其是凤梨生长迅速,经常需要换盆或作为地栽的大型种名牌很容易丢失。

观赏凤梨专类温室做出整体栽培规划图:以属为单位,根据其对光照的需求调整位置,分区养护,有独立区、混栽区、多肉区和大型地栽区;在每个属内进行品种整理、植物登记和数目统计,做出各分区内的栽培现状图。建立包括凤梨品种图片、特征、习性、生长状况等信息的数据库,定时记录温室内光、温、湿等环境条件和灌溉、施肥、打药等栽培措施,设计符合实际情况的温室管理程序,使温室管理模式化。

2　引进分类群数量

1945 年美国著名的凤梨科植物分类专家史密斯先生(L. B. Smith)根据凤梨的主要形态特征,将凤梨科分为 3 个亚科[3]:穗花凤梨亚科(Pitcairnioideae)包含有凤梨科中较原始的种,几乎全部为地生,如雀舌兰属(Dyckia)、普雅属(Puya)等;铁兰亚科(Tillandsioideae)被认为是凤梨科中最进化的亚科,大部分为附生种,包括果子蔓属(Guzmania)、铁兰属(Tillandsia)等;凤梨亚科(Bromelioideae)大多数种附生少数地生,有光萼荷属(*Aechmea*)、菠萝属(*Ananas*)、水塔花属(*Billbergia*)、姬凤梨属(*Cryptanthus*)、彩叶凤梨属(*Neoregelia*)、巢凤梨属(*Nidularium*)等。凤梨科植物在自然界大约有50多个属2000多种,此外经过数年人工培育还有几万个杂交品种。北京市植物园自1999年引种凤梨科植物30多属1000多分类群(200多原生种)。

表1　北京市植物园观赏凤梨收集概况

Table1　Bromeliads collection in Beijing Botanic Garden

属	原种数量	品种数量	属	原种数量	品种数量
Acanthostachys	2	0	*Aechmea*	66	168
Alcantarea	2	2	*Ananas*	1	3
Billbergia	13	28	*Bromelia*	2	0
Canistropsis	3	10	*Canistrum*	2	3
Canmea	2	5	*Catopsis*	2	2
Cryptanthus	14	64	*Deuterocohnia*	3	4
Dyckia	6	14	*Edmundoa*	1	3
Fosterella	2	0	*Guzmania*	4	15
Hechtia	1	8	*Hohenbergia*	2	4
Neoglaziovia	0	1	*Neomea*	2	4
Neophytum	1	5	*Neoregelia*	28	246
Nidularium	6	2	*Nidumea*	1	2
Orthophytum	8	26	*Pitcairnia*	4	0
Portea	1	4	*Puya*	4	0
Quesnelia	2	6	*Tillandsia*	32	226
Vriesea	4	17	*Wittrockia*	0	5

3　主要的观赏凤梨属、种及品种介绍

现在供园艺上栽培的凤梨只是凤梨科植物中极少一部分,还有许多具有较高观赏价值的种及品种待开发利用,主要集中在以下属内,以下对其中观赏性较强的种类做重点介绍。

3.1　光萼荷属(*Aechmea*)

叶片数量较多,螺旋状排列形成一个宽漏斗状或细长筒状的叶筒,叶片厚、革质,经常具有明显的横条纹或斑点。大多数种的叶片边缘有明显的刺,叶片前端宽而圆,顶尖尖锐。许多品种既可观花又可观果,观赏期长达数月之久。花苞片、花萼片颜色鲜艳,子房在花后会形成一个浆果,通常颜色艳丽。

斑马光萼荷 *A. chantinii*:叶端钝圆,具绿色棘状突尖,叶缘有棕色细刺。橄榄绿色的叶片上横向分布着灰色的斑纹。花茎直立,上有亮红色花茎苞片;复穗状花序,具数个分支,基部具有披针形亮红色苞片;花苞片卵形,红色、顶端黄色;小花黄色。

美叶光萼荷 *A. fasciata* 'Morgana':叶上密被白色粉状物,并形成银白色和绿色相间的横条纹。叶边缘有褐色小锐刺。花茎直立,花茎苞片粉色,边缘有刺,具一层白色绒毛。花序复穗状密集成圆锥形。花苞片粉红色,前端尖锐、边缘有刺。小花初开时为蓝色,后变为粉色。植株健壮,粉色花

序与绿色具白色粉状物的叶片搭配和谐,观赏期可达半年之久。

红果光萼荷 A. fulgens:花茎红色、花序复穗状、小花淡紫色,浆果圆球形、红色,因此而得名。其园艺栽培品种'菲尔'红果光萼荷 A. fulgens 'Fia' 筒状叶丛,叶片带状。花茎直立、红色,小花蓝色,花期冬、春季。

紫串花光萼荷 A. gamosepala:叶片带状,前端圆润具刺;绿色,叶背具灰色鳞片。花茎直立,花茎苞片三角形花序穗状呈长圆柱形,花苞片窄三角形,全缘,前端具长刺,红棕色。小花无柄,蓝紫色,在花序轴上长成一串。

墨西哥光萼荷 A. mexicana:叶片数量众多,形成宽漏斗形的莲座叶丛,绿色叶片上有许多深绿色的斑块;花茎直立粗壮,上有玫瑰色花茎苞片和灰白色绒毛。株型大而圆满,花序为松散的圆锥花序,小花红色。浆果球形或椭球形,最初为绿色,后变为白色,既可观花又可赏果,观赏期特别长。

3.2　菠萝属(Ananas)

无茎或有很短的茎,叶片线形,非常坚硬呈弓状,叶边具强刺。叶片螺旋状排列形成一个密集的莲座叶丛。花茎上具有带刺的花茎苞片,花序有球形和椭球形。小花紫色或白色,花后形成多肉多汁的聚合浆果。在花序顶部有一个王冠状的叶丛,称为冠芽,可以切下来进行繁殖,植株的基部也会产生蘖芽用于繁殖。

金边菠萝 Ananas comosus 'Variegatus':是食用菠萝的花叶园艺变种。叶片绿色、剑形,叶尖尖锐。叶边缘是金黄色的纵条纹,具锐齿。光照强或花期时叶片具红晕,花茎直立较粗,淡红色。穗状花序密集成圆锥状,花苞片与子房联合在一起,红色,小花紫色。花后结出玲珑的小菠萝。菠萝顶部有王冠状的小叶丛—冠芽,用于繁殖。

矮小菠萝 Ananas nanus 'Dwarf Pineap-

ple':叶片长带状,绿色、革质,边缘具细刺。花茎绿色、较细,有一薄层白色粉状物覆盖。复穗状花序呈球形,花苞片粉色。小花蓝紫色,花后结出红色聚合果,成熟时变成黄色,可观花赏果,很有趣味。

3.3　水塔花属(Billbergia)

叶片较光萼荷属植株的窄而薄,叶边通常具刺。叶片数量不太多,形成细筒状叶丛。植株的萌蘖能力强,而且生长周期短,从萌蘖到开花一般只需要1年。花序艳丽,一般为总状或穗状。大部分花茎细软弯曲下垂,上有大而鲜艳的粉色或红色的花茎苞片。小花的颜色以蓝紫色和绿色为主,花瓣3个,多数反卷露出雌雄蕊。

卷叶水塔花 B. leptopoda:叶面上有不规律的黄色斑点,叶背具灰色鳞片,边缘有棕色刺。花茎直立、柔软,没有覆盖物,在上部显出玫瑰红色。花茎苞片矛尖状,玫瑰红色,很快会褪色。花序直立、圆锥状,小花具红色的柄,花瓣黄绿色、具有蓝色下弯的前端。

垂花水塔花 B. nutans:植株具短的匍匐茎,常常由多个植株形成一个茂密的灌丛。叶片细线形,具鳞片。花序下垂,苞片细长,基部绿色,上部红色,小花花瓣绿色,边缘蓝色。

水塔花 B. pyramidalis:叶片宽带状、鲜绿色,叶背具银白色横纹,边缘具稀疏的棕色刺;革质,表面有较厚的角质层和吸收鳞片。花茎直立,花茎苞片洋红色至鲜橘红色;花序总状,紧密的形成球形;小花红色,花瓣向上,顶部下弯反卷,具有丝绸一般的光泽。

桑德利亚水塔花 B. sanderiana:花茎直立、前端下垂。花茎苞片为艳丽的玫瑰红色。花序下垂,复穗状。小花无柄,花瓣绿色、前端蓝色。子房下位、淡绿色。

3.4　姬凤梨属(Cryptanthus)

叶片带状,边缘波浪形,具密集精美的

小锯齿。叶质硬;叶色丰富,有绿色、红褐色、绿褐色等;叶面上有纵向或皱状横向斑纹极为华丽。复合花序不伸出叶丛,而是沉在莲座状叶丛中;花小,乳白色或浅绿色,温和淡雅;没有固定花期,四季均可开放。

双带姬凤梨 *C. bivittatus*:叶边缘波浪状起伏并具有细密的锯齿。叶片粉色,中间具有红褐色的纵条纹。小花白色,在叶丛中心生长开放,颜色鲜艳、小巧可爱。

横纹姬凤梨 *C. fosterianus*:植株是开展的莲座叶丛,呈星状,叶片线形,叶面暗红色,有较密的白色或淡褐色的波浪状横纹。叶背有厚厚的灰色鳞片。叶边缘波浪状起伏具密集的小刺。花序在叶丛中,由几朵花组成穗状。小花白色。植株健壮,蘖芽生长在叶腋处。

'海上迷雾'姬凤梨 *C.* 'Ocean Mist':是杂交栽培品种,植株的色彩给人一种清爽自然的感觉。叶片绿色,叶面上具有很密的白色横纹。叶片边缘波浪状起伏,具密集的小刺。

3.5 雀舌兰属 (*Dyckia*)

叶片坚硬多刺、茅尖状,大部分种类叶背覆盖银白色鳞片。花茎不是从莲座丛中心长出,而是从下部叶片的叶腋处长出的。花序总状、复总状(圆锥状)或穗状,花茎较长。小花黄色、橙色或红色。一部分品种比较容易结种子,种子具窄翅、龙骨状。植株不像其他凤梨那样在开花后枯死,而是与新长出的小植株一起形成较大的一簇。

灰叶雀舌兰 *D. cinera*:生长在岩石上或地面上,叶片多肉,宽三角形呈弓状,两面都具有密集的灰色鳞片,边缘具白色锐刺。花茎直立向上,苞片三角形,比节间短,覆盖着厚厚的灰色鳞片。花序总状呈圆锥形,密布灰色绒毛。花苞片宽卵形,比小花短,与花柄等长。

多齿雀舌兰 *D. fosteriana*:叶片数量多,形成一个紧密的小莲座丛,叶片长披针形,灰绿色,背面密被灰色鳞片。叶边缘具稀疏的白色刺,叶尖尖锐。花茎直立,细长。花茎苞片窄三角形,包裹着花茎,比节间长,被灰色鳞片。总状花序,小花具短柄,螺旋状排列在花茎上,花瓣橙红色。

3.6 果子蔓属 (*Guzmania*)

叶片光滑柔软、全缘,没有齿或刺,通常形成一个漏斗状的储水叶筒。花序星状,花茎粗壮,有许多鲜艳的花茎苞片着生其上。不显眼的小花藏在艳丽的花苞片内,花瓣合生形成管状。子房上位,果实为蒴果。种子具冠毛,冠毛在蒴果里是直的、不折叠。

松果果子蔓:*G. conifera*:下部花茎苞片与叶片近似,上部的是矛尖状、红色。花序呈紧密的松果状,花苞片坚硬、三角形,紧密相叠,红色具黄色的尖。小花无柄,花瓣黄色。

金顶果子蔓 *G. dissitiflora*:花茎直立,被红色花茎苞片包裹。花序穗状,花苞片红色,比花瓣短。萼片黄色,融合成一个小管状。此种小巧玲珑,花序形态独特、颜色鲜艳夺目,适于家庭装饰。

星花果子蔓 *G. ingulata*:花茎苞片紧紧包裹花茎,上部的为红色。花序呈星状,直径7cm。花苞片阔披针形至近三角形,红色。小花白色或黄色,在花苞片中开放。它的园艺品种丰富,色彩多变,姿态各异,观赏期很长。

红叶果子蔓 *G. sanguinea*:在花期时绿色叶片会呈现出亮红色或橙色、黄色。花序穗状,沉在叶丛中,有黄色小花,花瓣上部分离、圆润。

'火炬'果子蔓 *G.* 'Torch':叶片革质,叶色浓绿。花茎粗壮,被鲜红色花茎苞片所包被,花序圆锥状,下部红色、顶部黄色。花期长达3个月,色彩艳丽、形态优美。

3.7　彩叶凤梨属（*Neoregelia*）

叶色变化丰富多彩，从深浅不一的绿色到各种红色、褐色，有些种的叶片上还具有斑点或条纹，观赏价值很高。植株一般体型中等，由叶片螺旋状排列形成宽漏斗形或管状莲座叶丛。叶片前端一般圆润、具有上翘的尖端，叶边缘具刺。总状花序，花茎很短，沉在叶丛中，形成巢状。小花密集、蓝色或白色，分布在同一水平线上，在叶筒中央开放，不伸出叶丛。在花期前后，植株叶片发红，尤其中心叶片呈亮红色或粉红色，鲜艳夺目。

细颈彩叶凤梨 *N. ampullacea*：植株纤细，具有匍匐茎。植株下部呈细颈瓶状，上部叶片散开。叶片数量少、绿色、较细长，叶背有红棕色大斑点或条纹。花期时中心叶片不变色。小花白色，边缘藕荷色。

五彩凤梨 *N. carolinae*：叶片平展形成开展的莲座叶丛，叶片绿色、线形。叶尖宽圆，叶边缘具密刺。花期时中心叶片变为红色，并具有淡淡的蓝色光泽。头状花序不伸出叶丛。花苞片红色，宽线形，前端圆。小花淡蓝色，向上伸出叶丛中央的水槽。

平滑彩叶凤梨 *N. laevis*：植株矮而平展，具匍匐茎。叶片绿色，叶背绿色或略带红色、具灰色鳞片；边缘光滑。花序复穗状呈密集的头状，小花白色。其杂交品种'瑞芙'平滑彩叶凤梨 *N. laevis* 'Rafael' 叶片浅绿色、有白色纵条纹，边缘刺极细小，手感平滑。叶片上有白色粉状物，叶背基部呈粉红色。

'小丑'彩叶凤梨 *N.* 'Harlequin'：叶片绿色、上有暗红色大斑块或横条纹，叶前端有红晕，边缘具暗红色的刺。整个植株俯看象一副有趣别致的几何图案，是很有趣味的一个栽培品种。

'帕米托'彩叶凤梨 *N.* 'Pemiento'：叶片较长、红色，中间有少许暗红色纵条纹及绿色斑点；边缘具短小的刺。开花时叶色变亮，花序头状，小花白色。

3.8　岩生凤梨属（*Orthophytum*）

根系发达，有力支撑地上部分，植株强健、生气勃勃。叶片披针形，叶缘有尖锐刺齿。叶片从半肉质到肉质，上有厚厚的吸收鳞片，这些鳞片不仅可以吸收水分、保存空气，还可以起到反射阳光、减少蒸腾的作用。

火焰 *O.* 'Blaze' 叶丛中部叶片浅绿色，慢慢向外部变成橙红色并逐渐过渡呈鲜红色，好像鲜艳明亮的火焰。

苏克雷 *O. sucrei* 叶尖细长上翘，姿态飘逸，叶片为明快的绿色。有花茎，花期叶片朝顶端方向变为淡红色，苞片近顶端橘红色，萼片橘红色，花瓣绿色。

3.9　铁兰属（*Tillandsia*）

叶片全缘无刺，叶片基部具有毛状体可以吸收空气中的水分和养分供给植株生长。还有许多种的植株整个叶片都被毛状体所覆盖，像厚厚的绒毛一样，从而使叶片呈现银灰色或白色。一般这些叶片呈现灰、白色的铁兰植株可以直接生长在空气中，不需要任何栽培基质，所以又被人们形象的称为'空气草'（airplants）。

鳞茎铁兰 *T. bulbosa*：叶边内卷呈小棒状，轻微扭曲。叶片基部膨大、互叠，形成中空的假鳞茎，叶面覆盖有灰色鳞片。花序穗状或复穗状，花苞片卵形、互叠，密被鳞片，红色或绿色。小花紫色、管状。

紫花铁兰 *T. cyanea*：叶片深绿色，基部有红色的条纹，整个花序呈扇状，色泽随生长发育阶段而变化：膨大期翠绿色；开花期粉红色；开花后期回复青绿色。小花蓝紫色，从花序苞片内伸出，喇叭状，可以持续艳丽 2～3 个月。

卷须铁兰 *T. exserta*：叶片数量众多，形成紧凑的莲座形。叶片覆盖有灰色鳞片、质地硬、线形、内弯，可长达 30cm。基部叶片形成卷须,有缠绕支撑植株的作用。花茎苞片绿色或粉色,花序呈长矛尖状,淡粉色。

松萝铁兰 *T. usneoides*:又称为老人须或西班牙苔藓。原产于从美国南部、中美洲直到阿根廷、智利的广阔地区,悬垂在大树上、悬崖表面或电线上。植株无根,下垂生长,形成长长的绳状,最长可达 8m。叶片互生、密被银灰色鳞片,节间细长,会自己弯成 S 形。叶腋处生长由单花形成的花序,小花黄绿色。植株喜欢温暖、光照充足的环境。

3.10　莺哥属（*Vriesea*）

叶片无刺、全缘,形成漏斗状的莲座叶丛,可以储水。花瓣分离,子房上位。果实为蒴果,种子具冠毛,冠毛在果实里是直的,不折叠。一般要求半阴、潮湿的环境。

红指莺哥 *V. erythrodactylon*:叶片翠绿色,带状,花茎直立,苞片绿色包裹着花茎。花序穗状,苞片红色,两列,基部紧密互叠、先端分开,镰刀形。小花黄色,雄蕊伸出。

垂花莺哥 *V. scalaris*:花茎细而下垂、绿色,花序穗状。花苞片松散的排成两列,基部红色,先端黄色。小花绿色,花瓣前端开展向外翻,雌雄蕊从花瓣中伸出来,花序色彩鲜艳。

绚丽莺哥 *V. splendens*:叶片宽带状、前端弓状反卷,叶深绿色有红棕色或黑紫色的横向斑纹。花茎直立,有花茎苞片包被,花茎苞片上有红棕色条纹。花序穗状、扁平呈长烛状或剑形,鲜红色的苞片两列。小花黄色,雄蕊从花中突出。

'蒂芬妮'莺哥 *V.* 'Tiffany':叶片绿色,宽带状,小穗椭圆形、扁平。花穗大部分为红色,只有顶端部分是金黄色。小花黄色。

4　观赏凤梨的栽培和养护

4.1　光照调节

不同属的凤梨品种对光照强度要求差异很大,根据形态特征可以粗略判断出植株所需光照的强弱:一般叶片厚硬、革质,灰白色或有绒毛的品种可以耐受强光;叶片薄而柔软,绿色的品种不耐强光。充足的散射光下生长的植株会呈现出匀称健壮,叶片宽短刚硬,花色鲜艳。室内栽培光照条件达不到要求时可采用人工照明,最好选用日光灯,悬吊在植株上方约 30cm 处。植物都具有向光性,如果长期单侧光照射,会导致植物生长偏向光线充足的一侧,因此经常有规律的调整植物的方位是非常重要的,只有受光均匀植株才能株型端正。

4.2　温度调节

一般叶片厚且革质或者多浆的品种抗寒性好。最适宜凤梨生长的温度为 22～25℃,夜温 15～18℃,日温 22～28℃,日夜温差最好相差 6℃ 以上,以 10℃ 为佳。如果遇到无法改变的寒冷条件(如不能及时加温),应该保持栽培基质干燥并且不再给植株浇水,可以增加植株的抗寒能力。

4.3　水分调节

灌溉水 EC 值 0.1 以下,pH 值在 5.5～6.5 之间,当 pH 值高于 7 时,植株吸收营养不良;高钙、高钠会使叶片失去光泽,妨碍光合作用,并容易引起心腐病和根腐病。

凤梨要求盆底不积水,基质表面长青苔,叶杯有水,一般等 2cm 的表层基质干时再一次浇透。浇水时将水从叶筒中缓缓注入,再从叶片间隙流到基质中,可以更新一下叶筒中的水,防止叶筒中的水放置时间过长而使水中多余盐分堆积到叶筒壁上或者水中生长藻类、发臭而影响植株生长。夏季晴天温度高或风大时,基质中的水分蒸发快,植物蒸腾量也大,需水多,浇水频率高;相反连续阴雨天气,浇水次数减少。冬天暖气加温,室内干燥、空气相对湿度小,植株需要更多的水分,浇水频率高。浇水在一般天气情况下,早上(温度高于18℃)浇水比较适宜,冬季可以适当延迟一些,等温度升高一些而光照又不太强的时候浇。

4.4 空气调节

原产地环境潮湿的品种,植株叶片上的吸收鳞片小而少(叶片一般为绿色)不耐旱,要求较高的空气相对湿度;而原产于干旱、强光照处的品种毛状体多,叶片显得柔软、发白,要求的空气相对湿度要小一些。一般情况下,在夏季高温、高湿期间(相对湿度≥80%),应加强通风;在春季高温、干燥时(相对湿度≤40%)则应多喷水;冬季低温期则不宜多喷水。注意花期时不要将水喷到花上,以免缩短花期。

4.5 土肥管理

观赏凤梨的栽培基质要求 pH 值 5.5～6.5,保水与排水性俱佳,物理与化学性质稳定,质地略粗,固着力强,价格便宜,取得容易。基质含水量太高或排水性及通透性不良,常会造成烂根或烂心。适合的栽培材料有泥炭、蛭石、珍珠岩、火山岩、水苔、树皮、陶粒等,可以选用几种材料按不同的比例混合在一起作凤梨的栽培基质。

凤梨主要靠叶杯(筒)吸收养分,应使用液体肥料。每周施氮肥 1 次,花前适当增施磷、钾肥,以促花大色艳。凤梨的叶片对镁元素的需求较多,充足的镁可使某些凤梨品种的叶片散发出特有的金属光泽,因此,应在营养液中注意添加镁元素,一般按照钾(氧化钾)的 1/10 添加。

4.6 病虫防治

观赏凤梨病虫害发生较少,但养护不当比较出现以下情况:

灼伤:阳光直射叶片造成的圆形斑块影响美观。

焦边或干尖:空气相对湿度不够造成的。

叶片交叠:叶筒中缺水或无水造成的。

常见病害有两种:

心腐病:叶丛基部发黑,心叶腐烂呈褐色,易脱落,与健全叶片界限明显。原因有4:叶筒中的水长时间没有更换,严重影响叶片正常的生理代谢造成菌类乘虚而入;植株种植过深,一般植株叶心的生长点位置与种植基质表面持平或略高一些;栽培基质积水;环境通风不良。应清除病株,随水肥加入 50% 多菌灵溶液浇施,每周 1 次。

叶斑病:主要发生在植株叶片上,椭圆形至长圆形病斑,中心灰白色,边缘深褐色,有时有紫红色的晕,病斑内有黑色霉点。病原是半知菌类真菌。通风不良及闷热的情况下容易发生。先修剪病叶,再用 70% 代森锰锌可湿性粉剂配置成 500 倍液喷施或者用 50% 多菌灵可湿性粉剂配置成 800 倍液喷施。

常见虫害有:

介壳虫:包括粉蚧和凤梨盾蚧,加强室内的空气流通,避免产生介壳虫,在介壳虫还未形成保护层的幼虫阶段防治效果最好。

蚜虫:繁殖速度很快,所以平时要勤观察,特别是植物花期时。当发现蚜虫时,少量的可以用软布直接去除,数量较多时可以用稀释的肥皂水喷施喷洒,还可以用杀虫剂'爱福丁'稀释 2000 倍喷施。

对观赏凤梨病虫害的防治重要的是对植物进行精心养护,加强通风,定期消毒,定期用干净水冲洗心叶,及时浇水施肥,增强植株长势。加强通风,改善环境条件。

4.7 繁殖

凤梨既可利用种子进行有性繁殖,也可进行营养繁殖,包括两种方法:分株法和组织培养法。在日常栽培养护中多采用分株繁殖,凤梨的萌蘖能力很强而且很多样,根据不同部位分为五种:吸芽:母株基部;冠芽:花序顶部或中部;短匍茎:地上或地下走茎顶端;心芽:母株中心;腋芽:母体叶腋处[4]。新芽生根或者长到母株高度的1/2时,就可以进行分株繁殖了:用锋利的小刀或直接用手将小苗与母株分开,注意不要伤到小苗的新根,尽量不要给小苗的叶片造成划折伤痕[5]。

5　观赏凤梨的应用和前景

几乎每一种观赏凤梨都有其独特的美,不管是从株形,叶片,花序以及果序上均能体现出,可以说观赏凤梨本身就是活的艺术品,因此能成为高档礼品盆花,特别成为畅销的年宵花,有较大市场发展前景。另外它的切花、切果观赏价值高,观赏期长,有待进一步开发。

植物园不是简单地向游客展示植物,而是用艺术的手法将植物组合展示出来:根据栖息地环境特征和生活习性,布置热带雨林附生凤梨园景观,将选择好的植株的按株型、大小、颜色安排在树枝的不同位置,疏密有致、具有美感。将凤梨附生于大树上生长,能使空间利用率提高,这是凤梨造景的一大优势[6]。以凤梨为主要植材,错落有致的园林小品和别具一格的附生铁兰种植网架;根据它株形特点,制作各式盆景和吊篮,将山峦风光、树木花草等聚于一盆之内,呈现一派自然风光。

因为具有多样的外貌、丰富的色彩,而且有附生和气生的生活习性,凤梨成为制作活植物艺术品的好材料:不论木头、火山岩还是其他材料上悬挂或栽植上凤梨都会成为生动的艺术品[7]。家庭莳养凤梨可以选用几棵同一品种的植株组合在一起,利用重复的手法来展现植物的美感或或把不同品种的凤梨混植;可以利用凤梨作瓶景,选择矮小的姬凤梨或小型铁兰,搭配使用小块火山岩、鹅卵石、小装饰物等;还可以选用蓝紫铁兰 *Tillandsia ionantha* 或鳞茎铁兰 *Tillandsia bulbosa* 小型气生铁兰品种制做风铃。观赏凤梨将更多地点缀在家庭之中,成为家庭装饰的靓点。

参考文献

[1] Benzing, D. H. 1980. The Biology of the Bromeliads Mad River Presse, Eureka, CA. p. 138.

[2] 陈进勇,赵世伟,张佐双. 热带展览温室的植物收集与管理[J]. 中国植物园,2006,32 - 41.

[3] Benzing, D. H. 2000. Bromeliaceae: *Profile of an adaptive radiation*. Cambridge, UK: Cambridge University Press.

[4] 牛夏,袁萌. 2007. 凤梨科植物在北京植物园迁地保护中的繁殖技术[J]. 植物园,第一期 P. 28.

[5] Ivón M. Ramí rez - Morillo, Germán carnevali Fernádez - Concha and Francisco chi May. 2004. Portraits of Bromeliaceae from the Mexican Yucatan Peninsula - IV: *Tillandsia dasyliriifolia* Baker Taxonomy and Reproductive Biology. J. Bromeliad Soc. 54:112 - 121.

[6] Kerry Booth Tate. 2003. Growing Bromeliads Epiphytically in the Subtropical Home Garden. Journal of the Bromeliad Society 53:110 - 113.

[7] Ron Parkchurst. 2005. Bromeliads and Art. J. Bromeliad Soc. 55(2):74.

药用植物在南宁市园林绿化中的应用
Application of Medicinal Plants in Landscaping of Nanning

韦艳梅[1]　王凌晖[2]　俞建妹[2]

（1. 广西药用植物园,南宁　2. 广西大学林学院,南宁 530005）

Wei Yanmei[1]　Wang Linghui[2]　Yu Jianmei[2]

（1. Guangxi Medicinal Botanical Garden, Nanning

2. College of Forestry, Guangxi University, Nanning 530005）

摘要：利用具有很高观赏价值的药用植物作为乡土树种进行园林绿化,在起到丰富景观、美化环境的同时,能挥发出对人体可以起到保健作用的物质。广西壮族自治区的首府南宁,有"绿城"之美称,应用丰富的药用植物资源进行园林绿化,具有广阔的发展前景。

关键词：药用植物;园林绿化;南宁;应用;发展前景

Abstract：The use of high value medicinal plants as the native trees for landscaping, in play a rich landscape, beautifying the environment, at the same time, which can volatile some material that can play a role in the physical health. The capital of the Guangxi Zhuang Autonomous Region —— Nanning, the "Green City" of the name, the rich resources of medicinal plants was applicated in landscaping which had far-ranging development prospect.

Key words：medicinal plants; landscaping; Nanning; application; development prospect

药用植物是指某些植物全部、部分或其分泌物可以入药的植物。天然药物或中药的种质资源,广义是指一切可用于药物开发的生物遗传资源[1, 2]。我国是世界上植物资源最多的国家。利用药用植物进行医疗、保健和预防疾病已有几千年历史。由于药用植物对人体的健康有非常大的影响作用,早在 2003 年,国内就有苗木企业提出将药用植物引入绿化中应用的说法。现在,药用植物绿化的概念已引起城市绿化主管部门、房地产商等多方面的认可,药用植物苗木需求量也随之加大。用药用植物绿化环境,已成为一个新的尝试。现阶段园林景观中应用较为广泛的药用植物约

200 余种。这其中,芳香植物的应用是近年来园艺领域的一个热门话题。

1　药用植物在园林绿化中的应用

1.1　药用植物在园林绿化中的应用特点

1.1.1　药用植物的生态效应突出

据有关研究表明,某些药用植物与普通绿化植物的生态效益比较,药用植物可使空气中一氧化碳的含量降低 8%,二氧化硫等化合物的含量降低 12%,固体粉尘降低近 20%[3]。

1.1.2　适于绿化的药用植物种类繁多

适合绿化的药用植物有 200 多种。药用植物既有乔木、灌木,也有藤本、草本及

作者简介:韦艳梅,女,壮族,1983 年生,大学本科,助理工程师。主要从事园林绿化管理、园林改造工作。E-mail:weiyanmei99@126. com

水生植物。乔木类树型高大伟岸、树干笔直,少有病虫害,如槐树(*Sophora japonica*)、银杏(*Ginkgo biloba*)等;灌木有的花大、奇特、艳丽,如栀子(*Gardenia jasminoides*)、石榴(*Punica granatum*)等;草本的如芍药(*Paeonia lactiflora*)、金莲花(*Tropaeolu majus*)等;地被草坪可以选用马兰(*Kalimeris shimadae*)、贝母(*Fritillaria pallidiflora*)等;藤本植物有五味子(*Schisandra chinensis*)、凌霄(*Campsis grandiflora*)等。

1.1.3　药用植物的绿化管理相对容易

药用植物大都属于乡土树种,对当地的环境气候有很好的适应性,并且生长速度快,无需精细管理就可以获得较好的绿化效果。许多野生药用观赏植物能在恶劣的环境中生长,具备很强的抗旱、抗瘠薄、抗病虫害能力,这正是园林绿化所渴求的。另外,一些植物如金钱草(*Dichondra repens*)、垂盆草(*Sedum sarmentosum*)及扶芳藤(*Euonymus fortunei*),长势十分迅速,并且管理粗放。使用这些植物进行园林绿化,不但可以收到良好的绿化效果,而且还降低成本。

1.1.4　药用植物绿化周期长

药用观赏植物中有许多植物生长周期很长,符合园林绿化的要求。例如,万年青、石菖蒲、麦冬等四季郁郁葱葱,可以使园林绿化保持很好的景观效果。

1.1.5　名贵珍稀又具观赏价值的药用植物种类

很多药用植物是名贵树种和"奇花异草"。如世界上最古老的树种之一、素有"活化石"之称的银杏,在一亿多年前的第四纪冰川期幸存。银杏生命力特别强,既可抗害虫、抗病毒、抗病菌,又能抗热、抗寒、耐盐、抗空气污染。此外,很多药用植物本身就是名贵花卉,如玫瑰(*Rosa rugosa*),金花茶(*Camellia nitidissima*)属于世界稀有植物,黄花白及(*Bletilla ochracea*)属于兰科稀有种。

1.2　药用植物在园林绿化中的应用原则

1.2.1　因地制宜

只有因地制宜、适地适树,才能取得物、景、人合一的最佳效果。首先,必须注意植物的自然生态习性;其次,要综合考虑生存的环境中光照、温度、水分、空气、土壤、地形地势、生物及人类活动等生态因子对其生存、生长发育的影响,做到生态上的"适地适树";同时,应考虑城市生态环境的特殊性对土壤、光照、水分的影响[4]。药用植物不仅仅具有一般植物的特性,还具有独特的特性,它们通过自身的药用特性能够起到杀菌、防虫、改良土壤的作用,使其更加适应其生长环境。

1.2.2　植物功能

植物造景应根据不同绿地的功能、性质而定。不同的绿地都会有不同的景观和功能要求。比如对外开放的宽阔地带,要选择花、叶俱美且能耐踏、耐旱、耐燥等适应性强的地被;门口两侧、道路两侧、水池旁等不易进入的观赏区,要选择植株美观、生长健壮、整齐一致、观赏性较强的观花、观果地被为佳;在林带边,树丛下,则可配置管理粗放的观叶地被,既节省人力、物力,还极富野趣。药用植物的植物功能除具备以上功能外,还能为人们生活提供保健功能。

1.2.3　景观配置

植物种类,避免单一,应有季相变化,保证四季有良好的景观效果。要根据实地景观搭配,主要有高矮搭配、常绿与落叶搭配、色彩的不同搭配,这样才能达到四季有景的效果,否则就显得单调呆板。并要注意植物的季相变化,尤其是春、秋季相,营造出引人注目的植物景观观赏效果。如地被植物在景观配置中宜成片栽植,成为主景的底色。它们的不同季相、与上层相映成趣,都能起到强调季相观赏效果的作用。

药用植物既能通过自身的美来进行造景，同时，一些药用植物能吸引一些蝶类等昆虫，以营造出一幅幅优美的画卷。

1.3 药用植物在园林绿化中的意义

1.3.1 药用植物对人体具有保健作用

很多园林药用植物能分泌特殊的挥发性物质，这些物质吸入肺部后，不但有发汗解表、驱风镇痛及消毒等多种作用，还可直接起到防腐、抑菌、杀菌功效，还可杀死结核、伤寒、痢疾、白喉等病菌。并且能通过大脑皮层，引起身体内部一系列的生理变化，从而使精神得以调节，抵抗力得以加强。因此，积极选用能分泌特殊的挥发性物质的芳香型绿化树种，构建生态保健型绿化模式，对杀死、减轻城市空气中含菌量，保障市民身心健康具有非常重要的意义。目前，药用植物的气体治疗人类疾病，已受到国内外医学界的普遍重视，被称为芳香疗法。世界上许多国家都纷纷建立了以花卉树木等植物释放的气味加上病人恰当的劳动，治疗疾病的奇特医院，在欧美发达国家，已成立园艺疗法科学系统[5]。

在我国国内，对植物气体挥发物营造生态保健型园林的实践，还处于初步研究阶段。周静[6]应用 GC – MS 色谱联用技术对 29 种常见岭南园林药用植物的挥发性物质，进行了测定和分析，按挥发性物质的有机组成、气味和功能的不同，参照各种文献，进行详细的保健功能分类。

1.3.2 药用植物是绿化产业可持续发展的重要载体

长期以来，园林绿化片面追求美化、彩化的效果，忽视了自身效益的产出，高投入低产出的现象制约了绿化产业的发展。药用植物是一个高产高效的植物群体，可推动以绿养绿，走可持续发展的道路。

1.3.3 药用植物养护成本低

药用植物大都属于乡土树种，对当地的环境气候有很好的适应性，在原来的生长环境里，一般都是自生自灭，所以，它能够降低现在城市绿化的养护成本。普通的市民广场上种植的都是青草，但它们不能随意踩踏，但经过分类出来的一些药用植物，生命力非常顽强。比如，薄荷草（Mentha piperita），可以替代普通的草皮在广场上栽培，不仅美观，并且养护成本低。在道路两旁种植马兰（Kalimeris shimadae），既耐践踏，它淡紫色的花又极具观赏价值。

1.3.4 药用植物的应用可以丰富园林景观

将药用植物有机地应用于园林景观之中，不失为一条丰富园林景观的途径。随着人民生活水平的提高，花卉和其他观赏植物的社会需求量不断增大。从药用植物中选择有较高观赏价值的种类作为花卉栽培，不断引进新颖、奇特植物，可以扩大观赏植物的品种范围[7]。同时，药用植物多为乡土树种，通过对其开发，可使绿化更有本地特色，更有中国特色。

1.3.5 促进药用植物资源的保护和利用

随着城市绿化越来越被重视，花卉和其他观赏植物在不断增多，从药用植物中选择有较高观赏价值的种类作为花卉栽培，通过对其适宜栽培条件和繁殖技术的研究，不仅可以扩大观赏植物的品种范围，而且也有利于药用植物资源的保护和利用。

1.3.6 增长人们的药用植物知识

目前，药用植物的利用已经在上海普及，南京一些地产商们也看中了其推广价值，在别墅开发时也准备栽种药用植物，当作卖点。他们发现许多人都知道药用植物的功效，比如知道咳嗽要喝吉祥草（Reineckia carnea），麦冬（Ophiopogon japonicus）。洋金花（Datura metel）可以麻醉，但却完全不知道这些植物是何模样。将药用植物用于园林绿化，并在绿地广场中间配以说明牌，来展示它们不同的药用功效，可以达到意想不到的科普宣传作用。

2 南宁市开发利用药用植物资源绿化现状及其前景

　　南宁是广西壮族自治区的首府,是全区的政治、经济、文化和信息中心,是我国大西南出海通道的枢纽城市。南宁市热量丰富,雨量充沛,栽培历史较长的种类已形成了丰富多彩的地方品种。位于南宁市内的广西药用植物园,创建于1959年,保存药用植物4000余种,以其药用植物品种收集之多被誉为"亚洲第一药园"。将药用植物应用到园林绿化可使绿城更绿,更美,更具有地方特色。

2.1 南宁市开发利用药用植物资源绿化现状

　　目前在南宁主要运用的药用植物有:金银花(*Lonicera japonica*)、唇萼薄荷(*Mentha pulegium*)、黄梁木(*Anthocephalus chinensis*)、人面子(*Dracontomelon duperreanum* Pierre)、铁冬青(*Ilex rotunda*)、茉莉花(*Jasminum sambac*)、扶芳藤、麦冬等。现以在南宁市较为常见的几种药用植物如人面子、铁冬青(*Ilex rotunda*)、扶芳藤、麦冬为例,来讲解药用植物在园林绿化中的运用。人面子为漆树科的一种常绿乔木,树冠宽广浓绿,极为美观,是"四旁"和庭园绿化的优良树种,也适合作行道树、庭荫树。其药用价值主要表现在根皮,功效表现在健胃、醒酒、治风毒疮痒,根治小儿惊痫。见图1。

　　铁冬青为冬青科常绿乔木。铁冬青枝繁叶茂,四季常青,果熟时红若丹珠,赏心悦目,树体苍劲,湖边或开阔地以及路旁种植此树,能形成荫蔽的环境,又能产生多层次丰富景色的效果,是理想的园林观赏树种。树形美观,可作绿地风景树;果实累累,深红色,可作观果树种;叶能吸收有害气体,可抗污染,是庭园中的优良观赏树种。其药用价值主要表现在根、叶可入药,

其叶对跌打损伤,烫火伤有特效,美其名曰"救必应"。见图2。

图1　人面子用做行道树

Fig. 1　*Dracontomelon duperreanum* used as street trees

图2　铁冬青用做行道树

Fig. 2　*Ilex rotunda* used as street trees

　　扶芳藤为卫矛科,常绿、半常绿灌木,半直立至匍匐;变种爬行卫矛为匍匐至攀援藤本。扶芳藤生长旺,终年常绿,其叶入秋变红,是庭院中常见地面覆盖植物,点缀墙角、山石、老树等,都极为出色。功能主治:散瘀止血,舒筋活络。用于咯血,月经不调,功能性子宫出血,风湿性关节痛;外用治跌打损伤,骨折,创伤出血。园林景观适用于高速公路边护坡种植。同时还可以收购。既满足美观要求,又能做药材回收。见图3。

图 3　扶芳藤用做地被植物

Fig. 3　*Euonymus fortunei* used as ground cover plants

图 4　麦冬用做地被植物

Fig. 4　*Ophiopogon japonicus* used as ground cover plants

麦冬为百合科草本植物，在园林绿化中主要用于地被绿化，避免黄土朝天。其药用功能主要表现在具有养阴清热止咳的功能：用于肺阴虚的口渴，干咳，咳血；心阴虚的心烦，心悸以及津伤、便秘等，而且麦冬含维生素 A，对伤寒杆菌、大肠杆菌、白色葡萄球菌有较强的抑制作用，滋阴润肺，生津止咳，清心除烦，又有促进胰岛细胞功能恢复、增加肝糖原、降低血糖的作用。由于麦冬还有补心之作用，对糖尿病合并心脏病者也是有益的。见图 4。

2.2　南宁市开发利用药用植物资源绿化前景

南宁市在 2008 年投入 1.45 亿元大搞城市绿化美化，年内完成种植 150 万株树木的工程。据南宁市出台的《建设生态南宁，年内种植 150 万株树木工程实施方案》指出，这 150 万株树木以大规格阔叶乔木为主，小规格乔木为辅。具体将在南宁市区内大量种植大规格常绿或开花乔木，以此来丰富城市绿化景观层次及丰富植物品种，近期内即可大幅度提高城市绿量。另外，环城周围的绿地将侧重种植小规格乔木，以构成环抱南宁市区的绿色大环境。种植的 150 万株树木在树种的选择上将以乡土树种为主，外来树种为辅。观花类主要有木棉（*Bombax ceiba*）、大花紫薇（*Lagerstroemia speciosa*）等；观果类主要有扁桃（*Mangifera persiciforma*）、水蒲桃（*Syzygium jambos*）等；彩叶类主要有花叶橡胶榕（*Ficus elastica* Rosb. var. *variegata*）、花叶榕（*Ficus benjamina* 'Variegata'）等；绿叶类主要有小叶榕（*Ficus microcarpa* var. *pusillifolia*）、海南蒲桃（*Syzygium cumini*）、竹子类、速生桉等；棕榈类主要有大王椰（*Roystonea regia*）、散尾葵（*Chrysalidocarpus lutescens*）等。这些被选的树种中有许多是药用植物，因此药用植物资源在南宁绿化的应用前景是十分可观的。

3　结语

随着人们对回归自然和健康的日益关注，药用植物更受人们的喜爱，其应用也有新的发展方向。药用植物不但资源丰富，同时有较高的药用和观赏价值，具有适宜于应用在园林绿化建设的特点。充分利用药用植物，结合资源优势、气候优势、区位优势，将极大促进南宁市的园林景观建设的特色发展。本文探讨了药用植物在景观建设方面广阔的开发前景，旨在为园林绿化提供更丰富的特色资源材料参考。

参考文献

[1] 马小军, 肖培根. 种质资源遗传多样性在药用植物开发中的重要意义[J]. 中国中药杂志, 1998, 23(10): 579.

[2] 李隆云, 钟国跃, 卫莹芳, 等. 中国中药种质资源的保存与评价研究[J]. 中国中药杂志, 2002, 27(9): 641.

[3] 何小唐. 北京千年健绿化公司提出药用植物绿化新概念[N]. 中国花卉报, 2004 年 02 月 05 日.

[4] Carl Trool. Landscape ecology (geocology) and biogeocenology: a terminological study. Geoforum, 1997: 51.

[5] 章钰. 大自然的恩赐—植物气体医病[J]. 医学文选, 1997, 5: 77.

[6] 周静. 岭南园林药用植物挥发性物质的 GC - MS 分析[D]. 广州: 中山大学, 2005.

[7] 郑忠明. 武汉市园林植物资源及植物物种多样性保护研究[D]. 武汉: 华中农业大学, 2004.

江苏适生型药用观赏地被植物在园林绿地中的应用
The Application of Adaptable Medical Ornamental Grounded-Cover in Landscape in Jiangsu

任全进[1]　于金平[1]　陆钻兵[2]

[1. 江苏省中国科学院植物研究所（南京中山植物园，210014）　2. 扬中市政园林管理局]

Ren Quanjin　Yu Jinping　Lu Zuanbing

（1. *Institute of Botany*，*Jiangsu Province and Chinese Academy of Sciences*，*Nanjing Botanical Garden Mem. Sun Yat-Sen*，*Nanjing Jiangsu*，210014　2. *Landscape Bureau of Yangzhong*）

摘要：江苏有药用植物 1300 种以上。其中多种植物除了具有药用价值之外，还具有美丽奇特的花、叶或果实等，有很高的观赏价值。本文根据药用观赏地被植物各自特点和特性，探讨了适宜江苏地区不同药用观赏地被植物在园林绿地中的选择和应用。

关键词：江苏；适生型；药用观赏地被植物；园林绿地；应用

Abstract：There are more than 1, 300 species of medical plants in Jiangsu，most of which also have beautiful and peculiar flowers，leaves or（and）fruits and are of high ornamental value，besides as medicine. According to their character and traits，the selection and application of medical ornamental grounded-cover plants were probed into in landscape which is adaptable in Jiangsu.

Key words：Jiangsu；adaptable；medical ornamental grounded-cover；landscape；application

我国有丰富的药用植物资源，根据完成的全国中药资源普查结果，全国共有药用植物 11000 种以上。江苏有药用植物 1300 种以上[4]，其中多数植物除了药用价值之外，还具有美丽、奇特的花、叶或果实等，有很高的观赏价值。如白及（*Bletilla striata*）、桔梗（*Platycadon grandiflorus*）、毛茛（*Ranunculus japonicus*）、射干（*Belamcanda chinensis*）、白头翁（*Pulsatilla chinensis*）、丹参（*Salvia miltiorrhiza*）、野菊花（*Chrysanthemun indicum*）、萱草（*Hemerocallis fulva*）、虎耳草（*Saxifraga stolonifera*）等药用植物，

同时又是著名的观赏地被植物。随着人民生活水平的提高，花卉和其他观赏植物的社会需求日益增大。从药用植物中选择具有较高观赏价值的种类作为花卉栽培，不仅可以引进新颖、奇特植物，扩大观赏植物的品种范围，而且通过对其适宜栽培条件和繁殖技术的研究，有利于药用植物资源的保护和利用。

1　江苏药用观赏地被植物资源的简述

江苏省位于我国东南沿海，北接山东，南与上海和浙江毗邻，西与安徽接壤，东临

作者简介：任全进，男，1969 年生，宁夏永宁人。高级实验师。江苏省中科院植物研究所（南京中山植物园）活植物管理部副主任。研究方向为园林植物、药用观赏地被植物开发利用。

于金平，女，1971 年生，黑龙江肇东人。高级实验师。江苏省中科院植物研究所（南京中山植物园）。研究方向为园林植物、食虫植物。

陆钻兵，男，1975 年生，风景园林硕士在读。扬中市政园林管理局，主要从事绿化养护管理和绿化工程建设管理。

黄海,处于北纬 30°46′~35°07′,东经 116°22′~121°55′ 之间,跨暖温带、北亚热带和亚热带 3 个自然带。境内多河流、湖泊及低山丘陵。由于气候及自然条件的多变性,形成了江苏较丰富的药用观赏植物资源。在江苏药用植物资源中,观赏植物的种类很多,可供园林绿化用的有乔木、灌木、藤本、多年生宿根花卉、蕨类及水生、沼生、湿生植物等种类。江苏省主要药用观赏地被植物资源及其利用价值见表1。

表1 江苏省主要药用观赏地被植物及其利用价值简表

Table 1 Main medical ornamental grounded-cover and its use value in Jiangsu province

科名	种名	药用部位	功效	观赏部位	园林用途
蔷薇科	麦李 Prunus glandulosa	核仁	润肠、利尿	花、果	花境、花篱
蔷薇科	翻白草 Potentilla discolor	全草	清热解毒、消肿止血	叶、花	地被
蔷薇科	地榆 Sanguisorba officinalis	根	收敛止血	叶、花、果	地被、花境
卫矛科	扶芳藤 Euonymus alatus	茎、叶	行气活血、腰膝疼痛	叶	地被、垂直绿化
葡萄科	爬山虎 Parthenocissus tricuspidata	根、茎	破淤血、消肿毒	叶	垂直绿化
锦葵科	锦葵 Malva sinensis	花、叶	润喉、消炎	花	花境材料
锦葵科	蜀葵 Althaea rosea	花、种子	利尿通便	花	花境材料
锦葵科	秋葵 Abelmoschus esculentus	花、果实	清热解毒、凉血	花	花境材料
堇菜科	紫花地丁 Viola yedoensis	全草	清热解毒、消肿	花	地被材料
紫金牛科	紫金牛 Ardisia japonica	全株	活血散瘀、舒筋活络	果	地被材料
报春花科	金爪儿 Lysimachia grammica	全草	治蛇咬伤、跌打损伤	花、叶	地被材料
报春花科	过路黄 Lysimachia christinae	全草	治黄胆肝炎、尿结石	花、叶	地被材料
唇形科	半枝莲 Scutellaria barbata	全草	清热解毒、散瘀定痛	花	花境材料
唇形科	丹参 Salvia miltiorrhiza	根	通经活血	花、叶	花境或地被材料
爵床科	九头狮子草 Peristrophe japonica	全草	发汗解表、消肿镇痉	叶、花	地被材料
桔梗科	四叶参 Codonopsis lacenolata	根	乳腺炎、痈疖体虚	叶、花果	垂直绿化
桔梗科	桔梗 Platycadon grandiflorus	根	宣肺、散寒、排脓	花	花境、地被
菊科	蓍草 Achillea aplina	全草	毒蛇咬伤、健胃	花、叶	花境背景材料
菊科	野菊 Chrysanthemun indicum	花、叶	消炎、杀菌	花	花境、地被
天南星科	石菖蒲 Acorus gramineus	根茎	镇痛、健胃	叶、花	地被材料
百合科	玉竹 Polygonatum odoratum	根茎	养阴润燥、生津止渴	花、叶	地被材料
百合科	黄精 Polygonatum sibiricum	根茎	补脾润肺、养阴生津	花、叶	地被材料
百合科	宝铎草 Disporum sessile	根茎	清肺化痰、止咳、健脾	叶	地被材料
百合科	玉簪 Hosta plantaginea	全草	消肿解毒、散瘀止痛	花、叶	花境及地被材料
百合科	紫萼 Hosta ventricosa	全草	理气止痛、消肿解毒	花、叶	花境及地被材料
百合科	萱草 Hemerocallis fulva	块根	镇静、利尿、消肿	花	地被材料
百合科	蜘蛛抱蛋 Aspidisdta elatior	全草	清热利尿、活血通经	叶	地被材料
石蒜科	石蒜 Lycoris radiata	鳞茎	解毒、祛痰、利尿	花、叶	地被材料或切花
鸢尾科	马蔺 Iris lacteal	花、种子、根	清热凉血、利尿消肿	花、叶	地被材料或切花
鸢尾科	射干 Belamcanda chinensis	根茎	清热解毒、祛痰利咽	花	切花或地被材料
毛茛科	白头翁 Pulsatilla chinensis	根	消炎止泻、利尿收敛	花	花境或地被材料
毛茛科	毛茛 Ranunculus japonicus	全草	治疟疾、黄疸、结核	叶、花	花径材料
三白草科	三白草 Saururus chinensis	根茎	消肿解毒、利尿	叶、花	湿生地被材料
三白草科	鱼腥草 Houttuynia cordata	全草	清热解毒、利尿消肿	叶、花	地被材料
马兜铃科	杜衡 Asarum forbesii	全草	散寒止咳、祛风止痛	叶、花	地被材料
石竹科	剪秋罗 Lychis senno	全草	解热、镇痛、消炎	花	花境或地被材料
石竹科	瞿麦 Dianthus superbus	全草	小便不利、月经不调	花	花境或地被材料
瑞香科	芫花 Daphone genkwa	花蕾、枝皮	泻下利尿、活血、解毒	花、叶	花境或切花

2 江苏药用观赏地被植物分类

2.1 药用观赏地被植物的概念

地被植物是指覆盖在地表面的低矮植物,包括多年生宿根、球根草本植物和一些适应性强的蕨类植物,也包括适应性较强的低矮匍匐性的小灌木和藤本[1]。药用观赏地被植物是指地被植物除了能覆盖地面,保护水土外,还具有较高的药用价值及观赏价值。

2.2 药用观赏地被植物的分类

药用观赏地被植物的种类,有草本、木本及匍匐藤本,根据其适应不同环境的特性,可以构筑不同的景观类型。可以按照适应生态环境、观赏特点、种类等进行分类。

2.2.1 根据物种的生物学特性分类

(1)草本药用观赏地被类。草本药用观赏类地被植物在实际应用中最广泛,其中又以多年生宿根、球根类最受园林等部门欢迎。其特点是较低矮,适宜组成花坛、花境等。主要种类有:东风菜、地榆、麦冬、阔叶麦冬、沿阶草、浙贝母、吉祥草、射干、鸦葱、紫萼、玉簪、萱草、黄精、玉竹、宝铎草、虎耳草、百部、马鞭草、大吴风草、珍珠菜、龙胆、长叶车前、火炭母、石蒜、菖蒲、紫茉莉、半枝莲、桔梗、白及、九头狮子草、细辛、板蓝根、败酱、野薄荷等。

(2)木本药用观赏地被植物。主要指矮生灌木类,此类植物枝叶密集丛生,茎匍匐状,具有良好的铺地效果,以观叶、观果、观花为主。用于园林的种类主要有:芫花、十大功劳、阔叶十大功劳、金钟花、臭牡丹、郁李、美丽胡枝子、迎春花、六月雪、算盘子、棣棠、栀子、海州常山等。

(3)藤本药用观赏地被植物。此类还常作垂直绿化用,但在实际应用中有很多草质或木质藤本,也常被用作地被性质栽植,主要依靠分枝的藤蔓来覆盖地面,形成极富弹性的地被层,效果甚佳。主要种类有:萝藦、爬山虎、常春藤、络石、扶芳藤、乌蔹梅、鸡血藤、薜荔、绞股蓝、何首乌等。

2.2.2 按物种生态学特性分类

(1)阳性药用观赏地被植物。适合生长在空旷地,此类型植物喜阳光充足、通风良好的地方。主要种类有:射干、车前、白及、萱草、漏芦、白藓皮、苦参、丹参、六月雪、旋覆花、地榆、十大功劳、阔叶十大功劳、火炭母、牡丹、翻白草、芍药、野菊花、金鸡菊等。

(2)阴性药用观赏地被植物。适合生长在林缘、林下,有一定遮荫条件下。主要种类有:鱼腥草、石菖蒲、麦冬、阔叶麦冬、金线草、油点草、垂盆草、吉祥草、蝴蝶花、宝铎草、细辛、虎耳草、过路黄、垂盆草、杜若、鳞毛蕨、贯众、凤尾蕨、扶芳藤等。

(3)旱生药用观赏地被植物。适宜生长在长期干旱的坡地,主要目的是保持水土和绿化。主要种类有:马蔺、射干、半枝莲、桔梗、荔枝草、天名精、马齿苋、黄鹌菜、紫松果菊、黑心菊、金鸡菊等。

(4)水生药用观赏地被植物。适宜生长在湿地、水塘、沼泽环境,有较高的覆盖能力和观赏特性。主要种类有:三白草、鱼腥草、水蜡烛、菖蒲、石菖蒲、水蓼、灯芯草、慈姑、泽泻等[3]。

3 药用观赏地被植物在园林绿化中的选择与应用

3.1 药用观赏地被植物的选择

药用观赏地被植物多数能覆盖地表,形成具有较高观赏效果的绿地景观,但有一些种类需要较高的立地条件、精细的管理方法。在园林应用中,要根据其特性、习性、观赏效果有选择地采用。一般药用观赏地被选择的条件是:植株低矮,冠幅或长势丰满,耐修剪,覆盖地面能力强,观赏期长,易繁殖,便于养护,适应性强,并且具有较高的抗逆性,有较高的观赏价值。只有具备以上条件,才能在园林绿化中大面积推广应用。

3.2 药用观赏地被在园林中的应用原则

(1)因地制宜。适地适种才能取得物、景、人居合一的最佳效果。只有掌握药用观赏地被植物的特点、习性、观赏价值,才能合理配置。

(2)从功能角度考虑。不同的绿化地都会有不同的景观和功能要求。对外开放的宽阔地带,要选择花、叶俱美且能耐踏、耐旱、耐燥等适应性强的植物;门口两侧、道路两侧、水池旁等不易进入的观赏区,选择植株美观,生长健壮,整齐一致,观赏性强的观花、观果地被植物为佳;在林带边、树丛下,可配置管理粗放的观叶地被,既节省人力、物力,还极富野趣。

(3)搭配适度,四季有景。地被植物在景观配置中宜成片栽植,成为主景的底色。它们的不同季相与上层相映成趣。要根据实地景观搭配,这样才能达到四季有景的效果,否则就会单调呆板。

3.3 药用观赏地被植物的应用方式

(1)整形药用观赏地被。此类植物大部分是枝叶浓密,萌生力强的木本低矮灌木。经人工修剪整形后,用于造型图案,多用于空旷地、花坛边缘、路径及坡地、林缘等处片植、丛植。常用的有:醉鱼草、小叶女贞、小叶栀子、火棘、小叶杜鹃等。

(2)空旷地药用观赏地被。此种类较多,如白及、射干、马蔺、板蓝根、大叶铁线莲、绵毛马兜铃、佛甲草、石竹、桔梗、土人参、夏枯草、薄荷、火炭母、头花蓼、金鸡菊等。

(3)林缘、疏林药用观赏地被。在林缘地带或稀疏树丛下栽植的地被植物,要求有一定的遮蔽性,同时在阳光充足时也能生长良好。如萱草、珍珠菜、络石、虎耳草、益母草、紫花地丁、鸭儿芹、鼠尾草、夏枯草、葱兰、蛇莓等。

(4)林下药用观赏地被。在郁闭度较高的林下栽培的地被植物,要求植物耐阴性较强。林下增加地被植物,不仅水土得到保持,而且有利于植被生长,同时体现出自然错落、分层结构和植物配置的自然美。常用的种类有:紫金牛、金线草、鱼腥草、乌头、过路黄、麦冬类、吉祥草、蝴蝶花、红花石蒜、长筒白花石蒜、忽地笑石蒜、石菖蒲、扶芳藤、紫萼、一叶兰、明党参、峨参、虎耳草等[5]。

(5)岩石药用观赏地被。主要用于配置于山石、墙面或山石表面等缝隙间的地被植物,要求植物耐瘠薄、耐干旱。常用的有爬山虎、华东唐松草、景天三七、佛甲草、东风菜、醉鱼草、垂盆草、费菜、虎耳草、马齿苋、肥皂草、半枝莲等。

(6)坡地药用观赏地被。主要在河岸、池塘、路坡等处的药用观赏地被,不仅能保持水土,防止雨水冲淋洗刷,而且丰富了坡地景观。选择药用观赏地被植物,要求根系发达,枝叶严密,观赏性强,如黑心菊、马蔺、金鸡菊、松果菊、诸葛菜、地榆、牛膝、爬山虎、五叶地锦、射干、萱草、金钟、蔓性月季、白英、金银花等。

4 药用观赏地被植物在园林中的作用

4.1 丰富绿化层次,提升观赏效果

适宜做观赏地被植物的药用植物很多。它们有丰富的叶色、花色和果色,在不同季节会显出不同特色景观。叶色深绿的有阔叶麦冬、麦冬等;浅绿的有万年青等;黄绿色的有景天、鸢尾;花朵紫色的有紫花地丁、诸葛菜;黄色的有佛甲草、委陵菜、忽地笑、垂盆草等;白色的有葱兰、白花沙参等;红色的有红花石蒜等。如道路旁种植马兰,既耐践踏,淡紫色的花又极具观赏价值。如大花金鸡菊的小花密集成片,似绿色的植株戴上皇冠。蛇莓春季开黄花,秋季结红果,均具有独特的观赏效果。

4.2 减少病虫害的滋生

许多药用植物本身就含有多种化学成分,对一些虫害、病害有很高的抑制作用,只要合理运用会收到良好的效果。例如艾草具有一种特殊的香味,这特殊的香味具有驱蚊虫的功效,所以,古人常在门前挂艾草,一来用于避邪,二来用于赶走蚊虫。

4.3 科普功能

药用植物运用到园林中,除具有防尘、降温、增湿、净化空气、美化环境供人们观赏之外,还可增强人们的健康知识。如配以说明牌展示其药用功效,寓教于游乐休闲中,还能使更多的人了解祖国的传统中药,会达到想不到的科普宣传作用。

4.4 覆盖地表速度快,观赏效果佳

部分药用观赏地被植物,覆盖地面速度极快,并且能产生极好的观赏效果。如春季恢复生长早,叶片翠绿,适应性强的景天属的佛甲草、凹叶景天、垂盆草等,3~5月开满鲜艳的黄花引人注目,观赏效果极佳。

4.5 管理粗放,降低养护成本

对于园林中乔灌林下大面积的空地,选择耐阴性好,观赏期长,观赏价值较高,又耐粗放管理的药用观赏地被种类,不但能增加景观效果,而且不需要花太多的人力、物力去养护。如南京中山植物园柏树林下及林缘成片种植的诸葛菜,早春开出蓝色的小花,极为美观;又如红枫岗搭配种植的吉祥草、石蒜组合,能起到令人心醉的景观效果[2]。

5 药用观赏地被植物的发展前景

我国药用植物资源十分丰富,许多药用植物除药用外,还有较高观赏价值,适合作园林观赏地被的种类很多。如处于野生状态下的美丽胡枝子、锦鸡儿、铁线莲、蓝刺头、漏芦、黄花败酱、地榆、林荫银花、兔儿伞、天南星、乌头、白花前胡、香茶菜、当归等。从药用植物中可广泛地筛选适合作地被的观赏材料。将具有较高观赏价值的药用植物直接运用到园林建设中,是丰富园林植物种类和品种的一条重要途径。近几年来,国外和外省区的观赏植物大量进入本省,占据了很大的市场份额。系统地从药用植物中选择观赏植物,以筛选花卉新品种和花药兼用为目的,不但丰富本省的花卉品种资源,改善品种结构,而且市场风险性小、成本低,避免盲目进口,有利于江苏产业结构的调整及花卉产业的振兴,也将产生良好的经济效益和社会效益。

参考文献

[1]赵锡惟.园林地被植物的应用与发展[M].北京:科学出版社,2000.
[2]刘建秀,周久亚.草坪地被植物、观赏草[M].南京:东南大学出版社,2001.
[3]任全进 于金平等.江苏药用保健地被植物及其在园林绿地中的应用[J].中国园林,2009(07):24-27.
[4]江苏省植物研究所.江苏植物志(上、下)[M].南京:江苏人民出版社,1977.
[5]任全进,于金平.江苏蕨类植物资源及其利用价值[J].江苏林业科技,1998.25(3):26-29.

鸟的食源性乡土植物及其应用
Study on the Native Edible Fruit Plants for Birds and its Utilization

童效平　周莉　杨萍萍

（合肥植物园,合肥　230031）

Tong Xiaoping　Zhou Li　Yang Pingping

(Hefei Botanical Garden , Hefei 230031)

摘要：本文对二十余种鸟的食源性乡土植物的生物、生态学特性进行了系统的探讨,阐明了它们在构建稳定和谐自然生态系统、保护生物多样性方面发挥的关键作用,并对它们在当前城市绿地系统建设中的应用现状进行了剖析与反思。

关键词：食源性乡土植物;鸟;生态系统;生物多样性;绿地系统

Abstracts：The biological characters and ecological habitats of about twenty species of the native edible fruit plants for birds were systematically researched. The key role that these played in the construction of stable ecosystem and the protection of biodiversity was also reviewed. The current utilizing situation in constructing landscape green space system was also discussed and thought over repeatedly.

Key words：native edible fruit plant; bird; ecosystem; biodiversity; landscape green space system

1　前言

近年来随着我国国民经济及社会快速发展,大规模城市建设在各地正如火如荼地开展。然而由于我国在城市绿地系统建设、管理理论及经验等方面尚不完全成熟,各地在绿地系统建设中均大量种植非本地原产的景观树种,长年累月地大量施肥,喷施杀菌剂、除虫剂,致使土壤、水源、大气均遭到严重污染与毒害。生态环境非但没有明显改善,反而遭到建设与管理性破坏,明显有违绿地系统建设的良好初衷。而在工业化和大规模城市化建设之前,由乡土动植物、微生物区系构建的原生态系统是多么和谐与稳定。长期以来它们形成一种完美的、天然的相濡以沫、休戚与共、共生共荣的关系。而在这一系统中,一群特殊的植物与野生鸟类形成了特殊的共生关系,

植物每年产生大量营养丰富、颜色鲜艳的种子或果实供鸟类食用,鸟类则帮助它们传播与繁衍后代,相互依存、相互依赖 ,维持了大自然的勃勃生机。本文试图从这一关系与纽带出发,详细探讨鸟的食源性乡土植物在维持自然生态系统平衡中的特殊作用,为走资源节约型、环境友好型、生态和谐型的园林建设之路提供科学依据。

2　食源性乡土植物甄别原则

甄别食源性乡土植物有以下一些原则:

(1)当地原生态系统中天然分布的乔木、灌木、藤本、地被植物,并且分布地域广,是当地的常见或习见植物。

(2)植物生态、生物学特性完全符合当地自然节律,占据着各种生态位,耐粗放管理,且能产生大量营养丰富、没有毒性、鸟类喜食的果实与种子。

(3)较少受到病虫害侵袭,通常为天然分布,即使人工培育栽培它们也勿需施用化肥、农药,对环境几乎没有任何副作用。

(4)经济生态学价值高,它们通常生长繁茂、生物量巨大、叶面积指数高、改善环境作用大,并且具有木材、纤维、医药、畜牧业、纺织印染等多种用途,是重要资源植物。

(5)天然状态下,种子依赖鸟类传播,有时也通过根蘖繁殖。

(6)可作为城市园林建设优良树种使用,尤其可作为水土保持林、风景林等生态廊道建设的骨干树种、基调树种。

经过认真甄别,在长江中下游及周边地区*符合上述原则的有如下二十余种乔灌草物种。

乔木类:棠梨、朴树、构树、桑树、重阳木、苦楝、乌桕、大叶女贞、石楠、椤木石楠、丝棉木、潢川金桂。

灌木类:野樱桃、火棘、柘树、海桐、水蜡树。

攀援蔓生灌木有:野蔷薇、扶芳藤、忍冬、爬山虎。

地被植物类:土麦冬(阔叶麦冬)、蛇莓。

3 食源性乡土植物生物、生态学特性

3.1 乔木类

(1)棠梨[3] *Pyrus betulaefolia* Bge.

蔷薇科梨属落叶乔木。单叶互生,阳春三月,洁白如玉的伞形总状花序覆满树冠,云蒸霞蔚,十分壮观。金秋时节,叶变橙黄色、橙红色、五彩斑斓,令人目不暇接。冬季黄褐色小梨果酸甜可口、大小适中、营养丰富,为鸟类提供丰富食物。本种常沿河岸湿地成片生长,树形优美,材质优良,是四旁植树的优良树种。

(2)朴树[1,2] *Celtis tetrandra* Roxb. ssp. *sinensis* (Pers.) Y.C.Tang

榆科朴树属落叶乔木,单叶互生、树皮光滑,每年10~11月,橙黄色小核果成熟。

本种适应性强、分布范围广、姿态优美、病虫害少、冠大荫浓,是庭园配置、行道树、风景林、水土保持林的优良树种。

(3)构树[2] *Broussonetia papyrifera* (L.) L'Her ex Vent.

桑科落叶乔木。树通体具白色浆质,单叶互生,叶两面密生柔毛。雌雄异株,每年7~9月球状聚花果鲜红色,味美可口,养分充足,果实产量巨大,为鸟类提供充足的食源。该种能广泛适应各种生境,尤其在大气及土壤污染严重地区依然能旺盛生长,是重要的环保树种。树叶营养丰富,可为牛、羊、猪等牲畜提供优质饲料。树皮纤维丰富,是优质造纸原料。但由于构树夏季落果易招蚊蝇,加上繁殖蔓延非常迅速,具有排它性,在园林实践中通常被认为是杂树、杂灌而彻底清除。事实上该种在鸟的食源性乡土树种中,是分布最为广泛、生态幅最宽、产量最大、维护生态系统平衡最关键的树种之一。

(4)桑树[2] *Morus alba* Linn.

桑科落叶乔木。每年4~5月聚花果紫黑色,营养丰富,味道鲜美,在鸟的食源性树种中,是果实成熟最早的树种之一。此时正值各种鸟类繁殖、育雏而食物又相对匮乏时段,是各种鸟类最佳营养滋补品。桑葚营养丰富,各种野生动物均十分爱食。本种适应性强,分布广泛,对维护生态系统平衡作用显著,功不可没。但在城市园林建设中,几乎没有栽植应用。

(5)乌桕[3] *Sapium sebiferum* (L.) Roxb.

大戟科乌桕属落叶乔木。每年秋冬季,蒴果三瓣裂,露出具白色蜡质层包裹的种子,是喜鹊、斑鸠、灰喜鹊等大中型鸟类的天然食物。每年金秋时节,红叶似火,色彩斑斓,在田间、地头常形成一道道亮丽的风景线。本种适应性强,分布广泛,是极重要的水土保持和风景树种之一,同时也是生态廊道体系建设不可或缺的先锋树种、

骨干树种。

（6）重阳木[3] *Bischofia polycarpa* (Levl.) Airy. -Shaw

大戟科重阳木属落叶大乔木。三出复叶。每年11月红褐色浆果成熟，串串珠帘，玲珑可爱。本种果实大小适中，为鸟类喜食树种之一。本种适应性强，树体高大、寿命长、生长迅速，是优良城乡绿化树种，但应用较少。

（7）苦楝[3] *Melia azedarach* Linn.

楝科苦楝属落叶乔木。二至三回大型羽状复叶，初夏时节，大型蓝紫色圆锥花序令人心旷神怡，深秋至次年春季，金黄色核果缀满枝头，为大中型鸟类提供丰富食源。本种适应性强，分布广，自身能分泌苦楝素，具非凡的抗病虫能力。冠大荫浓，树姿婆娑，是十分优秀的环保及绿化树种。但在城市园林绿化建设实践中同样被人遗忘，几乎没有应用。

（8）大叶女贞[4] *Ligustrum lucidum* Ait.

木犀科女贞属常绿乔木。单叶对生，每年5～6月白色圆锥花序发出阵阵清香，冬季至次年春季，紫黑色浆果状核果缀满树梢，为鸟类提供时间最长、产量最大的优质食源。本种适应性强，分布广，是常绿阔叶乔木最抗寒树种之一，在长江以北地区广泛种植，对维持生态系统平衡有着至关重要的作用。

（9）石楠[3] *Photinia serrulata* Lindl.

蔷薇科石楠属常绿小乔木。早春红色嫩梢、嫩叶艳丽无比，4～5月大型复伞房花序洁白如云，秋冬季橙红色小梨果布满枝头。本种繁殖、栽培容易、姿态优美、观赏价值高，是园林配置常见树种之一。

（10）椤木石楠[3] *Photinia davidsoniae* Rehd.

蔷薇科石楠属常绿小乔木，有枝刺，单叶互生，3～4月复伞房白色花序傲然绽放，秋冬季至次年春季，大小适中的紫黑色小梨果为鸟类提供丰富、充足食源。本种适应性强、繁殖栽培容易，是优良绿化树种之一。

（11）丝棉木[3] *Euonymus bungeana* Maxim.

卫矛科卫矛属落叶小乔木。每年秋冬季蒴果成熟，露出具红色假种皮的种子，招引鸟类啄食。深秋时节，叶色艳丽无比，光彩夺目。本种适应强、繁殖易，是优良水土保持、风景林配置树种，但绿化应用极少。

（12）潢川金桂[4] *Osmanthus fragrans* (Thunb.) Lour. 'Huangchun Jingui'

木犀科木犀属金桂品种群常绿小乔木。每年9～10月金粟点点，十里飘香。次年4～5月浆果状核果成熟，为鸟类提供丰富食源。本种广泛栽培于长江中下游及江淮地区，抗寒性强，观赏价值高、花量大，易结果，是桂花品种中的优良品种之一。

3.2 灌木类

（1）野樱桃[3] *Cerasus pseudocerasus* (Lindl.) G. Don

蔷薇科樱属落叶灌木。早春三月，满树洁白，灿若烟霞。4月上中旬，红色小核果点缀在绿叶丛中煞是可爱。本种是早春果实成熟最早的树种，果实大小适中，酸甜可口。每当成熟时，各种鸟类竞相取食、喊喊喳喳、热闹非凡。本种是历经漫长冬季饱受饥饿煎熬的鸟类补充养分、增强体质的优质树种。

（2）火棘[3] *Pyracantha fortuneana* (Maxim.) Li

蔷薇科火棘属常绿灌木。每年5月上中旬花开时，树冠通体洁白，11月至次年春季，橙黄色、橙红色小梨果压弯枝头，如火如荼。本种果小、味甜、颜色鲜艳，且果量大、果期长达半年之久，在漫长冬季为各种鸟类提供丰富的营养价值高的天然食物。本种适应性强、耐修剪造型，是优良城市园林绿化树种之一。

（3）柘树[2] *Cudrania tricuspidata*

（Carr.）Bur.

桑科柘树属落叶小乔木,但常呈蔓生灌木状,小枝多枝刺。每年 9 ~ 10 月橙黄色聚花果,酸甜可口,为鸟类天然食源之一。本种叶可饲养柞蚕,树体提取的黄色颜料是印染黄袍、袈裟的优质天然原料。适应性强、分布广、耐粗放管理,是水土保持林、风景林建设的优良树种之一。

（4）海桐[2] *Pittosporum tobira* Ait.

海桐科海桐属常绿灌木,叶革质,终年亮绿。金秋时节,蒴果爆裂,露出具鲜红色假种皮的种子,对鸟类具有非凡的诱惑力与吸引力。本种树姿优美,耐修剪,易繁殖,适应性强,是优良城市绿化树种之一。

（5）水蜡[4] *Ligustrum acutissium* Koehne

木犀科女贞属半常绿灌木。每年冬季至次年春季,紫黑色小核果为鸟类提供充足食源。本种适应性强,栽培广泛,但在城市仅作为绿篱或色块类植物栽植,结果较少。在风景林、水土保持林应加大自然树型的培育力度。

3.3 攀援及蔓生灌木类

（1）野蔷薇[3] *Rosa multiflora* Thunb. var. *cathayensis* R. et W.

蔷薇科蔷薇属攀援状灌木。每年 4 月中下旬,粉红色花朵摇曳枝头,招蜂引蝶。秋冬季红色蔷薇果凌霜傲雪,为鸟类提供精美的食物。本种适应性强,野外常形成密集灌丛,为各种动物提供天然栖息地,可作为水土保持、风景林树种栽培。

（2）忍冬[4] *Lonicera japonica* Thunb.

忍冬科忍冬属攀援藤本。花期 4 ~ 8 月,长达半年,先红后黄,馨香无比。秋冬季紫黑色浆果,为鸟类所喜食,天然分布与鸟类取食活动有密切关系。本种适应性强,耐粗放管理,花期长,花色艳丽,可供药用,是优良观赏及药用植物。

（3）扶芳藤[3] *Euonymus fortunei* （Turcz.）Hand.-Mazz.

卫矛科卫矛属半常绿蔓生藤本。秋冬季蒴果开裂,露出具红色假种皮的种子。秋色叶变幻莫测,野外常沿悬崖、石礫、墙垣、树干自然攀援或附生形成独特景观。本种耐阴性特强,常密集生长,是优良的地被植物,可作为水土保持树种栽培,但园林应用较少。

（4）爬山虎[3] *Parthenocissus tricuspidata* （Sieb. et Zucc.）Planch.

葡萄科爬山虎属落叶藤本。深秋蓝黑色浆果,为鸟类提供丰富食物。本种适应性特强、繁殖易、根具吸盘、攀援附着能力最强,是垂直绿化先锋树种。

3.4 草本地被植物类

（1）土麦冬[5]（阔叶麦冬）*Liriope spicata* Lour.

百合科麦冬属多年生宿根草本,四季常绿,6 ~ 8 月穗状总状花序淡紫色,繁花似锦。秋冬季紫黑色浆果为不善飞翔的雉类、斑鸠、椋鸟类提供丰富食源。本种适应性强,分株繁殖易,固土能力强,耐阴,耐粗放管理,是长江以北园林绿化配置首选地被植物之一。

（2）蛇莓[3] *Duchesnea indica* （Andr.）Foche

蔷薇科蛇莓属多年生草本。花果期每年 4 ~ 10 月,聚合果球形,鲜红色,艳丽夺目,是各种野生动物如兔、獾、刺猬及鸟类的可口食物。本种适应性强,耐粗放管理,不择土壤气候,是优良的天然观赏地被植物。

此外尚有枇杷（*Eriobotrya japonica*）、柿（*Diospyros kaki* L. f.）等优良乡土植物,限于篇幅,在此不再一一赘述。

3.5 长江中下游及周边地区鸟的主要食源性乡土植物综合性状一览表

鸟的食源性乡土植物综合性状表

The complex features of the native edible fruit plants for birds

序号 No.	名称 Name	花期 Flower date	果期 Fruit date	果实或种子性状 Fruit features	野外分布及习性 Fielddistribution andgrowth habit	应用价值 Utilizing value	应用现状 Utilizing situation
1	棠梨	3月	秋冬季	黄褐色梨果	沿岸边分布	水土保持林、风景林	极少
2	朴树	4月	秋冬季	紫黑色小核果	野外习见,适应性强	绿化观赏	较少
3	构树	4月	7~9月	鲜红色聚花果	野外习见,不择土壤、气候	水土保持、环保树种	极少
4	桑树	3~4月	4~5月	聚花果紫黑色	野外习见,不择土壤、气候	水土保持、风景林	未见
5	重阳木	4月	秋冬季	浆果状核果	野外常见	城乡绿化	较少
6	乌桕	4月	秋冬季	蒴果,种子具白色蜡质层	野外习见	城乡绿化	常见
7	苦楝	4~5月	秋季至翌年春季	核果黄色	野外习见	城乡绿化	未见
8	大叶女贞	5~6月	秋季至翌年春季	浆果状核果,紫黑色	适应各种立地条件	城乡绿化	常见
9	石楠	4月	秋冬季	橙红色小梨果	野外习见	风景林地	常见
10	椤木石楠	4~5月	冬季至翌年春季	黑色小梨果	野外习见	园林绿化	常见
11	丝棉木	3~4月	秋冬季	蒴果开裂露出红色假种皮种子	野外习见	水土保持、风景林地	少见
12	潢川金桂	9~10月	翌年夏初	浆果状核果	栽培广泛	园林绿化	习见
13	野樱桃	3月中下旬	4月	红色小核果	偶见栽培	园林绿化	少见
14	火棘	4~5月	冬季至翌春	果红色、橙黄色	野外常见	绿化观赏	常见
15	柘树	4月	秋冬季	聚花果橙黄色	野外习见	水土保持、风景林地	未见
16	海桐	5月	秋冬季	蒴果开裂露出红色假种皮种子	常见栽培	园林绿化	常见
17	水蜡树	5月	秋冬季	紫黑色小核果	广泛栽培	水土保持、风景林地	习见
18	野蔷薇	4~5月	冬季	红色蔷薇果	野外习见	水土保持	未见
19	忍冬	4~9月	秋季	黑色浆果	野外习见	绿化观赏	常见
20	扶芳藤	4月	秋冬季	假种皮红色	野外习见	风景林地	未见
21	爬山虎	4~5月	秋冬季	紫黑色浆果	野外常见	绿化	常见
22	土麦冬	6~7月	秋冬季	浆果紫黑色	野外习见	园林绿化	常见
23	蛇莓	4~8月	4~9月	聚合果鲜红色	野外习见	地被植物	少见

4 鸟的食源性乡土植物利用现状及应用前景

4.1 开发利用现状

通过对上述二十余种鸟的食源性乡土植物的生物、生态学特性分析,可以清晰地看出它们在构建和确保当地生态系统平衡中所发挥的作用,同目前城乡绿化通常种植的只具观赏价值的树木花草相比,它们具有无可比拟的生态学优势。但在当前城市绿地系统建设中,它们因不具备这样或那样的观赏价值,而惨遭人们唾弃。原先布满它们绿色、健康、顽强躯体的乡野,原先鸟语花香、虫噪蝶舞的生境,被城市化、工业化浪潮迅速湮灭,代之而起的是钢筋混凝土建筑丛林、车辆川流不息的宽阔马路、人声鼎沸的闹市、机器轰鸣的工厂,抑或是异国他乡花草的摇曳、喷泉跌水的喧嚣等。在农村农田林网建设中,因它们不具备明显的木材学利用价值,同样遭到砍伐或割除,它们通常被认为是杂树、杂草而倍受蹂躏,生存空间越来越小。在物欲横流的世俗面前,它们逐渐被排挤成植物界的弱势群体或边缘群体,逐渐沦落为浪迹天涯的"野孩子、怪孩子"而龟缩在人迹罕至的角落,苟延残喘,命运堪忧。

4.2　乡土植物构建的自然生态系统具有无可比拟的生态学、经济上的优势

从古至今,乡土植物一直是当地原生态环境的土著者,它们与当地的自然、地理条件,生物区系形成了稳定而和谐的关系,大自然早已通过物种进化的选择,孕育出能适应当地自然、生物条件的各种植物。这群优势乡土植物自始至终无怨无悔地呵护、守卫着地球每寸土地,它们从来不要人类一分钱投资,也勿需人类的过分关怀,仅依靠自然力量而繁衍。它们不畏严寒、不惧酷暑、不畏风暴、不畏病虫侵袭,始终守卫着人类的绿色家园。就是这样一大群健康的生态卫士,在当前城市美化运动驱使下,在城市建成区数十平方公里范围内,人们竟然难觅一片、一丛、抑或一株由它们构建的生态领地。面对一块块、一片片修剪整齐的绿篱,一株株斩头除尾的大树,一片片刈割平整的草坪,干旱时有人不断浇水,缺少养分时有人给予施肥,病虫、草害发生时有人喷施杀虫、杀菌、除草剂,这些所谓的时代宠儿,乡土植物是望尘莫及而难以企盼的。而这种人类花高价建成的养尊处优的绿地,带给自然的是:生物多样性锐减、鸟声越来越稀、毁灭性病虫害发生越来越频繁、城市热岛效应在一天天地增强、绿地维护成本在一天天地增加。面对这些令人痛心疾首的后果,我们必须重新审视当前绿地系统建设的价值观与生态伦理观,人类必须站在善待自然、与自然和谐共处的高度,充分发掘乡土植物,尤其是鸟的食源性乡土植物在维护当地自然生态系统平衡中的独特作用,为人类造福。

4.3　应用前景

当前随着人们环保意识增强,用科学发展观指导各项建设与管理工作逐渐深入人心。我们再也没有任何理由不去关心这些早已与人类和谐共处的乡土植物。我们要以百倍决心、百份善心去进一步研究、开发利用乡土植物,大张旗鼓地加大利用力度。尤其在城市绿地系统的生态廊道体系建设中,更加关注它们的应用。用它们平凡、健康而伟大的绿色躯体构建稳定、和谐的生态系统,重塑鸟语花香的仙境,重新构筑人类永恒、健康、可持续发展的大自然。

参考文献

[1] 李书春. 安徽木本植物[M]. 合肥:安徽科学技术出版社,1983.

[2] 安徽植物志协作组. 安徽植物志,第2卷[M]. 北京:中国展望出版社,1986.

[3] 安徽植物志协作组. 安徽植物志,第3卷[M]. 北京:中国展望出版社,1988.

[4] 安徽植物志协作组. 安徽植物志,第4卷[M]. 合肥:安徽科学技术出版社,1991.

[5] 安徽植物志协作组. 安徽植物志,第5卷[M]. 合肥:安徽科学技术出版社,1992.

不同激素和浓度对杭子梢和多花胡枝子
扦插生根的影响

The Effects of Varieties and Concentrations of Exogenous Hormone on the Rooting of Cutting for *Campylotropis macrocarpa* and *Lespedeza floribunda*

刘东焕　赵世伟　郭翎　樊金龙

（北京市植物园，北京　100093）

Liu Donghuan　Zhao Shiwei　Guo Ling　Fan Jinlong

（*Beijing Botanical Garden*, *Beijing*, 100093）

摘要：以野生花灌木杭子梢（*Campylotropis macrocarpa*）和多花胡枝子（*Lespedeza floribunda*）为实验材料，利用不同含量的 NAA、IBA 和 ABT 3 种激素进行了扦插繁殖技术研究。结果表明，不同激素和含量对杭子梢插穗生根的促进作用是不同的，其中 NAA 和 IBA 对插穗生根的促进作用较明显，而 ABT 的促进作用不明显。3 种激素相比较，杭子梢最佳的生根激素是 NAA（200mg/kg），生根率达到 100%，比清水对照 67.3% 高 32.7%；不同激素和含量对多花胡枝子插穗生根的促进作用不显著，其中以 50 mg/kgABT 处理插穗的生根率为最高，达到 74.6%，比清水对照 58% 高 16.6%。

关键词：杭子梢；多花胡枝子；扦插；激素；生根

Abstract：Two kinds of wild shrubs were used as experimental materials, including *Campylotropis macrocarpa* and *Lespedeza floribunda*. The effects of varieties and concentrations of exogenous hormone on the rooting of cutting were investigated. The bottom of cuttings was treated with ABT, NAA and IBA at concentrations of 50 mg/kg, 100 mg/kg and 200 mg/kg, respectively before the cuttings were inserted. The rooting percentage and the length and number of adventitious roots were studied. The results indicated that NAA and IBA had a remarkable effect on rooting of *Campylotropis macrocarpa*, especially the treatments of 200 mg/kg NAA having rooting rate of 100%. However, varieties and concentrations of exogenous hormone had no significant effect on rooting of *Lespedeza floribunda*. The biggest rooting rate is 74.6%, 16.6% higher than that of the control. It is suggested that 200mg/kgNAA is the appropriate rooting hormone for cutting of *Campylotropis macrocarpa* and other hormones have not notable effect on rooting of cutting for *Lespedeza floribunda*.

Key words：*Campylotropis macrocarpa*；*Lespedeza floribunda*；cutting；exogenous hormone；rooting

杭子梢（*Campylotropis macrocarpa*）和多花胡枝子（*Lespedeza floribunda*）都是豆科灌木，北京山区多见，生长于林下，花色鲜艳，花量多，特具观赏价值[1]。我们对其耐

资助项目：北京市公园管理中心课题《耐阴乡土地被植物的筛选与应用》（2006－2008）

阴性实验结果表明,杭子梢和多花胡枝子光适应性很强,在全光、半阴环境和25%全光照的光环境下表现效果都很好,因此,在园林绿化中具有广泛的应用价值。但目前杭子梢和多花胡枝子在北京园林绿化中的应用并不多。为推广其应用,需要弄清它们的繁殖技术,但目前对其扦插繁殖技术的研究还未见报道。扦插繁殖具有取材方便、育苗周期短、繁殖系数大、生长快、抗性强、能保持树木的优良性状,提早开花结实等优点[2]。为此,我们对杭子梢和多花胡枝子的扦插繁殖技术进行了研究,以期为这两种野生花灌木的资源开发提供理论基础。

1　实验材料和方法

1.1　实验材料

杭子梢(*Campylotropis macrocarpa*)和多花胡枝子(*Lespedeza floribunda*)

1.2　实验方法

1.2.1　插穗的选择

2006年7月下旬,从香山公园苗圃分别选取生长健壮、无病虫害的杭子梢和多花胡枝子顶端一年生枝条制穗,插穗长15cm。将插穗下切口剪成斜口,上切口剪成平口,上下切口距芽约0.5cm。每一种分别制1500个插穗,分9种处理(如表1)和1个清水对照。然后将每一种插穗平均分成10组浸在盛有9种不同含量激素和清水对照的容器中,处理时间为24小时。

1.2.2　插床的处理

插床为50个穴的穴盘。扦插基质为3∶1的营养土和珍珠岩,扦插前用0.5%的$KMnO_4$溶液对基质进行消毒。每一种各准备30个穴盘。

1.2.3　实验设计与扦插方法

采用完全随机区组试验设计(见表1),每一穴盘(50个插穗)为一处理,每一处理设3个重复,采用直插法。插前先用木条在基质扎眼,株距10cm,行距10cm,扦插深度为插穗长的1/3,压实插条周围的基质,并立即浇透水,使插穗与基质充分接触保持一定的湿度。

1.2.4　插后管理

木本植物枝条扦插能否生根,除决定于插穗的生根潜能外,提供插穗生根的环境条件也是至关重要的[3]。因此,在插后管理中,我们把扦插棚内的温度控制在20~25℃之间,相对湿度保持在85%以上。扦插棚的环境条件采用全光喷雾方式,即在全光照的条件下,用水分控制仪来控制,每间隔25~30分钟喷雾1次,一次喷雾15~20秒[4]。

1.2.5　生根调查与统计分析

在杭子梢、多花胡枝子大量生根期,分别统计这3种插穗的生根率,随机选取10

表1　扦插实验设计方案

实验材料	水平	激素种类	激素含量(mg/kg)	抽穗类型
杭子梢	0	0	0	一年生萌条
	1	ABT	50	
	2	NAA	100	
	3	IBA	200	
多花胡枝子	0	0	0	一年生萌条
	1	ABT	50	
	2	NAA	100	
	3	IBA	200	

根生根的插穗,统计根数,测量最长不定根的长度,分别求其平均值;观察愈伤组织的发生。在观察记录的基础上,对生根率、不定根长和不定根数的平均值利用 Duncan 检测进行方差分析,并对不同处理间进行差异显著性检验[5,6]。

2 结果分析

2.1 杭子梢、多花胡枝子插穗的生根特点

试验发现,杭子梢属于皮部生根型,未发现愈伤组织生根现象,不定根生长位置多集中在节间,有芽的一侧生根较多。多花胡枝子属于愈伤组织生根型,生根率较低。

2.2 不同激素处理对杭子梢插穗生根的影响

生根率调查(表2)揭示,不同种类以及不同浓度的激素对杭子梢生根率的影响是不一样的。NAA 和 IBA 处理插穗的生根率与对照相比有显著性差异,生根率达到93%以上,比对照高出25%～30%。并且不同浓度的 NAA 和 IBA 处理插穗的生根率没有显著差异。但不同浓度的 ABT 对杭子梢插穗生根率的促进作用与 NAA 和 IBA 有显著差异,对插穗的生根率明显低于NAA 和 IBA,其中50 mg/kg 的 ABT 对插穗

的生根率还明显低于对照36%。

不定根根长(表2)结果显示,除200 mg/kg 的 IBA 和 100 mg/kg 的 ABT 处理的插穗根长与对照无显著差异外,其他处理均与对照有显著差异,对不定根的根长有明显的促进作用。不同激素处理相比较,NAA 对插穗不定根生长的促进作用明显优于其他处理。

不定根根数(表2)调查结果表明,除200 mg/kg 的 ABT 处理插穗的不定根根数明显低于对照外,其他处理的插穗不定根平均数都高于对照。说明,外源激素能够明显提高杭子梢插穗的不定根数量。不同激素处理相比较,200 mg/kg 的 NAA 对插穗不定根数量的促进作用明显优于其他处理。其他处理之间无显著差异。

综合分析得出结论:NAA 和 IBA 能够明显提高插穗的生根率,200 mg/kg 的 NAA 和 200 mg/kg 的 IBA 处理插穗的生根率可达到100%。其中200 mg/kg 的 NAA 对插穗根数和根长的促进作用最明显,其次是50 mg/kg 的 NAA 和 100 mg/kg 的 NAA,100 mg/kg 的 IBA 对插穗根长和根数也有明显的促进作用。

2.3 不同激素处理对多花胡枝子扦插生根的影响

表2　杭子梢的扦插生根情况

处理(mg/kg)		生根率	a = 0.05	不定根长	a = 0.05	不定根数	a = 0.05
	CK	0.673	c	9.000	f	15.333	c
NAA	50	0.940	a	17.333	a	27.333	b
NAA	100	0.943	a	13.333	bcd	27.333	b
NAA	200	1.000	a	19.666	a	48.333	a
IBA	50	0.940	a	16.333	ab	18.666	c
IBA	100	0.930	a	12.333	cde	31.000	b
IBA	200	1.000	a	12.000	ef	28.333	b
ABT	50	0.316	d	16.333	ab	29.666	b
ABT	100	0.820	b	10.000	ef	29.666	b
ABT	200	0.787	b	16.000	abc	8.666	d

注:表中小写英文字母表示在5%水平上差异显著。

表 3 多花胡枝子的扦插生根情况

处理(mg/kg)		生根率	a=0.05	不定根长	a=0.05	不定根数	a=0.05
	CK	0.580	d	13.333	abc	6.333	cd
NAA	50	0.500	e	14.000	abc	6.333	cd
NAA	100	0.640	cd	16.666	a	12.000	b
NAA	200	0.650	bc	8.666	d	7.000	cd
IBA	50	0.666	bc	12.333	abc	6.000	d
IBA	100	0.613	cd	14.666	abc	14.000	b
IBA	200	0.506	e	14.333	abc	19.000	a
ABT	50	0.746	a	13.666	abc	10.333	bc
ABT	100	0.703	ab	15.666	ab	6.000	d
ABT	200	0.580	d	11.000	cd	13.000	b

注:表中小写英文字母表示在5%水平上差异显著。

生根率方差分析结果表明,不同处理的多花胡枝子插穗生根率变化较大(表3)。其中50 mg/kg的NAA和200 mg/kg的IBA处理插穗的生根率比对照还低;100 mg/kg NAA、100 mg/kgIBA和200 mg/kgABT处理的插穗生根率与对照没有显著差异;其他处理的生根率比对照高。其中以50 mg/kgABT处理生根率为最高,达到74.6%。

不定根根长:对不同处理的多花胡枝子插穗的不定根平均根长进行方差分析,结果表明,除200 mg/kg的NAA和200 mg/kg的ABT处理的插穗不定根根长明显低于对照外,其他处理与对照相比无明显差异。

不定根根数:对不同处理的多花胡枝子插穗不定根平均根数进行方差分析,结果表明,以200 mg/kg的IBA处理插穗的不定根数为最多,是19根(条),是对照的3倍多;其次是100 mg/kg的IBA,200 mg/kg的ABT和100 mg/kg NAA,不定根数分别为14根、13根和12根;其他处理与对照无显著差异。

对多花胡枝子的生根率、根长和根数进行综合分析得出结论:50 mg/kg ABT能够显著提高多花胡枝子的插穗生根率,但对不定根长和不定根数的促进作用不明显;其他处理对多花胡枝子插穗生根效果均不明显。

3 结论

本实验结果表明,不同外源激素对杭子梢插穗生根影响是不同的。其中NAA和IBA对插穗生根的促进作用较好。而ABT的促进作用不太好。但同一激素不同处理对插穗生根的促进作用也有一定差异。杭子梢的扦插生根以200 mg/kg的NAA为最好,其对生根的促进作用优于50 mg/kg和100 mg/kg的NAA;其次是100 mg/kg的IBA,它对杭子梢插穗生根的促进作用优于50 mg/kg的IBA和200 mg/kg的IBA。

对多花胡枝子而言,NAA、IBA和ABT 3种激素对其插穗生根的促进作用不明显,而且,50 mg/kg的NAA和200 mg/kg的IBA处理插穗的生根率比对照还低。这可能与不同植物对外源激素的敏感程度差异有关,多花胡枝子可能不适合扦插生根,也可能与处理时间有关,这些问题还有待进一步研究。

参考文献

[1] 汪劲武[M]. 常见野花[M]. 北京:中国林业出版社,2004.

[2] 哈特曼 H T. 植物繁殖原理与技术. 郑刑文译[M]. 北京:中国林业出版社,1985.

[3] Neton A C,Jones A C. Characterization of microclimate in mist and non—mist propagation systems[J]. Journal of Horticultural Science,1993,68(3):421—430.

[4] 查振道,贾晓卫.60 个树种全光照喷雾扦插育苗试验[J]. 陕西林业科技,2001(4):1—12,38.

[5] 刘魁英,王有年.园艺植物试验设计与分析[M]. 北京:中国科学技术出版社,1999.

[6] 徐兴友,孟宪东,郭学民,等.4 种野生花灌木硬枝的扦插[J]. 东北林业大学学报,2004,32(6):60－63.

展览温室主要环境因子分析与引种植物适应性评价 *

——以南京中山植物园大型展览温室为例

Analysis on the Environment Factors of Conservatory and Evaluation of Adaptability of Introduced Plants

汤诗杰　顾永华　胡乾军　耿蕾　高福洪　荆秀琴

〔江苏省中国科学院植物研究所(南京中山植物园),江苏南京　210014〕

Tang Shijie　Gu Yonghua　Hu Qianjun　Geng Lei　Gao Fuhong　Jing Xiuqin

(*Institute of Botany, Jiangsu Province & Chinese Academy of Sciences, Nanjing* 210014)

摘要:本文以南京中山植物园大型展览温室为例,在测量温室温度、湿度和光照的基础上,分析了温室内温度、湿度和光照的现状以及变化规律。对展览温室引种的植物进行了适应性评价。讨论了展览温室建设中需要重点关注的问题,提出展览温室建设中首先要考虑的是功能而不是结构;在亚热带地区展览温室建设中,解决夏季的通风降温比解决冬季加温保暖更重要;在展览温室植物引种中,不仅要考虑植物的适应性,更要注重展览温室能提供植物生长的环境条件。

关键词:南京中山植物园;展览温室;环境因子;植物引种

Abstract:Based on testing temperature, moisture and light in the conservatory of Nanjing Botanical Garden Mem. Sun Yat-sen, the status and variations of the temperature, moisture and light in the greenhouse were analysed. The adaptation of the plants in the conservatory was also assessed. The key points during constructing a conservatory were discussed. Three important viewpoints were put forward. The firstly, the function of the conservatory was more important than that of the structure; The secondly, the ventilation and reduction of temperature in summer were more important than keeping warm in winter in northern subtropical conservatory; The thirdly, when greenhouse plants were introduced, the adaptation of plants and environmental condition should be considered。

Key words:Nanjing Botanical Garden Mem. Sun Yat-sen; conservatory; environmental factors; plant introduction

　　展览温室是一个由人工控制、展示生长在不同地域和气候条件下的植物及其生存环境的室内空间;是认识植物及其生存环境、保护和研究植物的重要场所;是全年可供公众参观、游览和休息的绿色空间[1,2]。因此,展览温室设计和建设中,对于如何调节和控制温室内的环境因子,为植物和游客提供适宜的生产和参观环境就十分重要[2]。本文以南京中山植物园展览温室为例,在分析几个重要环境因子的基础上,提出了展览温室设计和建设中需要重点关注的问题,旨在为今后我国展览温

本文在数据观测、统计以及植物适应性评价等方面得到了南京大学居卫民教授、陆应诚博士,江苏省中国科学院植物研究所陈梅香、吴珊珊、刘娇、王洁、陈李婷、黄玲玲、杨小玲等同志的大力支持,在此一并表示感谢!

室建设提供参考和借鉴。

1　基本概况

1.1　南京中山植物园展览温室的自然环境条件

南京地处长江下游的丘陵地区,位于北纬31°14′~32°36′,东经118°22′~119°14′。"黄金水道"长江穿越境域。属北亚热带季风气候区,四季分明,年平均气温16℃,绝对最高温度43℃,绝对最低温度 -14℃,最热月平均温度28.1℃,最冷月平均温度 -2.1℃;年降水量1034mm,平均相对湿度76%,最大月均相对湿度为81%,最小月平均相对湿度为73%。南京主要土壤类型有黄棕壤、红壤、石灰岩土、紫色土、潮土、水稻土和沼泽土。南京地区山峦环抱,湖川偎依,自然条件优越,著名的国家级5A级风景区,中山风景区以及紫金山位于城中。

1.2　南京中山植物园展览温室概况

南京中山植物园展览温室位于植物园的南部,始建于2005年,2007年10月1日建成对外开放。其外形似三片晶莹的绿叶从前湖升起(图1),亭亭玉立在紫金山下植物仙境中,体现了"倾听绿叶的呼吸,流连科技的智慧"的原创意。温室面积1万余 m²,为重钢架结构,最高处达14.86m(表1),分为"热带经济植物区"、"热带雨林区"和"多肉多浆植物区"3大展区(图1),展出主题是"植物奇观"和"植物与人类"。

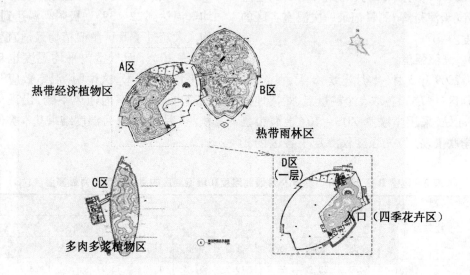

图1　南京中山植物园展览温室平面图

表1　温室结构基本参数

分区	长 (m)	最大宽度 (m)	高度(m) 最高处	高度(m) 最低处	幕墙面积 (m²)	采光顶面积 (m²)	地面面积 (m²)
A区	81	51	14.86	5	2750	2794	2011
B区	81	52	12.22	4.5	1395	3950	3418
C区	81	24	12	5	1162	3023	1590
D区一层					486	100	1268
D区二层					834	1534	1300

2 环境因子测量方法与植物适应性评价指标

2.1 温度

温室 A 区和 B 区环境条件基本类似,故 A 区未做温度测量记录,温度条件基本接近 B 区。2008 年 1 ~ 12 月,分别在 B 区 10m 处、7m 处、2m 处、0.5m 处和大厅入口处(D 区 1 层)[1,2],采用可记录高低温温度计(由河北鹏达教具厂生产),每天记录一次该观测点的最高温度和最低温度;C 区在上午的 8:00 和下午的 4:00 测量地面以上 1m 处温室内、外的最高温度和最低温度。

2.2 湿度

2008 年全年,每天利用 WS2020 型湿度计(天津科辉)测量记录一次温室各区的湿度。

2.3 光照强度

2009 年 5 月 ~ 6 月连续 18 天,在 A、B、C、D 区(一层),各取 5 个测量点,距离地面 20cm 处,采用学联牌 ZDS - 10(上海市嘉定学联仪表厂)光强度仪测定了各区的光照强度。

2.4 光谱

2009 年 6 月 4 日,采用 ASD 全谱段(350nm ~ 2500nm)光谱仪测定了温室内 A、B、C、D 四个区域以及自然光光谱

2.5 植物适应性评价指标

2007 年 10 月 ~ 2009 年 3 月,根据各科主要植物的移栽成活率、营养器官的生长状况、开花结实情况、病虫害的发生情况以及繁殖难易综合评价,分为适应性较好、中等、较差、差 4 级[2,9]。

3 结果与分析

3.1 温室环境因子的结果与分析

3.1.1 温度

(1)由表 2 可知,B 区最热月(7 月)平均气温达到 22 ~ 39℃,极限高温达到 44℃,均大大超过了 B 区主要植物最适宜生长温度(表 10)。而且室内平均温度也超过室外平均温度 6℃,这说明"温室效应"明显,同时也说明温室内通风不畅,出现热量累积。6 月、8 月、9 月温度结果基本类似。

表 2 温室 B 区 2008 年 6、7、8、9 月最高温度和最低温度的月均温度及月最高温度(℃)

		6 月									
		10m 处		7m 处		2m 处		0.5m 处		大厅入口处	
		高温	低温	高温	低温	高温	低温	高温	低温	高温	低温
B 区	均温	34.9	20.9	33.2	19.7	31.2	19.2	32.9	20	28.7	18.7
	极高	41	24	40	24	34	23	36	24	32	22
	极低	29	17	26	15	28	15	29	13	23	15
		7 月									
		10m 处		7m 处		2m 处		0.5m 处		大厅入口处	
		高温	低温	高温	低温	高温	低温	高温	低温	高温	低温
B 区	均温	39	27.2	37.4	26	34.5	24.8	36.3	27.4	32.9	24.7
	极高	44	38	42	36	39	26	40	34	36	26
	极低	30	25	30	22	29	22	30	25	28	22

（续）

		8 月									
		10m 处		7m 处		2m 处		0.5m 处		大厅入口处	
		高温	低温	高温	低温	高温	低温	高温	低温	高温	低温
B 区	均温	36.9	26.3	36.4	25.2	31.8	23.7	33.7	25.9	31.4	23.9
	极高	44	38	45	36	37	26	38	28	35	26
	极低	26	23	25	22	25	21	27	23	25	22

		9 月									
		10m 处		7m 处		2m 处		0.5m 处		大厅入口处	
		高温	低温	高温	低温	高温	低温	高温	低温	高温	低温
B 区	均温	36.8	22.8	34.2	21.9	29.8	20.8	31.3	22.7	28.5	20.9
	极高	42	27	39	26	33	24	35	26	33	24
	极低	29	19	23	18	20	17	24	19	22	17

表 3　温室 C 区 2008 年 6、7、8、9 月温度记录(℃)

		上午 8:00 记录			下午 4:00 记录		
		室外均温	室内均温	室内极高	室外均温	室内均温	室内极高
6 月	高温		30	37		32	41
	低温		22			22	
7 月	高温	33	34	30	35	38	46
	低温	26	26		27	29	42
8 月	高温	29	29	38	33	34	41
	低温	25	25		26	25	
9 月	高温	25	27	29	31	32	38
	低温	21	22		23	23	

（2）如表 3 结果所示，C 区最热月均温达到 26～38℃，极限高温温度中，地面以上 1m 处达到 46℃，离地 10m 处甚至高达 50℃，这大大超过了多肉植物适宜的最热月均温 16～26℃。

（3）如表 2、3 和图 2、3 结果所示，温室极限高温和月平均温度呈现明显的温度梯度变化，高度越高，温度越高，这说明温室在夏季高温季节温室效应明显，且空气和热量分布很不均匀，由此也可以说明温室通风不良，需要改善温室的通风状况。尤其是 A 区的高大棕榈科植物，顶部高温对

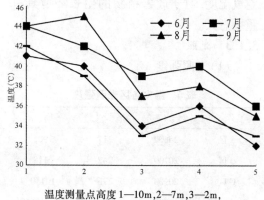

温度测量点高度 1—10m，2—7m，3—2m，
4—0.5m，5—入口处

图 2　温室 B 区 2008 年 6～9 月极高温度梯度变化

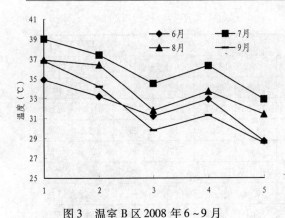

图3　温室B区2008年6~9月
平均温度梯度变化

其生长影响较大。

3.1.2　湿度

表4　温室各区2008年6、7、8、9月平均
相对湿度（%）

	6月	7月	8月	9月
B区	61	61	60	60
C区	58~61	48~61	50~60	47~62

如表4所示，温室C区的空气湿度比较适合该区植物的生长，而A区和B区的空气湿度相对偏低。但在通风状况不良的情况下，过高的湿度使病虫害的危害较为严重，同时过高湿度形成闷热潮湿的环境，影响到植物的生长和游客的参观，湿度又不宜过高。因此，改善温室通风条件，增加空气湿度，对于改善植物的生长环境具有重要意义。

3.1.3　光照

（1）光照强度

表5　温室各区光照强度

	最大(Lx)	最小(Lx)	平均(Lx)
A区	20800	217	7905
B区	20700	242	6118
C区	20900	776	10140
D区一层	18700	14.8	37~10657
室外(自然光)	34900	1434	20892

如表5所示，A、B、C三区温室内的平均光照强度明显要低于自然光的光照强度，只有自然光的光照强度的31%~48%，在6000~10000 Lx之间，其中C区的光照强度最强，说明玻璃和遮阳涂料对于太阳光照强度有明显的影响，但能满足各区植物生长需要的光照强度。

同一区域内不同测量点的光照强度差异也十分明显，说明温室内部形成了一些局部小气候，这对于丰富温室植物种类和构建温室植物群落，形成丰富而稳定的景观十分有利。

（2）光谱

植物界中，占主导地位的是绿色植物，它们叶绿体中除含有叶绿素 a 外，还含有叶绿素 b。叶绿素 b 的吸收高峰也是在蓝区和红区，分别为470nm 和650nm，而对于处在500~600nm 的绿光同样很少吸收，绝大部分被反射回来。

由图4和图5所示，温室内光谱各波段的辐射率均发生了不同的变化，相对于自然光下各波段的辐射率都有了不同程度的衰减，在图4中，黑色曲线代表的是A区中某典型地点阴暗处太阳的辐射率曲线，在550nm 附近太阳辐射率最高，接近12%，在1000nm 之后太阳辐射率一直保持在1%之内；红色曲线代表的是同一个地点附近的明亮处的太阳辐射率曲线，同样该点处的最高辐射率在600nm 附近，达到了16%，比黑色曲线高出4个百分点，这说明温室玻璃和遮阳涂料对于植物有效地可见光部分的光谱的辐射率衰减是均衡的。

由于光谱仪监测范围的限制，紫外光光谱此处未能监测，而紫外光谱对于温室植物的生长，尤其是多肉多浆植物的生长影响较大，因此有待进一步监测紫外光谱辐射率的变化。并提出人工光源补充方法。

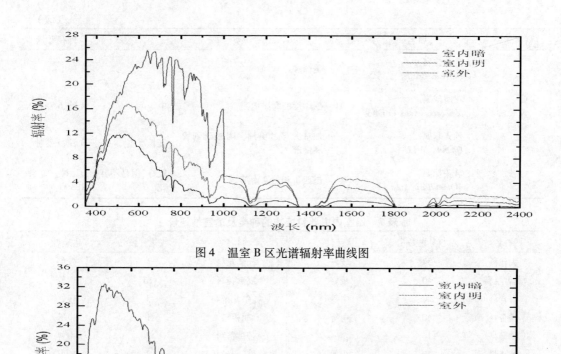

图4　温室 B 区光谱辐射率曲线图

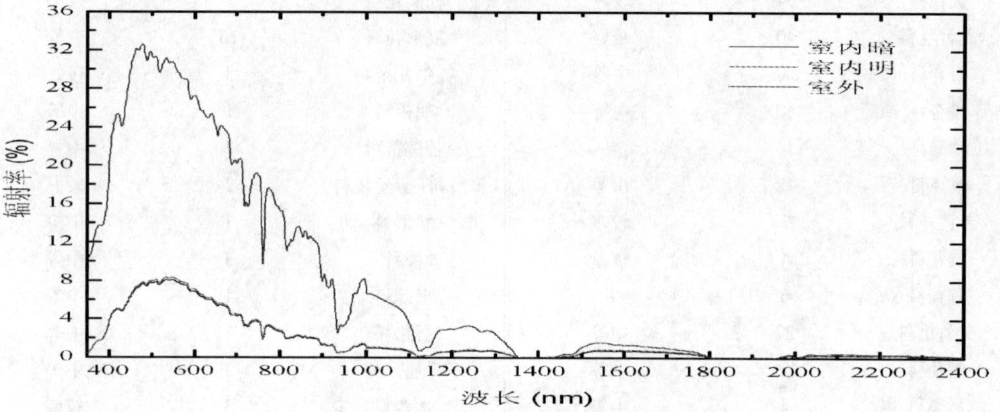

图5　温室 C 区光谱辐射率曲线图

表6　仙人掌科主要属的植物种类及适应性评价

科名	属名	原产地	生长现状	保存数量
仙人掌科	松露玉属 *Blossfeldia* Werderm	阿根廷北部和玻利维亚	中等	2种
	金琥属 *Echinocactus* Link et Otto	墨西哥和美国	较好,但徒长	4种,16变种
	鹿角柱属 *Echinocereus* Engelm.	墨西哥和美国	生长差,常年休眠	7种,9变种
	极光球属 *Eriosyc* Phiil	智利和阿根廷	中等	3种,6变种
	管花柱属 *Cleistocactus* Lem.	秘鲁,玻利维亚,阿根廷	较好	3种,
	强刺球属 *Ferocactus* Br. et R.	美国南部及墨西哥	生长差,常年休眠	21种,52变种

（续）

科名	属名	原产地	生长现状	保存数量
仙人掌科	卧龙柱属 *Harrisia* Britt.	美国和巴拿马	差	3 种
	花座球属 *Melocactus* Link et Otto	西印度的海岸地区	中等	4 种,6 变种
	仙人掌属 *Opuntia* MILL	加拿大穿过美洲。阿根廷到智利南部	徒长严重	3 种,5 变种
	乳头球属 *Mammillaria* Haw.	墨西哥和美国南部	较好,但是不开花	62 种,变种 103 种

表 7　温室内主要科植物的种类及适宜性评价

科名	收集种数	适应性	科名	收集种数	适应性
大戟科	54	较好	杜鹃花科	1	较好
龙舌兰科	40	较好	蝶形花科	16	中等
百合科	256	中等	牻牛儿苗科	3	较好
番杏科	40	中等	胡桃科	1	中等
萝藦科	14	差	苦苣苔科	7	中等
葫芦科	12	中等	藤黄科(金丝桃科)	2	较好
苦苣苔科	2	较差	唇形科	1	中等
旋花科	4	较差	樟科	3	中等
葡萄科	6	差	玉蕊科	1	中等
夹竹桃科	27	中等	石松科	3	中等
薯蓣科	2	中等	千屈菜科	3	中等
凤梨科	4	中等	木兰科	3	较好
木棉科	10	中等、较好	锦葵科	7	中等
刺戟科	5	较差	竹芋科	14	较好
菊科	10	较差	楝科	1	中等
西番莲科	8	较差	防己科	3	中等
胡椒科	4	较差	含羞草科	9	中等
桑科	3	较差	桑科	27	较好
橄榄科	1	中等	辣木科	2	中等
马齿苋科	5	较差	芭蕉科	8	较好
仙人掌科	350	中等	杨梅科	2	较好
景天科	29	较好	肉豆蔻科	1	较好
薯蓣科	3	中等	紫金牛科	9	中等
第伦桃科	1	较好	桃金娘科	9	中等
胡麻科	1	较差差	猪笼草科	20	较好
爵床科	10	较好	肾蕨科	2	较好
槭树科	1	中等	紫茉莉科	2	较好
猕猴桃科	1	中等	睡莲科	2	中等
铁线蕨科	1	较好	瓶尔小草科	1	中等

（续）

科名	收集种数	适应性	科名	收集种数	适应性
石蒜科	8	较好	兰科	405	中等
漆树科	6	较好或中等	醉浆草科	1	中等
观音座莲科	2	中等	棕榈科	31	较差
番荔枝科	7	中等	露兜树科	1	中等
天南星科	45	大多较好	罂粟科	5	中等
五加科	13	较好	鹿角蕨科	1	较好
南洋杉科	2	较好	禾本科	1	中等
马兜铃科	1	中等	罗汉松科	1	中等
凤仙花科	1	中等	蓼科	1	较好
秋海棠科	38	较好	水龙骨科	1	中等
紫葳科	6	中等	山龙眼科	1	中等
乌毛蕨科	1	较好	凤尾蕨科	1	较好
凤梨科	23	较好	鼠李科	1	较差
苏木科	14	中等	茜草科	6	较好较差
番木瓜科	1	较差	假叶树科	1	中等
卫矛科	1	较好	芸香科	3	中等
金粟兰科	1	中等	天料木科	1	中等
使君子科	3	中等	无患子科	4	中等
鸭趾草科	6	较好	山榄科	4	中等
凤丫蕨科	1	较好	瓶子草科	2	较差
桫椤科	2	差	卷柏科	1	中等
苏铁科	6	较好	茄科	5	中等
蚌壳蕨科	1	较好	海桑科	1	中等
龙树科	5	较好	梧桐科	6	中等或较差
龙脑香科	3	中等	旅人蕉科	5	较好
茅膏菜科	2	较差	箭根薯科	1	中等
槲蕨科	1	较好或中等	山茶科	3	中等
马鞭草科	9	较好或较差	荨麻科	2	较好
狸藻科	1	较好	姜科	19	较好或中等

3.2　温室植物资源的现状与适应性评价

展览温室及配备温室共收集植物 1792 种（品种），隶属 117 科，475 属。

4　讨论

4.1　展览温室结构与功能的问题

随着我国经济的不断发展，精神文明的不断进步，植物园的建设和发展进入了蓬勃发展的时期，而作为植物园地标性建筑和重要资源收集保护设施的展览温室，更是成为植物园建设不可或缺的内容[10,11]。与此同时，展览温室的建设也受到各级政府的高度重视，很多展览温室的建设都被列为当地政府的重点工程。

此时，必需要考虑的问题就是温室是作为一个植物栽培设施，还是作为一个地标性建筑。笔者认为，首先要考虑的问题应该是温室的功能性——为植物生长提供适宜的条件、为游客参观提供舒适的环境，其次再考虑它的外形、结构和材料。

4.2　何为北亚热带地区展览温室关键环境因子

北亚热带地区的主要气候特点，就是夏季高温、多雨、光照强烈，尤其是 7~8 月因受副热带高压控制,晴天多,日照时间长,高温出现的频率最大,绝对高温常超过40℃;而冬季寒冷、少雨[6]。

因为温室的最初概念就是为了保温,因此往往温室的建设和设计非常注重其保温的功能。然而,在北亚热带地区,温室的通风降温相对于保温来说更重要,因为北亚热带地区高温、高湿的环境条件,加之温室的"温室效应",如果不能很好地解决温室的通风、降温问题,将会在温室内形成高温、高湿、通气不畅、空调停滞的环境,这不仅影响到植物的生理功能,还会造成病虫害的流行与爆发,同时闷热、潮湿的环境也不利于游客的参观[2-8]。

因此在该气候带内设计与建设温室,尤其是重钢结构的温室,解决温室内通风是最为关键的技术环节。

4.3 展览温室植物引种与温室环境条件的关系

植物分布有其区域性,不同的气候类型植物区系不同、群落结构各异。随着设施栽培的出现和发展,从理论上讲,在任何气候带通过人工模拟可以为植物生长创造相对适宜的环境,使植物引种栽培成为可能。但作为展览温室的植物引种,是根据我们的研究、科普、展示的需要,先选择引种的对象,还是根据展览温室能提供植物生长的环境条件,再确定引种的目标,这是一个简单但值得思考的问题。因为在温室植物引种过程中,都会出现植物不适应乃至死亡的现象,当然植物移植死亡的因素很多,但这其中大家普遍认为、也能接受的观点就是植物不适应。笔者则认为,主要的原因不是植物本身对环境的不适应,而是展览温室不能提供其生长的适宜环境。

当遇到植物生长所需要的环境和展览温室提供的环境相矛盾时,是选择改善展览温室的环境条件,还是调整植物的种类,仍然是摆在植物园管理者面前的一个难题。

参考文献

[1] 贺善安,张佐双,顾姻等. 植物园学[M]. 北京:中国农业出版社,2005.

[2] 胡永红,黄卫昌等编著. 展览温室与观赏植物[M]. 北京:中国林业出版社,2005.

[3] 刘淑珍,张玉宝. 温室自然通风研究[J]. 中国农机化,2007:76-78.

[4] 黄万欣. 自然通风温室及通风量研究[J]. 农机化研究,2004,4:53-54.

[5] 李晓冬,姜允涛,金玮涛. 大型玻璃温室通风降温系统形式探讨[J]. 低温建筑技术,2000,82(4):30-32.

[6] 闫恩诚,刘鹏,谢晓妍. 亚热带区塑料温室自然通风的研究[J]. 惠州学院学报(自然科学版),22(6):17-22.

[7] J. Both,黄宗权,武侯莲,林子译. 温室夏季控温技术[J]. 中国花卉园艺,2009,4:44-45.

[8] 马承伟,王莉,丁小明,等. 温室通风设计规范中通风量计算理论及方法体系的构建[J]. 上海交通大学学报(农业科学版),2008,28(5):416-419+423.

[9] 秦俊,王丽勉,胡永红,等. 温室环境对热带植物生长发育的影响[J]. 热带农业科学,2006,22(12):424-427.

[10] 丛燕颖. 北京植物园热带植物展览温室环境控制的研究(硕士学位论文). 北京:中国农业大学,2005.

[11] 北京展览温室设计小组. 展览温室人工环境设计. 建筑创作,2000,2:30-33.

岩石园的设计与建造
Design and Construction of Rock Garden

应求是　丁华娇　陈晓玲

（杭州植物园，杭州市桃源岭 1 号　310013）

Ying Qiushi　Ding Huajiao　Chen Xiaoling

（*Hangzhou Botanical Garden*，*Hangzhou* 310013）

摘要：岩石园是模拟高山植物景观，展示岩石与植物之美的专类园。主要应用花色绚丽、花期长的低矮植物。该类园林在设计与建造过程中，始终贯穿着为植物创造合适的环境这一前提条件。分析这种园林形式对选址、土壤选择、岩石堆叠、植物配置等设计与建造过程的特殊要求，阐述岩石园的观赏特质及其在建造过程中的特殊性。

关键词：风景园林；岩石园；设计；建造；植物配置

Abstract：Natural style rock garden is a kind of garden presents the beauty between rocks and plants by simulating alpine plants landscape. Dwarf plants with colorful flowers and long florescence period are widely used in it. Creating appropriate environment for plants is important for its design and construction. We analyzed the different requirements on location, soil property, rock placement, plant arrangement, *etc.*. We also discussed rock garden's special ornamental characteristics and the speciality during its construction.

Key words：landscape architecture；rock garden；design；construction；plant arrangement

我国在《园林基本术语标准》中，将岩石园定义为模拟自然界岩石及岩生植物的景观，附属于公园内或独立设置的专类公园[1]。

岩石园最早为高山植物而建。由于高山植物的引种受环境条件的限制，难度很大，此类花园的植物引种扩展到一些非高山地区岩石缝隙中生长的矮生花卉与灌木，并模仿高山植物与岩石生境，采用自然式布局，将植物与岩石有机结合，发展成岩石园。岩石园因其独特的观赏效果以及具有丰富的植物种类等特点，逐渐被人们所喜爱。与其他形式的园林相比，岩石园在选址、地形改造、土壤选择、岩石堆叠等方面都具有特殊性。岩石园的设计与建造都是围绕着表现高山植物、岩生植物等低矮植物的观赏特性展开的，因此在设计与建造过程中为植物创造合适的生存环境是非常重要的。岩石园的植物配置同样具有特殊性，乔木与灌木在这种类型的园林中，仅作为构图与创造合适环境的需要而应用的配景植物，低矮的草本植物是岩石园的观赏主体。植物配置的重点，是如何将种类繁多的低矮植物通过色彩调和与多层次、多季节的搭配，形成和谐的多样变化的整体。

应求是：杭州植物园。电子信箱 yingqiushi@ 163. com

1 岩石园的研究现状

岩石园的产生和岩生植物的应用在国外已有 300 年的发展历史,世界许多著名的植物园都建有岩石园,综合性植物园有邱皇家植物园、爱丁堡皇家植物园、加拿大皇家植物园、纽约植物园、达尼丁植物园、亚特兰大植物园、密苏里植物园、广岛植物园等;专类植物园有不来梅杜鹃公园、明尼苏达风景树木园、史密斯学院植物园、东京都药用植物园等。爱丁堡皇家植物园收集了高山植物和虎耳草科植物等多年生草本植物 4000 余种,从矮小树木、灌木到各种球根花卉、多浆植物和兰科植物,堪称世界最优秀的岩石园;亚特兰大的岩石园具有特殊的趣味,它打破了常人印象中岩石园只适于那些南方气候下不能生存的高海拔植物的界定,用风格各异的矮小多年生植物、灌木、树木、禾草和球根植物展示岩石园的四季风采[2][10]。在西方国家,人们不仅在植物园建设岩石园专类园,还在城市绿地中应用岩石园的形式展现低矮植物的风采,同时还热衷于在面积较小的家庭花园中开辟微型岩石园,满足观赏的需要,岩石园成为特殊的园林形式存在于各种绿地中。目前国外许多发达国家非常重视岩生植物的研究,并建立岩石园协会,欧美几个大国均有专门研究和普及岩石植物的协会,如美国岩石园协会、英国高山花园协会、法国高山植物和岩石植物爱好者协会等;苏格兰岩石花园俱乐部是苏格兰最大的园艺协会,它成立于 1933 年,目前有超过来自 38 个国家的 4500 名成员,以介绍岩石高山植物;岩石园协会位于英国,成立于 1929 年,全世界超过 13000 个会员。

我国岩石园的研究与应用还处于起步阶段,余树勋教授在 2004 年出版的《园中石》一书中提到:"'岩石园'在中文资料中还是一个空白"[3]。岩石园在我国的应用基本集中在植物园,以岩生植物的收集与展示为主要目的。一些公园、景区与住宅绿地开始应用岩石园,但在立意、形式、建造过程、植物材料的选择与应用等方面还很难脱离传统假山的手法,整体效果一般,岩石园的特点也不显著。

2 岩石园的种类及其特点

岩石园的种类非常多,以建造目的进行分类,可以分为植物专类园与观赏性岩石园两大类。

2.1 植物专类园

以收集与展示高山植物与岩生植物为主要目的,一般植物种类比较丰富,环境的选择、改造以及岩石的堆叠是围绕植物所需要的生境展开,在满足植物生长需求的前提下,提高环境的观赏性,成为可游可赏的专类园,其实质是植物专类园,其外貌是具有特殊观赏韵味的园林。该类岩石园一般又分高山植物园与岩生植物专类园两大类。

高山植物园的建造目的是收集一定区域范围内的高山植物,为高山植物的生存创造最有利的环境条件。其建造在选址上有一定要求,一般选择在高海拔地区,有条件的植物园会利用一定的设施(如冷室)控制各种环境因子,为植物的健康成长提供必要条件。

岩生植物专类园是低海拔地区,为收集、展示岩生植物而建,该专类园收集植物种类比较多,一般面积较大,通过岩石的点缀美化园区,利用地形与地势为岩生植物创建合适的环境条件。一般选择在自然山沟溪流边,利用山沟与溪流营造不同的光照和湿度条件,满足岩生植物的需要。

2.2 观赏性岩石园

是模拟低矮的高山植物与岩石景观的园林。其主要目的是满足人们对特殊景观的视觉需求,一般应用于园林绿地或公园内。岩石园在绿地的应用形式灵活多变，不仅在公园与私家庭院中以专类花园的形式出现，其景观元素与观赏特征还常常在园林的局部位置展现，丰富园林景观。其表现形式有岩石花境、岩生植物在台阶与硬质铺地的应用、废弃采石场的景观修复等。

岩石园专类园的形式是灵活多变的，一般有自然式岩石园、岩墙式岩石园、微型岩石园等形式[4][11]。自然式岩石园是模拟自然的裸岩、峭壁、石滩、溪涧、高山草甸等景观，利用原有地形并对地形进行改造，选择合适的石材堆叠，种植多种植株低矮、花色绚丽的植物，形成以植物、岩石、地形的观赏为一体的特殊园林[11]。

岩墙式岩石园是用岩石建造岩墙，在岩墙的缝隙种植各种岩生植物，岩墙可以是护土的岩墙，也可以是作分隔空间用的。它与一般挡墙和墙的区别是岩墙用自然石块堆叠，并且岩石与岩石之间留有许多缝隙，在堆叠的过程就根据植物种植的需要填灌各种种植基质，其完成后植物在整体观赏效果中占据一定的作用。

微型岩石园是一种特殊的岩石园，其形式灵活多样，但面积较小，通常具有固定的容器，在容器内种植多种低矮的岩生植物，模拟岩石园摆放石块，形成具有岩石园独特观赏特质的景观。微型岩石园常常利用石槽、岩石组合、石碗、陶瓷容器等材料作为容器，容器可大可小，可以放在庭院内，也可以放在室内案几上，其容器、石材与植物的协调是该类岩石园成功与否的关键。微型岩石园还有一种特殊的形式——"种植床"，即应用矮墙围合一个固定形状的种植区域，在该区域内回填适宜植物种植的基质，在种植床内种植各种岩生植物，并在基质表面覆盖碎石，或在局部位置掩埋岩石，露出 1/3 或 2/3 的石块。该类岩石园以植物的观赏与种植为主要目的，适

宜在面积较小、形状规整的小庭院内应用，通常与硬质铺地以及石槽、石碗等其他形式的微型岩石园相结合。

3 岩石园的环境改造

3.1 地形改造

岩石园的地形改造很重要，自然式岩石园要利用或模拟自然地形，有隆起的山峰、山脊、支脉、下凹的山谷、碎石坡和干涸的河床、曲折蜿蜒的溪流和小径以及池塘与跌水等。流水是岩石园中最愉悦的景观之一，要尽量将岩石与流水结合起来，使景观具有声响，显得更有生气。地形改造时要创造合理的坡度及人工水源，在溪流两旁及溪流中的散石上种植植物，使外貌更为自然[4]。不论岩石园的面积是大是小，只要是自然式岩石园，都需要做一定的地形处理，哪怕是私家庭院中的小型岩石花园，山峰、山脊、碎石坡、小径等也是必要的。

丰富的地形设计才能营造植物所需的多种生态环境，满足其生长的需要。在人工挖掘水体的时候，必须注意水源问题与水量保持问题，当该地区没有自然的补充水源时，一般不建议应用人工水体。自然降雨可以作为人工水体的补充水源，将人工水体的位置选择在原有地形的洼地或山谷中，利用周边汇水面将自然雨水收集，满足人工水体对水量的需求。近距离的自然水面也是优秀的补充水源，将人工水体贯穿于自然水体，利用动力，使水体自我循环，达到需要的环境与景观效果。

3.2 土壤改良

岩石园的土壤改良也是非常重要的，不同的植物对土壤的需求不同。为了满足植物长期种植的生长要求，不要过分改变土壤的基本理化性质，尽可能选择适合原有土壤的植物材料。如果必须种植和现有土壤非常不适的植物，需要局部换土，不易

大面积种植。

对于林地和沼泽地植物,添加草肥、苔藓泥炭、堆肥和其他相似的有机物质。确保种植植物的位置有足够厚的土壤。对大面积黏性很重的土壤,宜挖土 30cm 深,铺上 15cm 碎砖、碎石,再将原土混入沙和泥炭覆盖在上面 15cm。对于保水差的沙土则在地表 30cm 厚的土层中加入泥炭、苔藓、堆肥,以提高土壤保水能力。当需要种植碱性土壤的植物时,可以向土壤中添加碎石、粗沙、珍珠岩来调节它的基本理化性状。总之,要创造夏季凉爽、排水良好以及冬季温暖、干燥的土壤环境,不然有些具有莲座叶的岩生植物,易因高温、高湿而腐烂死亡[4]。

岩石裂缝以及岩石与岩石之间的位置,一般利用现有的土壤比较好,假如缝隙过小,那么可以用一些好的混合物来填充,如果缝隙比较大,需要在底层铺设碎石、碎砖等排水层,保持土壤良好的排水性。

从准备好场地到种植植物,最好留出一整个生长季节,让土壤自然沉降与流失后,进行二次地形整理,这样岩石园的土壤可以更稳定,保证各种植区域对土壤的需求。一个季节对土壤的处理也能有效地减少建成后岩石园的杂草数量。

4　岩石园的岩石

4.1　岩石选择

岩石是岩石园的观赏主体之一,岩石的选择与堆叠都将影响植物的生长与最终的景观效果。岩石园的用石要兼顾功能与观赏的要求,首先石材为植物根系提供凉爽的环境,石隙中要有贮水的能力,故要选择透气、具有吸收水分能力的岩石,多孔渗水的石材比那些硬的花岗岩和页岩要好一些。最常用的有石灰岩、砾岩、砂岩等。一般一个岩石园中只用 1~2 种石材,否则园区总的整体性不够强,易显得散乱[12]。

4.2　岩石堆叠

岩石本身就是岩石园的重要欣赏对象,因此置石合理与否极为重要。最简单的方法是:

(1)在整个花园或至少在主要区域只用一种类型的岩石;

(2)放置岩石时将每一块岩石之间相互结合,让它们显得稳定,除了一些小的裂缝,相邻的石块之间要具有整体感,其地上暴露的部分看上去是和地下连接在一起的巨大的整体石块;

(3)如果岩石是分层的,横放岩石,并使岩石的纹理朝同一个方向。

岩石的摆置要符合自然界地层外貌,同时应尽量模拟自然的悬崖、瀑布、山洞、山坡造景,如在一个山坡上置石太多,反而不自然。岩石至少埋入土中 1/3~1/2 深,要将最漂亮的石面露出土面,用不同规格的大石头,埋住石头的一部分,露出一部分,让它们好像是一条干了的小溪的河床一样。让石坡之间的区域表现出冲刷、多石、严峻、沙土在大石块朝上的一边的堆积物。岩石之间是有关系的,好像自然侵蚀的岩床暴露出来,或者风和水侵蚀的结果,这就要求花园中石料的主要面有相同的方向,而小石块利用的好,可能有效地带来露出岩层的印象。碎石和冰渍通常是岩石园的一部分,这种形式是模仿发生在山地相同地貌的自然景观,它们具有特殊的观赏效果。在石头坡上和悬崖底部以及冰河前或者冰河的边上的冰渍地收集区的主要组成部分是碎石。自然冰渍是冷水在冰上流过一些距离的痕迹,持续流过表层下面的碎石是不自然的。岩石园的碎石和冰渍地的建造目的,是为耐旱、耐贫瘠的岩生植物的根提供良好的根系通气条件[12-17]。

岩石园内游览小径宜设计成柔和、曲折的自然线路。小径上可铺设平坦的石块或铺路石碎片,其小径的边缘和石块间种植低矮植物。小径上的台阶可以留出位置种植植物，游览时跨过绚丽的花朵踩到石面上，更具自然野趣。

岩石堆叠对植物根系环境的营造是很重要的，在岩石堆叠过程中建造各种"口袋"种植不同类型的植物，良好的排水和底部通透，确保填进的土壤直接和下面的土壤相连，这是确保植物的生长和繁茂的前提条件。岩石的堆叠必须是从下往上的，设计的、生长在岩石缝隙中的植物，必须在堆叠岩石的过程中种植，当下层岩石堆叠完成后，灌土、放置植物、再覆土，然后放置上层石块，这样才能保证植物根系舒展平缓地放在岩石之间，这与我国传统的施工工艺有一定的区别[12-17]。

5　岩石园的植物配置

岩石园是以低层植物为观赏主体的园林，植物配置具有自身的独特性。岩石园内的植物种类繁多，面积可大可小，如何将矮小的植物组合在一起形成整体，各个区域又有自己的观赏主题，是植物配置中必须考虑的。作为专类园形式的岩石园，其物种收集功能决定展区展示的植物种类繁多，在规划设计与配置时需重点关注的是园区整体景观与分区，通过地形与岩石景观统一协调整体园区，通过各个分区植物种类的分布形成区块特色，在区块植物配置时关注色彩、层次、空间与季节变化。

作为观赏性的岩石园，植物配置的艺术性是极为重要的。在对园区的景观进行整体布局后，实行地形改造与岩石景观的规划，植物配置的重点是如何以色彩调和、多层次、多季节的观赏配置等多种配置手法，表现预先设定的意境。

5.1　植物材料的选择

岩石园的植物根据岩石园建造目的不同，有不通的选择依据。以植物收集与展示为主要目的的专类园，主体植物必须是收集的植物种类，但还需要根据展示的植物种类的生长需要种植一定比例的其他植物，创建出适合的环境条件。以观赏为主要目的的岩石园的植物选择，在符合岩石园观赏特性的基础上，可以依赖美学标准来判断。一般来说，植物选择植株低矮、生长缓慢、节间短、叶小、开花繁茂和色彩绚丽的种类。

5.2　总体布局

岩石园的总体布局与场地的状态、岩石种类的选择以及周边环境的特点是分不开的。岩石园基本类型的选择，也是在岩石园设计的第一阶段需要确定的。

自然式岩石园是应用比较多的类型，这类岩石园的设计与植物配置的关键是对自然的模拟。通过对地形与周边岩石资源的分析，确定模拟的自然景观的类型，然后选择合适的植物种类。通常裸岩式岩石园建立在自然坡地，这类岩石园是通过地面岩石的堆叠与植物的种植表现地下巨大的、连接在一起的岩石，因此植物配置和岩石的比例有极大的关联性。当岩石上层的覆土比较薄，岩石所占的比例比较大时，植物的选择以低矮的阳生草本植物与灌木为主，少量应用大灌木，乔木种类的种植仅为构图的需要；当岩石所占比例比较小，说明岩石上层的覆土比较厚，可以配置较多的乔木，形成阴生岩石植物景观。在这类岩石园中，草本植物是观赏的主体，易选择花或叶具独特观赏性，与岩石的结合比较紧密的植物种类作为观赏重点。在配景植物完成空间组织、环境营造以及画面主线条的勾勒后，选择基本的地面覆盖植物种类，形成协调的基调，然后通过具有特殊观赏特征的丛生观赏植物的种植，创建视觉焦点，最后在岩石周边以及岩石缝隙配置悬垂植物、石缝植物与攀缘植物，完成完整的、主题明确而内容丰富的画面。

峭壁式岩石园应用于坡度大于70°的

陡坡,可以用真石堆砌也可以应用塑石,是特殊地形中解决陡坡护土的好方法,一般与其他类型的岩石园结合应用的情况比较多。这类岩石园需要在叠石前配置植物,根据植物种植的需要预留种植穴。植物需选择耐干旱、耐贫瘠的种类,草本植物与灌木可以选择丛生观赏植物、悬垂植物、石缝植物、石面植物以及攀缘植物。这类岩石园植物的选择不仅需要关注其生态习性是否合适,还要关注与周围环境中植物种类的关联性,以体现峭壁的自然性。

石滩是模拟碎石滩、戈壁荒坡景观,植物的选择要与石块的色彩与大小相协调,一般选择形态相对一致的草本植物材料(丛生观赏植物与地面覆盖植物种类),而植物所占的比例比较小。高山草甸是利用高度比较接近的草本花卉,通过色彩的搭配,形成的以缤纷绚丽的花卉为观赏主体的植物景观。

岩墙式岩石园是利用规则式的岩墙进行护土与空间分隔。植物材料的选择一般较多选用悬挂植物、攀缘植物与石缝植物。多用攀缘植物与石缝植物能够营造景观的历史感与沧桑感;当乡土植物的种类应用多时,易产生荒芜萧条的效果;当选择园艺花卉与株型紧凑的植物种类时,呈现花团锦簇的花园景象。

5.3　色彩调和

岩石是岩石园内的重要景观元素,岩石的色彩与质感需要依据园区追求的整体效果进行选择,而植物配置时植物的色彩与质感必须能够营造和强调现场气氛。当园区展示清新的田园风格时,可以选用叶色为浅绿色、花色比较淡雅、花小而繁密的植物材料;当园区需要营造温馨的氛围时,可以选用暖色调的花卉配置;当园区表现山林的幽静时,浓密的深绿色观叶植物是很好的选择;当园区要体现历史感时,深色的藤本植物是很好的选择;当园区展示的

是一种荒芜与衰败的感受时,需要以银白色和黄灰色的植物为基调。

色彩给人的感受是丰富多彩的,而色彩的协调主要有邻近色的协调、同色系的协调与对比色的协调等方法。草本植物的色彩极为丰富,同为绿色时也有许多变化,如果不关注这些色彩的细微差异,可能会影响植物景观的整体效果。植物的叶色大多数是以绿色为基础的色彩,在绿色的基础上有红色、黄色、蓝色、紫色、白色等色彩区分,因此,在此基础上寻找植物叶色的同色系协调是最为柔和的,整体效果也最为明显。邻近色的协调和对比色的协调一般应用在花色的选择上,岩石园应用的观赏花卉比较多,色彩也比较丰富。通过选择2种至3种比较接近的色彩进行搭配可以表现出和谐的气氛;选择对比色进行配置,整体感觉比较艳丽。常用的花色搭配有红色与黄色、红色与蓝色、红色与紫色、紫色与蓝色、黄色与蓝色、白色与蓝色等,以红色为主的场景热烈、欢快,以蓝色为主的场景清凉、深邃,以紫色为主的场景浪漫、神秘,以白色为主的场景纯洁、神圣。

5.4　多层次、多季节的配置

草本植物是岩石园主要应用的植物材料,而草本植物的特殊性要求岩石园植物配置不同于其他园林。首先草本植物之间外形的差异非常大,表现在体量、叶形、叶色与花型、花色等多方面,不同观赏特质的植物搭配在一起效果都不同。利用植物的高度上的差别,我们可以将岩石园中的低层植物搭配得错落有致。同一株草本植物在一年不同季节中的变化非常大,其植株高度、叶形都有一定变化,在岩石园的植物配置中可以利用这种特点,搭配出四季变化的景观。

草本植物还有一个重要的特征,就是许多植物种类都是地上部分枯萎衰败后地下部分萌动发芽生长成新的植株。这期间

间隔的时间,每种植物都不同,有的在地上部分衰败的同时地下部分就萌动发芽,有的可能要间隔半年。所以岩生植物的植物配置必须充分了解每种植物的物候,通过合理的搭配,解决植物的变化引起的植物景观变化的问题。

在岩石园的植物配置中,我们要利用草本植物的特点,以多层次、多季节的配置,营造丰富多彩的、变化的植物景观。

6 我国岩石园的建设现状及实例介绍

我国建有岩石园专类区的植物园有庐山植物园、北京植物园、南京植物园、中国科学院武汉植物园药草园中的岩生植物保育区、深圳植物园(园博园)、保定植物园、重庆植物园、昆明植物园、沈阳植物园等。庐山植物园的岩石园是我国第一个岩石园,是我国著名植物学家、园艺学家陈封怀先生于20世纪30年代在英国爱丁堡植物园留学回国后,沿用西方园林模式特点,精用西方园林造景方法,取长补短,建立了一个中国式的岩石园,也是我国现有发展最成熟、景观最具代表性的岩石园[5]。北京植物园与武汉植物园药草园中的岩生植物保育区都在近几年进行改造,在岩石的重新整理堆叠后,植物种类也在调整增加。沈阳植物园的岩石园在2006年的园艺博览会中被改造,但以观赏性为主,物种数量不多。

庐山的气候属亚热带山地湿润季风气候,由于鄱阳湖水气平入为侵,春夏云雾几乎终日笼罩,形成亚高山植物生长的有利条件[6]。岩石园位于松柏区西北面的山坡上,这里腐殖质多,排水良好,向阳地势稍陡的地方有大乔木庇荫,使气候温和而又阴凉,是高山、岩生植物生长的好地方[7]。该岩石园模仿英国爱丁堡皇家植物园,建成自然式岩石园。园区依山势而建,不论是园区与山形地势的结合,还是种植床的位置、园路的材料、溪流与水渠(排水用)的形式等,都结合植物的生长条件以及园区的观赏特性设计与建造。该园模仿自然,傍山叠石,石边植花,并利用山势地形建造1米左右蜿蜒曲折的溪涧,园区内利用砾石、石板、橡木、碎石等建成宽窄不一的小路隐在林中,形成丘壑成景、潺潺流水、曲径通幽、石中有花、花中有石的自然美景特色。其溪流与水渠、园路的设计与建造以及山石的堆叠,无一不体现着西方岩石园的特点。园区空气湿度大、雨水多,排水是植物种植与岩石堆叠的主要问题,岩石园将岩石堆叠的种植床抬高,并设置明渠将水排出园区,避免由于水分过多对植物造成的伤害,明渠建造成溪流的形式,蜿蜒于各个种植床边,最终汇集后流出园区。园区的园路设计体现着对自然的尊重与对植物的呵护。园区人流量不多,因此主园路利用橡木作为台阶,路侧以碎石块压边,宽约1.2m,非常具有特色;作为登山步道的园路,用岩石园种植床的石材随山势铺设,有厚度的岩块就是天然台阶,与岩石园融为一体;其他平地上的园路则简单地以砾石铺面,植物作为镶边材料。久而久之,这些自然式园路的缝隙中会被带入土壤,长出各种植物,富有野趣[5]。

庐山植物园的岩石园目前占地面积约1hm^2,土壤肥沃湿润,小气候极佳,适合各类植物生长繁衍,特别适于高山植物定居。据不完全统计,共种植植物121科375属595种。其中苔藓植物4科4属4种、蕨类植物18科28属40种、裸子植物5科11属15种、被子植物94科332属536种[8]。园区的植物配置也是结合山形,以日本柳杉、冷杉及黄山松等常绿高大乔木做全园背景,形成山体的延续;以云锦杜鹃、日本香柏、枸骨等常绿灌木作中层背景,形成园区的骨干,配置鸡爪槭、金缕梅等植物,增添季相变化。园区的高山植物与岩生植物，根据对环境的要求选择适应的种植区域，在较大岩石之侧，种植了矮生松柏类植物、常绿灌木和其他观赏植物，如紫杉、粗榧、云片柏、黄杨、常绿杜鹃等；在石隙与岩穴处，种植了书带蕨、虎耳草、景天等；在阴湿石面种植了苔藓、卷柏、斑叶兰等；在较大石隙间，种植了匍地植物和藤本植物，如铺地柏、常春藤、石松等，使其攀伏于石面上；在较小石块间隙的阴面，种植了白及、石蒜、沙参、龙胆草、除虫菊等高山中药材[9]。

参考文献

[1]园林基本术语标准［M］.北京:中国建筑工业出版社,2002.

[2]朱红.走进植物园［M］.北京:中国农业科学技术出版社,2002.

[3]余树勋.园中石［M］.北京:中国建筑工业出版社,2004.

[4]苏雪痕.植物造景［M］.北京:中国林业出版社,1994.

[5]汤珏.中外岩石园比较.浙江大学硕士论文,2006.

[6]刘永书.庐山植物园园林建设的回顾与展望［J］.中国园林,1990,6(4):52－55.

[7]胡宗刚.从庐山森林植物园到庐山植物园［J］.中国科技史料,1998,19(1):62－74.

[8]梁同军,李国兰,周赛霞.庐山植物园的重要展区——岩石园［J］.江西农业大学学报,2003,25(10):146－155.

[9]刁慧琴,居丽.花卉布置艺术［M］.江苏:东南大学出版社,2001.

[10]耿玉英.再现自然美的杰作——爱丁堡皇家植物园［J］.植物杂志,2000(3):42－44.

[11]黄亦工.岩生植物引种、选择与造景研究［J］.中国园林,1993,9(3):55－59.

[12]盘燕玲.岩生植物选择应用与山石园建设的探讨［D］.北京:北京林业大学风景园林系,1988.

[13]盘燕玲.英国岩石园及其岩生植物的选择应用［J］.河北林学院学报,1990,5(2):174－176.

[14]王秋圃,刘永书.岩石园与岩石植物［J］.中国园林,1989,11(1):43－44.

[15] Grainger A. The Rock Garden. http://www.thealpinegarden.com/rockgarden2.html.

[16] Kingdon-Ward F. Commonsense Rock Gardening［M］. UK. HMSO Publications Centre,1948.

[17]王海龙,徐忠.岩石园设计［J］.西昌农业高等专科学校学报,2004,18(3):100－102.

浅析节约型园林的建设
——以济南植物园建设为例
To Create a More Economical Garden in Jinan Botanical Garden

韩梅珍　周晶　常蓓蓓

（济南植物园管理处　250215）

Han Meizhen　Zhoujing　Chang Beibei

（*The Administration of Jinan Botanical Garden* 250215）

摘要：节约型园林建设工作是一项全新的工作，是贯彻科学发展观，实现园林事业可持续性发展的要求。节约型园林内涵丰富，是多学科、多门类的综合体，本文结合济南植物园营建中的实际经验，对实践节约型园林建设进行了初步探讨。

关键词：节约型园林；园林建设；济南植物园

Abstract：To Construct more economical gardens is a brand new work that is to implement the scientific development concept, to realize the sustainable gardens, and is a work that combine many discipline and multicategory. The constructing of Jinan Botanical Garden is the practical experience.

Key words：economical gardens；landscape gardening；Jinan Botanical Garden

2006 年 8 月，中国建设部在新疆库尔勒市召开了"全国节约型园林绿化工作现场会"，会议认真贯彻建设节约型社会的精神，首次提出了建设节约型园林绿化的概念。2008 年 1 月 22 日，建设部仇保兴副部长在嘉峪关全国节约型城市园林绿化经验交流会上提出"推广节约型园林绿化，促进城市节能减排"。使全范围内的节约型园林建设推向了一个新高潮。建设节约型城市园林绿化是构筑资源节约型、环境友好型社会的重要载体，是城市可持续性发展的生态基础，是我国城市园林绿化事业必须长期坚持的发展方向。因地制宜与合理适度，是建设节约型园林的基本原则。

1　节约型园林的含义

建设部科技委委员、风景园林专家组成员、北京林业大学园林学院教授朱建宁对节约型园林内涵是这样定义的：节约使用各种资源与能源的园林建设和运营模式，即寻求以最少的资源、能源和人力投入，获取最大的社会、环境和生态效益的园林建设模式。要在园林绿化建设的规划、设计、施工、养护等各个环节，以资源的合理利用和循环利用为原则，最大限度地节约各种资源并提高资源的利用率，减少各种能源消耗。

节约型园林的概念应包含 4 个方面的

作者简介：韩梅珍，女，1966 年生。1987 年毕业于山东农业大学园林专业，一直在植物园工作，主要从事植物引种、园林养护及科研科普工作。

含义:首先是最大限度地发挥生态效益与环境效益;其次是满足人们合理的物质需求与精神需求;再次是最大限度地节约自然资源与各种能源,提高资源与能源利用率;最后是以最合理的投入获得最适宜的综合效益。

2 节约型园林建设在济南植物园营建中的体现

济南植物园是继原济南市植物园(现更名为泉城公园)建成开放后,从园林事业发展、科研科普示范等角度出发,由济南市园林局选址、济南市政府立项建设的一处集园林景观艺术、植物科研、植物知识普及和游乐休憩功能为一体的综合性科研园区。园区建设自 2004 年 3 月起到 2006 年 9 月建成开园,建设历时两年半时间,现已建成 10 个专类园,5 个特色园和 4 大核心景区。

按照建设资源节约型、环境友好型社会的要求,因地制宜、合理投入、生态优先、科学建绿,将节约理念贯穿于规划、建设、管理的全过程,是济南植物园建设者们坚持的原则。

2.1 规划设计

2.1.1 规划原则

济南植物园的规划以《风景名胜区规划规范》、《公园设计规范》和克朗奎斯特植物分类系统为依据;定位为以植物专类园为主要内容的观赏园艺型植物园,满足科研科普、观光旅游、生态示范等功能需要,并突出时代特色和济南的地域特色。

济南植物园的规划较好地遵循了因地制宜的原则,充分利用和保留了原有的地形地貌和有特色的构筑物,将园区的几座山作为"地型"充分利用,并适当保留部分原始地貌植被,设置了原生态保护区。

2.1.2 种植设计生态优先,科学配置植物

植物造景是节约型园林绿化的根本途径之一,保护和利用原有植物、选择乡土树种和野生植被及科学的配植方法是植物造景的重要手段,是创建节约型园林绿化的重要保证。

植物园建设种植设计中充分考虑植物的层次,以丰富的植物层次增加绿量。在种植设计时,注重乔、灌、草及地被植物的合理搭配,大量使用胶东卫矛、小叶扶芳藤、鸢尾、萱草等地被植物,减少草坪用量,营造四时景观。在树种规划时,除考虑引种需要外,主要以乡土树种如槐树、柳树、毛白杨等作为园区骨干树种,以桧柏、龙柏、雪松、白皮松、黑松、油松做常绿树骨架,以百日红、榆叶梅、丁香、连翘、木槿、红瑞木、锦带花等作为四时开花灌木,形成园区主要景观。同时结合各专类园的建设,引种与景观相结合,种植了大量珍稀品种来丰富植物内容。在种植时,合理地控制栽植密度,既形成景观,又给植物充足的生长空间。

根据园区水面较多的情况,水景营造也独具匠心,种植了荷花、睡莲、再力花、慈姑、梭鱼草等二十余种水生植物,柔化湖岸线条,丰富了水景。

植物园在规划中还充分考虑对现有野生植物群落的保护,全力营造有利于当地野生鸟类和各种小动物的栖生和觅食环境。对部分区域保留原始地形、地貌及原始树林,给野生动物营造生境。

2.1.3 自然资源的利用

植物园在建设过程中,地形上充分利用西高东低、南高北低的大地形,形成了整个园区的水系游赏系统,局部低洼区域设置了湖面,使水的循环达到了以自然势能为主、电能为辅的生态目标,同时也减少了基建土方的施工量;路网建设也是"随坡就势",道路标高随现状地形起伏,并稍低于两侧地形,既便于雨水收集和绿地保护,也满足了景观需要。

为充分利用现有资源,对西山、南岭两处水塘,按照园林景观设计,分别改造成为望云湖浅水区、云影湖,充分发挥水生植物和地被植物的园林作用,使望云湖和云影湖现成为园区的一大亮点;同时,对地下管线进行了合理改造,对果园、刺槐林、毛白杨林进行了合理间伐,避免纯林的脆弱性和不和谐性等,均得到了保存利用,既节约了资金,形成了自然景观,又加快了建设进度。

在植物园建设过程中,对园区原有部分石灰窑、裸露岩层等均进行了很好的利用,有的作为湖水的源头,如"古窑涌翠"景观就是充分利用石灰窑,使水从石灰窑底部喷出;有的对岩层表面进行清洗并配以植物材料作为岩石景观,如岩石园人口的"石海"等,通过设计人员的巧妙设计和构思,创造了具有当地特色的园林景观。

地面硬质铺装充分考虑透水性,以便于雨水的渗透、保留。如园内部分二级路均采用透水砖、耐火砖等铺设,园区部分游步路采用了素土夯实、细石子铺设面层的作法,在保证道路的使用功能、降低造价的同时,也保证了路面的透水、透气性。

2.2 建设施工

2.2.1 施工现场统筹安排、合理调度

在建设节约型园林中,节约资金和提高资金利用率是最重要的一项工作。为此济南植物园在建设施工中做到统筹安排、合理调度,使有限的资金发挥最大的作用。

为了将每一分资金都用在刀刃上,充分保证工程质量,植物园的建设者们采取了业主、设计、监理、审计和施工方5家同时进驻工地,全程参与建设、全程监督、全程审计的管理模式,日日小结、天天调度,做到了工程过程"事前、事中、事后"的全面控制,最大限度地节约了资金,保证了质量,节省了时间。

另外为了缩短工期,最多的时候,整个植物园工地有20余家施工单位进行建设施工,同时在重点区域各建设单位交叉施工,互相干扰,给工程的顺利进行造成了很大压力。针对这种情况,管理部门及时调度,严排施工顺序,压茬作业,各施工单位严格按照排定工期进行,及时腾出施工场地。由于安排得当,调度及时,将工期提前了半年,使植物园提前建成开放。

2.2.2 设计与施工紧密配合,保证了施工质量和进度

植物园总体规划按照节约型园林绿化的要求通过园林专家的评审后,并没有采取以往等详细设计、施工图设计全部完成再进行建设的模式,而是在全局抽调技术骨干,成立了现场规划设计技术组,参与到施工现场,对先设计出的部分进行施工,碰到技术问题,技术人员现场解决,对设计中不完善的地方随时进行修正,确保设计意图的贯彻。同时设计人员进驻现场,也能使施工最大限度地体现设计思想,从建设思路的提出到设计到建设,使节约型园林理念得以贯彻到底。此外还达到了节省设计费用、缩短工期、提高工程质量的效果。

2.2.3 植物种植引种

植物园是一个集园林景观艺术、植物科研科普、植物多样性保护和游乐休憩功能为一体的综合性科研园区。济南植物园在建设中规划引种栽培109科936种植物,其中木本植物670种,现在已引种栽培植物89科460余种。植物引种和植物多样性保护是植物园的长期而艰巨的任务。在建设过程中首先引进本地区乡土植物为主,形成良好的园林景观,然后逐步引进稀有和园艺新品种,采取就近引进成苗、幼苗、种子等方式进行植物品种的丰富,既提高了植物的成活率,又节约了投资。

建设过程中,还积极利用自然植物群落和野生植被,大力推广宿根花卉和自播能力较强的地被植物,营造具有浓郁地方

特色和郊野气息的自然景观。如园区建设中大量使用了大花金鸡菊、二月蓝、大花秋葵等地被植物，形成了春季不同的植物景观，而且通过自繁，每年的面积都在增加，形成了一定的景观；野生植物杠柳的应用，也形成了较好的景观效果。

2.2.4　材料创新、技术创新、工艺创新

新材料、新技术、新工艺的广泛应用，能推动城市开展节约型园林建设工作。济南植物园在吸取国内外先进经验的基础上，结合济南园林自身特点，高起点规划建设园区，在选材、技术和工艺方面充分体现了节约创新意识。景区内喷泉、景点、通讯器械、服务设施等，均大量使用各种新材料、新技术，体现现代文明所具有的便利、多样、个性化特点；铺装用材方面从各种石材、透水砖、耐火砖、方柱石到石子，采用了十几种材料，体现了现代园林的环保、生态和独具特色的特点；工艺方面从硬质铺装和软质铺装两种形式，体现了生态、美观、安全的特点；技术方面通过采用矿渣回填的方法，成功克服了雨季施工的难题。通过以上创新思路的应用，既体现了园区建设的特色，又节约了资金投入。

2.2.5　建成后的管理

为保护好建成成果，在建设中始终注重加强建成后的管理。为此在建设过程中，基建方面注意建成后的维护和保养，保证一定的养护期；绿化方面是根据植物的不同习性和栽植时间的不同，采取适宜的方法来进行有效的科学管理，合理的浇水、施肥，有效的病虫防治，抗蒸腾剂、生根剂等新产品的应用，均有效地保护了建设成果；养护管理过程中还充分发挥工人的主观能动性，注重资源的再利用。通过采用上述措施，达到了节水、节能、节材、节力的目的，并进一步巩固了节约型园林的成果。

3　有关节约型园林建设的几点思考

根据济南植物园节约型园林建设实际，针对以下几个问题重点做一思考：

3.1　正常处理好节约与精品的关系

节约型园林绿化不等于低水平和低档次，高水平园林绿化也不等于高造价、求奢华。要避免低水平重复建设，不能随意降低建设标准，要在节约的前提下建设优良工程，实现绿地景观效益、生态效益的最大化。

3.2　强化绿化规划控制，从源头上保障节约型园林绿化的实施

注重节约资源的规划设计是开展节约型园林绿化的根本。在规划设计中应尊重现状，避免不切实际、不尊重科学及铺张浪费的行为，从设计中解决植物的科学配置，还要考虑到养护管理的实际情况，尽量减少不必要的人力、物力和财力的投入。

3.3　创新理念，营造节约型园林绿化的新模式

节约型园林是一个新生事物，涉及面较广，内涵非常丰富，实现节约型园林就要在园林绿化建设的各个环节上做好协调，在建设的各个方面及园林施工的各个步骤上逐步摸索出适宜的方法，并将之系统化，形成节约型园林建设新模式。在此基础上根据实际情况灵活运用，全面推动节约型园林的发展。

3.4　科学的养护管理是实现节约型园林的有力保证

建设节约型园林是一个长期而全面的过程，周期长而涉及面广是其显著特点。现在园林行业中重建设轻管理的现状还较为普遍，因此工程在竣工验收后，只有采取科学有效的管理方法，才能进一步巩固节约型园林的成果，因此科学的养护是实现节约型园林的有力保证。

建设节约型园林是一个长期动态的过

程,需要我们每一位园林工作者在各自的岗位上细心经营,积极进取,不断创新,同时将各自的心得体会加强沟通交流,尽快构建较为成熟的节约型园林建设体系。

参考文献

[1]约翰.O. 西蒙兹著(美). 俞孔坚,等译[M].景观设计学:场地规划与设计手册.北京:中国建筑工业出版社,2000.

[2]王向荣、林箐. 西方现代景观设计的理论与实践[M].北京:中国建筑工业出版社,2002.

[3]王焘编著.园林经济管理[M].北京:中国林业出版社,1999.

[4]王晓俊. 风景园林设计[M].南京:江苏科学技术出版社,2000.

[5]王浩. 城市生态园林与绿地系统规划[M].北京:中国林业出版社,2003.

[6]张国强. 现代园区景观规划设计[M].东南大学出版社,2003.

[7]俞孔坚. 可持续环境与发展规划的途径及其有效性[J].自然资源学报,1998.

[8]王军,傅伪杰,陈利项.景观生态规划的原理和方法[J].资源科学,1999.

[9]曲仲湘等.植物生态学[M].北京:高等教育出版社,1989.

应用水生植物营造植物园新景观
Application of Aquatic Plant in Botanical Gardens

周晶[1]　金伟[2]　韩梅珍[1]

（1. 济南植物园管理处　250215　2. 济南市英雄山管理处　250002）

Zhoujing[1]　Jinwei[2]　Han Meizhen[1]

(1. *The Administration of Jinan Botanical Garden*, 250215

2. *The Administration of Jinan Hero Mountain*, 250002)

摘要：水生植物近年来在园林中应用极为广泛，水生植物的引种、繁育方面也得到了快速的发展。本文探讨了水生植物的应用与研究对现代植物园的意义，以及应用水生植物建设现代植物园新景观中存在的问题及发展方向。此外本文还介绍了济南植物园水生植物应用现状及今后应用发展思路。

关键词：应用发展；水生植物；现代植物园；济南植物园

Abstract：Aquatic plants are widely used in gardens in recent years. The introduction and breeding of aquatic plants are also developing rapidly. The application, the problems and the developing direction of aquatic plants in modern gardens are discussed in this article. To analyze on using aquatic plant at present and in the future in Jinan Botanical Garden are also be discussed.

Key words：application；aquatic plant；modern botanical garden；Jinan Botanical Garden

引　言

水生植物是应用极为广泛的一类园林植物。近年来，由于人们对湿地的重视和发展，对园林水生景观要求的提升，各类水生植物得以广泛应用，各类生产、科研单位在水生植物品种保护和应用上有了很大的突破、发展，以荷、莲为代表的水生植物也日益得到大家的喜爱。在水生植物得到广泛重视和应用的前提下，植物园作为植物种质资源保护和科普的主导单位，也应当加大对水生植物的研究及推广应用，以适应群众需求，营造现代植物园新景观。

1　水生植物应用发展概况

1.1　水生植物概况

凡生长在水中或湿土壤中的植物通称为水生植物，包括草本植物和木本植物。全世界水生植物有87科168属1022种，中国水生维管束植物有61科145属400余种及变种，适宜北方生长的约有35科80余属180余种，具有观赏价值的有31科42属115种，广泛分布在各处水域之中。

在园林中，对水生植物的分类按其生活习性、生态环境，可分为：挺水植物、浮叶植物、漂浮植物和沉水植物4类。

作者简介：周晶，女，回族，工程师。1975年出生，1998年7月毕业于山东农业大学植保系，毕业后到济南大明湖风景区工作，2006年9月调至济南植物园工作至今，其间主要从事景区公园的园容绿化养护工作及工程的绿化施工工作。

1.2　我国水生植物应用发展现状

近年水生植物的生产、研究、应用在我国得到了快速的发展，形成了水生植物热潮，大量的水生植物生产厂商涌现，各科研单位的研究也进行了大量水生植物基础性和应用性的研究。结合我国现状，分析出现这一水生植物发展热潮的原因主要有4方面：一是人们生活水平和对生态环境认识程度的提高，园林施工和房产绿化在生态水景上大做文章，拉动了园林水景建设；二是为恢复生态环境，2000年，国家制定并发布了《中国湿地保护行动计划》。2003年，我国完成了首次全国湿地资源调查，国务院于当年批准了《全国湿地保护工程规划》。随着《全国湿地保护工程规划》的出台，各地上马了一些湿地公园和生态农业观光项目，使水生植物的用量增大；三是水生植物不仅能起到净化水质的作用，还能改善生态环境，促进退化水生态系统的恢复，并且具有低投资、见效快、耗能少的特点，给解决城市水体污染问题提供了思路，被广泛应用；四是相关展览活动，科研单位研究用，生产商引种和出口拉动了水生植物的应用。

除生产园林中使用的水生植物外，很多企业还对水生植物进行深加工，开创水生植物发展新局面。如青岛中华睡莲世界在睡莲食品及保健品的开发上就已经打开局面；三水"荷花世界"推进的荷花相关食品、休闲养生等新内容；各地夏季举办的湿地节、荷花节等，都使莲、荷为主的水生植物全面快速发展。

2　发展水生植物在现代植物园建设中的意义

发展、引种、展示水生植物并对其进行相关产品生产和生态旅游营销，对现代植物园的发展和建设有很大的意义，主要有以下几个方面：

一是大力发展水生植物可以丰富植物园四季景观，丰富游园内容。水生植物以其优美的株形和特性，软化湖池、驳岸，季相特点突出，四季各有所赏，具有较大观赏价值。现代植物园建设中往往有较好的水体资源，加之夏季游客亲水游玩的需要，引种水生植物，通过多种栽植配置方法，展示水生植物景观，尤其是荷花、睡莲等夏花品种，花期处在夏季陆地植物少花时节，可极大丰富植物园夏季植物景观。

二是充分发挥植物园在水生植物资源保护、引种、繁育方面的功能优势。水生植物，尤其是荷花和睡莲的引种、育种工作近年来得到了很大的发展，但这些基础性和科研工作的主体主要是由水生植物的经销商来完成的，以南京艺莲苑、江苏盐城爱莲苑为例，他们承担了很多的国内外品种交流、杂交育种工作，成为水生植物科研发展的主导力量，但同时因其研究限制性，对水生植物的基础性研究还很不够，都需要专业队伍来进行，使水生植物的研究发展更趋于完善。

三是水生植物为植物园科研科普工作提供了一项新内容。近年来在荷花和睡莲的分类、起源、杂交育种方面还有很多问题没有得到很好地解决，需要有专业的机构和部门来进行深入的系统研究，而这些仅仅依靠生产企业是不够的，植物园应当承担起这一责任。此外，随着人们对水生植物了解的加深，植物园也应当加大这类植物的科普教育力度，满足游客的需求。

四是拓展植物园生态旅游的新内容，利用荷、莲为主的水生植物，发展相关旅游产品。现今各地旅游景区往往在夏季推出荷展或以荷花为主题的旅游项目，植物园也可以借鉴这一模式，并在此基础上加上自身的特色，利用行业优势，展示新、优、奇、特的水生植物品种，挖掘水生植物文化内涵及相应的衍生产品，开创特色植物生态旅游新内容。

3　水生植物在现代植物园的应用与发展

3.1　水生植物在现代植物园的应用现状

现今植物园对水生植物的应用分为两大类:一是以华南植物园、武汉植物园等为代表的植物园,在园区内单独设置有水生植物观赏区,以荷、莲品种展示为主,分类引种、介绍水生植物,其他类似的还有上海植物园、西安植物园等;二是大多数植物园在水生植物应用时,主要在自然和人工水体周边配置应用,以水生植物园林造景为主,未单独开设专类园区进行介绍。

3.2　当前水生植物应用研究中存在的问题

一是水生植物的物种多样性不足。现今水生植物造景中,虽然所用植物材料较为丰富,但常用的也就局限在黄菖蒲等十几种的范围内,造成多数水生植物景观雷同现象,看多了便觉毫无新意;

二是水生植物配置应用、景观效果研究缺乏,尤其是立面设计和季相变化方面。水生植物有着十分显著的季节景观差别,水生植物不能与陆生植物绝对割裂开来应用,而应该与乔、灌木有机搭配,忽视了季相变化可能带来的景观变化,缺少高大的湿生乔灌木,景观的层次感十分欠缺。比如不同的水态、不同的水深都应该考虑不同的配植;

三是水生植物应用的生态学问题,即水生植物引种应用中潜在的生物侵害与防治认识研究不足,存在较大的植物侵害危险性;

四是研究发展不平衡。对本地乡土物种的研究和应用、对海水咸碱地水生植物重视不够,对隐没水中的沉水类物种、耐水湿环境的木本植物的应用重视不够。对水生植物生存环境要求及生态功能研究相对薄弱。

3.3　现代植物园水生植物应用发展

现代植物园在水生植物下一步的发展应用中,可以结合自身实际做好以下方面的工作:

一是可以结合自身实际加大水生植物的应用力度,用水生植物营造新景观。

二是利用植物园优势做好相关科研工作,如水生植物生态学研究、水生植物育种、水生植物分类研究、水生植物的品种及生产标准体系建立研究、水生植物配植研究,构建园林水景规划设计与建造素材库等相关工作。

三是加强水生植物及其相关产品的开发使用,如莲荷食品、水生植物提取物、水生植物专用肥料等。

四是结合植物园各类植物展示活动,发展水生植物生态旅游,发掘开发水生植物文化内涵。

4　济南植物园水生植物应用与发展简介

荷花是济南的市花,济南植物园作为济南地区植物种质资源保护、宣传推广应用的先导,在以莲荷为代表的水生植物的应用和研究上也做了大量的工作,同时结合园区建设进行了广泛的应用实践,取得了较好的效果。

4.1　济南植物园水生植物的配置应用

植物园水系规划设计时,充分利用了"西高东低、南高北低"的原始地貌特征,使水的循环以自然势能为主、电能为辅,形成了生态的水体布局。植物园自西向东设置了望云湖、春华湖、夏香湖、秋实湖、冬韵湖5大蓄水湖区,南部利用原有方塘自然水体进行扩大形成云影湖,云影湖通过地下管道与冬韵湖相连,形成贯通的园区水系。园区6湖之间明以自然水系相连接,暗以地下管道相贯通,形成了以自然水系为纽带的园区水体骨架。园区湖面及水系面积达到 6.7 万 m^2，现在植物园水生植物种植面积达到湖面总面积的 20%，约为 1.34 万 m^2。

济南植物园水系水生植物景观

济南植物园水生植物配置应用结合园区6大片水域主题，以突出主题的水生植物为主，来营造湖面景观，以其他类的水生植物为辅，穿插丰富四季景观。水生植物多为北方可以露地越冬的品种为主，根据公园展览需要，也引进了部分热带水生植物做为点缀。水系作为连接各湖面的纽带，在水生植物配置时主要考虑植物的花期及其高低、叶形、叶色配置，与周边景观的融合。

"春、夏、秋、冬"4湖位于植物园主游览区，水生植物配置以符合湖面主题的水生植物为主。春华湖种植鸢尾、菖蒲、花叶芦竹等春花、彩叶水生植物，营造春季生机勃勃的景观；夏香湖大量种植荷花、睡莲等夏花水生植物，配以高大绿叶植物，营造夏季荷香四溢的景观；秋实湖种植香蒲、红

济南植物园春华湖春季景观

蓼、水柳等，营造秋意盎然的景观；冬韵湖种植芦苇、再力花等挺拔水生植物，营造冬季湖面富有韵味的景观。云影湖及望云湖周边以自然驳岸为主，水生植物配置因地制宜，模拟自然湿地生物生态群落系统，形成由挺水植物、浮叶植物组合的良好生态群落，形成季相丰富的自然湿地景观。

4.2 济南植物园水生植物引种应用发展计划

大力发展以莲荷为主的水生植物。莲荷为主，主要考虑莲、荷类水生植物在济南栽培时间已久，多年来深受人民群众的热爱，有着广泛的群众基础。且莲、荷开花时间恰值植物开花淡季，丰富的莲、荷品种将极大地增加园区的游览观赏内容。其他类型的水生植物将根据其习性及园区的实际应用适当引进，丰富品种，作为莲、荷展示的衬景。

引种济南适生睡莲和荷花，丰富完善现有品种。植物园现有莲荷品种多为济南地区常见品种，种类较少，且花色、花期较为单一。今后引种将以先期济南莲荷研究推广种植的品种为主，兼顾各类新优品种。荷花引种以大、中型品种为主，睡莲引种重点为耐寒睡莲，条件许可时，引种部分热带睡莲。

因地制宜，加大水生植物在植物园湖面、水系栽植应用，结合园区现状建设水生植物区。园区现有一定水生植物，但种植时相对品种较为单一，人工种植痕迹重，缺少自然生态的景观。因此根据计划，在植物园新建的花谷景区水系中，建设水生植物区，集中使用、展示各类水生植物；在园区游客较为集中的夏香湖、童乐园两个湖面展区内，设置品种莲、荷展示区，展示莲、荷类的不同品种；在条件许可时，引种栽植部分水生植物容器苗，以供展销。

将引种、推广、宣传莲、荷为主的水生植物，作为济南植物园科研、科普工作的重

要内容之一。围绕"四面荷花三面柳 一城山色半城湖"的传统景观,通过对不同品种莲、荷等水生植物的宣传介绍,使广大游客了解这类植物及它们的历史、文化,使游客通过莲、荷对济南有更深的了解,从而进一步带动这类植物的推广应用。通过上述途径,给游客及广大学生提供一个认识、参观、学习水生植物的场所。

参考文献

[1]李尚志. 水生植物造景艺术[M]. 北京:中国林业出版社,2000.

[2]贺坤,张志国. 山东省水生植物资源及园林应用研究[J]. 上海应用技术学院学报(自然科学版),2007,7,4.

[3]王其超等. 中国荷花品种图志[M]. 北京:中国建筑工业出版社,1999.

[4]徐芳芳,罗群. 水生植物在园林中的应用及改进措施. 上海园林网.

[5]赵家荣等. 精选水生植物187种——景观植物实用图鉴[M]. 沈阳:辽宁科学技术出版社,2007.

上海植物园杜鹃、山茶园改造建设
Reconstruction of the *Rhododendron-Camellia* Garden
in Shanghai Botanical Garden

赵长虹　王玉勤

（上海植物园，上海　200231）

Zhao Changhong　Wang Yuqin

（*Shanghai Botanical Garden*，Shanghai 200231）

摘要：杜鹃园是上海植物园重要的专类园之一。本文简述了我园杜鹃、山茶园专类区的改建目的、规划种植设计及植物配置。本次改建共增加杜鹃花、山茶植物种类 270 种（含品种），对丰富杜鹃园植物品种、改善景观效果有重要意义。

关键词：上海植物园；杜鹃、山茶园；建园

Abstract：The *Rhododendron-Camellia* Garden is one of the most important themed gardens in Shanghai Botanical Garden. The purpose of reconstruction，the design and plant disposition of Rhododendron-camellia Garden were described in this paper. The *Rhododendron* and *Camellia* plant collections will increase 270 taxa（including cultivars）by garden construction，it has essential contribution to enrich the varieties and improve landscape in Rhododendron-Camellia Garden.

Key words：Shanghai Botanical Garden；the *Rhododendron-Camellia* Garden；garden construction

1　前言

上海植物园杜鹃园建于 1979 年，占地 16300m²，分杨柳区和杜鹃花种植区。根据 Cronquest 分类系统，杜鹃园种植五桠果亚纲的 9 个目，主要为茶目、杜鹃花目、柿树目等植物。

杜鹃园是上海植物园重要的专类园之一，在规划上是植物园的主要景观，在进化区也具有重要的地位。上海植物园在杜鹃花栽培技术和研究方面一度处于国内领先水平，由于建设和养护经费不足等多方面原因，增补更新较少，且原有品种土壤环境发生变化，部分品种适应性差等原因，衰退、老化严重，无法发挥杜鹃园资源收集保护的功能及满足科研的多种要求，急需对杜鹃园进行充实、调整，以满足科研、科普和游览的功能。

杜鹃园改建工程在充实杜鹃类植物的同时，引入与杜鹃花生长习性相近的山茶类植物，以增强杜鹃园的观赏性。本次改建共搜集种植杜鹃、山茶植物种类 270 种（含品种）。

上海植物园位于北纬 31°10′，东经 121°26′。气候属中亚热带边缘，邻接长江口沿海湿润地区。年平均气温为 15 ～

作者简介：赵长虹，女，上海植物园高级工程师。1988 年毕业于吉林农业大学植物资源专业。在上海植物园先后从事科研、园林管理建设。研究方向：专类园规划建设。共发表科技论文十余篇。

16℃,历史上最高 40.2℃,最低 – 12.1℃,平均无霜期 220 ~ 230 天,有效积温 2565.3℃,平均年降雨量 1100 ~ 1200mm,雨季平均从 5 月中旬开始,6 月下旬终止,称"梅雨季节",7,8 月开始高温,蒸发量大于降雨量,出现干旱,8 月起受台风影响较多。平均日照 1361 小时,平均相对湿度 80%。冬季严寒期不长,夏季炎热期有时阵雨。春季回暖早,秋季降温慢,植物生长季节长。

从气候条件上看,上海的年降雨量较大,降雨量的分布也比较均匀;而且上海属于沿海城市,全年的空气湿度较高。从气候湿润的角度分析,上海能够满足杜鹃花、山茶类的生长需求。世界各地低海拔地区的杜鹃园、山茶园几乎都分布在海滨城市,如美国太平洋西海岸、长岛、德国北部沿海、英国爱丁堡等,这正说明气候湿润对杜鹃花的生长非常重要。

气候冷凉也是大多数杜鹃花、山茶类适生区的特征之一,而从目前杜鹃花、山茶类植物的引种栽培区和自然分布区来看,杜鹃花、山茶类植物在良好的小气候条件下能够度过短期的高温胁迫。因此可以说,通过品种筛选和小气候的营造,应该能够克服短期高温这个限制因子。

从土壤因子上分析,杜鹃花、山茶类植物的适生土壤和目前园区土壤差别非常大,可以说土壤条件不适合杜鹃花、山茶类植物生长。利用客土改良土壤是杜鹃花、山茶类植物栽培的必要条件。

2　建园目的与总体规划

2.1　建园目的

通过杜鹃、山茶园改造建设,将提高杜鹃花、山茶类植物研究水平,探索和完善杜鹃花、山茶的引种栽培技术。为上海杜鹃、山茶园艺品种的栽培、育种和应用研究搭建平台,形成该类植物科学研究和科普展示的重要基地;通过在杜鹃种植区引入与杜鹃花生长习性相近的山茶花,将增强杜鹃园的观赏性;通过对景观小品、道路、管网等基础设施进行修缮,将有效改善园容园貌,改善景观空间和效果,提供能有效满足游客需求的休闲活动场所。

2.2　建设规模

本次改造区域为杜鹃种植区,面积 8500m²,是杜鹃园一期建成后的调整和补充。

现有的杜鹃园工程占地 16300m²,本次改造区域为 8500 m²,地势最高处绝对高度 10.7m。杜鹃园现有旧建筑小品 79 m²,道路面积 728 m²,水体面积 668 m²。排水为地形自然排水,园内无污水。

2.3　建设规划

根据上海植物园总体改扩建规划方案,规划充实杜鹃花、山茶类植物,使改造后的杜鹃、山茶园能成为华东地区收集该类植物最丰富的专类园之一。主要对原杜鹃园内地形和植物进行调整,补充杜鹃花、山茶类植物园艺品种,改善土壤结构,创造适宜杜鹃花、山茶类植物生长的生境环境。基础设施以修缮为主,在突出传承的基础上,对改建区域的景观和功能需要的基础设施进行增添和完善。

3　园区建设

在充分保留现有杜鹃园内生长良好的大树和景观面貌等前提下,通过对该园布局的梳理和整体调整,营造适宜杜鹃花、山茶类植物生长的生境环境,为不同杜鹃花、山茶类植物的生长创造条件。

3.1　绿化种植设计

绿化种植设计考虑杜鹃园全园景观特色以杜鹃花、山茶为主,因此按照区域设置杜鹃山和山茶谷。杜鹃类植物沿专类园周边沿坡布置,并利用黄石挡墙保证植物的排水与根系生长,这样的布置使杜鹃花开花期间,整个专类园花团锦簇,被杜鹃包围。另外将高山杜鹃类集中布置在山顶平台周围,形成区域植物特色。由于园区西北侧现有柿树林抽稀后形成较为良好的林下半阴环境,适合山茶花的生长,因此考虑在此区域布置山茶品种,形成山茶谷景点。

考虑到高山杜鹃喜凉爽湿润的环境特性,为了满足其生境要求,部分园区布置冷雾装置,保证此类植物在炎热季节能正常生长。

3.2 调整与遮荫树的选择

在园区遮荫树种的选择上主要保留和使用五桠果亚纲植物,主要包含柿树科、山茶科、猕猴桃科、杜鹃花科、野茉莉科、椴树科、大风子科、梧桐科、杨柳科,对于新引种的植物设计将按照各种品种成年后的冠幅大小进行合理搭配,预留生长空间。

疏减自然生长的散生苗木,重新营造植物景观空间。由于本区域植物生长过密,无序生长,已杂乱不堪,不能满足杜鹃花生长所需要的必要条件。在本次改建中,共移出油柿、柿、浙江柿等树木193株。

3.3 增加杜鹃花、山茶植物种类

杜鹃花、山茶专类种源的选择,首先考虑适生性和观赏性良好的品种,进行适生筛选后,应用于杜鹃、山茶园。

本次改造前期引种类群分杜鹃花科植物原种、杜鹃花园艺品种系列、茶科植物原种、山茶园艺品种系列、茶梅园艺品种系列。

3.3.1 杜鹃花科植物原种

含杜鹃花属(*Rhododendron*)的常绿杜鹃亚属(Subgenus *Hymenanthes*)、映山红亚属(Subgenus *Tsutsutsi*)、马银花亚属(Subgenus *Azaleastrum*)、羊踯躅亚属(Subgenus *Pseudoanthodendron*)及马醉木属(*Pieris*)、乌饭树属(*Vaccinium*)等植物种类,共计22种。详见附表1。

3.3.2 杜鹃花园艺品种系列

含西洋杜鹃、东洋杜鹃、夏鹃等,分复色系、白色系、紫色系、红色系、粉色系、蓝色系等,共计78个品种。详见附表2。

3.3.3 茶科植物原种

含茶属(*Camellia*)的山茶亚属(Subgenus *Camellia*)和茶亚属(Subgenus *Thea*)及红淡比属(*Cleyera*)、柃属(*Eurya*)厚皮香属(*Ternstroemia*)、石笔木属(*Tutcheria*)等植物种类,共计14种。详见附表3。

3.3.4 山茶园艺品种系列

含国内山茶品种系列,分复色系、白色系、红色系、粉色系;国外山茶品种系列,分复色系、白色系、红色系、粉色系、黄色系;共计146种。详见附表4。

3.3.5 茶梅品种系列

含国内茶梅品种系列和日本茶梅品种系列,共计10种。详见附表5。

3.4 土壤改良

创造适宜杜鹃花、山茶类植物生长的生境环境。杜鹃花、山茶类植物喜疏松、肥沃、富含腐殖质的酸性土壤。土壤的改良是在栽培杜鹃花、山茶类植物成功与否的关键。目前园内自然土壤容重偏大、pH值过高、EC值低、有机质含量低,不适宜杜鹃花、山茶类植物的生长,必须进行土壤改良。

客土应富含有机质,利于改善土壤的理化性质,形成良好的土壤结构,有机质通过分解转化,还能为植物提供养分;容重 $< 0.8 \text{g/cm}^3$,保持良好的透气性和保水性;pH值为 $4.5 \sim 6.0$ 的酸性土。由于杜鹃花、山茶类不耐肥,客土应保持 $EC < 0.7 \text{mS/cm}$;富含有效钾,提高植物的生命活力,促进植物的生长发育和开花。

杜鹃花、山茶类植物,根系一般分布在 $20 \sim 60 \text{cm}$ 的土层,所以腐殖质丰富的酸性土层的厚度以 50cm 为宜。

地面覆盖物对杜鹃花的生长也是非常

必要的,为杜鹃花、山茶类植物根系保湿降温,还可以提供腐殖质。选择的合适覆盖物和覆盖方式对杜鹃花的稳定生长非常重要。

3.5 基础设施配套工程

3.5.1 水系建设

改建根据杜鹃花、山茶类植物的生长环境要求,结合改造杜鹃园原有水系,将对水源头、补水口、补水管网及驳岸进行改造,营造瀑布、溪流等景观。

3.5.2 道路设计

通过扩建与改造,明确主干道,增加通达性。在原有主游览环路上设置主要出口,方便游人的进出,考虑到原有主游览道路现有宽度较窄,规划中将合理分级、拓宽设置,在改建中尽可能保留、沿用原有材质。

4 结论与建议

杜鹃花、山茶类植物的生物学特性相

对来说与上海的生态环境条件有一定差别,故若能在品种筛选、栽培技术、繁殖方法等方面的研究有所突破,对丰富上海园林植物品种、改善景观效果有极大的意义,其推广应用前景必会相当广阔。

上海植物园是上海市科普基地,杜鹃园是植物园科普展示的重要一环,杜鹃、山茶园的改建项目将提供一个欣赏杜鹃花、山茶类植物原种与园艺品种的科普场所,成为观赏珍稀、奇特的植物景观的重要基地。可以吸引国内外的园艺专家共同探讨园林建设和景观植物科技热点,带动园艺和园林学科的发展。

通过本次改建,杜鹃、山茶园在景观上提高了一个层次,并提升了杜鹃花、山茶类品种收集的数量和水准,成为具有现代园艺特色的专类园之一。同时专类园管理具有持续性,需随时间的延续及时调整和补充,有待进一步深入和提高。

附表1　杜鹃花科植物原种植物名录
Table 1　Speices of Ericaceae

编号 No	名称 Chinese name	学名 Scientific name	性状 characteristics
1	马醉木	*Pieris japonica*	常绿
2	刺毛杜鹃	*Rhododendron championae*	常绿
3	云锦杜鹃	*Rhododendron fortunei*	常绿
4	背绒杜鹃	*Rhododendron hypoblematosum*	常绿
5	江西杜鹃	*Rhododendron kiangsiense*	常绿
6	井冈杜鹃	*Rhododendron jinggangshanicum*	常绿
7	鹿角杜鹃	*Rhododendron latoucheae*	常绿
8	岭南杜鹃	*Rhododendron mariae*	常绿
9	满山红	*Rhododendron mariesii*	落叶
10	照山白	*Rhododendron micranthum*	落叶
11	亮毛杜鹃	*Rhododendron microphyton*	落叶
12	羊踯躅	*Rhododendron molle*	落叶
13	马银花	*Rhododendron ovatum*	落叶
14	锦绣杜鹃	*Rhododendron pulchrum*	半常绿
15	乳源杜鹃	*Rhododendron rhuyuenense*	落叶
16	猴头杜鹃	*Rhododendron simiarum*	常绿
17	映山红	*Rhododendron simsii*	落叶

（续）

编号 No	名称 Chinese name	学名 Scientific name	性状 characteristics
18	丝线吊芙蓉	*Rhododendron westlandii*	落叶
19	迎红杜鹃	*Rhododendron mueronulatum*	落叶
20	大字杜鹃	*Rhododendron schlippenbachi*	落叶
21	兴安杜鹃	*Rhododendron dauricum*	落叶
22	乌饭树	*Vaccinium bracteatum*	常绿

附表2 杜鹃花品种名录

Table 2   Cultivars of Rhododendron

编码 No	系列 Type	名称 Chinese name	学名 Scientific name	原产地 Source	性状 characteristics
1		白百合	*Rhododendron* 'Lily White'	金华	白
2		白毛鹃	*Rhododendron pulchrum* 'Alba'	金华	单–白
3		Knut Alba	*Rhododendron* 'Knut Alba'	比利时	重瓣–白
4	白色	凤冠	*Rhododendron* 'Bird Crown'	不详	白—红点
5		白丹麦	*Rhododendron* 'Whilte Dutch'	西欧	白—红点
6		贵妃醉酒	*Rhododendron* 'Guifeizuijiu'	日本	白心粉边
7		白佳人	*Rhododendron* 'White Lady'	不详	白–紫条
8		大乔	*Rhododendron* 'Daqiao'	丹东	粉
9		山麓杜鹃	*Rhododendron* 'Shanlu'	美国	粉
10		喜鹊登枝	*Rhododendron* 'Xiquedengzhi'	日本	粉红
11		粉红泡泡	*Rhododendron* 'Pink Pou'	美国	粉红
12		石岩杜鹃	*Rhododendron* 'Shiyan'	日本	粉红
13	粉色	Terra Noua	*Rhododendron* 'Terra Noua'	比利时	粉白
14		人面桃花	*Rhododendron* 'Pink Face'	日本	双套–粉
15		Inga	*Rhododendron* 'Inga'	比利时	粉红白边
16		肯特	*Rhododendron* 'Kent'	美国	单,粉–白边
17		红双喜	*Rhododendron* 'Happiness'	荷兰	粉–红边
18		汉堡一号	*Rhododendron* 'Hangburg'	西欧	粉–浅边
19		雪晴	*Rhododendron* 'Xueqing'	金华	双套–浅粉白
20		丹麦红	*Rhododendron* 'Dutch Red'	西欧	鲜红
21		劳动勋章	*Rhododendron* 'Labor Honor'	金华	大,红
22		丹顶	*Rhododendron* 'Dansh'	丹东	大洋红
23		红珍珠	*Rhododendron* 'Red Pearl'	日本	洋红小
24		红枫杜鹃	*Rhododendron* 'Molle × schlippenbachiiima'	美国	红
25		otto 红糊	*Rhododendron* 'Otto'	西欧	重,红
26		红宝石	*Rhododendron* 'Crystaol'	美国	重瓣,红
27	红色	万紫千红	*Rhododendron* 'Wanziqianhong'	日本	双套–红
28		红翅膀	*Rhododendron* 'Hongchibang'	美国	双套–红
29		小叶铁红	*Rhododendron* 'Xiaoyetiehong'	比利时	红(铁)
30		Sima	*Rhododendron* 'Sima'	比利时	红,沙边
31		杨梅红	*Rhododendron* 'Yangmeihong'	不详	单,玫红
32		春桃	*Rhododendron* 'Paech'	金华	单,玫红
33		Heclmat Vogel	*Rhododendron* 'Heclmat Vogel'	比利时	深红
34		火舞	*Rhododendron* 'Fire Dance'	西欧	深红

（续）

编码 No	系列 Type	名称 Chinese name	学名 Scientific name	原产地 Source	性状 characteristics
35		昭和之春	*Rhododendron* 'Zhaohezhichun'	日本	单－橘红
36		春雨	*Rhododendron* 'Spring Rain'	丹东	单－橘红
37		贾米拉	*Rhododendron* 'Jamula'	不详	单－橘红
38		柳浪闻莺	*Rhododendron* 'Liulangwenying'	日本	橘粉
39		Santesa	*Rhododendron* 'Santesa'	比利时	橘粉
40	红　色	村姑	*Rhododendron* 'Villegy Girl'	金华	橘红
41		红百合	*Rhododendron* 'Lily'	金华	橘红
42		Hectos	*Rhododendron* 'Hectos'	比利时	橘红
43		太阳杜鹃	*Rhododendron* 'Sun'	美国	橘红
44		Spseepesle	*Rhododendron* 'Spseepesle'	比利时	玫红
45		丰丽	*Rhododendron* 'Fengli'	西欧	玫红
46		晚霞	*Rhododendron* 'Sunlight'	西欧	玫红
47	绿色	绿色光辉	*Rhododendron* 'Green Light'	美国	绿色
48		Inka	*Rhododendron* 'Inka'	比利时	淡红白边
49		银边花牡丹	*Rhododendron* 'Yinbianhuamudan'	比利时	红－粉－花叶
50		Julia	*Rhododendron* 'Julia'	比利时	玫红－粉边
51		美人笑	*Rhododendron* 'Smile Girl'	不详	橘粉－白边
52		五宝珠	*Rhododendron* 'Five Pearal'	不详	重瓣－白－红条
53		红星	*Rhododendron* 'Red Star'	金华	红－白边
54		粉面铁红	*Rhododendron* 'Fenhongtiemian'	金华	红－银粉边
55		银边三色	*Rhododendron* 'Yinbiansanse'	金华	重瓣－红－白粉
56		天女散花	*Rhododendron* 'Tiannvsanhua'	金华	白－红边
57	复　色	世纪曙光	*Rhododendron* 'Centrey Light'	金华	白－红条块
58		南希．玛丽	*Rhododendron* 'Nancy Marie'	美国	红－白边
59		恰恰	*Rhododendron* 'Qiaqia'	美国	紫红－白
60		春之舞	*Rhododendron* 'Spring Dance'	美国	白—红边
61		美国双喜	*Rhododendron* 'Double Happy'	美国	白—红边
62		御幸锦	*Rhododendron* 'Siyaki'	日本	红—白边
63		五彩夏鹃	*Rhododendron* 'Wucaixiajuan'	日本	小,单瓣
64		花丹麦	*Rhododendron* 'Dutch Variety'	西欧	红－白边
65		四海波(天女舞)	*Rhododendron* 'Wave'	西欧	红－白边
66		四海波(白)	*Rhododendron* 'White Wave'	西欧	白－红条
67		埃尔希·李	*Rhododendron* 'Elsie. lee'	美国	淡蓝
68	蓝色	雅士	*Rhododendron* 'Genterman'	美国	重浅青莲
69		青莲	*Rhododendron* 'Purple Lotus'	美国	重,青莲
70		紫凤朝阳	*Rhododendron* 'Zifengchaoyang'	不详	重,紫
71		大富贵	*Rhododendron* 'Dafugui'	西欧	重,紫
72		母亲节	*Rhododendron* 'Mother Fes.'	美国	重'紫
73		紫金冠	*Rhododendron* 'Gold Crown'	不详	重,紫红
74	紫色	紫士	*Rhododendron* 'Zishi'	丹东	单,紫红
75		小叶毛鹃	*Rhododendron pulchrum* 'Xiaoye'	西欧	紫
76		富哥尔1号	*Rhododendron* 'Fu'erg One'	西欧	深紫色
77		笔紫	*Rhododendron* 'Bizi'	日本	紫小
78		富士	*Rhododendron* 'Fuji'	日本	单－紫黑

附表3 茶科植物名录

Table 3 Species of Theaceae

编号 No	名称 Chinese name	学名 Scientific name	性状 characteristics
1	杜鹃红山茶	*Camellia azalea*	常绿
2	红花油茶	*Camellia chekiang-oleosa*	常绿
3	博白大果油茶	*Camellia gigantocarpa*	常绿
4	山茶	*Camellia japonica*	常绿
5	梨茶	*Camellia octopetala*	常绿
6	油茶	*Camellia oleifera*	常绿
7	茶梅	*Camellia sasaqua*	常绿
8	茶	*Camellia sinensie*	常绿
9	美人茶	*Camellia uraku*	性状
10	杨桐	*Cleyera japonica*	常绿
11	滨柃	*Eurya emargianata*	常绿
12	柃木	*Eurya japonica*	常绿
13	厚皮香	*Ternstroemia gymnanthera*	常绿
14	石笔木	*Tutcheria spectabilis*	常绿

附表4 国内山茶品种名录

Table 4 Domestic Cultivars of *Camellia*

编号 No	名称 Chinese name	学名 Scientific name	性状 Characteristics	
单瓣				
1	松子	*Camellia* 'Songzi'	红色	
2	金心大红(铁壳)	*Camellia* 'Jinxindahong'	红色	
3	鱼尾茶 *	*Camellia* 'Yuweicha'	红色	
4	(白,花色)十样景	*Camellia* 'Shiyangjing'	白色花色	复色
5	金丝玉蝶	*Camellia* 'Jinsiyudie'	白色	
6	白棉球	*Camellia* 'Baimianqiu'	白色	
重瓣				
7	花鹤翎	*Camellia* 'Huaheling'	红白花色	复色
8	花牡丹	*Camellia* 'HuaMudan'	红白花色	复色
9	皇冠	*Camellia* 'Huangguan'	红白花色	复色
10	花 芙 蓉	*Camellia* 'Huafurong'	红白粉色	复色
11	福建五彩	*Camellia* 'Fujianwucai'	红白粉色	复色
12	彩霞	*Camellia* 'Caixia'	红白色	复色
13	白十八学士	*Camellia* 'Baishibaxueshi'	白色	复色
14	红十八学士	*Camellia* 'Hongshibaxueshi'	红色	复色
15	粉十八学士	*Camellia* 'Fenshibaxueshi'	粉色	复色
16	花宝珠	*Camellia* 'Huabaozhu'	红白花色	复色
17	花佛顶	*Camellia* 'Huafoding'	红白花色	复色
18	点雪	*Camellia* 'Dianxue'	红白花色	复色
19	粉玲珑	*Camellia* 'Fenlinglong'	红白花色	复色

（续）

编号 No	名称 Chinese name	学名 Scientific name	性状 Characteristics	
20	块块洋红片	*Camellia* 'KuaiKuaiyanghongpian'	红白花色	复色
21	鸳鸯凤冠*	*Camellia* 'Yuanyangfengguan'	红白花色	复色
22	红五色芙蓉	*Camellia* 'Hongwusefurong'	红白花色	复色
23	天鹅湖	*Camellia* 'Swan Lake'	白色	
24	玉丹	*Camellia* 'Yudan'	白色	
25	白芙蓉	*Camellia* 'Baifurong'	白色	
26	白牡丹	*Camellia* 'Baimudan'	白色	
27	雪托	*Camellia* 'Snow Pagoda'	白色	
28	绿珠球	*Camellia* 'Lvzhuqiu'	白色	
29	玉美人	*Camellia* 'Yumeiren'	白色	
30	六角白	*Camellia* 'Liujiaobai'	白色	
31	白长蛾彩	*Camellia* 'Baichang'ecai'	白色	
32	大白	*Camellia* 'Dabai'	白色	
33	六角大白	*Camellia* 'Liujiaodabai'	白	
34	雪牡丹	*Camellia* 'Xuemudan'	白色	
35	东方亮	*Camellia* 'Dongfangliang'	白色	
36	粉霞	*Camellia* 'Fenxia'	粉红色	
37	松花片	*Camellia* 'Songhuapian'	粉色	
38	粉山学士	*Camellia* 'Fenshanxueshi'	粉色	
39	粉丹	*Camellia* 'Fendan'	粉色	
40	赛牡丹	*Camellia* 'Elegans Supreme'	粉色	
41	云锦红	*Camellia* 'Yunjinhong'	深粉色	
42	粉丹	*Camellia* 'Fendan'	粉红色	
43	雨春	*Camellia* 'Chunyu'		
44	紫鹤翎	*Camellia* 'Ziheling'	红色	
45	红露珍	*Camellia* 'Hongluzhen'	红色	
46	花露珍	*Camellia* 'Hualuzhen'	花色	
47	红绣球	*Camellia* 'Hongxiuqiu'	红色	
48	狮子笑	*Camellia* 'Shizixiao'	红色	
49	绯爪芙蓉	*Camellia* 'Feizhuafurong'	红色	
50	赤丹	*Camellia* 'Chidan'	红色	
51	壮元红	*Camellia* 'Zhuangyuanhong'	红色	
52	大红袍	*Camellia* 'Dahongpao'	红色	
53	彩叶红露珍	*Camellia* 'Caiyehongluzhen'	红色	
54	金盘荔枝	*Camellia* 'Jinpanlizhi'	红色	
55	西施牡丹	*Camellia* 'Xishimudan'	红色	
56	姻脂莲	*Camellia* 'Yanzhilian'	红色	
57	早春大红绣球	*Camellia* 'Zaochundahongxiuqiu'	红色	
58	姻脂牡丹	*Camellia* 'Yanzhimudan'	红色	
59	朱砂红	*Camellia* 'Zhushahong'	红色	
60	深桃宝珠	*Camellia* 'Shentaozhubao'	红色	
61	红台阁	*Camellia* 'Hongtaige'	红色	

（续）

编号 No	名称 Chinese name	学名 Scientific name	性状 Characteristics
62	玫瑰莲	*Camellia* 'Meiguilian'	红色
63	九曲	*Camellia* 'Jiuqu'	红色
64	红霞迎春	*Camellia* 'Hongxiayingchun'	红色
65	六角大红	*Camellia* 'Liujiaodahong'	红色
66	鸡公血	*Camellia* 'Jigongxue'	红色
67	金奖牡丹	*Camellia* 'Jinjiangmudan'	红色
68	红槟榔	*Camellia* 'Hongbinlang'	红色
69	大和景	*Camellia* 'Dahejin'	红色
70	黑牡丹	*Camellia* 'Heimudan'	深红
71	朱砂莲	*Camellia* 'Zhushalian'	深红色
72	大朱砂	*Camellia* 'Dazhusha'	红色
73	金碧辉煌*	*Camellia* 'Jinbihuihuang'	深红色
74	七彩	*Camellia* 'Qicai'	7 芯红色

附表 5　国外山茶品种名录

Table 5　Cultivars of *Camellia* mainly from the USA

编号 No	名称 Chinese name	学名 Scientific name	性状 Characteristics
1	皮斯先生	*Camellia japonica* 'Antonietta Bisi'	白色
2	杰作	*Camellia japonica* 'Masterpiece'	白色
3	瑞雪*	*Camellia japonica* 'Timely Snow'	白色
4	暴徒	*Camellia japonica* 'Ruffian'	白色
5	绿戴可娜	*Camellia japonica* 'Kona Benten'	白色
6	白天鹅	*C. japonica* 'Elegans Champagne'	白色
7	牛希美玉	*C. japonica* 'Nuccio's Gem'	白色
8	玛依	*C. japonica* 'Maui'	白色
9	伊丽莎白织女	*C. japonica* 'Elizabeth Weaver'	粉色
10	娃丽娜深	*C. japonica* 'Valley Knudsen'	深粉红
11	牛西奥宝石花*	*C. japonica* 'Nuccio's Jewel'	粉红
12	花仙子	*C. japonica* 'Flowerwood'	粉红
13	戴维斯夫人	*C. japonica* 'Mrs D. W. Davis'	粉红色
14	皇家乐队	*C. japonica* 'Royal Band'	粉红色
15	大美人	*C. japonica* 'Beauty Girl'	
16	犹安娜皇后	*C. japonica* 'Yu'ana Queen'	粉色
17	埃尔希朱瑞	*C. japonica* 'Elsie Jury'	粉色
18	舞台新秀	*C. japonica* 'Wutaixinxiu'	粉红色
19	大非丽斯	*Camellia* 'Francis Eugene Phillis'	粉色
20	白衣大皇冠	*Camellia* 'Betty Sheffild Supreme'	粉色
21	烈香	*Camellia* 'High Fragrance'	粉色
22	天娇	*Camellia* 'Nuccio's #4310'	深粉红色
23	戴氏之歌	*Cmellia* 'Mrs D. W. Davis Discanso'	粉红色

（续）

编号 No	名称 Chinese name	学名 Scientific name	性状 Characteristics	
24	舞女	*Camellia* 'Dance Lady'	粉红色	
25	复活节之晨	*Camellia* 'Easter Morning'	肉粉红	
26	情人大卡特	*Camellia* 'Carter's Sunburst Sweetheart'	粉白红条	
27	贝拉黑玫瑰	*Camellia* 'Nuccio's Bella Rosea'	深红	
28	狄斯	*Camellia* 'L. T. Dees'	红色	
29	赛牡丹	*Camellia* 'Elegans Splendor'	红色	
30	花叶情人节	*Camellia* 'Valentine Day'	红色	
31	酒红阿兰	*Camellia* 'Mark Alan'	红色	
32	哈罗德	*Camellia* 'Harold L. Paige'	红色	
33	黑魔法	*Camellia* 'Black Magic'	深红色	
34	海盗之金	*Camellia* 'Pirates Gold'	红色	
35	贝拉大玫瑰 *	*Camellia* 'Nuccio's Bella Rosea'	红色	
36	卷瓣牛西奥 1 *	*Camellia* 'Joe Nuccio'	红色	
37	黑骑士	*Camellia* 'Night Rider'	黑红色	
38	香太阳	*Camellia* 'Scented Sun'	红色	
39	大海伦	*Camellia* 'Helen Bower'	红色	
40	大卡特	*Camellia* 'Carter's Sunburst'	红色	
41	柏克斯先生	*Camellia* 'Dr Clifford Parks'	红色	
42	期望	*Camellia* 'Anticipation'	红色	
43	魔术城	*Camellia* 'Magic City'	红色	
44	新塔里尔小姐	*Camellia* 'Miss Tulare var. '	红色	
45	新茶里斯顿小姐	*Camellia* 'Miss Charleston var. '	红色	
46	午夜魔幻	*Camellia* 'Midnight Magic'	黑红色	
47	云斑大元帅	*Camellia* 'Grand Marshal var. '	深红色	
48	金华美女 *	*Camellia* 'Jinhua Lady'	黑红色	
49	大元帅	*Camellia* 'Grand Marshal'	红色	
50	玛瑟安娜	*Camellia* 'Mathotiana'	大红色	
51	雅特斯	*Camellia* 'Graem Yates'	大红色	
52	超级赛牡丹	*Camellia* 'Elegans Supreme'	红色	
53	谢幕	*Camellia* 'Curtain Call'	大红色	
54	火瀑布	*Camellia* 'Fire Fall'	红色	
55	孔雀椿	*Camellia* 'Hakuhan Kujaku'	单瓣红色	
56	首演	*Camellia* 'Debut'	银红色	
57	花皱奇	*Camellia* 'Holly Bright'	大红色	
58	超级南天武士	*Camellia* 'Dixie Knight Supreme'	红色	
59	凯夫人	*Camellia* 'Lady Kay'	红色	
60	美国大红	*Camellia* 'Conuettii'	红色	
61	客莱蒂 *	*Camellia* 'Colettii'	红白花色	复色
62	复色期望 *	*Camellia* 'Anticipation var. '	红白花色	复色
63	宽彩带	*Camellia* 'Margaret Davis'	红白花色	复色
64	斑色情人节	*Camellia* 'Valentine Day var. '	红白花色	各色
65	复色大海伦	*Camellia* 'Helen Bower var. '	红白花色	复色

（续）

编号 No	名称 Chinese name	学名 Scientific name	性状 Characteristics	
66	午夜明灯	*Camellia* 'Midnight Lamp'	复色	复色
67	窄彩带	*Camellia* 'Margaret Davis Picotee'		复色
68	复色安马	*Camellia* 'Emma Gaeta var.'	红白花色	
69	爱丽牡丹	*Camellia* 'Alice Wood'	大红带白	复色
70	金边可娜	*Camellia* 'Kona Benten'	淡黄	
71	黄达	*Camellia* 'Daholdnega'	白黄色	
72	黄金喜	*Camellia* 'Astonished Yellow'	黄色	

附表 6   茶梅品种名录

Table 6   Cultivars of *Camellia sasanqua*

茶梅			
编号 No	名称 Chinese name	学名 Scientific name	性状 Characteristics
1	玫红(茶梅)	*Camellia sasanqua* 'Little Rose'	红色
2	紫丁香(茶梅)	*Camellia sasanqua* 'Purple Red Plum'	大红色
3	芙蓉香波(茶梅)	*Camellia sasanqua* 'Nicka'	粉红色
4	曹昌(茶梅)	*Camellia sasanqua* 'Caochang'	粉红色
5	红乙女	*Camellia sasanqua* 'Hongyinv'	
6	笑颜	*Camellia sasanqua* 'Egao'	
7	新乙女	*Camellia sasanqua* 'Shin-otome'	
8	富士之峰	*Camellia sasanqua* 'Fuji-no-mine'	粉白
9	春雨锦	*Camellia sasanqua* 'Harusame-nishiki'	粉白
10	满月	*Camellia sasanqua* 'Mangetsu'	粉白

参考文献

[1]张乐华,刘向平.庐山植物园杜鹃花专类区的建设[J].中国植物园第8期:150-153.

[2]余树勋.植物园规划的新概念[J].中国植物园第3期:1996,19-21.

[3]张连全等.上海植物园十年规划设想.

[4]余树勋.植物园规划与设计[M].天津:天津大学出版社,2000.

郑州黄河植物园竹园的建设
The Construction of the Bamboo Garden in Zhengzhou Yellow River Botanical Garden

孙志广　贺敬连　宋利敏　徐　翔　马国民

（郑州黄河植物园, 河南郑州　450043 ）

Sun Zhiguang　He Jinglian　Song Limin　Xu Xiang　Ma Guomin

（ *Zhengzhou Yellow River Botanical Garden , Zhengzhou　Henan　450043* ）

摘要:本文从植物园发展的长远眼光上,结合本地区的地理环境因素、气候因素、技术因素等各种条件,分析了在郑州黄河植物园内建设竹园的重要意义及郑州黄河植物园竹园建设的现状。认为竹园的建设是植物园建设的重要一方面,对植物园的发展起到了重要的促进作用。

关键词:郑州黄河植物园;竹园;建设

Abstract: This article from the botanical gardens on the development of a long-term vision, combined with the region's geographic environmental factors, climatic factors, technical factors and other conditions. It analysis of the importance that the bamboo Garden has been constructed in Zhengzhou Yellow River Botanical Garden and the status quo of the bamboo Garden. The construction of the Bamboo Garden is considered as an important aspect of botanical garden, It has played an important role in promoting to the development of botanical gardens.

Key words: Zhengzhou Yellow River Botanical Garden; bamboo garden; construction

竹子具有成长快、易成林的特点,是重要的园林绿化树种。随着城市园林化的发展,对竹子的需求也越来越多,这就有必要建立一个集中资源保存、科研、生产于一体的综合型竹类植物园。

郑州植物园竹园位于郑州市西北27km 处,黄河之滨的邙山谷地,地处黄河中下游的交汇处,黄土高原的末端,黄淮平原的起点。本园自 2001 年开始筹建,2003年开始建园,但引种工作自 1992 年以前就开始了。目前我园共保存有竹类品种 56种。本区交通方便,有一级公路直通郑州市内,旅游专线汽车往返不断,京广线从其东侧通过,区域内有上车站停靠。水电设施齐全,通讯设备完善。

该园地理位置为东径 113°30′,北纬34°56′,海拔高度 95.2 ~ 196.2m。土层深厚,除少量钙结石外,无其他石砾。土壤分布有沙土、立黄土、白面土等,土质微碱性,pH 值为 8 ~ 8.5,地形沙丘、河滩、沟、坡、塬皆俱备。气候特征属温带大陆性气候,干旱少雨,年平均温度 14.9℃,1 月平均温度1℃,7 月平均气温 25.2℃,极端温度最低 -11.0℃,最高为 40.5℃。年平均降雨量为 645mm,年平均相对湿度 74.6% 。

作者简介:孙志广,男,1974 年出生,工程师。植物的引种驯化与研究应用。sunzhiguang74@163.com

1　河南省竹种的现状

河南省地处北亚热带和南暖温带,北依太行山,南越淮河,形成南北过渡的气候环境,几乎全省都有适于竹子生长的环境。

河南省竹种分布的特点是星罗棋布:山区、平原都有栽培,竹林是山区成片、沿河成线、平原成点。竹种的种植比较分散,没有形成大而全的集中种植区域。

据史料载,河南省历史上分布的竹种不下 30 种,主要有毛竹〔*Phyllostachys heterocycla*(Carr.)Mitford 'Pubescens'〕、刚竹(*Phyllostachys sulphurea* var. *viridis* R. A. Young)、斑竹(*Phyllostachys bambusoides* f. *tanakae* Makino ex Tsuboil)、淡竹(*Phyllostachys glauca* McClure)、桂竹(*Phyllostachys bambusoides* Sieb. et Zucc.)、甜竹(*Phyllostachys flexuosa* A. et C. Riviere)、水竹(*Phyllostachys heteroclada* Oliver)、罗汉竹(*Phyllostachys aurea* Carr. ex A. et C. Riviere)、乌哺鸡竹(*Phyllostachys vivax* McClure)等。可见历史上河南省是北方的一个产竹省。而历史时期河南的竹种和竹林都比现代多,如历史时期分布的方竹〔*Chimonobambusa quadrangularis*(Fenzi)Makino〕、凤尾竹(*Bambusa multiplex* 'Fernleaf')、慈竹〔*Neosinocalamus affinis*(Rendle)Keng f.〕等竹种现代都没有了。现代河南省竹类的种植需要一个大的集中种植区,既可以进行竹类种资源的保护,亦可引种驯化南方品种,作为向北方省区推广的一个中转培育基地,同时也可利用技术人员的优势进行竹种的研究、开发,培育出新品种,以适应北方寒冷、干旱的气候特点。

2　地理优势

河南地处北亚热带和南暖温带,北依太行,南越淮河,地形山区、丘陵、平原都有,地形复杂形成多样小气候,适宜多种竹子的生长发育,而本园位于省会郑州市,是全国著名的交通枢纽城市,区内京广、陇海两大铁路干线交汇,国道、省道、高速公路四通八达,交通便利。

本园内地形复杂多样,南边为黄土丘陵区,具有典型的黄土残塬地形特征,沟壑纵横,顶部局面平坦,北边紧邻黄河,具有滩地平原区,构成各具特色的气候特征,适宜竹子的生长发育。

3　竹类园建设的意义

3.1　竹类园的建设可提高植物园景观的质量和品位

竹类园的建设可以增加植物园现有景观的数量和质量,改变植物园满眼松涛的视觉效果,以竹子成林种植,或三五成丛配植,增加层次感,添一点诗意,改变植物园植被单一的缺点,营造出让人们津津乐道的主景。

竹文化也是赏竹的一个重要方面。竹子挺拔刚直、虚心坚韧、高风亮节,历史上不少诗人、学者写过许多关于竹的诗文。唐代诗人杜甫在《咏春笋》中诗"无数春笋满林生,紫门密掩断行人。会须上番看成竹,客至从嗔不出迎。"随着时代的发展,竹文化又有新的内涵,如艰苦奋斗,廉洁奉公以及无私奉献的共产主义品质。1935 年 1 月,方志敏率部北进途中,曾用竹枝在雪地上写下豪情壮志的抒怀诗篇"雪压竹头低,低头如沾泥。一轮红日起,依旧与无齐。"江泽民同志为贺晋年将军所画竹题款"俏也不争春,劲节满乾坤。"寓意我们伟大祖国正像朝气蓬勃、春天里的翠竹林,虚心向上、排去万竿、高风亮节、劲节的光辉充满神州大地。

竹子形态挺秀,神韵潇洒。竹子是吉祥之物,我国古代,人们以竹子来美化宅院和盆景。如著名的园林名胜浙江莫干山竹林,郁郁葱葱、重重叠叠,遥望天际,翠绿多姿,步入林中,其乐无穷。竹径,以杭州云栖竹径为著名,它是一条具有特殊风格的园林小道,踏上竹径安闲寂静,曲径通幽后又豁然开朗,大有"柳暗花明又一村"之感,两边翠竹摇曳,脚下绿荫满地,顿入"万竿绿竹影参天"的优美意境。

3.2 进行竹类品种资源的保存保护和竹文化的研究整理

广泛收集竹类品种资源种植,进行迁地保护,作为竹类品种的基因库。特别是珍稀濒危的竹品种资源,应在保存、保护的同时,进行研究,寻找一套推广应用的技术和繁殖方法。对于能够在本地生长发育的竹类品种,应大量繁殖苗木,向邻近省区推广销售,增加经济收入。

加强对于我国竹文化的产生、发展和近代竹文化的改变进行研究、整理、挖掘,这对于竹类资源的保护也是一项十分重要的工作。

3.3 增加游客数量,提高经济效益

竹园可以吸引一批游客前来参观游玩,也可以接收部分大专院校的学生来我处实习,亦可同其他中小学校共同建立中小学生科普教育基地,这样在学生来我处参观学习之际,能够带动一大批家长来此旅游。

3.4 维持生态平衡改善环境

竹子不但具有园林绿化功能,而且对大自然的生态平衡起着重要作用。竹子体态端直、生长迅速、枝叶密集、叶面积指数高,能净化空气,改善环境。[1]"据测定,竹子吸收二氧化碳,制造氧气的功能是同面积落叶乔木的 1.5 倍,减弱噪音能力也比落叶树木强。"竹子的地下根茎纵横参差,交错盘结复杂,对于涵养水源、防治水土流失起着重要作用。所以以竹造园成本低,见效快,具有社会、经济、环境三大效益,符合当代园林建设潮流,亦符合人民的需要。

4 郑州黄河植物园竹园的建设现状

目前郑州黄河植物园竹园占地 0.5hm²,位于植物园西侧一条东西向山沟内,南、西、北三向封闭,东向开敞。该园 2001 年开始规划,2003 年初开始动工建设,到目前为止,该园已保存竹类品种 49 个,其中本地品种 2 个,外地引种品种 47 个。初具规模的竹园已对外开放,用于引种驯化、技术研究及推广、科普知识教育和游览参观等。

竹园由于所处位置特殊,三面封闭形成一个小气候环境,经过精心管理,除少量还未能适应本地的气候特征外,大部分品种长势良好。新竹分蘖迅速,已出笋和长出新叶的占引种苗木的 98% 以上,生长势表现比较优良的有 38 种,表现一般的 8 种,表现比较差的有 3 种,其中佛肚竹(*Bambusa ventricosa* McClure)在本地表现为不能露地越冬(见附表)。

由于竹子生长旺盛,单品种区域种植的竹子之间出现互侵,采用区块隔离的办法,区块之间用深 1m 的板石进行阻挡,阻止竹根蔓延到其他种区。近几年,较封闭的环境影响通风透光,致使个别品种出现煤污病现象,及时采取措施,每年去除一些病竹、弱竹、折竹,降低密度,更好地通风透光,有效地改善了生长环境,增加抗病能力。

远期规划拟在保持现有品种数量外,根据引种竹子的生长状况,筛选适应性强、观赏价值较高的种类扩大种植规模,增加竹园的面积,并继续开展引种驯化,进一步丰富竹园内容;增强科普知识宣传教育,竹园所在区域是爱国主义教育基地,又有国家级黄河地质公园为依托,紧邻省会城市,进行科普教育条件优越,通过在竹园增设图标和竹子品种知识介绍等方式,结合植物园内其他专类园全面向青少年进行宣传

教育;竹园在游览景区内,应充分考虑游客的广泛参与性,增加园林设施配置,如在竹园内铺设游路,设置休息设施,提高竹园的整体观赏效果,让游客置身于竹海之中。

附表:竹园竹类品种调查表

品　种	拉丁文	引种地	引种数量	现成活
斑　竹	*Phyllostachys bambusoides* f. *tanakae* Makino exTsuboil	博爱县	50(丛)	50
黄槽斑竹	*Phyllostachys bambusoides* f. *mixta* Z. P. Wang et N. X. Ma Wen	博爱县	20(秆)	19
甜　竹	*Phyllostachys flexuosa* A. et C. Riviere	博爱县	30(丛)	30
韵　竹	*Phyllostachys glauca* f. *yunzhu* J. L. Lu	博爱县	30(丛)	30
箬　竹	*Indocalamus latifolius*（Keng）McClure	信阳商城县	770(丛)	770
毛　竹	*Phyllostachys heterocycla*（Carr.）Mitford 'Pubescens'	信阳商城且	15(株)	1
水　竹	*Phyllostachys heteroclada* Oliver	信阳商城县	26(丛)	26
淡　竹	*Phyllostachys glauca* McClure	信阳商城县	57(丛)	55
早园竹	*Phyllostachys propinqua* McClure	焉陵县	38(丛)	37
紫　竹	*Pbyllostachys nigra*（Lodd. ex Lindl.）Munro	信阳潢川	58(株)	54
罗汉竹	*Phyllostachys aurea* Carr. ex A. et C. Riviere	信　阳	38(株)	37
黄槽石绿竹	*Phyllostachys arcane* f. *luteosulcata* C. D. Chu et C. S. Cha	南京、常州	10(株)	9
黄纹竹	*Phyllostachys vivax* f. *huanwenzhu* J. L. Lu	南京、常州	10(株)	10
花秆早园竹	*Phyllostachys praecox* f. *viridisulcata* P. X. Zhang	南京、常州	2(株)	2
黄秆乌哺鸡	*Phyllostachys vivax* McClure 'Aureocaulis'	南京、常州	10(株)	9
德国五月季	*Phyllostachys bambusoides* var. *castillonis* Makino	南京、常州	5(秆)	5
黄皮刚竹	*Phyllostachys sulphurea* f. *robertii*	南京、常州	10(秆)	8
金镶玉	*Phyllostachys aureosulcata* f. *spectabilis*	南京、常州	30(秆)	30
黄秆京竹	*Phyllostachys aureosulcata* f. *aureocaulis*	南京、常州	50(秆)	46
矢　竹	*Pseudosasa japonica*（Sieb. et Zucc.）Makino	南京、常州	100(秆)	86
曙筋矢竹	*Pseudosasa japonica* Makino f. *akebono*	南京、常州	10(丛)	4
茶秆竹	*Pseudosasa amabilis*（McCLure）keng f.	南京、常州	10(丛)	6
白哺鸡竹	*Phyllostachys dulcis* McClure	南京、常州	10(秆)	10
乌哺鸡竹	*Phyllostachys vivax* McClure	南京、常州	20(秆)	19
短穗竹	*Semiarundinaria densiflora*（Rendle）Wen	南京、常州	10(丛)	8
红壳竹	*Phyllostachys iridescens* C. Y. Yao et C. Y. Chen	南京、常州	20(秆)	20
四季竹	*Semiarumdinaria lubrica* Wen	南京、常州	20(秆)	15
篌　竹	*Phyllostachys nidularia* Munro	南京、常州	20(丛)	20
长叶竹	*Pleioblastus china* f. *hisauchii*	南京、常州	20(丛)	5
月月竹	*Menstruocalamus sichuanensis*（Yi）Yi	南京、常州	10(丛)	5
大明竹	*Pleioblastus gramineus*（Bean）Nakai	南京、常州	10(丛)	8
黄条金刚竹	*Pleioblastus kongosanensis* f. *aureo-striatus*	南京、常州	10(丛)	9
铺地竹	*Sasa argenteastriatus* E. G. Camus	南京、常州	10(丛)	10
翠　竹	*Sasa pygmaea*（Miq.）E. G. Camus	南京、常州	20(丛)	20
佛肚竹	*Bambusa ventricosa* McClure	南京、常州	5(秆)	不能越冬
巴山木竹	*Bashania fargesii* Keng f. et Yi	南京、常州	5(秆)	5
黎　竹	*Acidosasa venusta*（Mcchire）Wang et Ye	南京、常州	3(秆)	3
板桥竹	*Pleioblastus china* f. *hisauchii*	南京、常州	3(丛)	3
鹅毛竹	*Shibataea chinensis* Nakai	南京、常州	5(丛)	5

（续）

品　种	拉丁文	引种地	引种数量	现成活
凤尾竹	*Bambusa multiplex* 'Fernleaf'	南京、常州	3（丛）	3
菲白竹	*Sasa fortunei*（Van Houtte）Fiori	南京、常州	15（丛）	15
棕巴竹	*Indocalamus herklotsii* McClure.	南京、常州	10（秆）	3
斑苦竹	*Pleioblastus oleosus* Wen	南京、常州	10（秆）	4
孝顺竹	*Bambusa multiplex*（Lour.）Raeuschel	南京、常州	100（秆）	100
黄　竹	*Dendroalamus membranceus* Munr	南阳、西峡	400（墩）	389
桂　竹	*Phyllostachys bambusoides* Sieb. et Zucc.	本　地	多	多
刚　竹	*Phyllostachys viridis*（Young）McClure.	本　地	多	多
麻　竹	*Dendroalamuslatiftorus* Munro	南京林业大学	20（秆）	24
金　竹	*Phyllostachys sulphurea*（Carr.）A. et C. Riv.	南京林业大学	20（秆）	14

参考文献

［1］谢孝福．竹子生产与加工［M］．北京：金盾出
版社，1998．

风景游憩林的营造技术和可持续经营
The Establishment Techniques and Sustainable Operation of Scenic Recreational Forests

张晓萍

[福州植物园(福州国家森林公园),福建福州 350012]

Zhang Xiaoping

[*Fuzhou Botanical Garden (Fuzhou National Forest Park), Fuzhou, Fujian 350012*]

摘要:风景游憩林是森林公园建设的关键,也是森林公园开展生态旅游的核心和特色所在,是森林生态旅游可持续经营的基础。本文论述了风景游憩林的功能,探讨了景观树种的选择,提出风景游憩林可持续经营的关键技术,为森林生态旅游游憩功能的开发和建设提供参考。

关键词:风景游憩林;营造技术;可持续经营

Abstract:Scenic and recreational forest is a key component for a forest park which also is an essential and feature element for eco-tourism development, and a foundation of sustainable management. This paper delineates the function of scenic and recreational forest, discusses the species selection, as well as key techniques for sustainable management.

Key words:scenic and recreational forest; cultivation technique; sustainable management

1 引言

森林游憩已逐渐演变成现代人类社会生活的一个重要组成部分,它顺应了人们回归自然的心理和生理要求,对缓冲日益紧张的工作和生活节奏,调养身心,维持健康都有重要的实践意义。加强风景游憩林建设,既可有效地保护好森林植被,发挥森林的生态效应,又可提高景区的绿色景观效果,保障森林旅游业的可持续发展,实现森林的多功能开发,进而推进林业两大体系的建设。因此,笔者结合多年在森林公园工作的实践和经验,总结了风景游憩林的功能、景观树种的选择和风景游憩林可持续经营的关键技术等,为森林生态旅游游憩功能的开发和建设做些有益的探讨。

2 风景游憩林的功能

风景游憩林是特种用途林中的一个重要林种,它除了具有一般林分所共有的调节气候、保持水土、净化空气等改善环境的功能外,还给人带来美的享受,具有森林游憩功能[3]。

2.1 保护和改善环境的功能

由于树冠及地被植物的截流和土壤的净化作用,减少和减轻了地表径流量和流速,因而起到了水土保持作用。当风遇到树林时,在树木的迎风面和背风面均可降

作者简介:张晓萍,女,1966年生,教授级高级工程师,主要从事生物多样性保护、森林景观评价、森林旅游资源开发等研究。

低风速,因而其又有挡风固沙的功能[1]。有些树种还具有特殊的防护功能,如防火功能,吸收大气有毒物质和净化抗污染功能、杀菌功能,此外森林还具有调节小气候、减尘降噪、固碳释氧等多种保护和改善环境的功能。

2.2　造景的功能

风景游憩林具有特殊的美学特性,它的造景因素有:色彩、体态、形状、气味、声响等,森林植物色彩以绿色和青色为基调,色彩多种多样,即便是绿色还有嫩绿、翠绿、墨绿之分;风景游憩林还有冷暖色调、明暗色调的协调对比,能使人产生视觉上的美感[1]。森林的色彩是通过植物的叶、花、果、枝条和树皮等呈现出来,其中树叶的色彩起主导作用,彩叶景观对游人有极大的吸引力。森林植物的体态大小直接影响林分结构和景观类型,按体态大小分为乔木、灌木、地被物。本文仅以乔木为研究对象,研究其色彩、体态、形状、气味、声响等价值;并把植物分为观叶、观花、观果、观姿植物。在环境建设中森林植物有构造、协调、衬托、屏障的4大美学功能,本文侧重研究风景游憩林的造景功能。

2.3　娱乐游憩的功能

回归自然、返朴归真是人类的天性,良好的森林野外环境可以为人们提供娱乐休闲的绝佳背景。森林公园和自然保护区都制订了生态旅游规划,就是为科学、有序、合理地开展森林游憩提供决策依据。

2.4　保健康体的功能

由于林内植物群落有清洁空气、杀菌滞尘、阻滞噪声的功能,而且空气中的负离子对人体有医疗保健作用,可令人镇静自律、消除精神焦虑、促进新陈代谢、强化细胞功能。在林间漫步也是一种有氧健身。根据传统的中医理论,人在林间土径中能吸收地气,达到人体的阴阳平衡。在欧美也存在这一说法,认为在林中步行能调节先天生活韵律,使人精神焕发。因此游憩林又是人们健身的理想场所。

3　风景游憩林的树种选择与管理

我国森林公园多数由国有林场发展而来,长期的传统林业经营方式,主要以木材生产为主,树种单纯,景色单一,季相变化少,林分质量差,老残木、病腐木、枯立木多,不能满足人们对风景游憩的要求[2]。应在科学规划的基础上,进行林分改造,调整树种组成和林相结构,改善森林景观,丰富季相变化,提高森林美学等级和观赏价值。风景游憩林的营造应遵循保护与开发并重、适地适树、分步实施和分类经营的原则。

3.1　不同季相风景游憩林的树种选择

3.1.1　春景树种的选择

春季景观多以观花为主,因此观花类植物是树种选择的主体。花色艳丽、纯度高,花序集中,花多且大,花叶对比强烈的植物较符合大众的审美需求,如桃花、梅花、福建山樱花、杜鹃等[5]。春季万物复苏,梢头嫩绿,生机勃勃的嫩绿且不同叶形相互交错,也是游人踏青的首选。福建理想的春景树种推荐见表1。

3.1.2　夏景树种的选择

夏景以绿色为主,是较缺乏色彩的季节,在夏景经营中可通过种植一些夏季观花树种来弥补这一缺憾。在夏季,人们热衷于在森林中纳凉、避暑、休闲,在夏景树种的选择中,可考虑选择树冠大,绿叶成荫,浓荫覆地,树干的可感性强的主调树种,减少其他混交树种的数量,以免形成杂乱的林相,保持林分整洁,便于游人休憩。笔者推荐树种见表2。

表 1 春季观花树种

Table 1 Spring flower trees

科名	种名	拉丁名	景观特色	立地要求
蔷薇科	红碧桃	*Prunus persica* 'Rubro-plena'	花期2～3月,花色红色、粉色,花色艳丽	喜光,较耐寒,不耐水湿,对土壤要求不高
	白碧桃	*P. persica* 'Albo-plena'	花期1～2月,花白色、纯洁、抢眼,吸引摄影者的目光	喜光,不耐水湿,较耐寒,对土壤要求不高
	福建山樱花	*P. glandulosa*	花期1～4月,花桃红色,盛花期花多叶少,满树繁花,清丽壮观	喜光,较耐寒,喜肥沃
	绣球绣线菊	*Spiraea blamei*	花期4～6月,白色,伞形花序,花大而密	较耐寒,对土壤要求不高
木棉科	木棉	*Bombaxmalabarica*	花期3～5月,红色花,杯状花序簇生枝端,十分醒目,深根性,生长迅速	喜光,喜暖热气候,较耐干旱
豆科	刺桐	*Erythrina variegate* var. *orientalis*	花期3月,花冠大红色,先花后叶	喜光,喜暖热气候,较耐干旱
杜鹃花科	猴头杜鹃	*Rhododendron simiarum*	花期4～5月,粉红色,花序大	喜光,较耐寒
木兰科	乳源木莲	*Manglietia yuyuanensis*	花期3～5月,白色花	较耐寒,稍耐阴
木兰科	白玉兰	*Magnolia denudata*	花期3～4月,纯白色,花大、芳香	喜光,稍耐阴,颇耐寒,畏水淹,喜肥沃、适当湿润而排水良好的弱酸性土

表 2 夏季观花树种

Table 2 Summer flower trees

科名	种名	拉丁名	景观特色	立地要求
千屈菜科	紫薇	*Lagerstroemia indica*	花期为夏、秋时节,花白色或紫红色,花序大而密实,花期长	喜光,稍耐阴,喜温暖气候,耐寒性不强,喜肥沃、湿润而排水良好的石灰性土壤,耐旱怕涝
千屈菜科	紫薇	*Lagerstroemia speciosa*	花期为春末至夏季。花色有白色和玫红色,花期长,花序大而密	喜暖热气候,很不耐寒,耐旱怕涝
无患子科	栾树	*Koelreuteria paniculata*	花期多为6～7月,晚花品种花期为7～9月,花金黄色,色泽鲜艳,花序常覆盖整个树冠	海拔1000m以下,微酸性土壤,能在多种母岩发育的土壤上生长,耐瘠薄

3.1.3 秋冬景树种的选择

秋冬季是色彩斑斓的季节,当彩叶或果的比例超过 2/3 时,美景度会随之提高[8]。秋叶风景游憩林可以与其他景点组合成景,交相辉映,锦上添花;亦可单独成景,成为风景区的标志,如北京的香山红叶林[3]。在营造秋冬景风景游憩林时,应以建设"密集型"色块为主,选择入秋或经霜后叶片由绿色转其他颜色的树种,使树冠色彩艳丽,以红色为好,其次是黄色。秋色叶树种应具备以下 7 个标准:(1)落叶乔木;(2)枝叶繁茂;(3)叶片不宜过大;(4)叶片入秋后或经霜后色泽鲜艳;(5)叶片转色期整齐;(6)叶片转色后的挂叶期较长;(7)适应性较强。如能形成纯色块的林分,与周围的景观形成鲜明的对比,则更显绚丽夺目。福建可应用于风景游憩林的秋景树种类较多,具体见表3。

表3 秋冬季景观树种

Table 3　Ornamental trees for autumn and winter

科名	种名	拉丁名	景观特色	立地要求
杉科	池杉	*Taxodium ascendens*	干茎通直,基部膨大,树形壮实。秋叶棕褐色,枝叶秀丽婆娑,具有很高的观赏价值	喜温暖湿润气候和深厚疏松之酸性土壤;强喜光,不耐阴,耐涝,又较耐旱
银杏科	银杏	*Ginkgo biloba*	树姿雄伟,叶形秀美,秋叶一片金黄,极为美观	喜光,喜适当湿润而又排水良好的深厚沙质壤土,以中性或微酸性土最适宜
木兰科	鹅掌楸	*Liriodendron chinense*	树形端正,叶形奇特,秋叶黄色,十分美丽	海拔500～1700m之间,喜光及温和湿润气候,有一定耐寒性,喜深厚肥沃、适湿而排水良好的酸性或微酸性土壤
漆树科	黄连木	*Pistacia chinensis*	枝叶潇洒,秋色叶鲜红色或橙红色,十分美丽	海拔700m以下阴坡,耐干旱瘠薄。对土壤要求不严,对酸碱度适应性较广
槭树科	五裂槭	*Acer oliverianum*	姿态优美,叶形秀丽,秋叶红艳,灿烂若霞	喜光,喜深厚土壤,耐干旱瘠薄,不耐水湿
杜英科	山杜英	*Elaeocarpus sylvestris*	枝叶茂密,秋冬至早春树叶转为绯红色,红绿相间,鲜艳悦目	稍耐阴,喜温湿气候,耐寒性不强,适生于酸性黄壤和红壤山区
蓝果树科	蓝果树	*Nyssa sinensis*	树干挺直,嫩叶紫绿,秋叶绯红,十分艳丽	稍耐阴,不耐水湿。对土壤要求不严
金缕梅科	枫香	*Liquidambar formosana*	树冠扁平,叶为掌状三裂,秋叶红色,理想的红叶树	喜光,喜深厚土壤,耐干旱,不耐水湿
大戟科	山乌桕	*Sapium discolor*	树冠圆球状,小枝纤细,秋叶深红	喜光,喜温暖气候及深厚肥沃的土壤,但对土壤适应性较广

3.2 专项风景游憩林的树种选择

这类风景游憩林除具有风景林的一般功能外,以发挥其某一特定功能为主要目的,如采摘林、森林浴林、纪念林等,在树种选择上具有特殊性。

3.2.1 采摘林的选择

在游人可进入的区域,营造成较大规模的可采摘的果树林为采摘林,夏秋时节果实累累,色香俱备,让游人体验收获的喜悦,这是近年日益流行的一种森林游憩活动。福建常见的可作为采摘林的树种有:荔枝、龙眼、柑橘、酸枣、枇杷、杧果、山楂、橄榄等。

3.2.2 森林浴林树种的选择

森林浴"Green shower"是指沐浴在森林植物散发出的某些可抑制或杀死部分病菌的化学物质和其他有益于人体的芬香物质中,这样的环境有利于调节情绪和增强体质。鉴于森林浴的特殊目的,在营建森林浴林时,选择树种以能散发多种杀菌素,达到疗养健身效果为出发点,林分面积需达到一定规模,卫生状况好,密度较低,增加林内空气流动。经研究测定[7],松科、柏科、木兰科、桑科、桃金娘科、槭树科、忍冬科等的许多植物对结核杆菌有抑制作用;杉木、桉树、梓树等能分泌杀菌素,森林植物释放的杀菌素以萜烯类气类物质为主,这种物质进入人体肺部后,可杀死白喉、痢疾、结核等病菌,起到消炎、利尿,加快呼吸器官纤毛运动的作用。樟树,其叶挥发的精油可杀菌、消肿等。柳杉、香杉,其挥发的精油对葡萄球菌、绿脓杆菌、变形杆菌等有很强的抑菌效果。以上树种均可选为森林浴林种。

3.2.3 纪念林树种的选择

随着人们环保意识的增强,许多单位和个人选择在森林公园种植纪念树,以植树方式来纪念某些特殊的日子或特殊的事件。如:福州国家森林公园内有南下干部种植的樟树林——"南下纪念林";市教育局组织市"三好学生"种植罗汉松林——"三好学生林";省会计协会种植桂花林——"会计林";省红十字会纪念成立一百周年种相思林——"红十字林";国家领导人手植树林——"公仆林"等等。这些纪念林的营建可与春景、夏景、秋景等风景游憩林的营造结合起来,统一规划,逐步实施,让社会各界参与到森林公园建设中来,共建环境友好型社会。

3.3 风景游憩林的经营管理

3.3.1 风景游憩林的保护

风景林游憩林的保护是国家森林公园经营管理中一项极为重要的工作,其主要内容有风景游憩林防火、病虫害防治、减少游人旅游活动对风景林游憩林的破坏和土壤恶化等。

3.3.2 风景游憩林的景观维护

森林乃森林公园之本,风景游憩林是森林公园可持续经营的基础。风景游憩林的管护水平将决定林分质量的优劣。根据风景游憩林状况,可分为天然风景游憩林和人工风景游憩林的管护。具体方法如下:

(1)天然风景游憩林的抚育

卫生抚育:也叫卫生择伐,是对遭受森林火灾或森林病虫危害严重的风景林,进行卫生清理的抚育措施。采伐的对象是:火烧木、枯立木、风折木、风倒木、濒死木。目的是改善林地卫生和森林景观,减少病虫滋生蔓延。对于枯立木并非一概清除,有些大径级、树干有洞的,可适当保留,以利鸟兽栖息。对林火烧死特别严重的风景林,也可全部伐除,重新营造。

整形抚育:目的是在不改变风景林林貌类型的原则上,提高其美学等级。采伐的对象是:影响目的树种生长的次要树种、有碍景观和谐的乔灌木、生长过密的林木,以及枯立木、濒死木等。对于大径级的乡土树种,应尽量保留,可通过修枝达到整形的目的。

透视抚育:目的是通过间伐稀疏林木,增加透视度,创造观察林内深处或眺望远景的条件。抚育的对象是,生长茂密的风景林。通过不同强度的透视伐,把茂密的垂直郁闭型风景林相,改造成水平郁闭型或稀疏型风景林相。有些国家森林公园适于眺望、摄影的景点,往往被树冠遮挡、封闭,迫使游人挤身于狭窄的空隙中窥视远景,严重地影响了游客的情趣。透视抚育的强度,视林相结构和旅游需要而定。一般每次采伐强度,应控制在 30% ~ 40%,需要更大强度采伐的,可分次进行[3]。以免因采伐强度过大,使森林环境变化强烈,而产生不良影响。

(2)人工风景游憩林的抚育

根据风景游憩林不同的景观特性及功能,有针对性地制定管护方案,如:春景树、夏景树、秋冬景树采用不同的修剪、施肥、抹芽等技术方案,特种风景游憩林,如采摘林按果林抚育,烧烤林经常进行林相整理,有些纪念林的重点树木还需制定专门的管护方案等。

4 风景游憩林优化配置与功能综合开发

森林游憩(forest recreation)是指人们利用休闲时间自由选择的在森林环境中进行的,以恢复体力和获得愉悦感受为主要目的的所有活动的总合[10]。它包括野营、野餐、游览、观光、漫步、骑马、开车、狩猎、钓鱼、游泳、划船、滑雪、滑冰、探险、疗养、考察和教育等[11]。森林游憩林的经营改变了传统的经营理念,跳出以游览观光为主的单一游憩方式,举办各类旅游节、赏花节、登山节及观鸟、烧烤、采摘、写生等活动。游憩活动可分为:观光型、运动型、休闲娱乐型、科普艺术型、宗教型、采摘尝购型、狩猎型、疗养度假型等8大类,具体见表4。

我省森林公园大部分是在原有的国营林场的基础上成立的,在结构、功能、效益方面还不够协调统一,目前亟待进行结构优化。根据功能的侧重不同,风景游憩林配置模式分为观光型(中山区)、运动型、休闲娱乐保健型(近山区)、科普艺术型、宗教型(近山平原地区),采摘尝购型(山麓区),特用型包括狩猎型、疗养度假型(中、近山区)。植物配置应根据景观生态学的原理,按照当地自然的植被配置模式进行建设,在中山区、低山区、沟壑、山麓等不同地段根据天然分布特点进行"不同树种、不同密度、不同组成、不同模式"的小尺度斑块植被建设。注重形态和色彩的变换,形成多姿多彩的景观。

(1)观赏型风景游憩林主要在远、中山区,要求林分的植物配置与造景,应当利用原有地形、地貌、水系、植被,在大尺度和季节上具有不同的特色和较高的美景度,即较高的景观空间异质性(景观尺度上景观要素组成和空间结构上的变异性与复杂性)。在点、线、面的景观构架中,以景观生态审美为根本面的造景基础,充分遵循自然植被景观系统的审美原则,创造层次分明的景观系统。

(2)运动、休闲、娱乐、保健型风景游憩林以提供人们休闲健身为目的,要求林分的可及度较大,内部游憩区(林中空地、林道等)适合健身(跑步、徒步旅行等)和休闲(休息、游玩等)。植物配置侧重点在于植物的保健功能上,要求有提高林地空气负氧离子,分泌杀菌祛病物质,无花粉等生物污染,能减缓压力和愉悦心情等功能,其空间异质性主要表现在功能区的异质性上。人工休闲设施的设计则遵循了自然景观生态的原则,力求不着痕迹,休闲步道、休闲亭等的设计则运用极简主义的原则,空间景点的设计要兼顾传统意境园林的审美要旨。

(3)采摘尝购型风景游憩林的配置要突出地方区域特色,发挥区位优势,种植富

表 4 森林游憩活动类型划分

Table 4 Types of recreational forest activities

编号	类型	举例
1	观光型	观花、观山石、观日出云海、观林海、观人文古迹、观看地方节日活动,观看山村风貌,了解地方饮食、起居、穿戴、劳动习俗,观鸟,观兽
2	运动型	登高、攀岩、徒步穿越山林、骑车、蹦极、速降、跳伞、探险、滑翔、打球、游泳、跑步、滑雪、划船、划水、涉水、驾快艇、漂流、骑马
3	休闲娱乐型	散步、林中小憩、品茶、对奕、垂钓扑蝶、抓蝉、野营、野炊
4	科普艺术型	了解人文历史,了解昆虫习性,了解地质变迁,植物识别,摄影,写生
5	宗教型	朝觐
6	采摘尝购型	采花、采果、品尝野味(如野生动物、野菜)、购买地方特产
7	狩猎型	狩猎
8	疗养度假型	森林浴、度假、练功

有地方特色的果类。配置模式通常有农林复合经营型、混交林经营型两种模式。农林复合经营是指根据主要收益树种的生态学特性,适当配置些草本类、豆科类、中药材类等植物,使整个林分形成复层式结构,物种间相互促进。混交林经营是指根据混交林理论,在经济(果)林建设中借鉴带状、块状混交等混交林建设技术,突破固有的经济(果)林建设理念[12]。

(4)科普艺术型、宗教型风景游憩林的建设,树种宜选择富有观赏、科普、文化等内涵,且对相应的建设区域有较强的针对性的树种。配置模式需根据不同的功能与景观规划设计来进行,大都是乔灌草的合理配置,有时还以科学馆、寺院为中心,配廊道、水域等园林工程设施。

(5)特用型风景游憩林是指为某一类特殊人物、事件等而营建的有特殊意义的风景游憩林。要求此类林分或植被体现主题特色。如专题科普园(松类树种识别园、观鸟园)、纪念林(国际友谊林、婚庆林、庆典林)等等。

5 结语

我国林业正进入森林资源恢复阶段,要在短期内实现森林的多功能利用,走上可持续发展道路,首先要以科学的发展观认识森林的价值和功能、森林经营利用的方向和方法。森林的游憩功能是森林的重要功能之一,也是森林经营的目标之一。本文以风景游憩林为例,论述了风景游憩林的功能,探讨了景观树种的选择,提出风景游憩林可持续经营的关键技术,为森林旅游区特种用途林的可持续经营进行探索。

参考文献

[1] 陈有民. 园林树木学[M]. 北京:中国林业出版社,1992.

[2] 兰思仁. 国家森林公园理论与实践[M]. 北京:中国林业出版社,2004.

[3] 陈鑫峰. 京西山区森林景观评价和风景游憩林营建研究——兼论太行山区的森林游憩业建设[D]. 北京林业大学博士学位论文,2000.

[4] 包战雄. 风景林景观质量评价与经营研究[D]. 福建农林大学硕士学位论文,2002.

[5] 王建文. 福建野生观赏植物资源评价及多样性研究[D]. 福建农林大学硕士学位论文,2005.

[6] 丁文魁. 风景科学导论[M]. 上海:上海科学技术教育出版社,1993.

[7] 王阘文. 森林之游乐利用研究[J]. 中国园林,1994(3):24-28.

[8] 陈鑫峰,王雁. 森林美剖析——主论森林植物的形式美[J]. 林业科学,2001,37(2):129-130.

[9] 陆兆苏. 森林美学与森林公园的建设[J]. 华东森林经理,1996(10):44-49.

[10] 陈应发. 美国的森林游憩[J]. 华东森林经理,1994(8):45-50.

[11] 粟娟等. 珠海市板樟山森林公园休闲保健型森林营建的研究[J]. 林业科学研究,2001,14(5):496-502.

[12] 吴南生等. 北京市风景游憩林主要建设类型及其植物配置模式研究[J]. 生态经济,2005(4):62-65.

国外园林树木引种栽培

Study on Introduction and Cultivation of Foreign Garden Trees

李长海　刘玮　周丹　宿宗艳

(黑龙江省森林植物园,哈尔滨 150040)

Li Changhai　Liu Wei　Zhou Dan　Su Zongyan

(*Forest Botanical Garden of Heilongjiang Province*, *Harbin* 150040)

摘要: 通过对 26 种国外园林树木引种栽培试验研究,从耐寒性、观赏性、生物学特性、栽培性状、病虫害及区域适应性等因素综合分析评定,筛选出 7 个适宜当地气候环境的城市园林绿化新树种,为黑龙江省首次引种成功的新树种。这些树种具有适应性强、耐旱、耐贫瘠、易繁殖、观赏期长、叶色变化独特、无严重病虫害等优点,是观赏价值高、发展前景广、应用功能全面的城市园林绿化树种。

关键词: 国外园林树木;引种栽培

Abstract: There were 7 urban garden plants selected from 26 foreign garden trees, which were suitable for the local climate through comprehensively evaluating factors including the ornamental characteristics, biological characteristics, cultivation, disease and pest resistance and adaptment, etc. It is the first time that successfully introduced the new foreign garden trees in Heilongjiang province. These trees have broadly application prospect as they have widely adaptability, drought tolerance, infertility tolerance, easy propagation, long ornamental period, special leaf color, and pests and diseases resistance etc.

Key words: foreign garden trees; introduction and cultivation

近几年我们从波兰、加拿大及日本引种欧洲花楸、美洲朴、日本花楸、紫雨桦、金雨点金露梅等城市园林绿化树种 26 种。对引进的树种开展适应性、植物学、物候期观测、生长节律、生长量、繁殖及栽培技术等方面研究。从中筛选出 7 个适应当地气候环境的城市园林绿化树种。这些树种的引种成功,为黑龙江省城市园林绿化建设增添了具有不同观赏特性的新树种。同时为丰富城市景观建设、新品种选育、种质资源保护、生物多样性研究及新树种的扩繁奠定了基础。

1　引入地自然概况

引种试验地设在黑龙江省森林植物园,地处哈尔滨市香坊区。地理坐标为 N45°42′、E126°38′,属温带半湿润季风性气候,夏季受太平洋季风影响炎热多雨,冬季受西伯利亚高气压影响严寒漫长,结冰期达 5 个月。年平均气温 3.6℃,≥10℃年积温为 2757.8℃,极端最高气温为 36.4℃,极端最低气温为 - 38.1℃,年平均降雨量为 523mm,相对湿度为 68%。区域内冬季多西北风,夏季多西南和东南风,平均风速 3.8m/s。最深冻土层为 1.8m。地势平坦,海拔高度为 136 ~ 155m。土壤为团状和团粒状中性黑钙土。

2 园林绿化树种的引进

我们从树种的观赏性、适应性、生态特性及引种地的温度、地理、土壤等多种因素综合考虑,根据树木引种理论,我们陆续从欧美及日本等地引进园林绿化树种共26种(详见表1)。这些树种苗木引进后在温室内隔离栽植观察3个月,无危险性病虫害后栽植于露地。

表1 国外树种引种明细

Table 1 List of Introduction Foreign Garden Trees

中文名 Plant Name	学名 Scientific Name	引种来源区 Country	引种时间 (年) Year	引种材料 Materials	引种数量 (株) Number	备注 Note
美洲朴	*Celtis occidentalis*	加拿大	2001 2004	苗木 种子	70 株 种子5kg	
欧洲花楸	*Sorbus aucuparia*	波兰	1986	种子	种子20kg	
日本花楸	*Sorbus commixta*	日本	2000 2003	苗木 种子	30 株 种子3kg	
火焰茶条槭	*Acer ginnala* 'Flame'	加拿大	2002	苗木	30 株	
紫雨桦	*Betula pendula* 'Purple Rain'	加拿大	2001	苗木	35 株	
紫枝玫瑰	*Rosa glauca*	加拿大	1986、2005	苗木	20 株 种子0.1kg	
挪威槭	*Acer platanoides* 'Emerald Queen'	加拿大	2005	苗木	50 株	
金叶接骨木	*Sambucus canadensis* 'Aurea'	加拿大	1997	苗木	50 株	
火焰柳	*Salix × Flame*	加拿大	2005	苗木	20 株	
火焰红瑞木	*Cornus sanguinea* 'Midwinter Fire'	加拿大	1997	苗木	50 株	
芽红红瑞木	*Cornus stolonifera* 'Cardinal'	加拿大	1997	苗木	97 株	
矮生丁香	*Syringa meyeri* 'Palibin'	加拿大	2005	苗木	50 株	
金叶小檗	*Berberis thunbergii* 'Aurea Nana'	加拿大	2005	苗木	50 株	
紫叶小檗	*Berberis thunbergii* 'Rose Glow'	加拿大	1992	苗木	50 株	
大叶荚蒾	*Viburnum tinus* 'Spring Bouquet'	加拿大	2005	苗木	50 株	越冬死亡
新生树莓	*Rubus* 'New birth'	美国	2002	苗木	50 株	部分死亡
日本椴	*Tilia japonica*	日本	2006	苗木	45 株	
橡树叶杨	*Rhus triobata*	加拿大	2006	苗木	50 株	越冬死亡
樱叶荚蒾	*Viburnum plicatum* 'Summer Snowflake'	加拿大	2005	苗木	50 株	越冬死亡
威廉巴辛蔷薇	*Rosa* 'William Baffin'	加拿大	2002	苗木	30 株	
美洲杨梅	*Myrica pennsylvanica*	加拿大	2005	苗木	50 株	越冬死亡
西伯利亚花楸	*Sorbus sibirica*	波兰	2005	苗木	50 株	部分死亡
金雨点金露梅	*Potentilla fruiticosa* 'Golddrop'	加拿大	2001	苗木	50 株	
凯旋金露梅	*Potentilla fruiticosa* 'Coronation Triumph'	加拿大	2001	苗木	50 株	
庆典山梅花	*Philadelphus* 'Galahad'	加拿大	2004	苗木	50 株	
重瓣溲疏	*Deutzia* 'Pink Pom Pom'	加拿大	2005	苗木	50 株	

表 2　7 种优良园林树种种物候观察

Table2　Phenology of 7 urban garden plants

中名 Name	年份 Year	萌动期 Bud bursting period		展叶期 Leaf expanding period		开花期 Blooming period				果熟期 Fruit ripening period	叶变色期 Leaf coloration period		落叶期 Leaf falling period	
		芽开始膨大期 (日/月)	芽开放期 (日/月)	展叶始期 (日/月)	展叶盛期 (日/月)	花序或花蕾出现期 (日/月)	始花期 (日/月)	盛花期 (日/月)	末花期 (日/月)	果实或种子成熟期 (日/月)	叶开始变色期 (日/月)	叶全部变色期 (日/月)	开始落叶期 (日/月)	落叶末期 (日/月)
欧洲花楸	2005	19/4	22/4	09/5	16/5	12/5	24/5	31/5	03/6	07/9	06/9	07/10	30/8	20/10
	2006	27/4	01/5	04/5	10/5	16/5	22/5	25/5	03/6	16/8	07/9	01/10	24/8	15/10
	2007	17/4	22/4	01/5	04/5	10/5	20/5	25/5	01/6	10/8	05/9	30/9	28/9	12/10
日本花楸	2005	25/4	29/4	09/5	14/5	14/5	23/5	26/5	30/5	01/9	13/9	30/9	23/8	18/10
	2006	26/4	30/4	07/5	10/5	12/5	19/5	22/5	30/5	15/8	15/9	30/9	20/9	18/10
	2007	21/4	24/4	01/5	07/5	12/5				15/8	25/9	04/10	30/9	14/10
紫枝玫瑰	2005	18/4	25/4	09/5	16/5	01/6	08/6	13/6	29/6	10/8	25/9	16/10	06/9	05/11
	2006	28/4	02/5	07/5	22/5	31/5	03/6	10/6	21/6	28/8	17/8	09/10	03/8	20/10
	2007	21/4	25/4	02/5	05/5	24/5	09/6	11/6	25/6	13/8	15/8	14/9	17/8	08/10
紫叶桦	2005	30/4	03/5	10/5	19/5								12/9	02/11
	2006	28/4	03/5	07/5	17/5	22/4	29/4	15/5	15/5	16/7				
	2007	23/4	30/4	01/5	05/5								05/10	
美洲朴	2005	16/5	19/5	21/5	31/5						22/9	15/10	07/10	20/10
	2006	16/5	18/5	25/5	03/7						28/9	08/10	01/10	22/10
	2007	12/5	13/5	14/5	24/5						27/9	04/10	06/10	15/10
芽红红瑞木	2005	30/4	07/5	28/4	05/5	11/5	30/5	07/7	02/9	01/8	04/9	11/10	16/9	26/10
	2006	22/4	25/4	10/5	19/5	20/5	27/5	30/5	08/9	25/7	26/9	20/10		
	2007		01/5	01/5	07/5	01/5	12/5	24/5	25/8	27/6	12/9	05/10	08/10	30/10
金雨点金露梅	2006	20/3	22/3	25/3	09/4	19/4	24/4	6~9月	28/10					
	2007	16/4	18/4	25/4	03/5	24/5	10/6	15/6	13/10					

3 优良园林绿化树种的筛选

筛选是确定优良园林绿化树种的关键环节。通过对引进树种的耐寒性、观赏性、物候期、生长性状、栽培性状、病虫害及区域适应性等因子综合分析评估,筛选出日本花楸、紫雨桦、紫枝玫瑰、美洲朴、欧洲花楸、金雨点金露梅和芽红红瑞木 7 种具有抗性强、冠型丰满、枝干优美、观赏效果好、抗病虫害力强、有独特观赏价值的树种。这些树种在常规栽培技术条件下,不需特殊保护措施能正常生长发育,无严重病虫害,无不良生态后果。达到原定引种目的,通过有性繁殖或无性繁殖能正常繁衍并保持原有优良性状。

4 物候期

观测引种树种的物候期,掌握其生长节律与开花结实规律,作为分析引种树种成败、提出相应栽培技术与树种改良的参考依据。

物候观测项目包括萌动期、展叶期、开花期、果熟期、新梢生长期、叶变色期、落叶期等(见表 2)。

由表 2 观测结果表明,日本花楸、紫枝玫瑰、紫雨桦、芽红红瑞木、欧洲花楸萌动期皆在 4 月下旬,展叶盛期在 5 月上中旬,欧洲花楸、日本花楸花期在 5 月上中旬至 6 月上旬,紫枝玫瑰花期在 5 月下旬至 6 月

下旬,芽红红瑞木花期在 5 月上中旬至 9 月上旬,欧洲花楸、日本花楸果熟期在 8~9 月,紫枝玫瑰果熟期在 8 月中下旬,芽红红瑞木果熟期在 6~9 月。美洲朴萌动晚,5 月中旬叶芽才开始萌动,展叶盛期在 5 月末,落叶期在 10 月上旬。金雨点金露梅萌动期在 4 月中旬,花期长,在 5 月下旬至 10 月中旬,金雨点金露梅每年下霜前基本不落叶。

5 生长量

在苗木停止生长后,对筛选出的 7 种优良园林绿化树种每种分别随机选取 5 株进行测量,测量株高、分枝数、年净生长量,计算平均值。

由图 1 可以看出,2007 年即芽红红瑞木 5 年生苗、紫枝玫瑰 6 年生苗、金雨点金露梅 3 年生苗分枝数急剧增长,说明该树种枝叶繁茂,树冠丰满,适应性强,观赏价值高。

由图 2 可看出,美洲朴年生长量在 140cm 以上,且逐年增长,为速生优良观赏树种;金雨点金露梅生长缓慢,2、3 年生苗年生长量接近。

由图 3 可以看出,金雨点金露梅为低矮灌木,2 年生和 3 年生苗株高变化不大;欧洲花楸、美洲朴、紫雨桦株高 400cm 以上,为高大的乔木;芽红红瑞木和紫枝玫瑰株高在 200cm 左右。

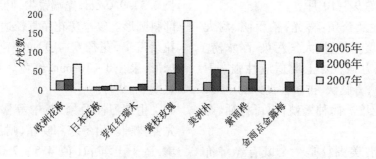

图 1 引种苗不同年份分枝数示意图

Fig. 1 Number of branches of different plants in different years

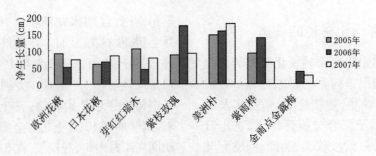

图2 不同年份引种苗年生长量示意图

Fig. 2　Number of net growth in different years

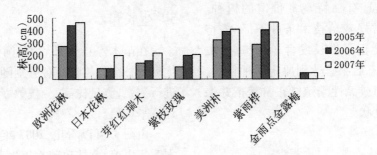

图3　引种苗木不同年份株高示意图

Fig. 3　Hight of plant in different years

6 引种成功树种综合评述

6.1 美洲朴 Celtis occidentalis

落叶乔木。株高达20m。冠幅可达15m，树形伸展、美观。叶卵状椭圆形，长8~12cm，叶基部偏斜近圆形，锯齿突出，叶绿色，表面有光泽，背面淡黄绿色，背脉隆起并疏生毛。叶片质地粗糙，秋季叶变黄色。花期4月下旬至5月初。核果近球形，径1cm，熟时紫红色，味甜可食。橙红色肉质果，成熟9~10月。

生态习性及繁殖：喜光，稍耐阴，耐大气干旱、耐土壤干旱、抗大气污染、耐水涝。深根性，抗风力强。对土壤适应性强（pH值5.5~8.6），喜肥沃、排水性良好的土壤，能适应贫瘠土壤。播种繁殖，也可扦插、嫁接繁殖。

园林应用：美洲朴是一个既有经济价值又有观赏价值的树种。其树型高大广阔，叶大荫浓，气势壮观，是绝佳的遮荫树，适于街道列植，也适于孤植或丛植于旷地及草坪上，景观效果十分显著。

6.2 日本花楸 Sorbus commixta

落叶乔木。胸径可达30~40cm，小枝黄褐色，有白色皮孔。芽圆锥形，外被白绒毛，芽鳞红色。芽开放期有黏液溢出，未完全展开的新叶基部黄绿色，顶部外侧金黄色，内侧红色。叶奇数羽状复叶；小叶9~15对，铜绿色，有茸毛，椭圆状披针形，小叶长2.5~9.0 cm，先端锐尖，叶缘有锯齿，基部斜圆形。复伞房花序直径达10~12 cm；花朵密集，花径6~10 mm，花白色。果实球形，果径8~10 mm，红色。花期5月，果熟期8~9月。

生态习性及繁殖：中等喜光至半耐阴先锋树种。耐冬寒和晚霜，耐湿、干瘠薄土壤，适于土壤pH值4.5~7.0。具有较强的抗烟、抗污染、抗病虫害能力。种子繁殖。

园林应用：为道路、庭院、厂区优良园林绿化树种，可群植、孤植、行植。日本花楸是园林珍贵观赏树种之一。

6.3 紫雨桦 *Betula pendula* 'Purple Rain'

落叶乔木。树干通直，树冠卵形，树皮幼时灰紫褐色。枝条上有腺点，皮孔灰白色、明显。冬芽卵形，先端尖，紫黑色，芽鳞边缘有毛。叶卵形至菱状卵形，先端尾状尖，基部楔形，边缘具不规则重锯齿，上面无毛，下面叶脉有毛，侧脉 6～8 对，有腺点，叶柄长 1.5～3cm，有微毛。其特点为叶基色为鲜亮的紫色叶片，春季青铜紫色，夏季古铜绿色，秋季叶色变为橘红铜色或橙黄铜色。花期 5 月，果熟期 7 月。

生态习性及繁殖：紫雨桦喜排水良好的沙壤土，耐水湿或干旱土壤，适于土壤 pH 值 5.5～8.0。耐寒，喜光。其生长较快，萌芽性强。扦插或嫁接繁殖。

园林应用：是优良的观叶、观干、观枝的景观树种。或孤植于庭园一隅，或孤植于草坪一方，或配植于道旁屋侧，均会表现出绝佳的景观效果。

6.4 金雨点金露梅 *Potentilla fruiticosa* 'Golddrop'

小灌木。高 60～80cm，分枝很多；小枝红褐色或褐色，当年生小枝浅绿色，整个枝条被丝状柔毛。奇数羽状复叶，小叶 3～7 枚，通常 5 枚，长椭圆状披针形，长 0.7～1.0cm，宽 0.2～0.3cm，先端尖，基部楔形，全缘，两面均有疏毛，叶边缘有三角毛；叶柄短，长 0.3cm，有柔毛；托叶膜质，浅褐色，下部与叶柄愈合，有柔毛。花单生于叶腋或顶生数朵伞房花序，花梗长 0.4～1.0cm，有长柔毛；花黄色，径 1.2～2.0cm；萼片三角状卵形，浅黄色，有柔毛；花瓣5，近圆形，比萼稍长。瘦果，冬季宿存。花期 6～10 月，果期 9～10 月。

生态习性及繁殖：喜光、喜冷凉气候，抗干旱，抗污染、抗风，极耐寒。对土壤要求不严，沙土、壤土、黏土均可，适于土壤 pH 值 5.5～8.5。播种、扦插、分根、压条及组培繁殖。

园林应用：该种为优良的小型灌木，花小、密集且花期长，花色艳丽，枝叶浓密、紧凑、株形优美，生长速度缓慢。非常适于栽植模纹花带和花篱。

6.5 紫枝玫瑰 *Rosa glauca*

落叶灌木。枝紫红色，被白粉。奇数羽状复叶，小叶 5～7 枚，宽披针形，先端尖，基部近圆形或稍偏斜，边缘单锯齿，基部全缘，上面灰绿色或紫色，无毛，叶缘紫红色。叶柄基部小枝上有成对的刺，微弯曲，基部扩大，黄色。叶柄及小叶主叶脉有小刺。托叶窄，大部附着于叶柄上，紫红色。花单生或 3～4 朵并生，花梗密被具柄的腺体。花瓣 5 片，粉色，直径约 4cm。果球形，直径 1.5～2cm，橘红色，有疏毛刺，冬季宿存。花期 6 月，果熟期 8 月。

生态习性及繁殖：紫枝玫瑰对土壤要求不严，在黑土、黑钙土、黄土、棕壤土及黏土上均可生长，但喜湿润肥沃土壤。既能在疏林下生长，也能在全光下生长。抗性强，无病虫害。播种、扦插及分株繁殖。

园林应用：紫枝玫瑰以其独有的观赏特性——彩叶、彩枝，春可观花、冬可观果，一年四季呈现出各种绮丽的色彩。

6.6 欧洲花楸 *Sorbus aucuparia*

小乔木，高 6～12m。冠形卵圆形，树皮灰色有光泽。枝条黄褐色呈平直状，冬芽圆锥形，长 20～30mm，红褐色有光泽。奇数羽状复叶，长 15～20cm，小叶 7～15 对，椭圆形，叶先端渐尖，基部偏斜圆形，边缘有锐齿，叶上面暗绿色，光滑，下面蓝绿色，有疏茸毛，近叶轴有腺点。复伞房花序多花密集，复伞房花序长达 15cm，花径 8～12mm，萼片长 1.5～1.8mm，三角形或圆形。花白色。果圆形或扁球型,径 10 ~ 13mm,橘红色,浆果冬季宿存。花期 5 ~ 6 月,果期 8 ~ 9 月。

生态习性及繁殖:为喜光树种和半耐阴先锋树种,耐寒、旱性强,既可耐冷湿环境,也能耐干燥瘠薄土壤。播种为主,也可扦插、嫁接、组培繁殖。

园林应用:欧洲花楸是名贵的园林观赏树种,它树干端直,树型魁梧,枝条伸展性好,成熟时树冠呈长椭圆形。春季花为白色,花朵密集,繁花似锦;夏季叶色浓绿,随风摇曳;秋季叶色为橙红,可与槭树争奇斗艳;而鲜红的果实垂挂枝头,更是秋季一抹亮丽的景色。整个冬季至翌年 3 月果实宿存于枝头,是优良的四季观赏树种。

6.7 芽红红瑞木 Cornus stolonifera 'Cardinal'

落叶灌木。株高 2 ~ 2.5m,冠幅 1.5m。枝条生长季节下部绿色上部红色,9 月初变为红色。叶对生,卵状广椭圆形,长 7.5 ~ 9.0cm,宽 4.1 ~ 4.9cm,先端渐尖或锐尖,基部圆形或两边不等,叶全缘,上面绿色,叶面光滑,叶背面灰绿色,叶脉明显,5 ~ 6 对。叶柄具槽,疏生毛。秋季叶子变为橙红色。圆锥状聚伞花序顶生,径 2.0 ~ 4.2cm,花梗长 0.35 ~ 0.4cm,花轴与花梗有密毛。花冠白色,花瓣 4 片,长卵形或长圆状卵形,雄蕊 4 枚,花丝长约 3 ~ 4mm;花

白色。核果长圆形,乳白色。花期 5 ~ 9 月,果熟期 7 ~ 8 月。

生态习性及繁殖:喜光,喜肥沃湿润土壤,强健耐寒,耐粗放管理,生长迅速,耐修剪,繁殖容易。对土壤要求不严。播种、扦插、分株、压条繁殖。

园林应用:茎枝入冬后成鲜红色,为著名的冬季观干树种,宜孤植或丛植于庭园草坪、建筑物前或常绿树前。可做水土保持树种。

7 结论

引进的 26 种国外城市绿化树种,通过抗逆测试、筛选、繁育及栽培技术研究,筛选出能在本地区良好生长的树种 7 种。并对引进树种种质资源进行收集保存,为引进物种遗传资源的系统研究提供一个良好的场所和平台,同时丰富了我国的植物种类和物种多样性。

引种成功的绿化树种,均具有优良的观赏性状和栽培性状。其中日本花楸、欧洲花楸和紫枝玫瑰是优良的观花、观果树种;芽红红瑞木是四季观赏树种;紫雨桦和紫枝玫瑰是观叶树种;美洲朴是难得的庭园和街道遮荫树种;金雨点金露梅是优良的观花灌木。这些树种在东北寒冷地区具有广阔的发展和应用前景。

参考文献

[1] 吴中伦等. 国外树种引种概论[M]. 北京: 科学出版社,1983.

[2] 中国植物学会植物园分会编辑委员会. 中国植物园. 14 种北美植物引种适应性分析及应用初探[J]. 第八期. 中国林业出版社,2005. 28 – 34.

[3] 汉斯·迈耶尔著. 造林学:第一分册[M]. 北京:中国林业出版社,1986.

[4] Olivier Raspe,Biological Flora of the British *Sorbus aucuparia L* [j]. Journal of Ecology,2000,88:910 – 930.

[5] 雷启祥,高小平,韩玉峰,等. 黄土高原区美国植物引种试验回顾与展望[J]. 人民黄河,2002,24(7):30 – 33.

[6] 黄利斌等. 北美栎树引种试验研究[J]. 林业科技开发,2005,19(1):30 – 34.

2008 年全国科普日北京主场活动调查分析
Investigation and Analysis of the Science Popularization Day held in Beijing，2008

詹彩虹[1,2]　刘政安[2]　周守标[1]　韩小燕[2]
（1. 安徽师范大学　2. 中国科学院植物研究所）
Zhan Caihong[1,2]　Liu Zhengan[2]　Zhou Shoubiao[1]　Han Xiaoyan[2]
（1. *Anhui Normal University*　2. *Institute of Botany，the Chinese Academy of Science*）

摘要：近千份问卷调查显示：2008 年全国科普日北京主场活动，83.1% 的受众群体认为收获较大。受众群体的年龄结构层次明显，多为 50 岁以上老人，且女性居多，文化水平较高者接受科普意识较强；受众群体对在植物园进行科普日主场活动表示满意，满足了休闲、学习的双重要求；不同的受众群体对科普活动内容、形式有不同的要求；需加大对弱势群体的科普力度；高新技术与生活化的科普项目是关注的热点；参与式、互动式、游园式与展览式相结合是科普活动的创新形式。

关键词：科普；科普日；受众群体；研究分析

Abstract：The results of one thousand questionnaires showed that the activity to popularize scientific knowledge held in Institute of Botany，the Chinese Academy of Science，won lots of success during the Science Popularization Day in 2008. The age and structure of audience ranged obviously. Most of them are more than fifty. Moreover，the female dominated. Audiences with high level of culture have much more consciousness to accept the science popularization. Audiences were satisfied with the main activity of Popularization Day. It meets the need of both entertainments and study. Different audiences have different requirements of the content and style. And intensity of propaganda should be extended to vulnerable groups. Advanced technology and scientific popularization in daily life are the hot spots. Participant style，mutually active style，pleasance style and exhibition style combined together are innovation of scientific popularization.

Key words：scientific popularization；the Science Popularization Day；audience；investigation and analysis

作者简介：詹彩虹，安徽师范大学生命科学学院与中国科学院植物研究所合培硕士研究生，Email：rainbow3530879@126.com

刘政安，中国科学院北京植物园，副研究员。Email：liuzhengan@ ibcas. ac. cn

周守标，安徽师范大学生命科学学院，教授。Email：zhoushoubiao@ vip. 163. com

韩小燕，中国科学院北京植物园，助理工程师。Email：yinyanzo@ 126. com

引　言

为了进一步贯彻宣传《科学技术普及法》,落实科学发展观,提高全民科学文化素养,促进社会和谐可持续发展,中国科学技术协会从 2005 年开始每年举办一次全国科普日活动。至今该活动共举办了 4届,是一项正在逐步走向成熟与完善的大型公益科普活动[1]。为了进一步完善我国的大型公益科普活动,对 2008 年科普日活动主会场情况做了问卷调查和定量分析,旨在对科普受众与科普内容、形式、效果进行综合评价,以期为今后科学地举办科普日活动提供理论支撑。

1　研究方法

本研究主要采用问卷调查法。发放及回收时间:2008 年 9 月 18 日至 26 日,每天上午 9:00 ~11:00,下午 14:00 ~16:00;地点:中国科学院北京植物园中心地段(科普实践中心门口);方式:无奖品随机截断式;数量:发放问卷共 1000 份,实际回收 758份,回收率 75.8%,其中有效问卷 650 份,有效率 85.8%。调查内容:受众群体基本情况、科普场所、科普内容、科普形式、科普效果等方面;分析方法:对调查问卷结果进行定量对比统计分析。此外,一些项目还通过面对面的访谈、交流、行为观察等进行定性评估。

2　结果与分析

2.1　受众群体基本信息的调查

从图 1 中可以看出:年轻人很少,只占10.5%,50 岁以上的老年人占59.4%,21 ~50 岁的群体占30.1%。从图 2 中可看出:各年龄段的女性均明显高于男性。从图 3中看出:科普日受众群体的文化层次较高,高中以上占79.5%,其中大学生占46.5%。从图 4 中可看出:受众群体中技术人员占到了 27.5%,48.0% 的其他受众者依次是退休人员、家庭主妇、教师、个体经营者,外来务工者只收回 2 张问卷,仅占 0.3%。

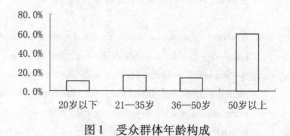

图 1　受众群体年龄构成

Fig. 1　The age composition of the audience

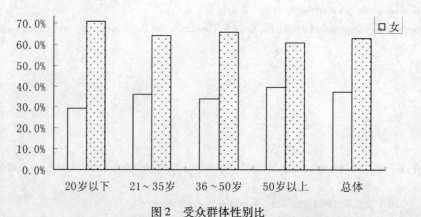

图 2　受众群体性别比

Fig. 2　The sex ratio of the audience

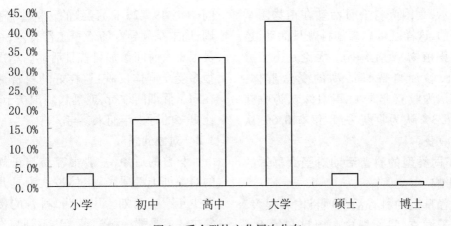

图 3 受众群体文化层次分布

Fig. 3 The cultural level distribution of the audience

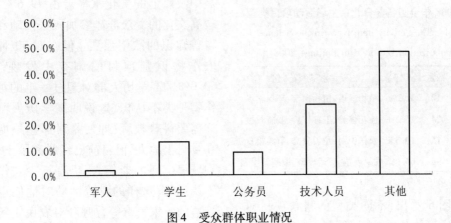

图 4 受众群体职业情况

Fig. 4 The profession distribution of the audience

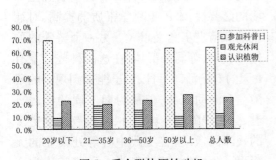

图 5 受众群体原始动机

Fig. 5 The primary motivation of the audience

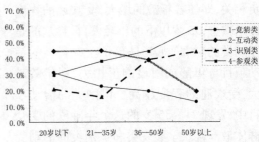

图 6 科普项目类型与受众群体关系

Fig. 6 The age composition of the audience

2.2 受众群体的原始动机

从图 5 中可以看出,科普日期间, 63.6% 的受众群体来植物园,是因为科普日而来的,但也有 36.4% 的受众群体来植物园是出于认识植物、观光休闲的双重目的,巧遇了科普日活动。有许多受众群体明确表示,是因为科普日活动在植物园举办才来的,这样既可以参加科普日活动,还可以认识植物、观光休闲。无论是出于哪种动机,参加科普日活动的受众群体:36.0%认为收获非常大,47.1%认为收获较大,16.3%认为收获一般,仅有0.6%认为没有收获。

2.3 不同类型的科普活动对受众群体的影响

科普日上的科普活动项目内容很多,为了便于调查,我们把这些项目归纳为4大类型,见表1。

表1 2008年全国科普日北京主场活动项目类型

Table 1 The activity item types in the Science Popularization Day held in Beijing, 2008

活动类型	数量	比例	主要活动项目(举例)
竞猜类	12	8.3%	植物谜语、植物探宝、环保剧场
互动类	24	16.5%	插花体验、王莲体验、紧急救援
识别类	15	10.3%	农作识别、垃圾分类、节约粮食
参观类	94	64.9%	成果展览、奥运模型、堰塞湖模型

从图6看出,不同类型的科普项目对不同受众群体的影响是不同的。竞猜类和互动类的活动项目受欢迎的程度与年龄成负相关,即随着年龄的增大,受欢迎的程度逐渐减少;35岁以下的年轻人,最喜欢的是互动类的项目,尤其是孩子。参观类的活动项目与年龄成明显的正相关,即年龄越大,受欢迎的程度越高。识别类的活动项目中,发现21~35岁的这个年龄段的受众群体最不喜欢。参观类和识别类的活动受到35岁以上受众群体的青睐。

3 结论与讨论

3.1 时间问题

科普日的受众群体多数为老年人,且女性居多,学生受众群体只占总数的13.2%。这种结果可能是科普日举办的时间(9月19~26日)导致的。科普日持续1周,周末是领导专场,5个工作日内,在职人员很难有时间参加科普日活动。本次活动很多受众群体反映:这样好的科普活动应在寒暑假期间举行,或延长到国庆节后,应让更多的青少年们来参与。

3.2 对象问题

科普的对象,一般很容易与正规教育的对象划上等号[2],主体被认为是儿童和青少年[3]。而刘为民认为,科普的接受对象主体应是那些科学素养达不到基本要求的社会公众[4]。本次活动中,受众群体中,高中及以上的文化水平者占79.6%,说明较高文化的受众群体参加科普活动和接受科普知识的欲望强烈。但在对50种常见农作物识别项目的调查中发现,有近60.0%的高学历人群对超过一半的常见农作物种类不认识,这说明高学历人群也同样需要科普教育;即使是对那些早期生活在乡村土地上,但目前已经脱离了土地,来到城里生活的老年人,仍有不少农作物是不认识的,这样的科普活动对他们也是有裨益的。宋言奇等曾呼吁对农民工科普应加以重视[5],在这次科普日上,仅有的2张农民工问卷也表明科普日有增设农民工专场的必要性,农民工科学素质的提高,对社会的和谐进步意义重大。另一个特殊的群体,残疾人等弱势群体,在这次科普日上有1天的专场活动,可以看出能来到现场的残障受众激动无比,但从为期1周的科普日看,除了残障人专场以外,并没有见到更多的残障民众,科普实践中心等处设立的无障碍通道,基本成了摆设。科普应该为全社会的受众群体服务,应该全方位地开展科普活动。

3.3 场所问题

常见的一些科普教育基地有图书馆、博物馆、科技馆、技术馆、保护区等,科普活动一般选择在这些科普教育基地举办[6];

植物园也是进行科普教育的好场所[7]。近年来,科普教育还成为旅游的卖点,游客的热点[8]。这次调查表明,83.1% 受众群体对 2008 年全国科普日北京主场活动选择在植物园举办感到满意。"幽静中休闲,体验中学习"一直是中国科学院北京植物园的科普游园理念,富有丰富的科学内涵,拥有优美园林景观的植物园有利于满足受众的多重要求,有利于科普日活动科普实效的落实。科学普及与观光休闲场所有机结合将成为潮流。

3.4 内容问题

科普的内容包含着普及科技知识、倡导科学方法、传播科学思想、弘扬科学精神。本次科普日活动为了充分体现这些内容,绝大多数活动项目围绕不同受众群体的兴趣和需求,精心设计参展项目的内容与表现方式。中国科协组织的项目着眼社会的和谐发展,围绕生态、奥运、地震等社会热点问题,从科普角度进行了诠释。北京市科协把与小朋友关系密切的科普表现得淋漓尽致,备受小朋友欢迎。中国科学院系统及时地将最新科研成果转化成科普项目,令受众群体耳目一新。朱效民认为,大多数的成年公众关心的是科技成果的实际应用价值及其社会影响效果,而非那些充满专业学术术语、并且远离现实生活的尖端科学知识[2]。事实上,高新技术只要认真策划,就可以成为喜闻乐见的科普项目,如植物研究所通过"跨越千年"的项目,把年轮、生态、社会等问题整合在一起,受到公众的一致好评。不同的受众群体关注的热点不同。受众群体中老年人偏多,老年人往往对和日常生活关系密切的项目感兴趣,活动期间,每天都排着长长的队伍参

与健康床、环保袋、种生命之花等活动。科普活动应根据不同受众群体的实际情况来策划具体活动内容,才能实现科学技术传播效率的最大化。

3.5 形式问题

科普形式决定着科普内容传播的质量,影响着科普活动的效果。科普活动的开展要特别重视形式的选择与创新,展板、讲座、报刊、图书等是科学普及的传统形式[9]。科普形式需要不断创新[10-11]。此次科普日从形式上突破了传统的模式,设计了互动式、体验式、游园式与展览等多种形式相结合,是一种创新的科普形式,是《科普法》第七条规定"科普工作应当坚持群众性、社会性和经常性,结合实际,因地制宜,采取多种形式"的一次具体实践。占项目总数 75.2% 的识别类和参观类的科普项目,极大地满足了科普日期间占受众群体总数 59.4% 的 50 岁以上受众的要求。总之,老年受众群体偏多时,应该多设计一些与健康和生活相关的参观类、识别类项目;青少年受众群体偏多时,应该多设计一些知识性强的互动类、竞猜类项目。

全国科普日主场活动在中国科学院北京植物园举办,本身就是一次探索,是一次提高科普实效性的成功案例,对今后举办大型科普活动起到了一定的示范作用。我国科普工作任重而道远,科技在创新、管理在创新,科普事业也需要不断创新。科普活动举办前,只要能充分认真地对活动的内容、形式,活动举办的时间、地点、科普的受众对象等进行评估,按照受众群体的要求,围绕社会关注的热点问题,精心策划,就能达到理想的科普效果。

参考文献

[1] 朱效民,李大光. 国家科普能力建设大家谈

[C]. 中国科技论坛,2007(3):3-8.

[2] 朱效民. 当前我国科普工作应关注的几个问题[J]. 中国科技论坛,2003(6):106-109.

[3] 姜丽静. 科普教育的原则:来自 20 世纪上半期的经验[Z]. 全球教育展望,2007 年增刊.

[4] 刘为民. 试论"科普"的源流发展及其接受主体[J]. 科学学研究,2000,18(1):75 - 78.

[5] 宋言奇,谢海江. 农民工群体科普状况的调查与思考——以苏州市农民工为例[J]. 城市管理,2008(9):75 - 79.

[6] 杨彦明. 美国科普教育之管见[Z]. 引进与咨询,科普谈丛,1998,2.

[7] 瀚英. 科普在旅游中"热"起来[Z]. 今日科技,2007(4):49 - 51.

[8] 许再富. 植物园的科普教育及其发展[J]. 生物多样性,1996,4(1):52 - 53.

[9] 姜春林. 现阶段我国科学普及亟待解决的问题[J]. 研究与发展管理,1999,11(5).

[10] 张赟. 浅论社区科普活动的形式——以科普沙龙为例[EB/OL]. 第十一届全国科普理论研讨会论文.

[11] 伍建民. 关于科普的思考:我们该向国外同行学习什么? ——美国、加拿大科普考察启示录[Z]. 科技潮,2008(2):50 - 53.

利用与特色并举　教育与效果并重

——石家庄植物园利用科普优势，普及公众教育，打造特色名园

Put Equal Emphasis on the Utilization and Characteristic Pay Equal Attention to Education and Effect

——To Build up Special Garden, Take Advantage of the Science Popularization and Popularized the Public Education in the Shijiazhuang Botanical Garden

狄　乐[1]

（石家庄市植物园，石家庄 050000）

Di Le

（*Shijiazhuang Botanical Garden，Shijiazhuang　050000*）

摘要：石家庄植物园是集科研、科普、观光、旅游等多功能为一体的植物园，而科普是植物园的精髓。随着时代的发展，植物园的科普教育功能越来越重要。通过几年来对科普工作的不断创新和实践，总结了大量的经验，逐渐探索出适合本园的科普之路。

关键词：植物园；科普；创新；发展

Abstract：Shijiazhuang Botanical Garden is a comprehensive garden of scientific research, popular science, sightseeing and tourism. But science popularization is the essence of botanical garden. With the development and progress of society, the function of popular science education of botanical garden had become more and more important. Many experiences were summarized through making constant innovation and practice in the popular science education. And it has been found of the comfotable working mode in popular science education.

Key words：Botanical Garden；science popularization；innovation；development

中国的科普是一个多层次的立体工程，公众理解科学（也就是科普）具有丰富的内容，包括普及科学知识、倡导科学方法、传播科学思想、弘扬科学精神。石家庄市植物园自 1998 年成立以来，始终坚持在完善功能、建立优美景观的同时，依托自身优势，融合文化特色，加强科普基础设施和科普人才队伍的建设，实施"科普兴园"战略，努力做到寓科普于观赏之中，寓科普于游览之中，寓科普于休闲之中。

通过不断的创新和总结，石家庄市植物园积累了大量成功的经验，摸索出了一条适合自身发展的特色科普之路。

1　以创新思想为理念，结合自身特色，开创科普工作新局面

植物园是集科学研究、植物种质保存和科学教育等综合性功能为一体的重要场所。如今植物园的科普功能已为越来越多的人们所认识，这也对植物园的科普工作

提出了更高的要求。石家庄市植物园在向国内一流植物园迈进的过程中,认真学习贯彻《科普法》,做到高定位、高标准、高效率,在实践的基础上,建立起自己的科普宣传教育体系。

1.1 保护生物多样性,培养公众环保意识

培养和提高公民对植物多样性保护的意识,目前已成为世界各植物园的一个首要任务。石家庄市植物园在提高石家庄市民保护植物、爱护环境意识方面肩负着重要责任。

基于此任务,石家庄市植物园一方面培育管理好现有的园内动、植物,另一方面积极加大植物引种力度,保护、引进珍贵植物,不断扩大观赏性林木花卉的种植,丰富植物科普材料。目前我园引种收集室外植物数十万株,其中包括木贼科、木兰科、榆科、木犀科、菊科、百合科、鸢尾科等八十多个品种。温室植株达八千余棵,373 个品种。种植草坪 60 多万平方米,实现了乔、灌、草并举,绿化、美化、香化于一体,成为南北植物和热带、亚热带植物的荟萃之地。同时还注意保护动物、微生物多样性,维持它们在生态系统中的功能和作用。在我园不懈努力下,现在园内植物种类和数量都不断增多。2 月底,我园优美的生态环境曾吸引数十只野天鹅飞临石家庄,数量为历年之最。

种类繁多的植物和优美的自然环境,使得石家庄市植物园成为越来越多的动物落户和栖息的场所,这里成为了真正意义上的绿色生态基地。游客在这里可以更直观地认识形态各异的奇花异木,了解到各种植物与不同生态环境之间的相互关系及植物的演化和发展过程、植物与人类进步及与社会发展的密切关系,还可以认识到生物多样性与人类生存的密切联系,认识到保护环境、维持生态平衡的重要性,学习到科学方法、科学思想和科学精神。

1.2 科普教育与生态旅游相结合的特色科普活动

石家庄市植物园不仅努力使自己成为一个丰富的植物基因库,还着力对其科学文化内涵进行发掘,大力进行文化建设,开展丰富多彩、有创新性的科普教育活动,为公众展现了一个自然的生动课堂。

由于石家庄市植物园是按专类园来进行设计和建设的,因此它具有很强的科学性,是开展科普活动的理想场所。我园充分利用植物品种繁多,生态环境优美,科学内涵丰富的独特优势,广泛开展科普宣传、培训、示范和青少年科技教育活动,与各市、区青少年科技站,各大、中、小学校合作,共同举办"科普游"、"学习植物标本的采集、制作方法"、"认养古树"、"植物王国探秘"和"认识植物的微观世界"等科考教学型生态旅游活动;在园内建立青少年科普基地,开设科普课堂,定期开展科普教育讲座活动,提出了"看一看、听一听、想一想"的教育方式。和石家庄市中小学生校外综合实践活动基地共同举办"一朵小花,满城春色"活动,通过制作环保型花盆、花卉种植和征文比赛、摄影比赛等,一方面让孩子们增强节约、环保意识,体验生命、母爱和责任;另一方面通过学生们对花卉种子的种植和培育,培养他们动手动脑、独立完成的能力,激发孩子们的学习兴趣和潜能,增强他们的劳动意识和对大自然的热爱之心。石家庄市植物园通过视听双重模式,采用提问的方式引发同学们的思考,在中小学生近距离观察各种珍奇植物细部特征的同时,开展科普教育。植物园目前已成为学校课堂教育的延伸课堂。

除了开展常规性科普活动,石家庄市植物园还在世界环境日、世界地球日等特殊的节日中,组织开展生态环境教育活动,和珍爱生命等参与性强的专题性科普活动。多次策划了学校、团体、社团、学会等

大型公众参与保护环境的主题教育活动。主动与团市委、相关高校配合,组织开展专题科普活动。如"我们的地球——我们的家"、"植物与环保"、"营造绿色家园"、"我们只有一个地球"等。通过举办大型科普展、专题讲座、讨论会、种植纪念树等形式,使青少年获得了关于人与环境的关系、人在自然界中的位置、环境对人和社会的作用、人类环境所面临的威胁以及如何保护和改善环境,维持生态平衡等方面的知识,促进了青少年生态意识的提高和生态道德的普及。

石家庄市植物园还先后与河北师范大学、河北医科大学、河北政法大学、河北电大等院校建立了长期合作关系,建立了实习基地,给相关院校提供了一个接受教育、实践参与、研发研究的第二课堂和展示基地,承担着保证学生校外实践,沟通研究与实际生产的重任。如邀请北京林业大学的专家、学者到园讲授植物科普知识;与师范大学生物系的部分学生协助完成了植物园现有苗木的普查工作。在实践过程中,锻炼了学生将课本知识与具体实践相结合的能力,巩固和加深了植物分类和植物标本采集方面的知识,同时也为今后植物园建立更加完备的植物档案奠定了基础。

1.3 依据植物园生态特征,推出主题鲜明、形式新颖的科普活动

根据植物园季节变换,每季开展充满人文情怀,以各季主打植物为主题的科普活动。如:百花节、迎春、赏春、探春活动及金秋赏菊、水仙展、郁金香展、宿根花卉展、盆景雅石展、插花艺术展等。

石家庄植物园还专为青年人推出"绿色婚典"与"情定植物园"活动,让青年人亲手种下一棵树,作为爱情见证;推出"为大型花卉找一个家"活动,通过植物捐赠活动实现植物园与广大市民的互动沟通,踏踏实实地为市民解决一点实际问题。对于市民捐赠的大型植物,植物园技术人员做到了精心科学的管护,并进行挂牌展示。对于市民针对家庭养花提出的问题,认真细致地做出解答。开展以"家庭养花"为主题的科普宣传月活动,讲述一些养花常识,同时呼吁市民爱绿护绿,保护环境。

这些主题鲜明、形式新颖的科普活动激发了游客热爱自然之心,增强了对植物的了解,成为游客感受自然、探索自然的窗口。

2 多种途径进行科普宣传,与市民形成互动

创新科普宣传模式,依托电视、报纸、电台等强势媒体,打造海、陆、空三维位一体的宣传媒介,立体地进行公众科普教育。

随着人们生活水平的提高,越来越多的人们开始以种植花卉和盆景植物来美化生活和提高生活情趣。于是,植物园在做好游客科普服务的同时,几年来与石家庄电视台《家有爱宠》栏目共同举办园林知识讲座,定期向市民提供植物养护和病虫害防治等方面的咨询服务。如2007年石家庄市植物园和石家庄电视台都市频道《家有爱宠》栏目,又一次共同主办"花卉专家进社区"活动,植物园3名专家亲自走进社区传播花卉知识,为居民解决种花种草中遇到的问题,并且为社区的居民支招。活动的举办拉近了植物园与市民的距离,体现了科普教育的宗旨,充分发挥了园林绿化专业技术优势,为社区居民普及家庭养花、种草提供了技术知识,深受广大市民的欢迎。

联合强势媒体,打造时尚、新颖的公众科普教育;营造新闻热点,扩大宣传力度;开设科普热线,产生积极社会效应。

自植物园开辟"咨询热线"以来,对于所有来电和来信咨询的市民,进行了认真、耐心、详实的答复,有的还进行了事后的追

踪调查,收集了各类反馈意见,以便更好地改进工作,服务群众。还通过电台和报纸等媒体方式,回答市民提出的疑问,并解释一些奇特现象。技术人员还通过电台、电视台直播的方式,系统地讲述了家庭观赏植物日常养护的要点,对家庭观赏植物应注意的要点进行指导;热带植物观赏厅的管理人员还通过电台直播的方式,系统地讲述了家庭观赏植物冬季防寒的要点,对家庭种植亚热带植物应注意的事项进行了技术指导,引起了热烈的反响。

此外,科普著作和科普文章的编撰也是对公众教育的一个重要手段和方法。石家庄市植物园牢固掌握这一阵地,开展科学研究工作。工作人员充分发挥"一线"工作优势,不辞辛劳,认真开展植物保护、繁殖等技术的研究,并整理成书面成果,在《中国花卉园艺》、《中国园林》、《河北林业》等刊物上发表了包括《观赏植物的栽培环境与植物生长》、《彩叶树种——美人梅》、《国色天香——牡丹》等论文30余篇,并有数篇获得河北省建设系统优秀科技论文三等奖。这些学术成果对广大群众特别是青少年进行植物学和园林学知识宣传教育,起到了重要的作用。

石家庄市植物园还利用现代媒体,建立并不断丰富完善自己的网站,使用最快捷的、大容量的、安全简便的通讯手段扩大植物园的知名度,同时加大植物科普的广度。

3 利用自身优势和独特条件,加强科普基础设施建设

3.1 科普硬件设施不断完善,打造名园风采

石家庄市植物园科普馆2005年正式开馆,作为河北省首个植物科普馆,以传播植物科学知识、提高人民群众科学文化素质为目标,集科学性、艺术性、趣味性和参与性为一体,以多种手段进行植物科普教育,通过文字、图片、实物标本等传统展示方式和现代高科技手段相结合的手法,以广大青少年为主要对象,介绍了植物进化、结构、用途以及生态作用等方面的各种科普知识,使参观者通过浏览,了解植物知识,感受植物之美,从而提高保护植物、保护环境的自觉性,提高社会的文明程度,实现社会的可持续发展。

3.2 科普软件内容不断丰富,在园内建设风格独特、造型新颖、科学实用的环保型标牌

植物园不仅对现有科普宣传栏进行了部分的更新,使内容更加丰富,形式更加多样,还增添了各类植物标牌5000余个,以方便游客了解常见植物的名称、产地和特性等一般性知识。

此外,植物园在科普方面还侧重与植物有关的人文知识的宣传。收集并整理了几十首咏植物的诗词、关于植物的名人逸事和植物的各种民间传说。并将部分诗词刻写到景石上,将中国传统园林的美景和传统文化结合起来,增添了园林中的人文韵味,使游客在放松身心的游览过程中,陶冶性情,增长见闻。

3.3 充分发挥园林科研所的科普示范功能

石家庄市植物园拥有目前华北地区最大的组培室,同时配备有现代化大型苗木移栽连栋温室2座,面积分别为12000m^{2}和9000m^2。该所在园林生态、新优植物的引种推广、园林施工养护新技术、病虫害防治、信息技术及园林行业的应用等多方面取得新的突破,集科学研究与生产实践于一体,为提高园林科技含量,建设一流园林城市提供了巨大的科技保障。

同时该所充分发挥科普示范功能,向公众开放,使游客通过参观,对现代工业化的园林花卉生产有了一个直观的认识,再

经过专业工作人员的讲解,对植物组织培养技术的发展和现状以及目前较为先进的花卉繁育和生产技术,有了更加深刻的认识和进一步的了解。

3.4 充分利用专类园特色,寓科普于观赏

石家庄市植物园目前共有 15 个专类园(区),这些专类园都已对公众开放。这些专类园(区)不但在科学研究和植物种质资源的收集保存方面具有十分重要的科学意义,同时在科普教育方面也能起到很好的作用和效果。人们可以通过对一类植物的参观学习,了解到不同植物类群的形态、所需的生长环境条件以及各类植物的不同用途等。

3.5 加强与国内外植物园的交流,引进先进成果

植物园是对外交流的重要窗口,全国有 200 多家各类植物园,彼此可以取长补短,加大交流力度;互通有无,开展种子的交换,增加植物品种数量,丰富植物园的生物多样性。石家庄市植物园与韩国天安市、日本长野市、美国德莓茵市等都建立了友好关系,并在园内建立德莓茵纪念园,为植物的引进交流奠定了基础。

4 以人为本,充实自我,深化学习,加强科普人才队伍建设

建立一支高素质、高效率的科普队伍并加强管理,是搞好科普教育工作的关键。

加强科普导游的专业知识学习,树立服务新理念。为了让游客在游览观光的同时了解植物科普知识,植物园设置了数名专业的讲解员。同时还提出了"有问必答、有问能答、游客满意、自己满意"的 4 点服务要求,使之能更好地为科普宣传服务。

另外,植物园还专门组织园内专业力量撰写了近万字的讲解稿。内容上以植物习性和生态功能为主体,以植物趣闻和植物传说为两翼,语言上力求生动活泼,深入浅出,受到了广大游客们的好评。

经过这几年的发展,石家庄市植物园的科普活动取得了丰硕的成果,受到了省、市领导和社会大众的普便认可。石家庄市植物园先后被授予"全国青少年科学教育基地"、"中国生物多样性保护示范基地"、河北省"科普教育基地"、"环境教育基地"和石家庄市"科普教育基地"等称号,游客量也呈现出逐年上升的趋势。

科普是公益事业,是社会主义物质文明和精神文明建设的重要内容,发展科普事业是国家的长期任务。为了实施科教兴国战略和可持续发展战略,加强科学技术普及工作,提高公民的科学文化素质,推动经济发展和社会进步,普及科学技术知识、倡导科学方法、传播科学思想、弘扬科学精神,石家庄市植物园正在努力使自己成为传播普及植物知识、促进环境保护的重要阵地,为广大游客尤其是青少年提供一个学习知识、陶冶情操的专门场所。我们相信,经过不懈的努力,石家庄市植物园将成为河北省乃至全国一流的植物科普教育基地。

生态旅游与科普教育结合模式初探
——以赣南树木园为例

The Preliminary Discussion to the Combined Model of Ecotourism and Popular Science Education
——Gannan Arboretum as an Example

蔡清平　熊炀　罗娟

（江西省赣南树木园,江西上犹　341212）

Cai Qingping　Xiong Yang　Luo Juan

（*Gannan Arboretum*，*Shangyou Jiangxi* 341212）

摘要:本文介绍了赣南树木园生态旅游及科普教育工作现状,阐述了在生态旅游中开展科普教育的必要性及发展趋势,并对生态旅游与科普教育相结合模式进行了初步探讨。

关键词:树木园;生态旅游;科普教育;结合模式

Abstract：The ecotourism and popular science education status of Gannan Arboretum were introduced in this paper. The necessity and development trends of carrying out the popular science education in the ecotourism were expounded. And the combined model of ecotourism and popular science education was preliminary discussed in this paper.

Key words：Arboretum；ecotourism；education；combined mode

赣南树木园奉行"公园的外貌,科学的内涵"的建园宗旨,积极开展科普教育工作,大力发展生态旅游事业。在生态旅游中开展科普教育是我们面临的新课题,成为了新时期打造赣南树木园新形象的战略选择。随着时代的进步,在生态旅游中开展科普教育,是社会精神文明进步的体现,是提高生态旅游生产力的必备基础条件,也是广大旅游者的精神要求[1]。

1　树木园大力发展生态旅游事业

作为旅游业科学发展的良好形式,以"走向保护区、亲近大自然"为主题的"生态旅游热"在全球的兴起,为赣南树木园旅游经济的发展提供了难得的机遇。近年来,树木园不断加大生态旅游开发力度,将浩瀚的湖水、茂密的森林、丰富的水产、绿色的农牧产物及树木园特有的树种基因库有机整合,把树木园打造成了赣南地区特有的旅游度假、消夏避暑的生态旅游胜地。

1.1　生态旅游的概念

生态旅游是 20 世纪 80 年代以来在国际上兴起的一种新颖的旅游活动和旅游产品,是以生态学观点和可持续发展思想为

作者简介:蔡清平,男,1962 年生,江西上犹人,工程师,主要从事林木引种驯化及森林资源开发利用研究。E - mail:JXSGNSMY@163.com

指导,以自然生态环境和相关文化区域为场所,为体验、了解、认识、欣赏、研究自然和文化而开展的一种对环境负有真正保护责任的旅游活动[2]。生态旅游体现了让游客赏心悦目地领悟自然美的精神,体现了人类与大自然和谐统一的观念,是一种可持续发展的绿色产业。

1.2 树木园发展生态旅游的资源和优势

1.2.1 自然景观资源丰富

树木园镶嵌在秀丽的陡水湖内,依山傍水,环境优美,气候宜人,具有天然、清幽、秀丽、静美、纯朴等特色,素有江西"小庐山"之美称,以其自然纯真的原始美吸引着中外游人。园内构成山地的岩石多为沉积岩、火成岩和变质岩,因山体切割、侵蚀风化的程度不同,形成了许多峭壁、陡坎、奇峰、怪石、溪谷。园内有溪流多处,水流湍急,形成大小瀑布若干处,局部落差达十几米;周围均为岩石,千奇百怪,两侧林深木茂,清净阴凉,呈雨林景观。湖水蓝绿相间,深不见底,有大小岛屿 5 个,湖中有岛、岛中有湖,湖中藏湾、湾中套港,曲水通幽、扑朔迷离,形成多层次和极具深度的天然景观空间。

1.2.2 植物景观资源丰富

树木园植被为典型的中亚热带植被,主要森林类型有杉木 – 马尾松混交林、常绿阔叶林等。建园至今共收集、保育了隶属于 234 科的国内外植物 2200 余种,其中我国特有、珍贵、稀有濒危的重点保护树种 70 余种,国家一级保护树种有普陀鹅耳枥(Carpinus putoensis)、银杏(Ginkgo biloba)、珙桐(Davidia involucrate)、南方红豆杉(Taxus mairei)、水杉(Metasequoia glyptostroboides)、水松(Glyptostrobus pensilis)、峨眉拟单性木兰(Parakmeria omeiensis)、伯乐树(Bretschneidera sinensis)、银杉(Cathaya argrophylla)等;国家二级保护树种有福建柏(Fokienia hodginsii)、闽楠

(Phoebe bournei)、鹅掌楸(Liriodendron chinense)、厚朴(Magnolia officinalis)、凹叶厚朴(Magnolia officinalis)、榉树(Zelkova schneideriana)、钟萼木(Bretschneidera sinensis)、蒜头果(Malania oleifera)、花榈木(Ormosia henryi)、秤锤树(Sinojackia xylocarpa)、白辛树(Pterostyrax psilophyllus)等。树木园利用资源优势建成了树种收集区、树种展示区、树种试验区、树种示范区、能源树种区、竹区、杜鹃园、展览温室、标本室、种子室、林木良种基地和苗圃等专类园。部分地区形成珍稀树种林,特别是树种收集区,集中了树木园多年引种收集的树种,并按照植物分类系统进行分区分类栽培,形成 16 个树种收集子区。

1.2.3 树木园具有优美的园林环境

树木园内乔木、灌木和草本植物合理配比,落叶和常绿植物、针叶和阔叶植物合理配置,植物色彩、花期、季相变化和空间尺度巧妙处理。乔木树干挺直、树形整齐、枝叶疏密有致,形成变化丰富的季相;灌木层丛生性强,叶色丰富,开花期长;地被植物匍性强,萌发性强,绿叶期长;宿根植物株形各异,花色多样,观赏期长。整洁、雅致、优美的植物景观,使人流连忘返。

2 树木园积极开展科普教育工作

建园三十多年来,赣南树木园始终以林木引种驯化工作为中心,广泛收集保育植物种类,借助丰富的植物资源,向广大游人进行宣传,教育人们如何保护植物、利用植物和学习植物知识。赣南树木园以其丰富的植物种类和优美的自然植物景观,被喻为"活生态博物馆"。园艺学、植物学、园林景观学等相关专业的许多省内外高校学生以我园为学习园地。树木园所取得的成就得到社会各界的肯定,先后被授予赣州市、江西省、国家科普教育基地,成为了进行科普教育的理想场所。

科普教育是向人们普及科学知识和科学技术,促进人们尊重科学、热爱科学,提高全民素质的一个重要手段。随着社会的发展,科学技术的进步,人们对科技知识的渴求越来越多。为了唤起人们对生物多样性的认识及生态环境保护的意识和热情,对人们进行植物科普教育具有十分重要的历史和现实意义。

2.1 树木园科普教育基础设施建设

近年来,树木园不断加大科普教育基础设施建设力度,充分利用现有的科普教育资源,挖掘潜力,提高科普教育效果。目前,树木园已建成珍稀树种展示区、专类园展示区、建设示范林区、复式展览厅、展览温室等科普教育专区。

积极开展引种工作。为了增强树木园的观赏性和科普教育的价值,我园持续组织科技人员到相关省市开展林木引种工作,特别是引种保育有特色的树种及珍稀濒危树种,使赣南树木园这一树种宝库日渐丰实。

完善植物铭牌,方便游人学习植物知识。平时,我们不定期地对园区内新种的植物进行挂牌或对已有铭牌内容进行更换和充实。在进行植物科普教育展览时,也对展示的所有植物悬挂植物铭牌,以便让游客特别是学生在游玩的过程中,能够及时、方便地了解到相关植物的科名、学名、中名、原产地、主要特征及用途等信息,以增长他们植物学方面的知识。

利用宣传阵地普及植物科学知识。在园区内游人经过最频繁的地点、最显眼的位置设立科普宣传栏。宣传内容由专业技术人员撰写。

充分展示植物资源。树木园的面积虽然不小,但已建成供参观的区域仅占全园面积的1/6,许多珍贵的植物资源和景观无法展现在游人面前。近年来,树木园逐步加大基础设施的投入力度,如通过维修、新建园内主要道路和专类园的游览步道,使园内植物得到充分展示,让游人了解到更多的植物知识。

2.2 树木园科普教育的内容和措施

树木园科普教育活动通过丰富多彩的形式,向人们展示大自然的神奇,增进人们对植物学及保护植物有关知识的了解,从而启迪人们的思维,增强热爱自然、保护自然的意识。由于科普教育面对的是广大公众,接受教育的程度、兴趣、要求不同,因此,科普教育活动的形式应该是生动活泼、形式多样的,其内容注重知识性,突出科学性,重视艺术性,兼容趣味性[3]。

(1)展览。利用活的或干的标本、印刷品、图片、文献资料等,设立陈列馆或科普画廊等形式,并由导游进行系统全面的介绍和讲解。积极开展丰富多彩、生动活泼的科普展览活动,如定期举办植物科普教育展览,系统介绍植物知识。

(2)演讲报告。通过举办学术报告、植物故事会或举办学习培训班的形式,增进人们对生态保护更深层次的认识。

(3)植物标识系统。在旅游线路上合理、科学配置各种园(区)介绍牌,每种树种挂上简介牌,重点介绍其习性、分布、用途和保护级,让游客通过文字介绍,增长植物学知识。

(4)举办比赛、夏令营等娱乐活动。在树木园举办摄影、书画笔会、夏令营及登山等活动,还选择表演地方戏剧或举办音乐会等形式,以扩大科普教育的宣传面。

(5)影声结合的信息化手段。通过幻灯片、电影、录像等影像设备及现代化的计算机信息网络,给游客全新的视听感觉。

(6)结合特殊节日或纪念日举办大型活动。比如结合植树节开展"营造绿色"活动,结合世界环境日举办"珍爱我们的家园"活动等等。

(7)开辟亲身活动区域。特别是为了

适应青少年活泼好动、求知欲强的特点，让学生参与选种、栽培、制作标本等活动，培养学生细心观察和参与科技活动的能力，以此来提高学生对生物学知识的感性认识。

3 生态旅游与科普教育相结合模式探讨

在生态旅游中开展科普教育是社会精神文明进步的体现，是提高生态旅游生产力的必备基础条件，也是广大旅游者的精神要求。生态旅游的全过程中，必须使旅游者受到生态教育。真正的生态旅游是一种学习自然、保护自然的高层次的旅游活动和教育活动。生态旅游应该把环境教育、科学普及和精神文明建设作为核心内容，真正使生态旅游成为人们热爱大自然、保护大自然的学校[4]。

生态旅游与科普教育相结合是以游览为主要目的，在游览过程中普及科学知识，寓教于乐，寓学于游，集娱乐性、参与性、知识性、教育性于一体。其主要目的就是在发展旅游的过程中，贯彻科普教育，提升旅游产品的层次，提高游客的文化素质，促进社会文明的发展。

依托现有旅游景区，充分挖掘旅游资源的科普内涵[5]。强化科普教育建设，提升树木园生态旅游的品位。树木园生态旅游作为一种特殊的旅游形式，带有很强的专业性，其生态文化内涵更为丰富。因此，要使树木园生态旅游品位得以提升，真正打出树木园旅游品牌，就应从生态文化科普教育建设入手。首先，要充分挖掘生态文化资源，给现有资源注入新的文化内涵，使树木园真正做到无处不景，无处不显露文化气息；其次要对生态文化进行整理和宣传。这样，游客能从生态文化入手开始认识自然界无穷的奥秘，同时也是对树木园旅游宣传形象的整体包装。

树木园近年来非常重视生态旅游与科普教育的结合，尝试在生态旅游中开展科普教育工作，不但达到了宣传树木园新形象的效果，而且提升了树木园旅游的层次，实现了一加一大于二的突破。2008 年 11月，树木园开展的"金秋赏枫"活动就是一个很好的实例。此次赏枫活动以"赏枫韵、品鱼宴、游湖湾、亲秀水"为主题，期间举办了自驾游、自助游团队游湖赏枫、陡水湖金秋红叶摄影、书画、文学作品大赛等一系列活动。深秋的树木园，群峰秋色盈金，树叶流丹，呈现出层林尽染、五彩斑斓的绚丽景观。漫步在湖林中林道间，呼吸着饱含负离子的清新空气，踏着脚下厚厚的枫叶铺就的红地毯，闻着枫林所独有的清香，欣赏着山被红叶点缀、水被红叶染炫、道被红叶铺成的景致。树木园抓住赏枫节这个契机，加大科普教育投入，通过各种方式向游客介绍保护自然、保护环境的知识，增强游人的环保意识，达到让游人在欣赏美景的同时又接受了一次深刻的植物科普教育的效果。此次金秋赏枫活动，深度挖掘树木园枫叶通透灵秀、静雅冷艳与碧水相映成趣的特色，进一步打造树木园风景区旅游新形象，展示了树木园秋季旅游的新热点、新亮点。通过这一活动给了我们很大的启示，挖掘潜力，创新形式，就能事半功倍，达到预想不到的效果。

4 结语

赣南树木园近年来就生态旅游与科普教育相结合的新型模式进行了初步实践，取得了很好的效果。在发展生态旅游的过程中贯彻科普教育，提升旅游产品的层次，提高游客的文化素质，促进社会文明的发展。今后树木园将加快建设步伐，完善功能设施，打造一个特色生态旅游与科普教育相结合的发展新模式。

参考文献

[1]吴炳生.赤水竹类资源是生态旅游科普教育的重要阵地[J].竹子研究汇刊,2006,25(3).

[2]卢爱国,曾凡丽.论郴州市生态旅游的科学发展[J].湘南学院学报,2005,26(1).

[3]蔡清平,罗南方.浅议赣南树木园科普教育基地建设[J].江西林业科技,2004年增刊.

[4]袁用道,常胜,曾克峰.恩施生态旅游发展战略研究[J].安徽农业科学,2007,35(1):176-177,214.

[5]李绍刚.浅析科普旅游开发[J].科技资讯,2006,15.

克鲁兹王莲苗期生长规律观察
A Study on Growth Regularity of Seedlings of *Victoria cruziana*

李淑娟[1]　李团结[2]　张宽清[1]

(1. 陕西省西安植物园,西安 710061　2. 陕西省龙草坪林业局,杨凌 712100)

Li Shujuan[1]　Li Tuanjie[2]　Zhang Kuanqing[1]

(1. *Xi'an Botanical Garden* ,*Xi'an* 710061　2. *Longcaoping Forestry Bureau of Shaanxi* , *Yangling* 712100)

摘要:本试验于 2007 年采用"水箱 + 加热棒"简易人工育苗方法,逐日观察记录了克鲁兹王莲(*Victoria cruziana*)从种子到第 15 片浮叶期间,胚根、胚芽、不定根、针形叶、戟形叶、浮叶等各部分在不同生长阶段的形态特征,并总结了其生长发育规律,摸清了培育不同规格幼苗所需的时间。王莲种子催芽后,第 3 天开始萌发,20 天内可完成发芽过程;依次开始生长的是针形叶、胚根(多数败育)、戟形叶、浮叶;平均每 4.7 天产生 1 片浮叶;不定根产生于除针形叶外其他叶的叶柄基部外侧;从开始催芽到叶径达 20cm 或 30cm 可露天种植约需 73 ~ 80 天或 83 ~ 90 天。此结果可为有计划地进行王莲人工育苗提供参考。

关键词:克鲁兹王莲;幼苗;生长规律

Abstract:The growth process of *Victoria cruziana* seedlings was studied by simple artificial method of breeding seedlings with "aquarium + heater" in 2007. The growth regularity and morphological characterisics of some organs,such as radicle, plumule, adventitious root, acerose leaf, hastate leaf and floating leaf, were observed from seeds to seedlings with 30cm dia. floating leaf. The days of cultivating various standard seedlings were found out. After starting seeds, the seeds germinated from the 3rd day, seeds with germination ability could all germinate in 20 days. The acerose leaf, radicle (the most were abortive), hastate leaves and floating leaves began growing in turn. Each 4.7 days, a floating leaf was developed. The adventitious roots were produced beside the base of leafstalk except the acerose leaf. Acquiring a seedling with 20cm dia. floating leaf would need 73 – 80d, a 30cm one would need 83 – 90d. The result can help cultivating *Victoria cruziana* seedlings.

Key words:*Victoria cruziana* ; seedling; growth regularity

王莲为睡莲科(Nymphaeaceae)王莲属(*Victoria*)植物的泛称,本属共有 2 个种,即亚马孙王莲[*V. amazonica* (Poepp.) J. C. Sowerby]和克鲁兹王莲(*V. cruziana* A. D. Orb.),分布于南美洲热带的巴西、玻利维亚和亚热带的巴拉圭、阿根廷北部等地[1,2]。王莲的叶片硕大,奇特,呈盘状,具有惊人的承载力;花朵芳香浓郁,随花期推

基金项目:陕西省科学院社会经济可持续发展项目"睡莲科植物种质资源的收集、保存及新品种选育"(2004K – 15),陕西省科学院科技创新产业化专项"几种观赏花卉的产业化技术研究"(2007 K – 03)

作者简介:李淑娟,女,1968 年生,陕西礼泉人,实验师,主要从事水生花卉的引种栽培及育种研究。E – mail: xxyzmm@ yahoo. cn

移而出现白色至紫红色的变化,因而深受人们的喜爱,成为园林水景中的一支奇葩。比较而言,克鲁兹王莲的抗寒能力较强,是我国特别是长江以北地区栽培的首选种。由于原产亚热带,在我国绝大多数地区只能作为一年生栽培,每年需在人工条件下用种子繁殖,所以育苗就成为王莲栽培中的一项重要工作。近年来,国内外相关人士在育苗方面做了不少探讨[2~11],但有关克鲁兹王莲苗期形态特征和生长规律的报道均较粗略,且所报道的育苗周期相差较大。张书桥报道,经过 120 天左右的幼苗期管理,浮叶直径可达 25cm,即可定植室外[6];文光琪等报道,从播种到叶径达 20cm 左右可移植露天种植时需 45~60 天[5];Kit Knotts 等认为,需 60~100 天叶径达 20cm 以上即可定植[11]。为了摸清王莲苗期形态特征和生长规律,并为育苗生产提供依据,我们于 2007 年采用便于推广的"水箱+加热棒"简易育苗法,对克鲁兹王莲的苗期(从催芽到叶径达 30cm)生长情况进行了观察。

1 材料与方法

1.1 材料

供试种子为西安植物园 2006 年栽培的克鲁兹王莲自然结实的种子。供试植株,浮叶产生前选取 20 个供试种子发芽的小苗,浮叶产生后选取其中较健壮的 5 株小苗。

1.2 播种及栽培方法

2007 年 3 月初,太阳能温室内进行。催芽前,将种皮上的种脐(其下为种胚)用锋利的刀尖挑掉。将种子放入有 9~10cm 水的烧杯中,再将烧杯放入 32℃恒温水箱中(水深 7~8cm),自然光下催芽。烧杯内的水 1~2 天更换 1 次,水箱水约 1 周更换 1 次。待种子发芽、长出 1~2 片戟形叶(第 2~3 片真叶)和 1~3 条根系时,种植于直径为 10cm 营养钵内。栽培基质为塘泥和农友公司生产的壮苗一号育苗土,湿润后以 1∶1 的体积比例配成。置于 28℃(晴天时白天水温达 34℃)水箱中,生长点以上水深 10±2cm,于早晚无阳光照射时用 200W 白炽灯补光,保证每天光照 14h 以上。于第 5、14 片浮叶时,依次更换直径 16cm 和 24cm 的大盆。从第 4 片浮叶起,每周加施复合肥,每盆 4g。

1.3 观察方法

观察项目包括每一植株、每一叶的总长度(从叶柄基部至叶尖)、展开后的叶片纵横径和叶片形状以及沉水叶阶段的根系生长情况等。每天 8∶30 左右记录,4 月 27 日~5 月 11 日 20∶30 加记一次。

2 结果与分析

王莲的种子有丰富的胚乳,胚很小。发芽时,子叶不出种皮,位于胚乳中,起吸收胚乳养分的作用[12]。据我们观察,种子从催芽后的第 3 天起陆续发芽(露白);第 10 天发芽种子数约占最终总发芽种子的 80%,第 20 天后,未发芽种子一般不会再发芽。王莲的第 1 片真叶为针形叶,第 2~3 片真叶为戟形叶,第 1~3 叶均为沉水叶,一般从第 4 片真叶起为浮水叶,也有极少数植株的第 4~5 叶片仍为沉水的戟形叶,以后才转为浮水叶。

2.1 针形叶、戟形叶及根系的生长规律

据对 20 个供试植株的观察结果统计显示,王莲的针形叶一般在露白后第 2~3 天开始生长,长度 4~9cm;第 1 戟形叶(第 2 真叶)从针形叶开始生长后第 4~5 天开始生长,本试验条件下,长度 4~9cm,平均 6.7cm,在水位较深的情况下,长度可达 15cm 以上;第 2 戟形叶(第 3 真叶)在第 1 戟形叶开始生长后第 2~3 天开始生长,长度 4~13.5cm,平均 8.9cm。

王莲的胚根在针形叶开始生长后第

2~4天开始伸长,平均日生长量约0.6cm,也有部分幼苗胚根败育,不伸长。不定根产生于除针形叶外的每一真叶基部,在其开始生长的第1~3d陆续产生,每叶伴生3~4(或更多)条不定根,平均日生长量约1cm。

2.2 浮叶生长规律

第1片浮叶在第2片戟形叶开始生长的第5~7天(即露白后的第13~15天)出现。

2.2.1 浮叶产生的速度

通过对5个植株66片叶从上一片浮叶完全展开到下一片叶处于相同状态所需的天数统计结果显示,第1~3片浮叶阶段,每产生一片新叶所需时间较长,为6~7天;第4~14片浮叶阶段,所需时间较少,为3~5天。5个供试植株中有4株叶径在第13片浮叶时超过30cm,仅1株为第14片浮叶时。浮叶期平均4.7天产生1片新浮叶。从第1片浮叶开始生长至叶径达20cm(第11片叶)约需55天,叶径达30cm约需65天。

2.2.2 单叶长度生长规律

通过对60余片浮叶叶尖刚露出托叶鞘至变黄腐烂死亡期间每日的长度记录分析,结果显示,叶柄在伸出水面之前有一个速生期,随着叶片在水面上展开,叶柄伸长生长速度渐趋缓慢,但若后期加深水位,就会出现一个相应的伸长生长。图1列出了其中一个供试植株的第2、4、6、8、10片浮叶(分别以F2、F4、F6、F8和F10表示)的逐日长度曲线。从图中可见,F2和F4在前2天的生长比较缓慢,第7天左右完成速生期,而F6-F10从伸出托叶鞘即快速生长,第4~5天完成速生期,这与前面浮叶产生的天数是一致的;叶长的初始值随叶序增大,说明托叶鞘的长度是随叶序逐渐增长的;每叶片存活天数从15~24天不等,这主要和当时的栽培条件和个体差异有关,平均为21天。

2.2.3 单叶直径增长规律

图2展示了其中一个供试植株的第2、5、8、11、14片浮叶纵径的生长曲线。从图中可见,叶径在初展的1~3天内有一个速增期,可完成终止叶径的90%的生长量,以后缓慢增长;叶片的初展直径随叶序增大外,叶片展开后直径增长速度也与叶序呈正相关。

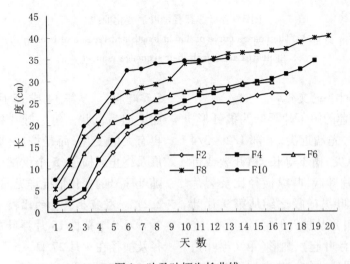

图1 叶及叶柄生长曲线

Fig. 1 The growth curves of the length of leaves and leafstalks

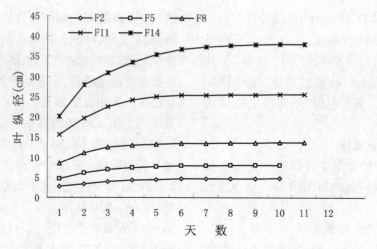

图 2　单叶纵径增长曲线

Fig. 2　The growth curves of leagth ways dia of single leaf

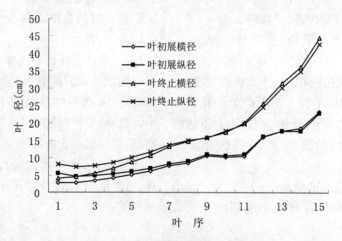

图 3　浮叶纵横径随叶序变化曲线

Fig. 3　The change curve of dia. in length and breadth of floating
leaves along with their sequence number

2.2.4　叶形随叶序的变化

据观察,王莲的第 1 片浮叶为披针形,全缘,盾状着生,先端近尖,下部 1/2 ~ 3/4 合生,下裂片急尖,稍不等长,稍开裂或近重合。从第 2 片叶起,叶纵横径比及裂片长度逐渐缩小,叶纵横径比约从第 9 片叶开始小于 1,即叶形从披针形(第 1 浮叶)变为长圆形(第 3 浮叶起)、圆形(第 9 浮叶),此后再变为扁圆形,同时,叶先端逐渐从近尖变为圆形(第 3 浮叶起),再变为微凹(第

5 浮叶起)。从第 14 或 15 片浮叶起叶边开始上翘为盘状。每一叶片初展后,形状不再有大的变化,而是按比例增大。叶片初展及终止纵横径(5 个供试植株的平均值)随叶序号的变化情况详见图 3。

2.2.5　昼夜生长量的比较

对 5 个植株 15 片浮叶的叶柄长、叶纵径及横径在 4 月 27 日 ~ 5 月 11 日期间,昼(8:30 ~ 20:30)夜(20:30 ~ 次日 8:30)生长量的方差分析结果显示,其昼夜生长量差异不显著。即王莲夜间黑暗条件下的生长速度和白天是一致的。

3　讨论

本试验结果显示,王莲种子开始催芽10天后,具发芽能力的种子80%可发芽,从开始发芽至第1片浮叶产生约需14天,从第1片浮叶开始生长至叶径达20cm(第11片叶)约需55天,叶径达30cm约需65天。从开始催芽至获得叶径达20cm或30cm可露天种植的植株分别约需73～80天或83～90天。该结论与Kit & Ben Knotts的研究结果基本相符[11],而与张书桥和文光琪等人的报道有一定出入,这可能与他们育苗的水温有关。张书桥采用100W白炽灯加温,水温保持在27℃,文光琪等人采用恒温箱,水温控制在32～35℃;也有可能与不同王莲种有关,而两人均未说明所育王莲的种名[5,6]。

王莲的育苗一直被认为是一项难度较大的工作,传统育苗法需要恒温箱及增氧等设备,普通栽培者很难具备[8～10,13]。本试验采用便于推广的"水箱＋加热棒"简易育苗法,详细观察记录了王莲从种子到第15片浮叶期间胚根、胚芽、不定根、针形叶、戟形叶、浮叶等各部分在不同生长阶段的形态特征及生长规律。因为我国绝大多数地区王莲育苗需在人工条件下进行,故本试验结果可为各地王莲育种者根据当地自然气候条件,有计划地安排育苗时间及正确掌握苗期生长动态提供依据。

参考文献

[1] 周庆源,傅德志,靳晓白. 克鲁兹王莲(睡莲科)的开花生物学研究[J]. 西北植物学报,2006,26(8):1526－1533.

[2] 赵家荣. 水生花卉[M]. 中国林业出版社:北京,2003.

[3] 刘　健,郑光华. 克鲁兹王莲种子发芽特性及其促进萌发的初步研究[J]. 种子,1994,4:22－24.

[4] 杨海鸥,刀荣华. 巨叶水生植物亚马孙王莲在西双版纳的生长与栽培[J]. 西南园艺,2004,32(5):39－40.

[5] 文光琪,宁家南,李济东,等. 王莲的育苗和栽培管理[J]. 中国花卉园艺,2003,16:40.

[6] 张书桥. 王莲在沈阳的引种与繁殖[J]. 特种经济动植物,2003,12:27.

[7] 钟文勇,陈建丽. 王莲种子萌发相关因素的研究[J]. 种子,2006,25(12):38－40.

[8] 孔德政,何松林,阎双喜. 克鲁兹王莲种子鉴定及育苗技术研究[J]. 河南科学,2000,18(3):280－282.

[9] 荆秀琴,朱洪武. 王莲温室育苗技术[J]. 中国花卉盆景,2000,8:17.

[10] 孔德政,籍　越,李文玲. 克鲁兹王莲的露地栽培及引种研究[J]. 河南科学,1999,17(3):272－277.

[11] Kit & Ben Knotts. Timetable of Victoria Seedling Growth. http://www. victoria－adventure. org/victoria/timetable_seedlings. html

[12] 叶能干,季强彪,廖海民,等. 种子植物幼苗形态学[M]. 贵阳:贵州科学技术出版社,2002,19－47.

[13] 耿　蕾. 王莲简易育苗[J]. 中国花卉盆景,2005,8:28.

4 种野生常绿藤本植物的抗旱性研究
Studied on the Drought Resistance to Four Species of Wild Evergreen Lianas

钟泰林[1]　李根有[2*]　石柏林[1]　叶喜阳[1]

(1. 浙江林学院植物园,浙江临安 311300　2. 浙江林学院林业与生物技术学院,浙江临安 311300)

Zhong Tailin[1]　Li Genyou[2]　Shi Bailin[1]　Ye Xiyang[1]

(1. *Botanical Garden*, *Zhejiang Forestry University*, *Lin'an* 311300

2. *School of Forestry and Biotechnology*, *Zhejiang Forestry University*, *Lin'an* 311300)

摘要:干旱胁迫条件下,对尾叶挪藤 *Stauntonia obovatifoliola* ssp. *urophylla*、鹰爪枫 *Holboellia coriacea*、南五味子 *Kadsura japonica* 和山蒟 *Piper hancei* 等 4 种野生常绿藤本植物的细胞膜透性、过氧化物酶(POD)活性和游离脯氨酸等 3 个生理指标进行了测定,并应用函数法进行了综合分析。结果表明,随着干旱胁迫强度的增加,4 种野生常绿藤本植物的细胞膜透性表现为逐渐上升趋势,而过氧化物酶(POD)活性和游离脯氨酸含量则表现为先升高、后降低趋势。综合 3 个生理指标,4 种野生常绿藤本植物的抗干旱性强弱为:鹰爪枫 > 南五味子 > 尾叶挪藤 > 山蒟。

关键词:野生常绿藤本植物;抗旱性;生理指标;综合评价

Abstract:Three physiological indices for drought resistance including membrane permeability, POD activity and praline content of 4 species—*Stauntonia obovatifoliola* ssp. *urophylla*, *Holboellia coriacea*, *Kadsura japonica* and *Piper hancei* were measured and a comprehensive evaluation on drought resistance of them was analyzed by the method of functions. The result showed that membrane permeabilities constantly increased, but POD activities and praline contents finely increased and then decreased when the drought stress developed in the four species. In a word, the drought resistance of the four species was arrayed: *Holboellia coriacea* > *Kadsura japonica* > *Stauntonia obovatifoliola* ssp. *urophylla* > *Piper hancei*.

Key words:wild evergreen lianas;drought resistance;physiological index;comprehensive evaluation

随着全球气候变暖、水资源短缺等生态问题的层次出现,对植物的生长发育产生了重大影响,特别是一些新优植物的推广与应用受到了更严峻的挑战。故提高植物的抗干旱能力,是新优植物推广应用的重要前提之一。近几年有关植物干旱胁迫为主的逆境研究受到高度重视[1],植物在受到逆境胁迫时,会表现出各种不同的性状,如叶片发黄、叶下垂,严重时将致其死亡,具体表现为其体内的一些酶发生改变,

资助项目:浙江省重大科技攻关项目(2006C12059 - 2);浙江省教育厅科技项目(20050189)

作者简介:钟泰林,1974 年生,男,江西兴国人,硕士、工程师,主要从事植物资源应用研究,已发表论文 20 余篇。E-mail: tailin@ zjfc. edu. cn;Garden168zhong@ 163. com

* 通讯作者:李根有 E - mail:ligy1956@ 163. com

影响植物体的同化作用。通常可通过测量植物体的细胞膜透性、过氧化物酶(POD)活性、游离脯氨酸[2]含量等指标了解植物体受胁迫程度,从而得知植物体忍受逆境胁迫的最大能力,以便于其在不同的生长环境条件下进行配置及推广应用。

尾叶挪藤为木通科野木瓜属常绿木质观果藤本;鹰爪枫为木通科八月瓜属常绿木质观花、观果藤本;南五味子为木兰科南五味子属常绿木质缠绕观花、观果藤本;山蒟为胡椒科胡椒属攀缘木质吸附观花、观果藤本。这4种藤本植物秋季硕果累累,冬季叶色翠绿,具有较高观赏价值,然而在城市园林中却很少得到应用[3]。本文研究了干旱胁迫条件对这4种野生常绿藤本植物的细胞膜透性、过氧化物酶(POD)活性和游离脯氨酸含量等生理指标的影响,旨在为这4种野生常绿藤本植物在城乡园林中的推广应用提供理论参考。

1 材料与方法

1.1 材料

尾叶挪藤、鹰爪枫、南五味子和山蒟的1年生壮实小苗。

1.2 方法

用直径12cm的营养钵,装入湿度基本一致的腐叶土,去除土中的石块等杂质,选择长势基本一致的植株进行移栽并称重,尽量使每盆重量一致;每种藤本植物10盆,置于玻璃温室,经过1个月适应后,开始进行干旱胁迫试验,停止浇水,通过Delta－T. W. E. T Sensor Kit 土壤水分测定仪测定土壤含水量(直接读数)为对照,定时均匀取样,并分别测定相关生理指标。重复3次。取样时同时观测每种野生常绿藤本的形态特征。

细胞膜透性采用DDS－307电导率仪测电导率法;过氧化物酶(POD)活性采用愈创木酚比色法;游离脯氨酸含量采用茚三酮比色法[3]。

在实验过程中,不同干旱胁迫条件及同一胁迫条件,不同指标参数对藤本植物的抗逆境能力表现可能存在差异,本实验最终得到是不同藤本植物的综合抗干旱能力[5-6]。

所有数据均采用SPSS13.0和Excel 2003处理,并进行差异性比较。

2 结果分析

2.1 干旱胁迫植物叶片细胞膜透性的影响

原生质膜透性的变化标志着细胞膜结构与功能的变化,叶片的细胞膜透性反映植物在抗性上的差异敏感。各种逆境条件都会破坏植物的细胞膜,其原生质膜的半透性随之丧失,使细胞内的盐类和有机物等渗出到周围的介质中,电导率增加[7]。在干旱胁迫下,不同野生常绿藤本植物叶片的膜系统随着胁迫强度的增加而被逐渐破坏,细胞质外渗逐渐严重,电导率变化呈上升趋势,通过测定外渗液电导率的变化,以判断4种野生常绿藤本受伤害的程度,比较其抗旱性大小。

如图1所示,4种野生常绿藤本植物的叶片,在受到干旱胁迫时,细胞膜透性随土壤含水量的降低表现出基本相同的特征,即随着干旱胁迫时间的延长和土壤含水量的降低,不同野生常绿藤本叶片的细胞膜透性增大,但变化幅度有差异,即叶片组织受到伤害的程度不同。土壤含水量大于20%,电导率变化平缓,变化幅度较小,与30%和25%土壤含水量对应电导率差异不明显,这是藤本植物适应环境的结果,同时表明,4种野生常绿藤本植物均有一定的抗旱能力。

对4种藤本植物种间、不同土壤含水量对应的电导率进行差异性分析,结果4种藤本植物种间电导率差异不明显,但不同土壤含水量对应的电导率差异性明显。土壤含水量低于 20% 并继续降低,电导率急速上升,变化幅度差异变大。15% 土壤含水量的电导率除对 20% 土壤含水量的电导率达显著差异($P = 0.015 < 0.05$)外,对其他土壤含水量对应电导率均达极显著差异($P < 0.01$),10% 土壤含水量的电导率对其他土壤含水量的电导率也均达极显著水平。电导率与植物的抗旱能力成反比,电导率上升越快,植物的抗旱能力越低。对不同土壤含水量对应的电导率进行线性回归,电导率变化越快,则直线的斜率越大,而该种植物的抗旱能力越弱。K 山蒟 > K 尾叶挪藤 > K 南五味子 = K 鹰爪枫,R^2 均大于 0.90。故 4 种野生常绿藤本植物的抗干旱能力为:鹰爪枫 = 南五味子 > 尾叶挪藤 > 山蒟。

2.2　干旱胁迫对植物叶片 POD 活性的影响

在干旱胁迫下,植物体中保护酶系统如超氧化物歧化酶(SOD)、过氧化物酶(POD)均会发生不同程度增加。SOD 是植物体内的自由基清除剂,但这种清除剂只有与 POD 协调一致,才能有效地防止自由基的毒害。高活性 POD 活性与植物抗旱性有着一定联系,这主要是由于 SOD 能清除自由基而形成 H_2O_2,H_2O_2 在 POD 作用下分解为 H_2O,从而防止其毒害[8]。

干旱胁迫条件下,4 种野生常绿藤本植物叶片的 POD 活性变化如图 2 所示,其变化趋势表明:随着土壤含水量的降低,4 种植物叶片中 POD 活性均呈先上升、后下降趋势,POD 活性起初上升,是因为藤本植物具有一定的适应环境能力,酶的活性仍较强并得到了激发,但随着干旱胁迫强度的增加,酶的活性受到影响,植物体自身无法抵御外界环境影响,而开始表现出脱水、萎蔫等症状,POD 活性开始下降,增加和降低的动态及幅度有较大区别[9]。

对 4 种藤本植物种间、不同土壤含水量对应的 POD 活性进行差异性分析,结果 4 种藤本植物种间 POD 活性差异不明显;不同土壤含水量对应的 POD 活性,仅 10% 土壤含水量的 POD 活性与其他组对应的 POD 活性差异达极显著水平,但除 30% 土壤含水量的 POD 活性外,其他差异不明显。

由图 2 可知,山蒟在含水率低于 25% 后,POD 活性一直降低,而尾叶挪藤是在含水量低于 20%、鹰爪枫和南五味子在含水量低于 15% 后,POD 活性才由升高转变为降低趋势,说明山蒟抗旱性最弱,鹰爪枫和南五味子的 POD 活性变化较接近,说明它们之间抗旱性相当,但含水量低于 15% 后,南五味子的 POD 活性下降率大于鹰爪枫,故鹰爪枫抗旱能力弱强于南五味子。根据曲线变化趋势可判断,4 种野生常绿藤本植物的抗旱强弱依次为:鹰爪枫 > 南五味子 > 尾叶挪藤 > 山蒟。

2.3　干旱胁迫对植物叶片脯氨酸含量的影响

游离脯氨酸在植物细胞中主要起渗透调节作用,水分胁迫下植物组织内会积累大量的游离脯氨酸,可以增强细胞的渗透调节能力,对植物抗旱有益,故常把它作为植物抗旱性的生理指标之一。对 4 种藤本植物种间、不同土壤含水量对应的脯氨酸含量进行差异性分析,结果 4 种藤本植物种间脯氨酸含量差异不明显;不同土壤含水量对应的脯氨酸含量,30% 土壤含水量对应的脯氨酸含量与 20% 土壤含水量对应的脯氨酸含量差异显著($P = 0.034$)。15% 土壤含水量对应的脯氨酸含量除与 20% 土壤含水量对应的脯氨酸含量差异不显著外,与其他组均达显著或极显著水平。而 10% 土壤含水量对应的脯氨酸含量除与 15% 土壤含水量对应的脯氨酸含量差异显著外,与其他组差异均不明显。

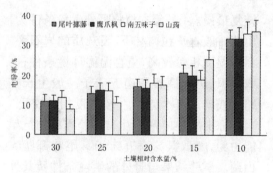

图 1 干旱胁迫对 4 种野生常绿藤本叶片
细胞膜透性的影响

Fig. 1 Influence of draught menacing on 4 kinds of
wild evergreen lianas' film penetration

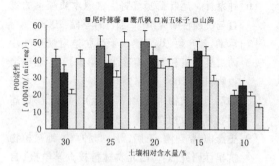

图 2 干旱胁迫对 4 种藤本植物叶片
POD 活性的影响

Fig. 2 Influence of draught menacing on 4 kinds of
wild evergreen lianas' POD

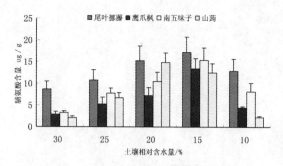

图 3 干旱胁迫对 4 种野生常绿藤本
叶片脯氨酸含量的影响

Fig. 3 Influence of draught menacing on 4 kinds of
wild evergreen lianas' proline

如图 3 所示,4 种藤本植物叶片脯氨酸
含量都随干旱程度的增加而增加,在土壤

含水量 20% 以上,游离脯氨酸含量变化均
较平缓上升,说明 4 种藤本植物均具有一
定的适应环境能力,在含水量小于 20% 后,
游离脯氨酸含量变化剧烈,表明干旱对植
物体酶系统产生了较大影响,山蒟游离脯
氨酸含量首先下降,证明其忍抗干旱的能
力度最低;而其他 3 种藤本植物的游离脯
氨酸含量继续上升,在含水量低于 15% 之
后,3 种藤本植物的游离脯氨酸含量均表现
下降;在 15% 土壤含水量以上,对不同土壤
含水量对应的 3 种藤本植物叶片中游离脯
氨酸含量进行线性回归,变化速率越快则
直线的斜率越大,表明该种植物的抗旱能
力越强。K 南五味子 $> K$ 鹰爪枫 $> K$ 尾叶
挪藤 $> K$ 山蒟,R^2 均大于 0.90。故 4 种野
生常绿藤本植物的抗干旱能力为:南五味
子 > 鹰爪枫 > 尾叶挪藤 > 山蒟。

2.4 抗旱能力综合比较

对干旱胁迫条件下,4 种野生藤本植物
叶片细胞膜透性、POD 活性、游离脯氨酸含
量 3 个生理指标,应用抗旱综合指数进行
比较,$Y_{鹰爪枫} = 0.792$,$Y_{南五味子} = 0.790$,
$Y_{尾叶挪藤} = 0.653$,$Y_{山蒟} = 0.572$,4 种野生藤
本植物的抗旱综合指数均较高,大于 0.5,
表明它们具有一定的抗旱能力;同时说明
山蒟抗旱能力最弱,鹰爪枫弱强于南五味
子,而尾叶挪藤则处于它们之后,略强于山
蒟。

3 结论与讨论

随着土壤含水量的降低,4 种野生藤本
植物叶片的电导率、POD 活性、游离脯氨酸
含量 3 个生理指标,均表现为先升高、后降
低趋势,且在土壤含水量大于 25% 时,3 种
生理指标均表现较稳定,植物生长也相对
健壮,说明 4 种藤本植物均具有一定的适
应环境能力和抗干旱能力。但 3 个生理指
标对不同植物及同一植物不同指标表现有
差异,而种间差异却不明显。

4 种野生藤本植物干旱胁迫下外形特征表现为,鹰爪枫初期表现奄拉状态,后逐渐转入正常状态,试验结束后正常浇水恢复时间最短,说明其最抗干旱。南五味子和尾叶挪藤在轻度干旱胁迫条件下,叶片有不同程度的萎蔫和焦黄,极度干旱下叶片奄拉,试验结束后正常浇水恢复较快;山蒟轻度干旱下叶片表现有些奄拉,极度干旱下叶片大部焦黄,试验结束后正常浇水恢复最慢。4 种藤本植物野外生境条件为,山蒟一般生长在树林下、石灰质的岩石旁,生境湿度相对较高,更喜温湿环境条件;而鹰爪枫、尾叶挪藤和南五味子一般生长在路边或溪边灌木丛中,生境湿度相对较低。

综上所述,4 种野生常绿藤本植物抗旱能力为,鹰爪枫 > 南五味子 > 尾叶挪藤 > 山蒟。试验结果与野外的生境条件及其外形特征观测结果相吻合。

参考文献

[1]喻方圆,徐锡增. 植物逆境生理研究进展[J]. 世界林业研究,2003,16(5):6-11.

[2]曹兵,苏润海,王标,等. 水分胁迫下臭椿幼苗几个生理指标的变化[J]. 林业科技,2003,28(3):1-3.

[3]钟泰林,李根有,石柏林. 5 种野生常绿藤本植物园林应用探讨[J]. 中国园林,2009,25(9):56-59.

[4]郑炳松. 现代植物生理生化研究技术[M]. 北京:气象出版社,2006.

[5]李禄军,蒋志荣,李正平,等. 3 树种抗旱性的综合评价及其抗旱指标的选取[J]. 水土保持研究,2006,13(6):253-254、259.

[6]钟泰林. 尾叶挪藤等野生常绿木质藤本的繁育与抗逆性研究[D]. 浙江林学院,2008.

[7]覃鹏,刘小菊,刘飞虎. 干旱胁迫对烟草叶片丙二醛含量和细胞膜透性的影响[J]. 亚热带植物科学,2004,33(4):8-10.

[8]潘瑞炽. 植物生理学(第五版)[M]. 北京:高等教育出版社,2004.

[9]史燕山,骆建霞,王煦,等. 5 种草本地被植物抗旱性研究[J]. 西北农林科技大学学报(自然科学版),2005,33(5):130-132.

土壤 pH 值对多叶羽扇豆生长发育的影响
Effect of pH of Soil on Growth and Developing of *Lupinus polyphylla*

庞长民[1]　刘安成[1]　王庆[1]　卫伟光[1]　高书宝[1]　田志平[2]

(1. 陕西省西安植物园,西安 710061　2. 西安市花卉协会,西安 710061)

Pang Changmin[1]　Liu Ancheng[1]　Wang Qing[1]　Wei Weiguang[1]
Gao Shubao[1]　Tian Zhiping[2]

(1. *Xi'an Botanical Garden*, *Xi'an* 710061　2. *Flower Institute of Xi'an City*, *Xi'an* 710061)

摘要:为了使多叶羽扇豆能在西安露地开花,用硫磺粉调节土壤 pH 值,研究了不同土壤 pH 值对 1、2 年生多叶羽扇豆生长发育的影响。结果表明:1、2 年生植株叶片都表现出随着 pH 值的升高,植株叶片变黄越早,黄化率升高和 1 年生植株叶片叶绿素含量降低的趋势;pH7.4 的处理 1、2 年生植株比其他处理花期长,pH7.6 的处理 1、2 年生植株比其他处理花数多;pH 7.4 的处理 1 年生植株结实率、种子重、种子千粒重,2 年生植株结实率比其他处理高。

关键词:多叶羽扇豆;土壤 pH 值;生长;发育

Abstract:Infection of different pH of soil on growth and developing of *Lupinus polyphylla* was studied by different pH of soil with sulfur powder in order that *Lupinus polyphylla* can bloom on the soil of Xi'an. Results indicate:there is a trend that the pH is higher,the rate of yellow plant is more and the first day of yellow leave is earlier both annual and biennial plants as well as the content of chlorophyll is less in annual plants;the day of flower and No. of bloom is more in pH 7.4 and 7.6 than others ;the No. of seed, the rate of seed, the weight of thousand seeds in annual and the rate of seed in biennial in pH 7.4 plant is higher than others.

Key words: *Lupinus polyphylla* ; pH of soil; growth; developing

多叶羽扇豆(*Lupinus polyphylla* Lindl)是豆科羽扇豆属多年生草本植物,原产于美洲和地中海沿岸国家,别名鲁冰花。许多人知道鲁冰花这首歌,但不认识多叶羽扇豆。多叶羽扇豆作为观赏植物有以下特点:因花瓣的旗瓣和翼瓣颜色不同而花色丰富;花序多,3 年生植株花序多达 10 个左右;可耐 -20℃低温;花期与牡丹同步,比郁金香稍晚,但花期比牡丹和郁金香都长,与牡丹和郁金香配合展出,既可延长展期,又能丰富展出内容,是观赏价值极高的花卉。由于它需要长日照[1]和酸性土[2],我国北方因土壤偏碱生长不好,南方因日照短也不宜栽培,用作观赏国内报道不多。

近年来西安 4 月气温的逐渐升高,郁金香花期逐步提前,4 月下旬已所剩无几,为了使极具观赏价值的多叶羽扇豆在西安弥补郁金香的不足,并在 2011 年西安世界园艺博览会上展现风采,我们进行了不同土壤 pH 值对多叶羽扇豆生长发育的影响

基金项目:陕西省科学院社会发展研究计划 2008;陕西省科技厅研究发展计划 2008k03 - 09,重大科技专项 2009
作者简介:庞长民,1954 生,男,陕西蓝田人,研究员,硕士,主要从事园林花卉研究。E - mail:xsccmp@163.com

研究,解决多叶羽扇豆在北方土壤生长不良的难题,让多叶羽扇豆为节日增光添彩。

1 材料和方法

1.1 材料

2005 年从德国引进(*Lupinus polyphylla* Nanus Russell Gallery Mixture),2007 年在秦岭自繁多叶羽扇豆种子。试验 2008 ~ 2009 年在西安植物园进行。

1.2 方法

1.2.1 土壤处理

于 2008 年 9 月 17 日对 4 畦长宽深为 6m × 1.5m × 0.2m 的实验地土壤分别加入土壤重量 0%、1%、2% 和 3% 硫磺粉,2009 年 6 月 23 日用意大利哈纳公司生产的防水型 PH/EC/TDS 测试笔测土壤 pH 值,分别为 7.8、7.6、7.4 和 6.7。

1.2.2 田间布局

1 年生苗 2008 年 9 月 5 日泥炭土坨育苗,2009 年 3 月 5 日移栽到田间。2 年生 2008 年 3 月 21 日泥炭土坨育苗,当年 4 月 28 日移栽在秦岭海拔 1400m 基地生长,2008 年 10 月 11 日把裸根带回实验地定植。每畦 4 行,1、2 年生各 2 行,每行 18 株,株行距为 0.3m × 0.4m,每个处理 36 株,观察记载 15 株。

1.2.3 观察记载

花序第一朵花开时测量株高,株幅,叶径,花梗长,记载初花;全株最后一个花序花败为终花期,终花时测量花数,花序长,花序数;叶色刚发黄时记为始发黄日,6 月 22 日统计黄化率,6 月 23 日用 721 分光光度计测定叶绿素含量。

2 结果与分析

2.1 不同土壤 pH 值对多叶羽扇豆生长的影响

不同土壤 pH 值对多叶羽扇豆生长的影响见表 1。不同土壤 pH 值对多叶羽扇豆生长的影响主要表现在植株开始发黄日期、黄化率和叶绿素含量上。pH7.8 的处理,1、2 年生植株叶片发黄都最早,黄化率最高,分别是 4 月 8 日和 4 月 16 日,90% 和 96%。pH6.7 的处理 1、2 年生植株叶片发黄都最晚,6 月 22 日统计时还未发现;1、2 年生植株叶片都表现出随着 pH 值的升高,植株叶片变黄越早,黄化率升高和 1 年生植株叶片叶绿素含量降低的趋势,2 年生植株叶绿素含量最高值是 pH7.4 的植株。不同土壤 pH 值对多叶羽扇豆株高、株幅和叶径影响没有明显的趋势。

表 1 不同土壤 pH 值对多叶羽扇豆生长的影响

Table 1 The effect ofdifferent pH of soil on the growth of *Lupinus polyphylla*

pH 值	苗龄(年) Year of plant /year	株高(cm) Height of plant/cm	株幅(cm) Wide of plant/cm	叶径(cm) Diameter of leave/cm	始黄日 First day of yellow	黄化率(%) Rate of yellow plant/%	总叶绿素(mg/l) Content of chlorophyll/mg/l
7.8	1	30.9	46.9	17.3	4.8	90.0	0.6
7.6	1	33.1	48.0	16.6	4.11	19.2	1.0
7.4	1	30.1	48.9	17.5	4.15	12.5	1.2
6.7	1	27.8	44.5	17.5	—	0.0	1.7
7.8	2	34.8	49.8	15.5	4.16	96.0	0.8
7.6	2	29.8	47.9	15.4	4.25	30.8	0.9
7.4	2	30.7	34.0	15.1	4.29	15.0	2.1
6.7	2	32.7	47.6	15.9	—	0.0	1.5

2.2 不同土壤 pH 值对多叶羽扇豆开花的影响

表 2 表明不同土壤 pH 值对多叶羽扇豆开花的影响。由表 2 可以看出 pH7.4 的处理,1、2 年生植株花期最长,分别是 37.4 天和 50 天,比 1、2 年生植株平均花期长 24% 和 32%;pH7.6 的处理,1、2 年生植株花数最多,分别是 177 朵和 163 朵,比 1、2 年生植株平均花数多 20% 和 8%。2 年生比 1 年生的花期早,花序数多;pH6.7 的处理,1 年生植株开花最迟,花期最短,花数最少,花序和花梗最短;pH6.7 的处理,使多叶羽扇豆发育延迟,延迟后气温升高,缩短了花期,减少了花数。

2.3 不同土壤 pH 值对多叶羽扇豆结实的影响

不同土壤 pH 值对多叶羽扇豆结实的影响见表 3。土壤 pH 值对多叶羽扇豆 1、2 年生植株的影响不同。pH7.4 的处理,1 年生植株种子数、结实率、单株种子重和千粒重比其他处理都好,分别为 56 粒、88.9%、1.3g 和 22.7g;pH7.8 的处理,2 年生多叶羽扇豆植株结果而不结种子;pH7.6 的处理,植株果实数、结果率、种子数和单株种子种最大,分别是 46 个、100%、116.6 粒和 2.7g;pH7.4 的处理,植株结实率最高,达 100%;pH6.7 的处理植株种子千粒重最大,达 26g,说明土壤 pH 值对 2 年生多叶羽扇豆植株结果影响较大。

表 2 不同土壤 pH 对多叶羽扇豆开花的影响
Table 2 The effect of different pH of soil on the blooming of *Lupinus polyphylla*

pH 值	苗龄(年) Year of plant /year	初花期 First day of bloom	花期(天) Days of bloom	花数(朵) No. of blooming	花序长(cm) Length of Flowering head	花梗长(cm) Length of pedicel/cm	花序数(个) No. of Flowering head
7.8	1	5.26	31.3	160.0	46.8	19.0	2.3
7.6	1	5.12	34.4	177.0	54.0	19.0	1.5
7.4	1	5.13	37.4	152.0	40.7	20.0	1.9
6.7	1	6.1	18.5	102.0	34.5	17.5	2.0
7.8	2	4.25	26.7	139.0	49.9	22.3	2.6
7.6	2	4.26	33.4	163.0	43.1	19.1	2.5
7.4	2	4.25	50.0	143.0	37.4	20.5	2.8
6.7	2	4.24	41.1	157.1	41.3	20.6	4.7

表 3 不同土壤 pH 对多叶羽扇豆结实的影响
Table 3 The effect of different pH of soil on the fruit and seed of *Lupinus polyphylla*

pH 值	苗龄(年) Year of plant /year	果实数(个) No. of fruit/piece	结果率(%) Rate of fruit/%	种子数(粒) No. of seed/grain	结实率(%) Rate of seed/%	种子重(克) Weight of seed/g	千粒重(克) Weight of thousands seed/g
7.8	1	26.6	67.0	59.0	55.8	1.0	16.3
7.6	1	18.2	90.0	38.6	80.0	0.9	22.3
7.4	1	19.3	89.0	56.0	88.9	1.3	22.7
6.7	1	9.3	33.0	17.8	33.3	0.3	17.4
7.8	2	21.0	80.0	0	0	0	0
7.6	2	46.0	100	116.6	90.0	2.7	23.2
7.4	2	31.2	80.0	92.9	100	2.0	21.9
6.7	2	22.3	90.0	51.2	90.0	1.3	26.0

3　讨论

关于多叶羽扇豆的研究,楚爱香[3-5]进行了多叶羽扇豆种子发芽条件、最佳叶面积测定方法和引种栽培的研究,贾永华[6]进行了硫酸和 PEG 处理对多叶羽扇豆种子萌发和某些生理生化指标的影响的研究,庞长民[7]等进行了 pH 值和光照对多叶羽扇豆生长发育的影响研究。多叶羽扇豆需要酸性土壤,我国北方大部分土壤偏碱,如何在偏碱的土壤栽培多叶羽扇豆,解决的途径是调节水和土壤 pH 值。庞长民[7]等对不同 pH 值的基质对多叶羽扇豆幼苗的影响和水的 pH 值对盆栽多叶羽扇豆生长发育的影响进行研究。本文通过给土壤加入硫磺粉调节土壤 pH 值,研究了不同土壤 pH 值对1、2 年生多叶羽扇豆露地生长、开花和结实的影响。不同土壤 pH 值对1、2 年生多叶羽扇豆露地生长、开花和结实的影响主要表现为:随着土壤 pH 值的升高,叶子黄化早,黄化率升高和 1 年生植株叶绿素含量下降的趋势;pH7.8 的 2 年生植株没结果实和种子,施硫磺粉可以提高种子数、结实率和种子千粒重。

不同土壤 pH 值对花卉植物生长发育的影响,唐高霞[8]认为在碱性土壤中,会降低铁、锌等微量元素的有效性,使花卉吸收困难,引起相应的缺素症,如失绿症;胡霭堂[9]认为铁的有效形式受 pH 值的影响最大,每增加一个 pH 值单位,溶液中的活性铁减少 1000 倍;赵彦坤[10]认为植物在高浓度盐下,气孔保卫细胞内的淀粉形成受阻,致使气孔细胞不能关闭,导致植物易干旱枯萎。本试验中高 pH 值的植株因体内缺铁,叶子发黄早,黄化多,最后枯萎,与前人研究结果一致。

不同 pH 值的土壤对多叶羽扇豆开花结实的影响与气候有关,土壤 pH 值合适,营养生长旺盛,生殖生长延后,而延后伴随着气温升高,影响了多叶羽扇豆开花结实。究竟土壤 pH 值对多叶羽扇豆开花结实影响大还是气候影响大,需进一步研究。

参考文献

[1] 王小铃,曾德庆,高柱. 羽扇豆研究进展及其在我国发展的技术策略[J]. 江西科学,2007,25(4):442 - 449.

[2] 北京林业大学. 花卉学[M]. 北京:中国林业出版社 ,1991.

[3] 楚爱香,张要战,李艳梅. 多叶羽扇豆种子发芽条件的研究[J]. 种子,2005,24(2):42 - 43.

[4] 楚爱香,张要战,蓝玉才. 多叶羽扇豆最佳叶面积测定方法研究[J]. 陕西农业科学,2005,(1):15 - 17.

[5] 楚爱香. 多叶羽扇豆的引种栽培[D]. 北京:北京林业大学,2003.

[6] 贾永华,王飞,张占艳. 硫酸和 PEG 处理对多叶羽扇豆种子萌发和某些生理生化指标的影响[J]. 西北农业学报,2006,15(3):104 - 108.

[7] 庞长民,刘安成,王庆等. pH 值和光照对盆栽多叶羽扇豆生长发育的影响[J]. 西南大学学报,2008,30(6):78 - 81.

[8] 唐高霞. 土壤 pH 值对花卉生长发育的影响和对策[J]. 吉林农业,2006,00(12):19.

[9] 赵彦坤,张文胜,王幼宁等. 高 pH 值对植物生长发育的影响及其分子生物学研究进展[J]. 中国生态农业学报,2008,016(003):783 - 787.

[10] 胡霭堂. 植物营养学[M]. 北京:中国农业大学出版社 ,1995.

不同处理对跳舞草种子萌芽的影响

Effect of Different Treatments on
Seed Germination of *Codariocalyx motorius*

李艳[1,2]　李思锋[1,2]　邹凤英[1,2]　李莲梅[1,2]

(1. 陕西省西安植物园　2. 陕西省植物研究所，陕西西安　710061)

Li Yan[1,2]　Li Sifeng[1,2]　Zou Fengying[1,2]　Li Lianmei[1,2]

(1. *Xi' an Botanical Garden*　2. *Institute of Botany of Shaanxi Province*, *Xi' an* 710061)

摘要：研究了机械磨擦、不同温度、光照强度、GA_3 处理对跳舞草种子萌芽的影响，包括发芽势、发芽率、发芽指数、发芽天数和芽体状态。同时从出苗率、株高和根长方面对不同基质对跳舞草种子萌发的影响进行了研究，并测定供试跳舞草种子的千粒重为 5.06g。结果表明：25℃是跳舞草种子萌芽的最佳温度，在此温度下，经过机械打磨的跳舞草种子发芽势和发芽率最高；遮光30%的发芽势、发芽率以及发芽指数最高，发芽天数最短；浓度为 100mg/L 的 GA_3 处理的跳舞草种子的发芽势、发芽率和发芽指数最高，分别为 80.7%，88.9% 和 6.68；"农友"播种基质的出苗率最高，达到89.1%，但腐叶土：泥炭(1:1)也很利于种子萌发，出苗率达到85.9%，非常经济合理。

关键词：跳舞草；种子萌芽；机械磨擦；温度；光照强度；GA_3；基质

Abstract：The effects of mechanical scarification, temperature, light and GA_3 on seed germination of *Codariocalyx motorius* are studied and evaluated by germinating energy, germination percentage, germinating index, germinating day and state of seedlings. The effects of medium on seed germination of *Codariocalyx motorius* are studied and evaluated by seedling emergence rate, plant height and root length. The 1000 – seed weight of tested *Codariocalyx motorius* seeds was 5.06g. Results showed that the optimum temperature for the germination of *Codariocalyx motorius* seeds was 25℃. The seed germinating energy, germination percentage is highest for mechanical scarification seed. The germinating energy, germination percentage and germinating index is highest and germinating day is shortest in 30% sunshade. In the 100mg/L GA_3, the germinating energy, germination percentage, and germinating index is highest, it is 80.7%, 88.9% and 6.68, respectively. The seedling emergence rate was highest, being 89.1% of "NongYou" medium. The medium humus + peat(1:1) was favorable for the germination of *Codariocalyx motorius* seeds with seedling emergence rate reaching 85.9%. It is a economical and reasonable way.

Key words：*Codariocalyx motorius*; seed germination; mechanical scarification; temperature; light; Gibberelin(GA_3); medium

课题资助：陕西省科学院2009 重大项目,陕西省科学院青年人才培养专项(2006K –20)

作者简介：李艳,1972 年生,女,副研,主要从事园林花卉迁地保育及栽培研究。Email:5214352@126.com

跳舞草(*Codariocalyx motorius*)是一种濒临绝迹的珍稀植物,也是著名的趣味观赏植物[1]。它是豆科多年生木本植物,为直立小灌木,主要分布于我国的华南和西南,野生于海拔 200~1500m 的低山丘陵旷野或山沟灌丛中。其叶互生,三出复叶,长椭圆形或披针形,长 6~8cm。两侧细叶明显较小,倒披针形,长约 1~2cm[2],具有跳舞功能的就是这种细叶。同时它的全株可供药用,有舒筋活络、祛痰化淤之效,有一定的应用价值。

跳舞草繁殖主要是播种繁殖,但由于其种子发芽率极低,栽培管理难,所以目前各地尚未普及,仅仅在南方个别植物园有极少量栽培展示。跳舞草种子坚硬,外表有光亮的蜡质,起到防腐防潮作用,会阻碍水的渗入,种子皮层含有抑制自身发芽的物质,在自然条件下需数月才出苗。休眠期较长且极难解除,必须要进行适当地处理。目前有关跳舞草的研究主要集中在栽培技术方面,对种子萌芽特性的研究很少。为了提高并保证稀缺种子的有效利用率,同时有效地保护跳舞草这种珍稀植物,充实我园的科普内容,我们利用物理和化学的方法打破种子的休眠,大大地提高了种子的发芽率,为其大规模育苗中的种子处理技术提供依据。

1 材料与方法

1.1 试验材料

试验始于 2007 年,在陕西省西安植物园内进行,种子来源为北京李征苗木基地。

1.2 试验方法

1.2.1 跳舞草种子千粒重的测定

采用百粒法测定千粒重[3]。按照国际种子检验规程(ISTA),从跳舞草纯净种子中随机取样,每份 100 粒,8 个重复。根据 8 个重量的称量读数求 8 个组平均重量(*W*),然后计算标准差(*S*)及变异系数

(*C*),公式如下:

$$标准差(S) = \sqrt{\frac{n(\sum X^2) - (\sum X)^2}{n(n-1)}}$$

式中:*X*—各重复组的重量(g),

n—重复次数。

$$变异系数(C) = (S/W) \times 100$$

式中:*W* 为 100 粒种子的平均重量(g)

1.2.2 机械磨擦及不同温度对跳舞草种子萌芽的影响

跳舞草种子播种前的机械磨擦方法是:先用细水砂纸上下轻轻打磨种子至种子表皮无光泽为止,以磨去种子表皮蜡质,利于吸水发芽,再用 40℃ 左右的温水浸泡 3~4 个小时,待种子发胀(种子表现为绿色或黄绿色,吸胀后种子大小扩大 1 倍),略晾干(可用吸水纸将种子表皮水分吸干),即可点播。凡未泡胀的种子应选出来,再磨擦处理泡胀。

把机械磨擦和未机械磨擦的跳舞草种子分别在 15℃、20℃、25℃、30℃ 的温度下进行发芽温度试验,其中每个处理 50 粒种子,3 次重复。每天统计发芽种子数,第 5 天统计发芽势,第 15 天统计发芽率,计算发芽指数,探讨机械磨擦和温度对其发芽的影响。

发芽势 = 5 天内发芽数/供试验种子总粒数×100

发芽率 = 15 天内发芽数/供试验种子总粒数×100

发芽指数 $GI = \sum (Gt/Dt)$(其中 *Gt* 为在 *t* 天的种子发芽数, *Dt* 为相对应的种子发芽天数)

1.2.3 不同光照强度对跳舞草种子萌芽的影响

选用机械磨擦并浸泡 24h 后的种子,在适宜温度 25℃ 下,用遮阳网控制并模拟光照强度[4],遮光率分别为 30%、70%、100% 以及不作任何处理的对照(CK),测

定发芽势、发芽率、发芽指数、发芽天数及芽体状态,探讨光照对跳舞草种子发芽的影响。

1.2.4 不同赤霉素浓度对跳舞草种子萌芽的影响

将跳舞草种子用清水充分冲洗,去掉瘪种子和杂质,机械磨擦浸泡后分别用以下浓度的赤霉素进行处理,0(CK),50,100,200,300(mg/L)的 GA₃ 浸种 24h,每天加自来水,测定发芽势、发芽率、发芽指数、发芽天数及芽体状态。

1.2.5 不同基质对跳舞草种子萌芽的影响

用农友播种基质、腐叶土:泥炭(1:1)、腐叶土:珍珠岩(2:1)、园土4种不同的基质,每种基质播种50粒,重复3次,发芽条件为25℃,15天后统计出苗率,每种基质随机抽取5株测量单株的株高、根长,取平均值。

2 结果与分析

2.1 跳舞草种子的千粒重

跳舞草种子的标准差为 0.01408,变异系数为2.781%,不超过规定的4%,可以用8个重复的平均数来计算,由此算得跳舞草千粒重为5.06g。

2.2 机械磨擦及不同温度对跳舞草种子萌芽的影响

由表1看出:机械磨擦处理过的种子与无机械磨擦的种子在发芽势和发芽率上具有极显著差异,无磨擦种子发芽率低,在25℃时发芽势仅为 14.8%,发芽率也仅为21.7%;而经过机械磨擦的种子在同等条件下的发芽势和发芽率均高,分别为79.0%,80.8%,说明跳舞草种子表面的蜡质是抑制其种子萌发的重要因素,打磨蜡质表层(机械磨擦)对种子萌发有很强的促进作用。跳舞草种子在15℃、20℃、25℃、30℃四个温度下的发芽势和发芽率均有显

表1 物理方法处理和不同温度对种子萌发的影响

Table 1 Effect of physical method and different temperature on seed germination of *Codariocalyx motorius*

处理方法 Treatment	温度(℃) Temperature	发芽势(%) Germinating energy	发芽率(%) Germination percentage	芽体状态 State of seedlings
机 械 磨 擦	15	26.1cC	30.0cC	胚根细长,无根毛,子叶未展开
	20	62.0bB	71.1aB	胚根较长,有根毛,子叶展开
	25	79.0aA	80.8aA	胚根较长,有根毛,子叶展开
	30	35.6cC	65.0cC	胚根细长,根毛少,子叶展开
无 机 械 磨 擦	15	0fF	1.3fF	胚根很短,无根毛,子叶未展开
	20	4.0eE	10.4eE	胚根细弱,根毛少,子叶未展开
	25	14.8dD	21.7dD	胚根较长,有根毛,子叶展开
	30	13.7dD	18.9dD	胚根细长,根毛少,子叶展开

注:表中同列不同大、小写字母表示 LSD 多重比较,达显著水平(P=0.05)或极显著水平(P=0.01)。下同。

Note:The different capital and small letters stand for P=0.05 and P=0.01,respectively. The same as below.

表 2　不同光照强度处理对跳舞草种子萌发的影响

Table 2　Effect of sunlight irradiation intensity on seed germination of *Codariocalyx motorius*

遮光(%) Sunshade percentage	发芽势 (%) Germination energy	发芽率(%) Germinating percentage	发芽指数 Germinating i ndex	发芽天数(d) Germinating day	芽体状态 State of seedlings
0	49.6bA	50.3aA	4.22aA	11.0bA	胚根较长,有根毛,子叶展开
30	72.1aA	79.8aA	6.45aA	7.8aA	胚根细长,有根毛,子叶展开
70	69.3aA	70.1aA	5.96aA	8.3aA	胚根细长,根毛少,子叶展开
100	41.4bA	42.6aA	3.53aA	12.1bA	胚根细弱,根毛少,子叶少量展开

著的差异,但在20℃、25℃条件下的发芽率差异不显著,其差异达0.01显著水平。由此可见,跳舞草种子在经过机械磨擦后,其种子萌发的最佳温度为25℃,温度为20℃时种子的萌发也比较高,但低于20℃或高于30℃时都不利于其萌发。

2.3　不同光照强度对跳舞草种子萌芽的影响

由表2看出:遮光30%的发芽势、发芽率以及发芽指数最高,分别是72.1%、79.8%、和6.45,其发芽天数也最短,为7.8d。遮光70%的发芽势、发芽率以及发芽指数比遮光30%略低,但同遮光30%的差异不显著。完全遮光对跳舞草种子的萌发不利,发芽的种子胚根细弱,根毛少,由于光照的不足,子叶的展开也很少。30%和70%遮光率的发芽势和发芽天数同0%和100%的有显著差异,其余差异不显著。

2.4　不同赤霉素浓度对跳舞草种子萌芽的影响

由表3看出,浓度为100mg/L的GA₃处理的跳舞草种子的发芽势、发芽率和发芽指数最高,分别为80.7%、88.9%和6.68,发芽率与其他浓度处理的种子发芽率有显著差异,不仅可以缩短跳舞草种子发芽时间,而且可以提高种子发芽率和发芽势。浓度为50mg/L的GA₃处理的跳舞草种子在发芽势、发芽指数以及发芽天数上均与浓度为100mg/L的GA₃处理的跳舞草种子无显著差异。浓度为300mg/L的GA₃的发芽势和发芽率最低,仅为28.9%和30.1%,发芽天数最长,为12.9d。

2.5　不同基质对跳舞草种子萌芽的影响

由表4看出,不同基质对跳舞草种子的萌发也有明显影响。从出苗率来看,"农友"播种基质的最高,达到89.1%, 同园土

表 3　不同赤霉素浓度对跳舞草种子萌发的影响

Table 3　Effect of Gibberelin with different concentration on seed germination of *Codariocalyx motorius*

GA₃浓度(mg/L) Concentration of GA₃	发芽势(%) Germination energy	发芽率(%) Germinating percentage	发芽指数 Germinating index	发芽天数(d) Germinating Day	芽体状态 State of seedlings
0(CK)	41.8bA	48.7cA	4.17aA	11.7bA	胚根较长,子叶展开
50	61.3aA	70.0bA	6.37aA	7.9aA	胚根细长,子叶展开
100	80.7aA	88.9aA	6.68aA	6.3aA	胚根细长,子叶展开
200	37.7bA	38.1cA	3.23aA	12.0bA	胚根较长,子叶展开
300	28.9bA	30.1cA	3.13aA	12.9bA	胚根较长,子叶展开

表4 不同基质对跳舞草种子萌芽的影响

Table 4 Effect of different medium on seed germination of *Codariocalyx motorius*

基质 medium	出苗率 Seedling emergence rate(%)	株高(cm) Plant height(cm)	根长(cm) Root length(cm)
"农友"播种基质	89.1aA	4.54aA	4.70aA
腐叶土:泥炭(1:1)	85.9aA	4.37abA	4.41abA
腐叶土:珍珠岩(2:1)	66.3bAB	3.31bB	3.23bAB
园土	47.6cC	2.56bB	2.33bB

相比,差异达到0.01显著水平。其次是腐叶土:泥炭(1:1),85.9%,二者差异不显著。从株高来看,"农友"播种基质和腐叶土:泥炭(1:1)之间的差异不显著,但同腐叶土:珍珠岩(1:1)和园土相比,差异达0.01显著水平。从根长这个生长指标来看,"农友"播种基质为4.70cm,腐叶土:泥炭(1:1)为4.41cm,与后两者差异显著。这说明"农友"播种基质和腐叶土:泥炭(1:1)的效果较好,但从经济实用的角度来看,后者具有很好的优势。

3 小结与讨论

3.1 千粒重是种子活力的重要指标

该试验所用的跳舞草种子的千粒重为5.06g,其种子虽小,但其光滑的蜡质表层不利于种子吸水膨胀,是抑制跳舞草种子萌发的重要因素。适度的机械磨擦并经过30~40℃的温水浸泡,可有效地去除抑制种子发芽的物质,大大提高种子的发芽势和发芽率。

3.2 跳舞草种子最适发芽温度

跳舞草种子发芽温度的范围是20~30℃,其最适温度为25℃。低于20℃或高于30℃都使发芽率显著降低。跳舞草种子发芽要求较高的温度,这与其生长在温暖潮湿地区,长期适应较高温度的生态环境有关系。

3.3 不同植物种子的萌发对光照有不同的要求[5]

在遮光30%的条件下,跳舞草种子的发芽势和发芽率最高,其发芽天数最短。西安地区跳舞草种子播种时间应选在5~6月或8月中下旬,此时光线强烈,若不加遮光或完全遮荫均不适宜跳舞草种子的萌发。

3.4 GA₃在适当的浓度下可以打破某些植物种子的休眠,促进其萌发[6]

在0~300mg/L的GA_3浓度范围内,浓度为100mg/L的GA_3处理的跳舞草种子的发芽势、发芽率和发芽指数最高,这与张福平[7]的研究结果一致。但是浓度为50mg/L的GA_3处理的跳舞草种子在发芽势、发芽指数以及发芽天数上均与浓度为100mg/L的GA_3处理的跳舞草种子无显著差异,仅发芽率略低。

3.5 育苗基质

"农友"育苗基质的质地疏松,pH值为6.92,跳舞草种子的出苗率高,但其成本高。腐叶土和泥炭均含有丰富的营养物质,有良好的保水性和透气性,可以满足种子萌发所需的条件,但其成本低,经济实惠,可以在生产中进行推广。跳舞草种子在经过一系列处理后,其发芽迅速,出苗整齐,一般3~4天就能萌发。

参考文献

[1]庞长民,张莹,杨玉秀,刘安成.四季流行花卉[M].西安:陕西科学技术出版社,2003.

[2]陈俊愉,程绪珂主编.中国花经[M].上海:上海文化出版社,1990.

[2]胡建忠主编.植物引种栽培试验研究方法[M].郑州:黄河水利出版社,2002.

[3]吴彦,刘庆,何海,林波等.光照与温度对云杉和红桦种子萌发的影响[J].应用生态学报,2004.15(12).

[4]黄涛,张君芝,张友德,等.温度、光照和几种药剂处理对黄姜种子萌发的影响[J].华中农业大学学报,1999,18(2).

[5]李合生.植物生理生化实验原理和技术[M].北京:高等教育出版社,2002.

[6]张福平.植物生长调节剂对跳舞草种子发芽与幼苗生长的影响[J].安徽农业科学,2006(12).

不同培养基条件下白及的种子萌发
与幼苗形态发生
Seed Germination and Seedling Morphogenesis of *Bletilla striata*
under the Conditions of Different Compositions of Culture Medium

张燕　黎斌* 李思锋

（陕西省西安植物园,西安 710061）

Zhang Yan　Li Bin* Li Sifeng

（*Xi'an Botanical Garden of Shaanxi Province*, *Xi'an*, 710061）

摘要:对无菌条件下白及种子在不同培养基上的萌发及其幼苗形态发生进行了研究。在种子萌发过程中,种胚先转绿,然后在种胚远离残余胚柄的一端突破种皮,形成原球茎。在原球茎顶端分化出叶原基,并逐渐发育成叶片。在原球茎下部表面存在透明的毛状物,推测这些毛状物与幼根根毛是同功的。低浓度的 6 – BA、KT 抑制了种子的萌发和生长。活性炭和 GA_3 的加入有利于根的生长和壮根,且植株长势健壮。炼苗基质为腐殖土和蛭石(1∶1),成活率达 90%以上。

关键词:白及;种子萌发;幼苗形态发生

Abstract:Seed germination and seedling morphogenesis of *Bletilla striata* on the different media under sterile conditions were studied. During the process of seed germination, seed embryo break through the seed coat at one end away from residues suspensor after turning green, and then form protocorm. A leaf primordium is produced at the top of protocorm, and then grows gradually to be a leaf. There are some transparent hairlike on the lower surface of protocorm. We think that these hairlike are analogous to root hair of young root. Low concentration of 6 – BA, KT can restrain germination of seed and growing of seedling of *B. striata*. Activated charcoal and GA_3 can make root long and strong and the plantlets grew much better than others. We transplanted them on the substrate composed of 1 part of humus soil and 1 part of vermiculite. Survival ratio is more than 90%.

Key words: *Bletilla striata*; seed germination; seedling morphogenesis

白及(*Bletilla striata*)为兰科白及属的多年生宿根草本植物,其花大色艳,且有肥厚肉质的可供药用的块状假鳞茎,具较高的观赏价值和药用价值[1]。白及常规以分株繁殖为主,但其繁殖效率较低,很难适应规模化种植的需要。对包括白及在内的兰科植物而言,通过无菌播种与组织培养,可以在短时间内获得大量的实生苗,为一种快速有效的繁殖方法[2—6]。

本文选择白及成熟未开裂蒴果作为试

基金项目:陕西省科学院青年基金(2007K – 09),陕西省科学院重大项目(2008K – 05)

作者简介:张燕, 1979 年生,女,满族,吉林白山人,研究实习员,从事药用植物学研究

* :通讯作者:E-mail:lbwif@ 163. com

验材料,探讨培养基中营养物质种类与配比,对其原球茎诱导、幼苗分化及生根壮苗的影响,及其幼苗的形态发生,以寻找最适的培养条件,为白及的快速繁殖及工厂化生产提供参考。

1 材料和方法

1.1 材料来源

本实验所用白及采自陕西省西安植物园药用植物区。在其开花授粉后 15 周时采集尚未开裂的蒴果作为白及种子来源。

1.2 方法

1.2.1 灭菌与接种

将蒴果用流水洗净后,用 75% 酒精表面消毒 1min,然后在 10% 的 NaClO 溶液中消毒 10min,无菌水冲洗 4~6 次。在无菌条件下,纵向剖开蒴果,用镊子夹取蒴果外壳,将粉末状的种子轻轻抖落到培养基表面。

1.2.2 培养基的配制

除培养基 1 号采用 MS、培养基 3 号采用 1/5MS 外,以 1/2MS 为基本培养基,其中均添加蔗糖 30 g/L 和琼脂粉 6 g/L,调节 pH 值至 5.8。种子萌发培养、生根诱导培养中,各培养基的激素含量、特殊添加物含量分别见表 1、表 2。

1.2.3 培养条件

培养温度为 25 ±1℃,光照强度 2000~2500 lx,光照时间 16 h/d。

1.2.4 种子培养过程的观察

(1)种胚发育情况的观察

种子培养过程中,对尚未培养的种子取样 1 次,接种后每 10 天取样 1 次,在 Nikon 55i 生物显微镜下观察种胚形状及其发育过程。观察并统计 30 个种子、种胚的长宽值及 20 个视野中种子的有胚率,结果取其平均值。有胚率 =(有胚的种子数/总种子数)× 100%。种胚发育成原球茎、分化成苗生根过程,用 Nikon SMZ1000 体视显微镜观察,用 Nikon D80 数码照相机拍摄保存。

(2)种子发育情况的观察

将白及种子接种到含不同激素或添加物的培养基上(见表 1),分别于 7d、21d、70d 后观察、统计种子、原球茎、幼苗的生长情况。

1.2.5 组培苗的生根诱导

当白及无根苗生长至 2~3cm 时,可将其转入生根培养基中诱导生根(培养基配方见表 2)。

1.2.6 组培苗的落地移栽

白及组培苗移栽前需进行炼苗,在光照培养箱中打开培养瓶,瓶膜盖在瓶口上炼苗 2d。经在栽培温室内炼苗 5~7d 后,取出小苗,洗净根部培养基,移栽至栽培基质中。栽培基质按腐殖土:蛭石 =1:1 进行配制,使用前经蒸汽消毒。移栽结束时,在基质表面覆上一层水苔,以利于保水保湿。

2 结果与分析

2.1 白及种子的形态

白及的种子非常细小,多呈纺锤形,长 1.20 ± 0.15mm,宽 0.23 ± 0.05mm。白及种子的结构十分简单,由 1 层透明的种皮和 1 个种胚组成,无胚乳。在自然状态下,种胚呈淡黄色,为椭球形,长 0.38 ± 0.05mm,宽 0.22 ±0.04mm,外形上尚处于未分化的状态(图 1)。部分种子还可观察到残留的胚柄。我们还观察到,部分白及种子存在只有种皮没有胚的情况(图 1B),它的产生原因有待进一步研究。观察、统计结果表明,本试验所用白及种子的有胚率为 59.21%。极少数的种子还具有 2 个种胚(图 1B)。多胚现象在被子植物中稀见,附加的胚一般来源于合子、原胚或胚柄的裂生,或由助细胞、反足细胞、额外的卵细胞或胚囊外的珠心或珠被细胞产生[7]。本试验中白及双胚种子的发生途径有待进一步

表 1　白及种子在不同培养基中萌发、生长情况

Table 1　Germination and growth of seeds of *B. striata* on different kinds of cultures

编号 No.	培养基配方 Formula of media	接种7d后,种子变化情况 Germination of seeds after sowing 7 days		接种21d后原球茎生长情况 Growth of protocorm after sowing 21 days			接种70d后,幼苗生长情况 Growth of seedling after sowing 70 days	
		萌发快慢 Speed of germination	萌发率(%) Germination rate	大小 Size	颜色 Colour	生长速度 Growth speed	平均高度(cm) Average length	生长势 Growth vigor
1	MS + NAA 1.0 mg/L	较快 Faster	> 95	大 Large	绿色 Green	慢 Slowly	3.7	健壮 Strongest
2	1/2 MS + NAA 1.0 mg/L	较快 Faster	> 95	大 Large	绿色 Green	最快 Fastest	2.2	较壮 Stronger
3	1/5 MS + NAA 1.0 mg/L	较快 Faster	> 95	大 Large	淡绿色 Greenish	一般 Normal	1.9	壮 Strong
4	1/2 MS + 6 – BA 0.1 mg/L + 活性炭 2.0 g/L	快 Fast	75 ~ 85	小 Small	绿色 Green	快 Fast	0.3	细弱 Slim
5	1/2 MS + NAA 1.0 mg/L + 6 – BA 0.1 mg/L + 活性炭 2.0 g/L	慢 Slowly	> 20	小 Small	绿色 Green	较快 Faster	0.6	细弱 Slim
6	1/2 MS + NAA 1.0 mg/L + 6 – BA 0.2 mg/L + 活性炭 2.0 g/L	较慢 More Slowly	< 10	小 Small	绿色 Green	最快 Fastest	0.8	细弱 Slim
7	1/2 MS + KT 0.1 mg/L + 活性炭 2.0 g/L	较快 Faster	< 60	小 Small	绿色 Green	较快 Faster	0.5	细弱 Slim
8	1/2 MS + NAA 1.0 mg/L + KT 0.1 mg/L + 活性炭 2.0 g/L	慢 Slowly	< 30	小 Small	绿色 Green	最快 Fastest	0.4	细弱 Slim
9	1/2 MS + NAA 1.0 mg/L + KT 0.2 mg/L + 活性炭 2.0 g/L	较慢 More Slowly	< 10	小 Small	绿色 Green	较慢 More Slowly	1.0	细弱 Slim
10	1/2 MS + NAA 1.0 mg/L + 西红柿汁 10% v/v	较慢 More Slowly	5 ~ 15	小 Small	绿色 Green	最慢 Most Slowly	2.2	细弱 Slim
11	1/2 MS + NAA 1.0 mg/L + 马铃薯泥 50 g/L	较快 Faster	> 95	大 Large	绿色 Green	一般 Normal	4.1	健壮 Strongest
12	1/2 MS + NAA 1.0 mg/L + 香蕉泥 50 g/L	快 Fast	>50	大 Large	白色 White	最慢 Most Slowly	3.9	较壮 Stronger

表 2 白及在不同培养基中生根、壮苗情况

Table 2 Root inducement and sound seedling of seeds of *B. striata* on different kinds of cultures

编号 No.	培养基配方 Formula of media	生根率(%) Rooting rate	平均根数(条) Average number of roots	平均根长(cm) Average length of roots	根的粗细 Size of roots	假鳞茎形态 Form of pseudobulbs	苗的形态 Formof shoots
1	1/2 MS + NAA 1.0 mg/L	> 95	2.3	1.14	细 Thin	小 Small	细，高 Slim and tall
2	1/2 MS + NAA 1.0 mg/L + 活性炭 2.0 g/L	> 95	4.5	1.56	粗 Thick	大 Large	一般 Normal
3	1/2 MS + NAA 1.0 mg/L + 活性炭 2.0 g/L + 6 – BA 0.1 mg/L	> 95	3.3	1.45	细 Thin	小 Small	细，高 Slim and tall
4	1/2 MS + NAA 1.0 mg/L + 活性炭 2.0 g/L + 6 – BA 0.5 mg/L	> 95	2.0	1.03	细 Thin	小 Small	细，最矮 Slim and shortest
5	1/2 MS + NAA 1.0 mg/L + 活性炭 2.0 g/L + GA₃ 0.5 mg/L	> 95	4.0	1.45	粗 Thick	最大 Largest	粗，最高 Strong and tallest
6	1/2 MS + NAA 1.0 mg/L + 活性炭 2.0 g/L + GA₃ 1.0 mg/L	> 95	4.3	2.00	粗 Thick	大 Large	粗，高 Strong and tall
7	1/2 MS + NAA 1.0 mg/L + 活性炭 2.0 g/L + KT 0.5 mg/L	> 95	3.8	1.21	粗 Thick	一般 Normal	粗，高 Strong and tall
8	1/2 MS + NAA 1.0 mg/L + 活性炭 2.0 g/L + KT 1.0 mg/L	> 95	2.8	1.85	一般 Normal	小 Small	一般 Normal

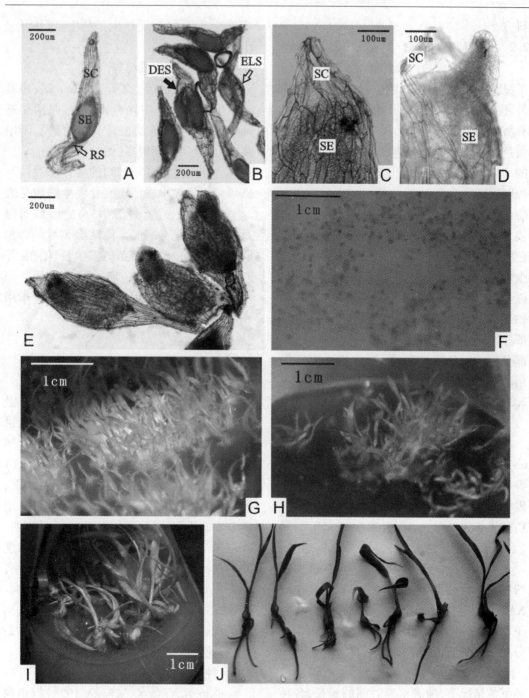

图 1　白及种子萌发、出苗、生根过程

A. 种子；B. 无胚种子和双胚种子；C. 种胚已转绿，但未突破种皮；D. 种胚突破种皮；E. 已萌发的种子；
F. 出苗；G. 瓶苗；H. 丛生芽；I. 培养苗生根；J. 幼苗

（SE. 种胚；SC. 种皮；RS. 残留的胚柄；ELS. 无胚种子；DES. 双胚种子）

Plates I　The process of germination, seedling emergence, rooting of *Bletilla striata* seed.

A. A seed. B. Embryoless seeds and double-embryo seed. C. Seed embryo had turned green, but didn't break through seed coat. D. Seed embryo had broken through seed coat. E. Germinal seeds. F. Seedling emergence. G. Tube plantlets. H. Adventitious buds. I. Rooting of tube plantlets. Fig. J. Young plants.

（SE. Seed embryo；SC. Seed coat；RS. Residues suspensor；ELS. Embryoless seed；DES. Double-embryo seed）

研究。

2.2 白及种胚的发育

对未经染色的白及种胚发育过程进行了显微观察(图1C,D,E)。结果表明,白及种胚吸水膨胀后,细胞开始萌动,种胚体积有所增大。培养7d后,种胚细胞颜色从淡黄色逐渐转变为淡绿色,表明已有叶绿体的产生,此时种皮还能保持完整。随后,在种胚远离残余胚柄的一端,出现了细胞分裂活动旺盛的生长点,继而形成生长锥。较之胚体细胞,生长锥的细胞体积较小,颜色明显较深。培养10d后,可以观察到,有少数种子的生长锥从种子的珠孔端一侧突破种皮,形成原球茎。紧接着,种皮沿其长轴逐渐被不断长大的原球茎撕开,但其余部分还能保持相对完整。培养14d后,大部分种子均已突破种皮,原球茎顶端分化出叶原基,并逐渐发育成叶片。

2.3 激素或添加物对白及种子萌发、出苗的影响

实验结果表明,在培养基中添加NAA、6-BA、KT、西红柿汁、马铃薯泥或香蕉泥等,白及种子均能萌发、出苗,但在种子萌发率、萌发速度,原球茎的大小、颜色及幼苗的生长速度等方面,表现明显有所不同(具体形态变化见表1)。

在白及种子萌发、出苗过程中,添加低浓度的外源细胞分裂素(6-BA或KT)与NAA的组合均严重抑制了种子的萌发,种子萌发率较低,形成的原球茎较小,原球茎分化出的小苗也较细弱。

我们在试验中还观察到,在不转换培养基的情况下,随着培养时间的延长,各种培养基上原球茎顶端产生的叶原基突起均可直接发育成幼叶而形成小苗(图1 F,G)。当白及原球茎长大到直径2~4mm的小圆球状时,可以观察到在其基部表面长有大量透明的毛状物。该毛状物明显长于原球茎,并能深入到培养基中。部分原球茎通过无性增殖,还产生了丛生苗(图1H)。

2.4 组培苗的生根诱导

当白及无根苗生长至2~3cm时,将其转入生根培养基中培养40d后,假鳞茎基部出现了2~6条幼根,同时,幼苗不断增高,叶片数目逐渐增多(图1 I,J)。

含不同激素或添加物的培养基对白及组培苗根诱导中根形态变化发生影响见表2。实验结果表明,外源NAA的添加对白及的根诱导是必需的。活性炭、GA$_3$的添加明显有利于白及组培苗的根生长、增粗,并对假鳞茎的生长有一定的促进作用。而KT的添加对白及组培苗的生根壮苗作用不明显。

3 讨论

3.1 不同培养基对种子萌发的影响

本实验设计了不同浓度、不同种类激素和有机物组合的培养基配方. 实验结果表明,在白及种子萌发、出苗过程中,添加低浓度的外源细胞分裂素(6-BA或KT)与NAA的组合均严重抑制了种子的萌发,种子萌发率较低,形成的原球茎较小。培养基1、2、3号中种子萌发、生长情况表明,在仅添加1.0 mg/L的NAA下,无机盐浓度对白及种子的萌发率、萌发速度影响很小,但对原球茎、幼苗的生长有一定的影响。而添加不同的有机物,白及种子的萌发、出苗情况也不同,其中以马铃薯泥的效果最佳,香蕉泥次之,西红柿汁最差。

3.2 种胚生长锥突破种皮的部位

陈进勇、程金水、朱滢等(1998)报道蕙兰和墨兰的种胚从合点端突破种皮,形成原球茎[8]。张建霞、付志惠、李洪林等(2005)在研究白及胚发育与种子萌发的关系后,认为成熟度低的种子的胚通过无菌培养,由胚合端(注:原文如此,疑为合点端的笔误)突破种皮,萌发形成原球茎[3]。在

本试验中,白及种胚生长锥突破种皮的部位与上述报道有所不同。我们观察到,白及种胚在远离残余胚柄的一端出现生长点,继而形成生长锥,由珠孔端突破种皮。

3.3 原球茎基部表皮毛的功能及其发生

程利霞、黄丽萍、王玉英等(2007)在研究沉香虎头兰与大雪兰杂交种子无菌萌发时,观察到在杂交后代产生的原球茎基部有指状突起物,认为它可能与种子萌发过程中根毛的形成有关[9]。王晓丽、朱东昌、顾德峰等(2003)在研究蝴蝶兰原球茎时,观察到蝴蝶兰幼小的原球茎基部表面覆盖有大量透明纤毛,成簇存在,推测此种结构

与蝴蝶兰幼根的根毛是同源的[10]。本试验在白及原球茎的表面观察到大量透明的毛状物,但同时并没有观察到不定根的存在。我们推测这些毛状物应为原球茎表皮发生的表皮毛,与幼根根毛是同功的,为行使吸收水分、养分的"假根"。这些毛状物的形态发生过程,与白及幼根的根毛是否具有同源性质,尚需进一步研究。

致谢:秋晓冬同志为本试验提供白及果实,张莹同志在显微摄影上给予帮助,在此深表谢意。

参考文献

[1]陈心启,吉占和,郎楷永. 白及属,见于:中国植物志(第18卷)[M]. 北京:科学出版社,1999.

[2]陈发兴,林顺权,王家福,赖钟雄. 兰花繁育技术的研究进展[J]. 福建农林大学学报(自然科学版),2002,31(4):476—479.

[3]张建霞,付志惠,李洪林,杨波. 白及胚发育与种子萌发的关系[J]. 亚热带植物科学,2005,34(4):32—35.

[4]余朝秀,李枝林,王玉英. 野生白及组培快繁技术研究[J]. 西南农业大学学报,2005,27(5):601–604(in Chinese).

[5]孙长生,韩见宇,龙祥友. 小白及的组织培养与快速繁殖[J]. 植物生理学通讯,2004,40(4):453.

[6]王卜琼,李枝林,刘国民,钱慧生,余朝秀. 几种兰花种子无菌萌发及胚胎发育过程的几种途径[J]. 云南植物研究,2006,28(4):399—402.

[7]胡适宜. 被子植物生殖生物学[M]. 北京:高等教育出版社,2005.

[8]陈进勇、程金水、朱滢. 几种中国兰种子试管培养根状茎发生的研究[J]. 北京林业大学学报,1998,20(1):32—32.

[9]程利霞,黄丽萍,王玉英,王卜琼,余朝秀,李枝林. 沉香虎头兰、大雪兰正反交及种子无菌萌发研究[J]. 云南农业大学学报,2007,22(3):327—330.

[10]王晓丽,朱东昌,顾德峰,马秀君. 蝴蝶兰原球茎组织学研究[J]. 吉林农业大学学报,2003,25(4):397—399.

施肥对换锦花生长的影响
Growth Responses of *Lycoris sprengeri* on Levels of Fertilizers

鲍淳松　江燕　张海珍　傅月祥　冯有林
（杭州植物园,杭州　310013）

Bao Chunsong　Jiang Yan　Zhang Haizhen　Fu Yuexiang　Feng Youling
（*Hangzhou Botanical Garden*, *Hangzhou* 310013）

摘要：本文通过以豆饼肥作主处理、以 NPK 复合肥作副处理的裂区试验, 对换锦花（*Lycoris sprengeri*）进行了施肥对当年叶生长量影响的初步探讨, 其中主、副处理各 4 个水平,3 个重复, 同时对叶数、叶长、株数进行了动态观测。结果表明:施肥处理对换锦花的平均叶长、叶数、株数、鳞茎生物量无显著性影响;少数母球在 9 月底已开始出土,11 月初株数达到一个小高峰后变缓, 在 11 月底后又进入高速出土期,3 月份子球植株率最大达 71.9%, 最大叶平均数约 10 片, 叶数和植株数生长呈不对称的"S"型;叶伸长呈双峰型, 秋季生长缓慢, 呈线型, 冬季有叶枯萎现象, 早春生长呈"S"型, 从 2 月中旬持续至 4 月中旬为主要伸长期, 叶最长平均约 35cm。
关键词：施肥;叶;生长;裂区设计;方差分析;换锦花

Abstract：A split plot design, in which primary block was set for soybean cake fertilizer as basal fertilizer and secondary block for nitro-phospho-potash complex fertilizer as topdressing with 4 levels and 3 repeats, was carried out to study the fertilizing effects on the leaf growth of *L. sprengeri*, and to study the dynamics of the average leaf count, leaf length and number of sprout per treatment. Results showed that fertilizing had no significant effect on average leaf count, leaf length, sprout number and bulb biomass. Some plants began to sprout leaf in the end of Sep. but the highest speed period of sprouting was between the end of Nov. and the early of Jan. The plant count of bulblet reached the highest at 71.9% in March and the max average leaf count reached 10 pieces of leaves. The average sprouts and leaf counts showed somewhat sigmoid pattern. Leaf length growing showed a double peaks pattern, slowly growing with a line pattern in autumn and fast growing with a sigmoid pattern in spring, which was the main leaf extension period, and a decrease in leaf length in winter because of leaf wilting. The max average leaf length was about 35cm long.
Key words：fertilizer; leaf; growth; split plot; variance analysis; *L. sprengeri*

1　前言

石蒜属（*Lycoris* Herb）植物全世界约有 20 余种,我国约有 15 种,主要分布于长江流域以南的广大地区,尤以温暖湿润地区种类较多,主要分布于安徽、江苏和浙江 3 省,种质资源十分丰富[1]。石蒜属的换锦花（*L. sprengeri*）早春出叶,花淡紫红色,花被裂片顶端带蓝色,花被裂片不皱缩,花柱略伸出于花被外,花被筒长 1~1.5cm,叶带

鲍淳松:杭州植物园。E-mail:baochunsong@163.com

状,长约30cm,宽约1cm,花期8~9月[1]。

石蒜在我国有1500年的栽培历史,但对石蒜属植物深入的栽培研究却很少,一般认为石蒜属植物能耐土壤瘠薄、耐旱、耐涝、病虫害较少、人工栽培管理较简便,故栽培技术上的系统研究相对较少[2]。刘青等介绍了栽培管理技术[3],李云龙涉及栽培管理及繁殖技术[4],李玉萍等就遮光和栽培密度对石蒜生长及切花品质的影响进行了研究[5]。由于石蒜属植物自然繁殖率较低,种球生长缓慢,难以满足市场的需求,为此对速生、高产栽培技术方面的探索具有重要的现实意义。本文就石蒜属植物中的换锦花生长对施肥的响应做一探讨。

2 试验方法

试验在杭州植物园试验地进行。试验地为红壤土,全氮1.4g/kg、全磷1.1g/kg、有机质37g/kg、阳离子交换量5.4cmol/kg、pH值5.8。换锦花种球取自杭州植物园圃地,选取鳞茎直径大小比较均匀一致的种球,采用双因素裂区设计[6]:基肥和复合肥。其中以豆饼肥作基肥,为主处理,复合肥为副处理。基肥施用水平分别是0.5、1.5、3(kg/m²)以及空白CK,分别用字母A1、A2、A3、A0表示。2007年5月上旬整理试验地,畦宽1m,中垦并按设计在各处理中均匀施入豆饼肥,再用塑料膜覆盖,使其腐熟。复合肥由江苏无锡中农新肥料科技股份有限公司出品的福尔利复合肥料,N、P、K含量为14:16:15 > =45%。复合肥施用水平分别是0.1、0.2、0.4(kg/m²)以及空白CK,分别用字母B1、B2、B3、B0表示,水平B1相当于每行一小杯,约25g。复合肥于2008年3月21日施用。鳞茎于2007年7月11日种植,每行均匀种8个母球,与其他种类行距30cm(另文报道),株距约10cm,处理间隔离带50cm。重复数3,每一重复有128个球(4×4×8=128),

共384个种球。各处理平均直径在2.6~3.4cm,总体平均直径3.0cm,各处理间平均直径大小无显著性差异。种植后进行常规管理,并对叶的生长量进行11次观测,测定叶数、叶长、株数指标,观测时间分别为2007年9月28日、2007年10月16日、2007年11月5日、2007年11月28日、2008年1月8日、2008年2月20日、2008年3月10日、2008年3月27日、2008年4月14日、2008年5月6日、2008年5月22日。2009年6月25日挖出种球,洗除种球外层枯死鳞片,85℃烘干至恒重。

3 试验结果与分析

3.1 生长量动态

3.1.1 生长株数动态

图1所示,这里的株数是指每处理中出叶平均的母球生长数。芽数是指包括了子球长出的植株,首先算出每处理的长叶植株株数和芽数,再取各处理的二次平均值。9月底每处理(8个母球)有1.4个母球出叶,11月上旬后近二旬时间长速放缓,而后母球和子球加速出土,1月上旬后出土速度再次减慢,3月中旬达到最大,芽数10.92,最大株数7.85,子球植株率达71.9%。5月份后开始枯萎减少,6月上旬仅剩个别植株尚存几片叶子。可以看出,叶数快速出土主要是秋季和冬季,这与传统的认识不一致[1]。

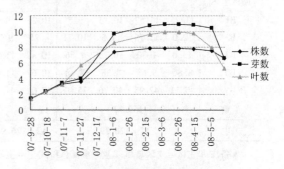

图1 生长数量动态图

Fig. 1 Dynamics of counts

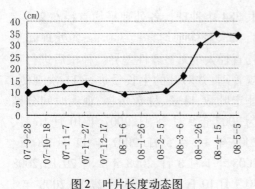

图2　叶片长度动态图

Fig. 2　Average leaf length dynamics

3.1.2　叶数动态

　　这里的叶数是指总体平均所有生长的每个种球(1 个母球)叶片数量。首先算出每处理的长叶植株的平均每丛(1 个母球)叶数,再取各处理的二次平均值作为平均叶数。叶片数动态见图1。

　　从图1看出,9 月底每株平均近有 1.4 张叶片长出,11 月上旬后加速出叶,次年 1 月上旬后出叶减缓,至 3 月上旬达最大值 9.96,4 月中旬后因枯萎叶数下降,至 5 月 22 日尚有近 1/2 叶片,但 6 月上旬基本枯萎。换锦花是石蒜类当中绿叶期最长的一种。总体上整个出叶过程呈"S"型。特别

需要指出的是,它的出叶从秋季一直到春季。

3.1.3　叶长生长动态

　　图2为叶片长度动态图,叶长也是采用二次平均。9 月底叶长达 9.9cm,11 月底达 13.5cm,而后由于叶片枯萎,平均叶长减少,1 月至 2 月底伸长缓慢,2 月中旬后为加速伸长期,为期约 40 天,3 月底后生长又减慢,4 月中旬达到最高,叶长 34.7cm,然后开始枯萎,整个生长过程呈现一小一大的双峰型曲线。

3.2　施肥对生长量的影响

3.2.1　对叶片数量的影响

　　对各处理平均每株叶片数进行裂区方差分析,发现处理间无显著性差异,说明在本试验中,每株叶片数量与施肥无关。表1为 2008 年 4 月 14 日观测数据。表2为方差分析表。

3.2.2　对平均叶片长度的影响

　　对各处理平均叶片长度(高度)进行裂区方差分析,发现各日期处理间也无显著性差异,这说明叶片长度与施肥无关。以 2008 年 4 月 14 日结果为例,见表3、表4。

表1　2008 年 4 月 14 日每株平均叶片数量观测数据*

Table 1　Average leaf number per plant on April 14th,2008

重复	I				II				III				
主区 副区	A1	A2	A3	A0	A1	A2	A3	A0	A1	A2	A3	A0	T 副
B1	11.25	11.57	10.13	9.5	10.25	9.0	11.88	12.43	9.63	11.38	11.5	12.38	130.9
B2	12.0	11.75	11.5	10.71	8.25	9.71	12.63	11.5	10.75	10.88	10.14	8.63	128.45
B3	13.0	10.0	10.75	7.86	10.88	11.43	12.5	10.13	9.29	8.83	10.75	9.25	124.67
B0	8.86	9.63	8.38	7.88	10.63	11.63	10.38	12.14	11.5	11.13	9.57	12.13	123.86
T 主区	45.11	42.95	40.76	35.95	40.01	41.77	47.39	46.2	41.17	42.22	41.96	42.39	
T 重		164.77				175.37				167.74			
T 主		A1=126.29				A2=126.94			A3=130.11			A0=124.54	

*备注:T 主区=主区总和;T 重=重复总和;T 主=主处理总和;T 副=副处理总和,下同。

表2 叶片数量方差分析表

Table 2 Variance analysis on leaf count

变差原因	自由度	离差平方和	均方	均方比	$F_表$
重复	2	3.7375	1.86875	0.5699	$F0.05(2,6)=5.14$
主处理（豆饼肥）	3	1.3524	0.4508	0.1375	$F0.05(3,6)=4.76$
主区剩余	6	19.6742	3.2790		
主区间	11	24.7641			
副处理（复合肥）	3	2.7165	0.9055	0.3935	$F0.05(3,24)=3.01$
主 × 副	9	2.0216	0.2246	0.0976	$F0.05(9,24)=2.30$
副区剩余	24	55.2276	2.3012		
副区间	36	59.9657			
总和	47	84.7298			

表3 2008年4月14日平均叶片长度观测数据

Table 3 Average leaf length per treatment on April 14th, 2008

重复		I				II				III			
主区 副区	A1	A2	A3	A0	A1	A2	A3	A0	A1	A2	A3	A0	T副
B1	37.0	39.79	32.38	38.75	39.25	35.58	37.5	39.14	36.38	42.63	40.0	38.38	456.78
B2	38.0	38.0	42.88	37.29	36.88	36.43	42.75	43.06	38.38	41.0	36.86	27.38	458.91
B3	41.36	39.75	38.88	39.14	40.75	28.14	41.38	39.0	36.57	32.42	41.0	31.38	449.77
B0	33.43	36.0	43.63	34.38	37.75	41.88	38.88	39.79	37.38	38.13	38.14	38.75	458.14
T主区	149.79	153.54	157.77	149.56	154.63	142.03	160.51	160.99	148.71	154.18	156	135.89	
T重		610.66				618.16				594.78			
T主		A1=453.13				A2=449.75				A3=474.28		A0=446.44	

表4 各处理平均叶片长度方差分析表

Table 4 Variance analysis on average leaf length per treatment

变差原因	自由度	离差平方和	均方	均方比	$F_表$
重复	2	17.8135	8.90675	0.5804	$F0.05(2,6)=5.14$
主处理（豆饼肥）	3	39.401	13.1337	0.8559	$F0.05(3,6)=4.76$
主区剩余	6	92.0744	15.3457		
主区间	11	149.2889			
副处理（复合肥）	3	4.3691	1.4564	0.0849	$F0.05(3,24)=3.01$
主 × 副	9	17.17	1.9078	0.1113	$F0.05(9,24)=2.30$
副区剩余	24	411.5295	17.1471		
副区间	36	433.0686			
总和	47	582.3575			

3.2.3 对平均芽数的影响

平均芽数是指种植一个母球后长出的母球和子球长出的平均株数,关系到繁殖系数。从试验结果看,各处理间均无显著性差异。由于子球在上一年度就已分化完成,施肥对当年的子球数量没有显著性影响可以理解,方差分析从略。

3.2.4 对种球生物量的影响

种球生物量以干重计。鳞茎的平均干重率为26.7%,空白处理根的平均干重率为7.41%。空白处理鳞茎干重占生物量的94.8%,根占5.2%。对各处理总生物量裂区方差分析,发现处理间无显著性差异,见表5、表6。

表5 2009年6月25日各处理总生物量观测数据(单位:g)

Table 5 Sum of biomass per treatment on June 25th, 2009 (unit:g)

重复	I				II				III				
主区 副区	A1	A2	A3	A0	A1	A2	A3	A0	A1	A2	A3	A0	T副
B1	117.21	97.72	93.72	95.85	101.46	73.69	114.28	108.94	60.61	82.5	113.48	60.61	1120.07
B2	82.24	95.32	86.51	111.87	114.81	94.79	52.6	64.35	62.21	91.85	63.55	93.72	1013.82
B3	87.04	87.84	113.48	124.42	97.99	101.19	111.61	46.19	95.32	77.7	55.8	109.74	1108.32
B0	81.97	64.61	76.63	87.04	98.52	89.18	130.03	80.63	81.97	84.11	43.79	92.12	1010.6
T主区	368.46	345.49	370.34	419.18	412.78	358.85	408.52	300.11	300.11	336.16	276.62	356.19	
T重		1503.47				1480.26				1269.08			
T主	A1 = 1081.35				A2 = 1040.5				A3 = 1055.48			A0 = 1075.48	

表6 各处理总生物量方差分析表

Table 6 Variance analysis on sum of biomass per treatment

变差原因	自由度	离差平方和	均方	均方比	F表
重复	2	2084.8827	1042.4414	1.7050	F0.05(2,6)=5.14
主处理(豆饼肥)	3	87.9258	29.3086	0.0479	F0.05(3,6)=4.76
主区剩余	6	3668.4523	611.4087		
主区间	11	5841.2608			
副处理(复合肥)	3	872.9296	290.9765	0.6202	F0.05(3,24)=3.01
主 × 副	9	2187.3138	243.0349	0.5180	F0.05(9,24)=2.30
副区剩余	24	11259.3707	469.1404		
副区间	36	14319.6141			
总和	47	20160.8749			

4 讨论

从试验看,少数母球在9月底已经出土,长约10cm,并持续出土到1月上旬基本出齐,11月底至1月上旬是高速出土期,3月份植株数达最大,子球植株率为71.9%。出叶情况也基本如此,但出土后会继续出叶,群体叶数呈不对称"S"型格式,最大叶数在3月份,平均每丛约10片。叶长动态呈现明显的双峰型,9月底至11月底,叶片缓慢生长,而后有叶片枯萎情况发生,导致平均叶长回落,1月至2月叶片近乎停止伸长,3月份进入叶片长度的主要高速生长,一直延续到4月中旬,最高叶长约35cm。换锦花是目前所知石蒜属中生长季最长的一种。秋季呈线性生长,春季呈"S"型生长,总体呈一小一大的双峰型。根的生物量约占5%,球的生物量约占95%。

很明显,上述这种生长格式与传统描述的不一致,一般认为换锦花是早春出叶,但我们发现从秋到春都在出土和出叶，2008 秋季至 2009 春季的观测结果也是如此。

　　石蒜属植物换锦花虽有少量人工种植，但由于它的栽培容易而常常采取粗放管理，处于半野生状态，它的特点是耐性强，长期生态适应的结果导致抗环境的影响能力强，从而对施肥的反应也不敏感。从试验的结果看，基肥（豆饼肥）、N、P、K 复合肥对生长量没有显著的影响，即对单株（母球）的叶片数量、叶片长度和种球生物量没有显著性影响。

　　杨志玲[7]的研究表明，施肥对红花石蒜的物质积累和分配有影响，然而对照处理（CK）叶的平均生物量干重却达到最大，平均总生物量干重，对照处理（CK）达到次大。刘志高等[8]研究表明，氮、磷、钾 3 因素能促进石蒜鳞茎质量增加。但本试验中我们所做的其他几种石蒜属植物对施肥都不敏感，有可能是土壤 N、P、K 相对来说很充足，换锦花对 N、P、K 的要求很低，不需要外界施肥。当然，施肥的季节、肥料种类、配合和施肥方式等因素还有待进一步探讨。我们认为石蒜类植物对施肥响应存在一定的特殊性，值得进一步追踪研究。

参考文献

[1] 中国科学院中国植物志编委员会. 中国植物志（第十六卷第一分册）[M]. 北京：科学出版社，1989. 16 – 17.

[2] 张露，曹福亮. 石蒜属植物栽培技术研究进展[J]. 江西农业大学学报，2001，23（3）：375 – 378.

[3] 刘青，谢菊英，李向楠等. 石蒜属植物的繁殖与栽培[J]. 安徽农业科学，2007，35（33）：10678 – 10679.

[4] 李云龙. 石蒜属植物引种栽培及开发利用[J]. 中国花卉园艺，2007，（22）：38 – 41.

[5] 李玉萍，余丰，汤庚国. 遮光和栽培密度对石蒜生长及切花品质的影响[J]. 南京林业大学学报（自然科学版），2004，28（3）：93 – 95.

[6] 北京林学院主编. 数理统计[M]. 北京：中国林业出版社，1980.

[7] 杨志玲，谭梓峰，杨旭等. 施肥对红花石蒜物质积累和分配的影响[J]. 中南林学院学报，2006，26（6）：150 – 154.

[8] 刘志高，黄华宏，吴家胜等. 石蒜鳞茎栽培中施用氮磷钾肥的效应[J]. 南京林业大学学报（自然科学版），2009，33（2）：137 – 140.

多效唑对促进北方小盆景苍老效果的影响
The Effects of PP$_{333}$ on Promoting the Aging of
the Small Penjing in Northern China

康喜信　胡真　江寅

(上海植物园,上海 200231)

Kang Xixin　Huzhen　Jiangyin

(*Shanghai Botanical Garden, Shanghai* 200231)

摘要:本文以我国北方乡土树种——榆树、元宝枫的 1～2 年生实生苗为植物材料,通过化学的手段,对我国北方小盆景的苍老技术进行了初步研究。结果表明:用浓度为 100mg/L、200 mg/L 的多效唑(MET, PP$_{333}$)溶液对盆景进行叶面喷洒,可使其新叶显著变小,新枝节间长度及元宝枫盆景新叶的叶柄长度均显著缩短,新枝生长速度显著减慢,叶片中叶绿素含量及单位面积叶片鲜重均显著增加,叶色变深,叶片增厚。

关键词:北方小盆景;苍老技术;多效唑

Abstract: With the one – or – two – year – old seedlings of the indigenous tree species, Siberian Elm (*Ulmus pumila*) and Truncate – leaved Maple (*Acer truncatum*) as the plant materials, a study on the aging techniques of the small Penjing in northern China was carried out by the chemical means. The results showed that foliar treatment of PP$_{333}$ solution at the concentration of 100ppm or 200ppm on Penjing could make the leaf color darker, the blades thicker, the new blades strikingly small, the internode lengths of the new branches and the petiole lengths of the new leaves of Truncate – leaved Maple remarkably short, and the vegetative growth of the new branches significantly slow; while the chlorophyll content in the leaves and the fresh weight of the blades per area increased notably.

Key words: small Penjing in northern China; aging techniques; PP$_{333}$

缩龙成寸、以小见大是盆景(包括树木盆景和山水盆景)艺术最突出、最显著、最基本的一个特点。就树木盆景而言,是否具备这个特点以及在多大程度上具备这个特点,既是区别盆景与普通盆栽的根本标志,也是衡量一件作品是否成功及其艺术性高低的最基本的标准之一。所谓缩龙成寸、以小见大,就是要在盆盎这个有限的空间内表现出或参天大树、苍老古木(对于单干、双干、三干式盆景而言)、或咫尺山林(对于丛林式、连根式和水旱式盆景而言)的自然景观,呈现出或高大挺拔、或古拙苍劲、或气势宏大的艺术效果。要做到这一点,若拥有较理想的老桩为素材,则并非难事;但若以幼龄植株为素材来创作小型盆景并欲取得以小见大的艺术效果,则实非易事。其中的焦点问题就在于如何使幼龄植株看起来显得苍劲古朴、饱经风霜。因

作者简介:康喜信,男,1968 年生,1997 年研究生毕业,高级工程师,从事园林绿化和牡丹、竹子、盆景等方面的研究工作。邮箱:kxx.good@163.com

此,开展有关小盆景苍老技术方面的研究和探讨,对于提高小盆景的观赏价值,增强其艺术感染力,具有十分重要的意义。

关于我国北方小盆景的苍老技术问题,国内外迄今尚未见过系统报道。对于这个问题,国内现有的盆景书籍及报刊均为泛泛而论,而且均是针对大中型盆景而言的。概括起来,为了增加树桩的老态和自然情趣,已经报道过的方法可归纳为物理的、栽培的、化学的及艺术处理的4大类。

本文试图通过化学的手段,即通过向盆景叶面喷洒一定浓度的多效唑(PP₃₃₃,MET)溶液,来探讨人工加速小盆景苍老进程的效果。

多效唑又名氯丁唑[1],是一种高效植物生长延缓剂[2],简称MET[3];其商品名为Palcobutrazo1,简称PP₃₃₃。该化学物质近年来在果树和农作物生产及科研上的较为系统的报道甚多,但在花卉及盆景上的应用则很少,为此进行了多效唑对促进小盆景苍老效果的影响的研究。

1 试验材料

1.1 植物材料

1.1.1 树种选择

采用榆树(*Ulmus pumila*)和元宝枫(*Acer truncatum*)作为试验材料,既是我国华北地区的乡土树种,又满足盆景树种的一般条件[4](枝叶细小;节间短;萌芽力强,耐剪宜扎;抗逆性强,病虫害少)。

1.1.2 材料来源

本试验中所用榆树为自育的1年生实生苗(1995年3月采种,随采随播);元宝枫为由北京林业大学附近的八家生产队提供的2年生实生苗(第1年地栽育苗,第2年盆栽养护)。

1.1.3 材料处理

1996年3月18日至3月31日,对榆树、元宝枫植株进行重截(干部保留约10cm,根部适度重截)后立即上盆(注意提根),然后用浸盆法浇透水。上盆后第3天,将榆树盆株整齐而紧密地摆放于事先备好的低床中并覆土保湿,覆土厚度以超过盆面2~3cm为准,盆与盆之间也充满土壤,不留间隙,待展叶时将盆株取出,后转入常规养护管理。上盆后至萌芽展叶前,元宝枫盆株则一直在露地放置。

1.2 盆盎、盆土及化学药品

1.2.1 盆盎

为宜兴产小型紫砂盆(直径为13.5cm,14.5cm)。

1.2.2 盆土(培养土)

由炉渣(直径<4mm)、松针腐叶土和园土(属沙壤土)按3:3:1(体积比)之比例均匀混合而成,pH8.0。

1.2.3 多效唑(MET)

为上海联合化工厂生产的15%多效唑可湿性粉剂。

2 试验方法

1996年6月1日,从已经展叶并有相当生长量的榆树、元宝枫盆株中分别随机抽取90盆,然后将其分别再随机分成3组,每组30盆;6月4日傍晚对处理组盆株喷施MET溶液(浓度分别为100 mg/L、200 mg/L),对照(CK)组喷清水,盆株叶片的正反面均要喷到,喷药量以药液开始从叶片上滑落为度。

2.1 新叶叶面积的测定

在喷药后第50天(即1996年7月24日),从处理盆株上新发出的并且叶片大小已经定型的成熟叶片中,每株随机抽取1个叶片,每处理共抽取30个叶片进行测定。具体做法是:将所抽取的叶片从盆株上摘下后,立即放入预先准备好的塑料袋中,以保持一定的湿度,减少叶片的水分蒸腾,防止叶片立即萎蔫;而后速将这些叶片的外形轮廓线描绘到硫酸纸上,最后用电子求积仪求算其面积(每个叶片用电子求积仪绕行 2 ~ 4 次,以其平均值作为该叶片的面积值)。

2.2 新枝节间长度的测定

在喷药后第 54 天(即 1996 年 7 月 28 日)和第 66 天(即 1996 年 8 月 10 日),分别对榆树和元宝枫盆景新枝的节间长度进行了测定。方法是:从处理盆株上新抽生的并且节间长度已经定型的新侧枝中,每盆株随机抽取 1 个侧枝,以该侧枝中部节间的长度作为测定对象,每组(处理)共抽取 30 个新枝的节间进行量度。同时,从 CK 组盆株中每株随机抽取 1 个生长健壮且发育成熟的侧枝,以该侧枝中部节间的长度作为测定对象,共测定 30 个新枝的节间长度。

2.3 叶片中叶绿素含量的测定

在喷施 MET 后的第 5 天(即 1996 年 6 月 9 日)、第 11 天(即 6 月 15 日)和第 20 天(即 6 月 24 日),对榆树、元宝枫盆景叶片中的叶绿素含量分别进行了测定。具体方法是:在傍晚时,分别从榆树、元宝枫盆景上随机抽取适量成熟叶片,然后速将所采摘的叶片用湿纱布包裹后装入塑料袋中并扎口密封起来,以最大限度地减少叶片的水分蒸腾;再将这些叶片立即带回实验室中,采用丙酮乙醇混合液法[5],借助于 UV – 120 – 02 型分光光度计进行测定。每处理共作 3 个重复,取其平均值。

2.4 单位面积叶片鲜重的测算

在喷施 MET 后第 40 天(即 1996 年 7 月 14 日),每盆株随机抽取 1 个成熟叶片,每处理共抽取 30 个成熟叶片进行测定。具体做法是:将所抽取的成熟叶片立即放入塑料袋中并扎口密封起来,然后迅速带回实验室,借助电子天平(精度 1/10000)进行鲜重测定,同时注意样品编号(将编号标注于叶片上);而后用电子求积仪依次求出各个叶片的面积;最后用叶片鲜重除以相应叶片的面积即得到单位面积的叶片鲜重值。

2.5 元宝枫盆景新叶叶柄长度的测定

在喷药后第 69 天(即 1996 年 8 月 12 日),随机地从每盆元宝枫盆景上抽取 1 片大小及形状均已定型了的新叶,测定其叶柄长度。每处理共量取 30 片新叶的叶柄。

2.6 新枝生长速度的测定

首先,随机地从每个盆株上选定 1 个生长势相似的枝条作为测定对象(本试验中以直立或近乎直立而生长旺盛的新枝作为测定对象)。喷药后,对新枝的长度每 7 天测定 1 次。榆树盆景生长势均较旺盛,故每处理均选定 30 个枝条进行测定;但元宝枫盆景中因原本就有少部分植株根系较弱(因腐烂而做了重剪)、生长势欠佳,故每处理只选定 21 ~ 24 个枝条进行了观测。

3 试验结果与分析

3.1 多效唑(MET)对盆景新叶叶面积的影响

在喷药后第 50 天(即 1996 年 7 月 24 日),对榆树盆景新叶的叶面积进行了测定,其结果见表 1。

表 1 榆树和元宝枫盆景新叶的叶面积

MET 浓度 (mg/L)	榆树新叶叶面积均值 (cm²)	百分比 (%)	元宝枫新叶叶面积 (cm²)	百分比 (%)
0	11.35	100	29.49	100
100	0.92	8.1	10.80	37
200	0.79	6.9	9.57	32

3.1.1 MET 对榆树盆景新叶叶面积的影响

表2 不同浓度的 MET 溶液对榆树盆景新叶面积影响的方差分析表

变差来源	SS	f	MS	F	显著性	备注
组间	$SS_1 = 2204.29$	$f_1 = 3 - 1 = 2$	1102.15			
组内	$SS_2 = 116.14$	$f_2 = 90 - 3 = 87$	1.3	828.68	＊＊	$F_{0.01} = 4.86$
总计	$SS = 2320.43$	$f = 89$				

表3 不同浓度的 MET 溶液对榆树盆景新叶叶面积影响的多重比较表

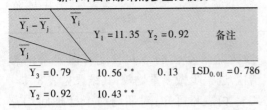

$\overline{Y_i} - \overline{Y_j}$ 　 $\overline{Y_i}$ $\overline{Y_j}$	$Y_1 = 11.35$ $Y_2 = 0.92$		备注
$\overline{Y_3} = 0.79$	10.56＊＊	0.13	$LSD_{0.01} = 0.786$
$\overline{Y_2} = 0.92$	10.43＊＊		

由表2可看出:不同浓度的多效唑溶液对榆树盆景新叶的叶面积有极显著的影响。进一步做多重比较,其结果见表3:

由表3可知:对照与处理间差异极显著,但两个处理间无极显著差异。也就是说:100 mg/L、200 mg/L 的 MET 溶液均可使榆树盆景新叶的叶面积显著变小,但这两个处理间无极显著差异。

表4 MET 对元宝枫盆景新叶叶面积影响的方差分析表

变差来源	SS	f	MS	F	显著性	备注
组间	$SS_1 = 7473.23$	$f_1 = 3 - 1 = 2$	3736.62			
组内	$SS_2 = 2470.34$	$f_2 = 90 - 3 = 87$	28.39	131.62	＊＊	$F_{0.01} = 4.86$
总计	$SS = 9943.57$	$f = 89$				

3.1.2 MET 对元宝枫盆景新叶叶面积的影响

由表4可看出:不同浓度的 MET 溶液对元宝枫盆景新叶的叶面积有极显著的影响。进一步做多重比较,其结果见表5:

表5 MET 对元宝枫盆景新叶叶面积影响的多重比较表

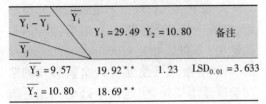

$\overline{Y_i} - \overline{Y_j}$ 　 $\overline{Y_i}$ $\overline{Y_j}$	$Y_1 = 29.49$ $Y_2 = 10.80$		备注
$\overline{Y_3} = 9.57$	19.92＊＊	1.23	$LSD_{0.01} = 3.633$
$\overline{Y_2} = 10.80$	18.69＊＊		

由表5可知:对照与处理间差异极显著,但两个处理间无极显著差异。也就是说:与对照相比,100 mg/L 和 200 mg/L 的 MET 溶液均可使元宝枫盆景新叶的叶面积显著变小,但这两种处理间无显著差异。

3.2 多效唑(MET)对盆景新枝节间长度的影响

在喷施 MET 后第54天(即1996年7月28日)和第66天(即1996年8月10日),分别对榆树和元宝枫盆景新枝的节间长度进行了测定,其结果见表6。

表 6 榆树和元宝枫盆景新枝的节间长度

MET 浓度（mg/L）	榆树新枝节间长度（cm）	百分比（%）	元宝枫新枝节间长度（cm）	百分比（%）
0	1.2	100	3.1	100
100	0.3	25	0.8	26
200	0.2	17	0.7	23

3.2.1 MET 对榆树盆景新枝节间长度的影响

表 7 MET 对榆树盆景新枝节间长度影响的方差分析表

变差来源	SS	f	MS	F	显著性	备注
组间	$SS_1 = 19.31$	$f_1 = 3 - 1 = 2$	9.66			
组内	$SS_2 = 2.58$	$f_2 = 90 - 3 = 87$	0.03	322	* *	$F_{0.01} = 4.86$
总计	$SS = 21.89$	$f = 89$				

表 8 MET 对榆树盆景新枝节间长度影响的多重比较表

$\overline{Y_i} - \overline{Y_j}$ ＼ $\overline{Y_i}$ ＼ $\overline{Y_j}$	$Y_1 = 1.2$	$Y_2 = 0.3$	备注
$\overline{Y_3} = 0.2$	1.0 * *	0.1	$LSD_{0.01} = 0.118$
$\overline{Y_2} = 0.3$	0.9 * *		

由表 7 可知：不同浓度的 MET 溶液对榆树盆景新枝的节间长度有极显著的影响。进一步做多重比较，其结果见表 8。

由表 8 可知：对照与两个处理间均存在极显著差异，但两个处理间无显著差异。也就是说：与对照相比，100 mg/L、200 mg/L 的 MET 溶液均可使榆树盆景新枝的节间长度显著变短，但这两个处理间无极显著差异。

表 9 MET 对元宝枫盆景新枝节间长度影响的方差分析表

变差来源	SS	f	MS	F	显著性	备注
组间	$SS_1 = 111.4$	$f_1 = 3 - 1 = 2$	55.7			
组内	$SS_2 = 20.7$	$f_2 = 90 - 3 = 87$	0.2	278.5	* *	$F_{0.01} = 4.86$
总计	$SS = 132.1$	$f = 89$				

3.2.2 MET 对元宝枫盆景新枝节间长度的影响

表 10 MET 对元宝枫盆景新枝节间长度影响的多重比较表

$\overline{Y_i} - \overline{Y_j}$ ＼ $\overline{Y_i}$ ＼ $\overline{Y_j}$	$Y_1 = 3.1$	$Y_2 = 0.8$	备注
$\overline{Y_3} = 0.7$	2.4 * *	0.1	$LSD_{0.01} = 0.305$
$\overline{Y_2} = 0.8$	2.3 * *		

由表 9 可知：不同浓度的 MET 溶液对元宝枫盆景新枝的节间长度有极显著的影响。进一步做多重比较，其结果见表 10。

由表 10 可知：对照和处理间差异极显著，但两个处理间不存在极显著差异。也就是说：与对照相比，100 mg/L、200 mg/L 的 MET 溶液均可使元宝枫盆景新枝的节间长度显著变短，但这两个处理间无显著差异。

3.3 多效唑(MET)对盆景叶片中叶绿素含量的影响

在喷施 MET 后第 5 天(即 1996 年 6 月 9 日)、第 11 天(即 1996 年 6 月 15 日)和第 20 天(即 1996 年 6 月 24 日),分别对榆树和元宝枫盆景叶片中的叶绿素含量进行了测定,其结果见表 11、表 12。

3.3.1 MET 对榆树盆景叶片中叶绿素含量的影响

从表 11 可以看出:在喷施 MET 后,榆树盆景叶片中的叶绿素含量,无论是叶绿素 a、叶绿素 b 还是叶绿素总量,大体说来,都有较为明显的提高,而且这种提高幅度(在一定范围内)随着 MET 溶液浓度的增大而增大(但不成比例)。

表 11 榆树盆景叶片中的叶绿素含量

测定日期	处理浓度 mg.L^{-1}	叶绿素 a mg.g^{-1}fw	叶绿素 b mg.g^{-1}fw	叶绿素 a+b mg.g^{-1}fw	叶绿素 a/b
1996 年	0	0.323(100%)	2.849(100%)	3.172(100%)	0.113
6 月	100	0.397(123%)	3.496(123%)	3.893(123%)	0.114
9 日	200	0.515(159%)	3.833(135%)	4.348(137%)	0.134
1996 年	0	0.257(100%)	2.631(100%)	2.888(100%)	0.098
6 月	100	0.368(143%)	3.545(135%)	3.913(136%)	0.104
15 日	200	0.444(173%)	3.696(140%)	4.140(143%)	0.120
1996 年	0	0.400(100%)	2.650(100%)	3.050(100%)	0.151
6 月	100	0.179(95%)	3.621(137%)	4.000(131%)	0.105
24 日	200	0.403(101%)	4.133(156%)	4.536(149%)	0.098

注:表中数据为 3 次重复之平均值。

3.3.2 MET 对元宝枫盆景叶片中叶绿素含量的影响

表 12 元宝枫盆景叶片中的叶绿素含量

测定日期	处理浓度 mg.L^{-1}	叶绿素 a mg.g^{-1}fw	叶绿素 b mg.g^{-1}fw	叶绿素 a+b mg.g^{-1}fw	叶绿素 a/b
1996 年	0	0.259(100%)	2.150(100%)	2.409(100%)	0.120
6 月	100	0.471(182%)	3.085(143%)	3.556(148%)	0.153
9 日	200	0.467(180%)	3.243(153%)	3.710(154%)	0.144
1996 年	0	0.243(100%)	2.429(100%)	2.672(100%)	0.100
6 月	100	0.294(121%)	2.826(116%)	3.120(117%)	0.104
15 日	200	0.264(109%)	3.017(124%)	3.281(122%)	0.088
1996 年	0	0.215(100%)	2.239(100%)	2.454(100%)	0.096
6 月	100	0.292(136%)	2.610(117%)	2.902(118%)	0.112
24 日	200	0.387(180%)	2.690(120%)	3.077(125%)	0.144

注:表中数据为 3 次重复之平均值。

由表 12 可以看出:在喷施 MET 后,元宝枫盆景叶片中的叶绿素含量,不论是叶绿素 a、叶绿素 b 还是叶绿素总量,都有较为明显的提高,而且这种提高幅度在一定范围、一定时间内随着 MET 溶液浓度的增加而增大(但不成比例)。另外还值得一提的是:在喷施 MET 后,元宝枫盆景叶片中叶绿素 a 的变化情况较为复杂。

3.4 多效唑(MET)对盆景叶片单位面积鲜重的影响

在喷施 MET 后第 40 天(即 1996 年 7 月 14 日),对榆树盆景叶片的单位面积鲜重进行了测算,其结果见表 13。

表 13 榆树和元宝枫盆景叶片的单位面积鲜重

MET 浓度 (mg/L)	榆树单位面积叶片 鲜重(g/dm^2)	百分比 (%)	元宝枫单位面积叶片 鲜重(g/dm^2)	百分比 (%)
0	1.38	100	1.55	100
100	1.77	128.6	1.76	113.8
200	1.91	138.5	1.84	119.2

3.4.1 MET 对榆树盆景叶片单位面积鲜重的影响

表 14 MET 对榆树盆景叶片单位面积鲜重影响的方差分析表

变差来源	SS	f	MS	F	显著性	备注
组间	$SS_1 = 4.54$	$f_1 = 3 - 1 = 2$	2.27			
组内	$SS_2 = 1.38$	$f_2 = 90 - 3 = 87$	0.016	322	＊＊	$F_{0.01} = 4.86$
总计	$SS = 5.92$	$f = 89$				

表 15 MET 对榆树盆景叶片单位面积鲜重影响的多重比较

$\overline{Y_j}$	$Y_1 = 1.38$ $Y_2 = 1.77$		备注
$\overline{Y_3} = 1.91$	0.53＊＊	0.14＊＊	$LSD_{0.01} = 0.086$
$\overline{Y_2} = 1.77$	0.39＊＊		

由表 14 可知:不同浓度的 MET 溶液对榆树盆景叶片单位面积鲜重有极显著的影响。进一步做多重比较,其结果见表 15。

由表 15 可知:不但 CK 与处理间存在着极显著差异,而且这两个处理间也存在着极显著的差异。

表 16 MET 对元宝枫盆景叶片单位面积鲜重影响的方差分析

变差来源	SS	f	MS	F	显著性	备注
组间	$SS_1 = 1.41$	$f_1 = 3 - 1 = 2$	0.71			
组内	$SS_2 = 1.91$	$f_2 = 90 - 3 = 87$	0.02	35.5	＊＊	$F_{0.01} = 4.86$
总计	$SS = 3.32$	$f = 89$				

3.4.2 MET 对元宝枫盆景叶片单位面积鲜重的影响

由表 16 可知:不同浓度的 MET 溶液对元宝枫盆景叶片的单位面积鲜重有极显著的影响。进一步做多重比较,其结果见表 17。

表 17 MET 对元宝枫盆景叶片单位面积鲜重影响的多重比较

$\dfrac{\overline{Y_i} - \overline{Y_j}}{\overline{Y_j}}$	$\overline{Y_i}$ $Y_1 = 1.549$ $Y_2 = 1.762$		备注
$\overline{Y_3} = 1.847$	0.298＊＊	0.085	$LSD_{0.01} = 0.096$
$\overline{Y_2} = 1.762$	0.213＊＊		

由表 17 可知:CK 与处理间存在着极显著差异,但这两个处理间不存在极显著的差异。故从经济角度讲,以 100 mg/L 为好。

3.5 多效唑(MET)对元宝枫盆景新叶叶柄长度的影响

在喷施 MET 后第 69 天(即 1996 年 8 月 12 日),对元宝枫盆景新叶的叶柄长度进行了测定,其结果见表 18。

表 18　元宝枫盆景新叶的叶柄长度

MET 浓度 (mg/L)	新叶叶柄长度 (cm)	百分比 (%)
0	4.6	100
100	1.7	37.0
200	1.5	32.6

表 19　MET 对元宝枫盆景新叶叶柄长度影响的方差分析

变差来源	SS	f	MS	F	显著性	备注
组间	$SS_1 = 175.6$	$f_1 = 3 - 1 = 2$	87.8			
组内	$SS_2 = 24.5$	$f_2 = 90 - 3 = 87$	0.28	313.6	＊＊	$F_{0.01} = 4.86$
总计	$SS = 200.1$	$f = 89$				

由表 19 可知:不同浓度的 MET 溶液对元宝枫盆景新叶的叶柄长度有极显著的影响。进一步做多重比较,其结果见表 20。

表 20　MET 对元宝枫盆景新叶叶柄长度影响的多重比较

$\overline{Y}_i - \overline{Y}_j$ ＼ $\overline{Y}_i$ ＼ $\overline{Y}_j$	$Y_1 = 4.6$	$Y_2 = 1.7$	备注
$\overline{Y}_3 = 1.5$	3.1＊＊	0.2	$LSD_{0.01} = 0.6$
$\overline{Y}_2 = 1.7$	2.9＊＊		

由表 20 可知:对照与处理间存在着极显著差异,但这两个处理间则不存在极显著差异。具体地讲就是:浓度为 100 mg/L、200 mg/L 的 MET 溶液均可使元宝枫盆景新叶的叶柄长度显著变短,但二者之间无显著差异。

3.6 多效唑(MET)对榆树和元宝枫盆景新枝生长速度的影响

在 1996 年 6 月 4 日对榆树盆景喷施 MET 溶液后,每 7 天对其新枝长度测定 1 次,结果见表 21、表 22。

表 21　榆树盆景新枝的生长速度进程

MET 浓度(mg/L) ＼ 指标 ＼ 日期(日/月)	4/6	11/6	18/6	25/6	2/7	9/7	16/7	23/7	30/7	6/8	13/8	20/8	27/8
新枝长度(cm) 0	0	3.7	8.9	15.9	21.0	26.1	30.5	35.9	41.9	46.5	51.6	58.1	62.6
100	0	1.6	2.3	3.0	3.5	4.6	5.9	7.9	11.8	14.8	17.9	23.6	28.0
200	0	1.2	1.7	2.2	2.5	3.1	3.6	4.8	6.9	9.2	12.1	17.7	21.7

注:表中数据均为 30 个选定枝条的长度平均值。

由表 21 可以看出:100 mg/L、200 mg/L 的 MET 溶液均可使榆树盆景新枝的生长受到明显的抑制,生长速度显著变慢;而且在一定浓度范围、一定时期内,这种抑制效应随着 MET 溶液浓度的增大而增强。

表 22　元宝枫盆景新枝生长速度进程

MET浓度(mg/L) / 日期(日/月) / 指标		4/6	11/6	18/6	25/6	2/7	9/7	16/7	23/7	30/7
新枝长度(cm)	0	0	3.2	6.0	12.4	16.7	21.4	26.1	33.2	40.6
	100	0	0.5	0.6	0.7	0.7	0.7	0.7	0.7	0.7
	200	0	0.5	0.7	0.7	0.7	0.7	0.7	0.7	0.7
MET浓度(mg/L) / 日期(日/月) / 指标		6/8	13/8	20/8	27/8	3/9	10/9	17/9	24/9	1/10
新枝长度(cm)	0	47.2	52.7	58.4						
	100	0.7	0.7	0.7	0.7	0.9	1.5	1.8	1.9	1.9
	200	0.7	0.7	0.7	0.7	0.7	0.7	0.7	0.7	0.7

注:表中数据均为 21~24 个(0、100 mg/L、200 mg/L 三组分别选定 24、21、23 个)选定枝条的长度平均值。

由表 22 可以看出:①浓度为 100 mg/L、200 mg/L 的 MET 溶液均可使元宝枫盆景新枝的生长受到甚为明显的抑制,生长速度显著变慢;②元宝枫对 MET 甚为敏感,其证据是:在对元宝枫盆景喷施浓度为 100 mg/L、200 mg/L 的 MET 溶液后,其新枝生长速度就立即减缓下来,而且不久(大约在喷施后第 15 天前后)即彻底停止了生长,而且这种抑制期相当长;③在一定浓度范围、一定时期内,MET 对元宝枫盆景新枝生长的抑制效应随着 MET 溶液浓度的增大而增强。

4　讨论

4.1　MET 对榆树、元宝枫盆景的作用效果

试验证明:浓度为 100 mg/L 及 200 mg/L 的 MET 溶液均对榆树、元宝枫盆景有着显著的影响,这主要表现在:可使其新叶显著变小、新枝节间明显变短、叶色变深(叶片中叶绿素含量增加)、叶片增厚(单位面积叶片鲜重显著增加)、新枝生长速度极度减慢,并可使元宝枫盆景新叶的叶柄显著变短。

被处理的盆株不但低矮紧凑,生长健壮,新叶变小,苍老感倍增,观赏效果好,而且盆株没有徒长现象,基本无需再行修剪,管理简便。

4.2　MET 在盆景上应用的适宜浓度

由本试验可知:用量为 100 mg/L×1 次、200 mg/L×1 次的 MET 溶液即对榆树、元宝枫盆景有着较理想的作用效果从经济的和促进株型进一步丰满的角度来考虑,建议 MET 在盆景上施用的最高浓度为 1000 mg/L,最适浓度为 100~200 mg/L。

4.3　MET 在盆景上的施用时间

从本次试验的结果可知:MET 似"定型剂",对盆景的营养生长有着极其显著的抑制效果,这主要表现在:在对盆株喷施 MET 溶液后,盆株的生长即变得极度缓慢,生长量甚小,且 MET 对盆景生长的有效抑制期较长,故在对盆景施用 MET 时一定要慎重,一定要注意施用时间,即应在盆景已经完全或基本成型之后方可施用。

4.4　MET 在盆景上的施用方式

由于 MET 是一种高效植物生长延缓剂[2],加之盆景植株因受到盆盎及盆土的限制而其总生长量毕竟有限,因而根本无需大量施用 MET;同时在预备试验中发现,由于过量施用 MET 会导致盆株提早落叶、

枝条干枯、叶片簇生甚至整株死亡的严重后果;另外还由于多数盆景的水口较浅,甚至没有水口,因而采用土施比较困难(当然也可采用浸盆法,但较为麻烦、费工)。综合考虑上述几个方面,同时根据试验结果,建议今后在对盆景(尤其是小型盆景)使用MET时,尽量采用叶面喷洒的方式(方法)而避免土施,特别是在大批量地进行这种处理时,叶面喷洒的优点就显得更为突出(不但MET的用量较为经济、适中,且工作效率极高)。

4.5 MET在盆景上的有效期问题

根据较长时间观察和试验(包括预备试验)的结果,笔者初步可以断定:MET在盆景上施用的有效作用期主要与施用浓度、施用次数、施用量、养护方式及修剪量等因素有关,同时也因树种及盆株个体的不同而呈现出一定的差异。

现以试验中所用的榆树小盆景为例来进一步说明这个问题。试验中的MET有两种用量:100 mg/L × 1 次、200 mg/L × 1 次。根据观察,试验中的MET对在栽培床(平床)中埋盆养护的榆树小盆景的有效期长短与下列因素有关:

(1)MET的用量(包括MET溶液的浓度与施用次数):从总体上讲,两种用量中以200 mg/L × 1次的有效期较长。

(2)养护方式及盆株个体:由于盆株在土中养护,因而相当部分盆株的根系不同程度地钻出盆底排水孔而扎入土中,从床土中吸收水分和养分,所以使MET对榆树盆景生长的有效抑制期在不小的程度上变短了。与此同时笔者也发现:在相同条件下,两种处理中均有相当部分(约40%)的盆株,由于其根系没有或仅有少量根系侵入到养护床中吸收水分和养分,因而使MET在这些盆株上的有效期迄今为止已经持续了11个月之久。

(3)修剪量:这里所指的修剪量既包括根系的修剪量,也包括枝条的修剪量。定期翻盆换土与修剪是盆景栽培养护管理中的一项重要内容,但就MET而言,这也是其损失的一个不可忽视的途径。主要是因为:MET在植物体内有较强的移动性,春季翻盆换土时要剪除相当数量的根系(及枝条),而根据养分在树木体内的年移动规律可知,此时盆株根系中MET的含量应该是相当高的,故春季翻盆换土就成为影响MET对盆景有效作用期长短的重要因素之一。此外,一般来说,生长季中还要对盆株进行一定量的修剪,这也在某种程度上增加了MET的损失量。

参考文献

[1]潘瑞炽,董愚得.植物生理学(第三版)[M].北京:高等教育出版社,1995:218 - 219.

[2]黄卫东.PP333——一种新的植物生长延缓剂[J]园艺学报,1988,15(1):28 - 32.

[3]沈岳清等.多效唑(MET)对油菜叶片光合功能及产量的影响[J].上海农业学报,1991,7(3):89 - 92.

[4]彭春生,李淑萍.盆景制作[M].北京:解放军出版社,1990:91 - 92.

[5]张宪政.作物生理研究法[M].北京:农业出版社,1992:148 - 150.

[6]黄海.PP333对果树生长及生理的影响[J].果树科学,1990,7(1):54 - 59.

[7]Rease,J. T. and Burts,E. C.. Increased yield and suppression of Palcobutrazol and implications for orchard use. Acta Hortic,1983,179,Ⅱ:443 - 451.

[8]康喜信.论桩景的老态[J].中国花卉报,1996 - 11 - 19.

贵阳市设施栽培切花月季病害种类调查与防治技术研究

The Study of the Diseases Investigation *Rose indica* and Its Controlling Technique in the Greenhouse in Guiyang

周洪英[1,2]　李涛[3]　姜丽萍[4]　房小晶[2]　黄承玲[2]　陈训[5]*

(1. 贵州大学　2. 贵州省植物园　3. 贵阳市农业局　4. 贵阳市白云区农业科技园区　5. 贵州科学院)

Zhou Hongying[1,2]　Li Tao[3]　Jiang Liping[4]　Fang Xiaojing[2]

Huang Chengling[2]　Chen Xun[5]

(1. *Guizhou University*　2. *Guizhou Botanic Garden*　3. *Guiyang Municipal　Bureau of Agricultrue*

4. *Guiyang Baiyuan Flower Office*　5. *Guizhou Acadamy of Science*)

摘要:2006～2008年对贵阳市设施栽培的切花月季进行田间病害调查,发现常见病害种类有7种,细菌性病害1种,病毒性病害1种,生理性病害1种。结合生产提出综合防治技术措施。

关键词:切花月季;病害;调查;防治措施

Abstract:An investigation on diseases of Chinese rose was performed in Guiyang city during 2006 – 2009. The results showed that seven common diseases that included the one virus, one bacterial and one physiological disease were detected, respectively. Integrating with present managing measures for the bush nursery, the results would provide assistance for preventing and curing the diseases of Chinese rose.

Key words:Chinese rose;diseases;investigation; preventing and curing

切花月季(cut flower rose)为蔷薇科蔷薇属灌木,原产于中国,是世界五大切花之一,在国际贸易中占有重要地位。月季病害一直困扰着月季的生产,国内对月季病虫害的发生与防治研究[1-6]虽然已有不少报道,但其研究成果与贵阳市气候环境和栽培条件存在较大差异,实践中不能指导贵阳市的实际生产。近年来贵阳市广泛种植切花月季,但在种植过程中常因发生多种病害而导致切花月季的质量降低,影响观赏效果,经济价值下降。为掌握设施栽培月季病虫害的主要种类、发生特点与田间消涨规律,制定科学防控技术,指导生产,服务花卉产业的发展,我们于2006～2008年,对贵州省贵阳市白云区切花月季生产基地,进行月季病害种类的普查和重点调查,结合生产提出综合防治措施。

贵州省科技计划项目:切花月季品种优选及高产高效栽培技术研究。黔科合 NY 字[2008]3037 号

作者简介:周洪英,女,1968年生,高级工程师,主要从事花卉植物的引种驯化、栽培研究工作。E – mail:zhy9158@ yahoo. cn

* 通讯作者:陈训,男,1956年生,研究员,博导,长期从事花卉植物的研究工作。E – mail:chenxunke1956@ 163. com

1　调查研究方法

1.1　材料来源

2006～2008年对贵州省贵阳市白云区切花月季生产基地,每月对月季进行病害种类的普查和重点调查,调查基地栽培的切花月季品种'法国红'、'地平线'、'镭射'、'淑女'、'大桃红'、'芬德拉'、'帕里欧'、'卡罗拉'、'紫皇后'、'黑魔术'、'艳粉'、'雪山'、'第一夫人'、'坦尼克'、'瑞普索迪'、'口红'、'奥斯曼金黄'、'俏佳人'、'金香槟'、'维西丽亚'和'纳欧米'21个品种进行调查。

1.2　调查方法

在月季的不同生长阶段,每月定期进行田间观察,观察其症状、田间发生特点、危害程度、消涨规律及各品种的抗病性等进行调查。调查时,在踏查的基础上,每个品种选取1个代表性大棚进行调查。在棚内均匀取3点,每点10株,调查记录病虫害种类和每种病虫害的危害严重度,计算被害株率和病(虫)情指数。严重度划分以株为单位,根据对月季产量和质量的影响程度,按轻、中、重3个等级划分。

2　结果与分析

2006～2008年田间调查中发现的病害种类有7种:白粉病、霜霉病、灰霉病、黑斑病、叶霉病、锈病、枯枝病;根癌病细菌性病害1种;病毒性病害1种;生理性病害1种。

2.1　真菌性病害

2.1.1　月季白粉病

(1)症状:病原为半知菌亚门的白尘粉孢 *Oidium leucoconium* Des(无性世代)。在贵阳市设施大棚内,月季的新叶、嫩梢、叶柄和花均普遍发生。初期受害部位出现褪绿,边缘不明显,黄斑逐渐扩大,而后产生粉斑,由点连成片,形成一层白色粉末状物(即病菌的分生孢子梗及分生孢子)。嫩叶染病后叶片反卷、皱缩、变厚,有时为紫红色。叶柄及嫩梢染病时,被害部位略膨大,向反面弯曲,节间缩短,枝条变细。花蕾染病时,表面被覆白粉霉层,花蕾出现畸形,开花不正常或不能开花。受害严重时,全棚一片白色,叶片布满白粉,枝梢干枯,严重时造成植株死亡。

(2)发生特点:系统调查显示,月季白粉病在贵阳市大棚栽培条件下表现为周年发生,分生孢子在温室内周年重复侵染,新老病斑交织,周年发病。在贵阳市只要大棚内温度保持在10℃以上就可发病,1～2月的低温(10℃以下)对发病不利,病情发展较缓慢。田间表现为春、秋季各出现一个发病高峰期,春季大棚环境总体处于低温(15℃以下)、高湿(保持90%以上)状态,秋季总体处于高温(20～25℃左右)、低湿(70%～80%左右)状态,说明低温高湿或高温干燥,均有利于病情发展。病菌的子囊孢子或分子孢子随风传播,靠近大棚开门处发病明显重于棚室中央。棚内或棚内沟渠内长期积水、闭棚时间长,通风不足病害严重。

(3)危害:月季白粉病是贵阳市月季生产上最普遍、危害最重的病害。各品种均有受害,一般病株率35.2%～94.4%,病叶率32.3%～97.3%,病情指数17.2～53.5。严重发生时,病株率、病叶率可达100%,病情指数可达72.3,造成花枝细小,叶片皱缩变小,花蕾畸形或不能开花,植株和叶片上布满白粉,对月季产量和观赏价值影响很大。

(4)田间消涨规律:受温、湿度和田间管理的综合影响,月季白粉病在贵阳市的发生规律,表现为每年出现2个高峰期,3个低谷。高峰期分别为春季的3～5月和秋季的9～11月,低谷出现在2月、5～6月和11月。2月份棚内温度低,病情发生发展缓慢,病情最轻。进入3月后,由于温度升高,棚内湿度大,病情开始上升,4月达到发生高峰,一直持续到5月。5月鲜切花大量集中上市,农户往往立即清洁田园,田间表现为病情下降。6～8月病情缓慢上升,进入9月后,棚内环境表现为高温干燥,病情上升较快,达到发病高峰,持续到10月,国庆、中秋期间,鲜切花再次大量集中上市,11月田间表现为发生较轻,12月至翌年1月间,病情缓慢发展。

(5)品种抗性:系统调查和大田普查显示,贵阳市栽培的月季品种,白粉病均普遍发生。但不同栽培品种之间,对白粉病的抗性表现不同。根据2年田间普查结果,将不同品种的抗性做如下划分:高抗品种(病情指数10以下)为'俏佳人'、'维西利亚';抗病品种(病情指数10～20)为'黑魔术';中抗品种(病情指数20～30)为'卡罗拉'、'雪山'、'瑞普索迪'、'芬德拉';中感品种(病情指数30～40)为'淑女';感病品种(病情指数40～50)'纳欧米'、'大桃红'、'法国红'、'镭射'、'艳粉'、'奥斯曼金黄'、'帕里欧'、'第一夫人'、'紫皇后';高感品种(病情指数50以上)'口红'、'假日公主'、'地平线'。总体来说,芳香族和红色品种较易感病。

2.1.2　月季霜霉病

(1)症状:病原为鞭毛菌亚门霜霉属的蔷薇霜霉菌 *Peronospora sparsa* Berk。霜霉病主要发生在嫩叶、嫩枝上,以嫩叶为主,角质化的功能叶不受害。发病初期下部叶片背面先出现褪绿不规则病斑,呈点状分布,后扩展为黄褐色多角形斑,病斑部略有凹陷,叶面褪绿变黄,呈现淡紫色直至变为棕色,叶片逐渐皱缩枯萎脱落。最初是小叶脱落,继而叶柄脱落,枝条由下至上落叶最后形成光杆枝条。潮湿时,病斑背面产生霜状稀疏霜霉层。嫩枝受害后,先出现油浸状斑点,后呈黄褐色微凹陷病斑,最终

形成裂痕,严重时植株死亡。

(2)发生特点:系统调查显示,月季霜霉病在贵阳市大棚内表现为周年发生。在温度2℃以上发生,温度10℃以上利于病情发生,当田间温度超过20℃以上时,病情有所减缓,表现为受到一定程度抑制。当10～20℃之间、棚内湿度大时,有利于病情发生;春、秋季气温适宜,特别是突然升温后,棚内处于适温(15℃左右)、高湿(95%～100%)状态,病情发展迅速,往往在短时间内暴发,危害很大。贵阳市3～4月管理不善的大棚,往往因霜霉病暴发而损失惨重。

(3)危害:月季霜霉病是贵阳市月季生产中发生普遍的、常常造成毁灭性危害的主要病害。主要危害嫩叶和嫩枝,各品种均有发生,一般病株率16.9%～49.5%,病叶率18.4%～54.3%,病情指数5.9～24.2。严重发生时,病株率可达90%以上,病叶率可达75%以上,病情指数可达41.6。发病严重时,造成叶片枯萎发黄而脱落,新梢腐败枯死。发病迅速时,可在2天之内造成整个大棚月季叶片全部脱落,对生产危害很大。

(4)田间消涨规律:主要受温、湿度的影响,月季霜霉病在贵阳市表现为2个发生高峰期,分别为初春的3～4月和秋季的9～11月。1～2月棚内温度保持在10℃以下发展缓慢,进入3月后,气温升高,棚内湿度大,总体为低温、高湿、昼暖夜凉的天气,进入发病高峰期,持续到4月下旬,在气温骤升、骤降期间,容易暴发。5月鲜切花大量上市后,病情稳定发展,进入6月后,棚内温度升高超过20℃,病情发展缓慢,直至9月下旬气温下降,病情开始上升,10月达到高峰,持续至11月;11月后,随气温降低,病情发展趋于缓慢。

(5)品种抗性:普查显示,贵阳市栽培的品种中霜霉病均普遍发生,不同品种对

霜霉病的抗性表现不同。根据3年的普查结果，将不同品种的抗性做如下划分：高抗品种（病情指数5以下）无；抗病品种（病情指数5~10）为'黑魔术'、'卡罗拉'、'俏佳人'、'维西利亚'、'芬德拉'、'纳欧米'；中抗品种（病情指数10~15）为'紫皇后'、'艳粉'、'瑞普索迪'、'雪山'；中感品种（病情指数15~20）为'法国红'、'帕里欧'、'淑女'、'假日公主'；感病品种（病情指数25~30）为'第一夫人'、'奥斯曼金黄'、'镭射'、'大桃红'；高感品种（病情指数30以上）为'地平线'、'口红'。总体上说，白色品系较红色品系抗病。

2.1.3　月季灰霉病

（1）症状：病原为半知菌亚门葡萄孢属的灰葡萄孢 *Botrytiscinerea* Pers. eM. Fr。主要危害花、叶片和嫩枝。叶片受害，一般在叶缘和叶尖出现水渍状斑点，后逐渐扩大变成褐色或紫褐色病斑，并在其上长出灰色霉状物。花萼部最容易受感染，致使叶片、花瓣呈现红点。花蕾受害，产生灰黑色病斑，花朵不能开放，花蕾变褐枯死。花朵受害，初期花瓣上出现水渍状小病斑或花瓣尖部、边缘变成褐色，后迅速扩展萎蔫腐烂，最后褐变枯萎。折花和修剪后留下的残桩及扦插嫩枝容易发病，发病从断口开始，可以向下延伸数厘米，形成黑褐色、略下陷的条斑。在温暖、潮湿的环境下，各发病部位长满灰绿色霉状物，即病菌分生孢子梗和分生孢子，发病严重时整株死亡。

（2）发生特点：系统调查显示，月季灰霉病在贵阳市大棚内可周年发生，2~26℃条件下均可以发生，高湿的大棚环境是贵阳市切花月季灰霉病发生的主要因素。贵阳市冬季日照少，气温低，为了提高棚内温度，往往长时间不敞棚、不通风，室内湿度白天一般在85%~95%，夜间经常达到100%，由于长时间保持在高湿、温暖的条件下，非常利于灰霉病的蔓延，如遇连续阴天或雾天，光照时间和强度减少，棚内温度降低，直接导致空气湿度增加，使病害加重。在湿度小、棚内相对干燥时，病情发展缓慢，发生轻。病害主要通过植株伤口浸染，伤口处往往最先发病，再感染其他部分。凋谢的花朵、花梗和衰败的叶片，由于组织衰败，也容易发病。

（3）危害：月季灰霉病是贵阳市大棚内的常见病害，各品种均有发生，一般病株率0.6%~9.8%，病情指数0.3~6.3。严重发生时，病株率可达31.9%，病情指数可达22.5。在田间总体程度不严重，但在部分感病品种和管理不良的大棚中严重发生，导致花蕾或花枝整花枯萎变褐，或植株全株死亡，损失严重。

（4）田间消涨规律：冬季是贵阳市月季灰霉病的发生高峰期，一般进入12月后，病情逐渐上升，1月和2月是发病高峰期，2月以后，随着湿度减小，病情趋于缓慢，危害程度下降，但周年各月均可见病害发生。

（5）品种抗性：大田普查显示，不同品种对灰霉病的抗性表现不同。根据2年田间普查结果，将不同品种的抗性做如下划分：高抗品种（病情指数2以下）为'奥斯曼金黄'、'法国红'、'口红'、'芬德拉'、'纳欧米'；抗病品种（病情指数2~4）为'大桃红'、'地平线'、'卡罗拉'、'镭射'、'帕里欧'、'瑞普索迪'、'紫皇后'、'假日公主'；中抗品种（病情指数4~6）为'第一夫人'、'维西利亚'、'雪山'；中感品种（病情指数6~8）为'淑女'、'艳粉'、'黑魔术'、'俏佳人'。总体上杂交香水月季或白色品种发病重。

2.1.4　月季黑斑病

（1）症状：病原为半知菌亚门放线孢属的蔷薇放线孢 *Acti nonema rosae* (Lib.) Fr.（无性阶段），主要危害叶片，也危害叶柄、叶脉、嫩梢、花蕾等部位。发病初期，叶面形成褐色小斑点，逐渐扩展为黑紫色放射状病斑,其外常有一黄色晕圈。后期病斑上出现黑色小颗粒,即病菌的分生孢子盘。病斑之间相互连接,使叶片变黄、脱落。7月开始发病逐渐严重,是月季生产上的主要病害之一。

(2)发生特点:分生孢子发芽的温度范围较广(0~30℃),在6~33℃间均可引起浸染。田间发病最适温度24℃,当相对湿度大于85%时,对病情发展有力,温度在18℃以下病情骤降。温室内病情发展的最低、最适和最高温度分别为15℃、26℃和33℃。月季黑斑病为真菌病害,病害在落叶和病枝上越冬。翌年春季条件适宜时,借风雨及浇灌水的溅泼传播,在温暖、潮湿的环境中,特别是多雨季节,病菌孢子蔓延滋长。孢子落在潮湿的叶面,8小时便发芽,渗入角质层细胞组织内生长新菌丝,不断发育再繁殖大量新孢子。贵阳发病区多出现在6、7、8月。

2.1.5　月季叶霉病

病原为半知菌亚门芽枝霉属的芽枝状枝孢 *Nladosporium cladosporioides*(Fres.)de Oreis,主要危害叶、叶柄。叶片初期出现褐色近圆形小斑,边缘不明显,后期扩大为不规则形,潮湿条件下,叶正面散布暗绿色霉层,背面霉层较少,叶片缢缩变小。有蚜虫危害时发病重。

2.1.6　月季锈病

病原为担子菌亚门多孢锈菌属的蔷薇多孢锈菌 *PhraPmidium roase-multiflorae*,主要危害叶片和芽。早春新芽初放时,可见芽上布满鲜黄色的粉状物,叶片背面出现黄色稍隆起的小斑点,成熟后散出橘黄色粉末,生长后期出现大量的黑色小粉堆。

2.1.7　月季枝枯病

病原为半知菌亚门壳小圆孢属的蔷薇盾壳霉菌 *Coniothyrium fuckelii* Sacc。发病时茎杆或枝条上产生红色小斑点,后扩大成椭圆形大斑,病斑中部浅褐色,边缘红褐色。后期病斑中部变为灰白色,随后病斑上出现小黑点,并出现小纵裂,严重时,枝叶全枯死。

2.2　细菌性病害

月季根癌病

(1)症状:病原为根癌土壤杆菌 *Agrobacterium tumefaciens*(Smith et Town.)Conn。主要发生在靠近根颈部位接穗与砧木结合处,有时也发生在根、茎上部。发病初期,发病部位呈近圆形的黄白色小瘤,表面光滑,质地柔软,以后病瘤逐渐增大为不规则块状,大瘤上长小瘤,成熟瘤表面粗糙,间有龟裂,质地坚硬木栓化,呈现褐色或黑褐色。发病严重者,肿瘤形状如数个小颗粒状的木质节黏在一起,直径几厘米至十几厘米不等。扦插苗发病时,枝叶弱小,新芽萌发少,根部产生愈伤组织状肿大,根系萌发少或只一侧长根。

(2)危害:月季根癌病主要随着种苗调运进入我市,主要发生于地表以下,一般不易发觉,发病严重的大棚,病株率可达23%,甚至更高。发病轻的造成植株生长缓慢,叶色不正;发生严重的,植株生长不良,株矮叶小,缺少生机,花瘦弱或不开花,甚至造成全株死亡,严重影响月季切花产量和质量。

(3)发生特点:在设施栽培条件下,一年四季均可发生,土壤湿度大的地块发病较重。病原菌从伤口入侵,经数周或1年以上就可出现症状,病原菌可在病瘤内或土壤中病株残体上生活1年以上,主要靠灌溉水和雨水、采条、耕作农具、地下害虫等传播。苗木根部伤口多发病重。22℃左右适于癌瘤的形成,低于10℃浸染后常不表现症状。

2.3　病毒病

叶、茎、花均可受害,表现不同程度的异常。病株主要表现为生长衰弱,植株矮化、畸形,株形较披散,叶色偏淡或有花叶、斑驳,花朵变小,花色暗淡并有杂色斑。病毒主要通过嫁接、机械损伤、蚜虫等刺吸式口器昆虫传播。

2.4 月季缺素症

叶脉保持绿色而脉间组织发黄,后期黄叶上呈明显的绿色网纹。严重时除主脉近叶柄为绿色外,其余部分褪绿呈黄白色,多从幼枝新叶开始。发病时,同株的老叶保持绿色。

3 月季病害的综合防治措施

在掌握主要病虫害发生特点与田间消涨规律的基础上,通过开展田间试验研究与示范,将各项治理技术有机结合,根据预防为主,综合防治的原则,确定了"以温、湿度调控和农业防治为基础,强化预防措施,科学化学防治"的综合治理策略。综合治理配套技术措施如下。

3.1 加强农业栽培措施,选择栽培抗病品种

病虫害严重是月季生产上的主要问题之一。由于月季各品种对主要病害有着较为明显的抗性差异,因此在选择品种时,除考虑市场需求、经济效益外,还要重点考虑抗病性。在我市月季生产上,引进种植的近10个品种因病虫危害而被淘汰。'卡罗拉'、'俏佳人'、'雪山'、'瑞普索迪'、'黑魔术'、'芬德拉'、'维西利亚'、'纳欧米'等8个品种对几大病害的综合抗性表现较好,可以推广使用。

3.2 选育健康无病优良的种苗

月季育苗通常采用扦插法,一年四季均可进行,采取插穗作繁殖材料时,要从健康、粗壮、无病害的母株上采条。如果繁殖床内的沙土受污染,则需消毒或更换扦插基质。引种观察圃和采穗圃需覆盖防虫网,防止害虫侵入而感染病毒,导致种性退化。也可通过茎尖脱毒组织培养的方法生产无毒苗。做好如下定植前的土壤准备:

(1)改良土壤结构:月季喜肥沃、排水良好的土壤,定植前要进行深耕,掺入树皮、锯末、稻壳、河沙及其他有机物改良土壤结构。改良物的用量按体积计算,应为耕作层土壤量的20%,并使其与土壤混匀。如果温室地势较低,排水不良,应做高畦。

(2)施足基肥:将基肥(如动物粪便、饼肥、油粕、骨粉、堆肥和迟效性颗粒化肥等)散布地面,每100 m^2 施用氮5~6kg、磷7~8kg、钾4~5kg为宜,于开挖定植沟时分层施入。

(3)土壤消毒:可采用70~80℃的蒸汽处理25~30cm深的土壤,至少维持1小时,或浇灌福尔马林(1:50)对土壤消毒,覆盖薄膜7天后掀开,自然风干,20天后栽种。

3.3 加强棚内管理,注意清洁卫生

3.3.1 合理密植

月季在高温、高湿条件下易发病,要注意通风透气。105cm宽的畦(或床)一般栽植4行,行距27cm,大花型品种株距为45cm,一般品种株距为35cm。每100m^2栽植700~900株,保证成株期通风透光。月季在生长过程中,会不断发生分枝,要进行合理的修剪,增加通风透光,减少病虫害的发生。

3.3.2 科学浇水、施肥

月季较耐干旱,土壤不宜过湿,尤忌积水,浇水时应采用"见干见湿,浇则必透"的原则。避免淋浇或喷浇,最好采用滴灌、沟灌。浇水结束时应放风排湿;发病后控制浇水,必要时施行根茎周围淋浇。施肥应注意各元素之间的平衡,不偏施氮肥,施用的有机肥一定要充分腐熟,以减少侵染源。

3.3.3 注意棚内的清洁卫生

发现病叶、病花或病株以及凋谢花朵应及时清除,立即销毁。生长季节结束时,应将植株残体清理干净,以减少病菌生存的场所。操作过程中应避免重复污染,中

耕、除草、修剪时,注意手和工具的消毒。

3.3.4 合理控制棚内温度

夏天高温季节,应将天窗和侧窗全部打开,使空气充分流通,以降低气温,减少病虫害;秋后气温逐渐下降,夜间要注意及时关闭窗户,使夜温保持在 13 ~ 15℃;冬天进行加温,但在晴朗天气的中午前后,仍应注意通风换气,以防气温过高。

4 化学防治

月季主要病虫害在大棚发生较重,蔓延速度较快,适时科学化学防治对控制病虫害非常必要。在防治中,一是要加强田间观察,掌握病虫害发生动态,掌握在病虫害上升初期用药,提高防治效果;二是施药要周到细致,尽量喷雾到植株全株及叶片背面,对棚中与边缘空地也要施药;三是轮换用药,减缓抗药性上升;四是选择对路农药,杜绝盲目用药;五是兼顾月季的观赏价值,施药后在叶片上产生较明显药斑残留的药剂,尽量不使用或在花枝生长前期使用。

对主要病害的药剂防治如下。

4.1 白粉病

春季休眠期喷 2 ~ 3 波美度石硫合剂,发病初期喷洒 25% 粉锈宁 1500 倍液,或 10% 世高水分散型粒剂 1500 倍液。还可用 5% 已唑醇悬浮剂,或 12.5% 腈菌唑乳油,40% 氟硅唑乳油,43% 戊唑醇悬浮剂等。

4.2 霜霉病

可用 50% 烯酰吗啉可湿性粉剂,或 72% 锰锌·脲霜可湿性粉剂,50% 氟吗·乙铝可湿性粉剂,10% 氰霜唑悬浮剂等,在病害上升初期对水喷雾。新叶展开后喷 1% 的波尔多液,或 50% 的代森锰锌 500 倍液。发病初期喷施雷多米尔可湿性粉剂 800 倍液或瑞毒霉锰锌 800 倍液,每 667m^2 用量 45 ~ 70 g,每 7 ~ 10 天喷 1 次,共喷 3 ~ 4 次。冬季将硫磺粉等药剂涂在加热器上或放在蒸汽罐中密闭熏蒸,最好在傍晚封闭风口后进行。

4.3 灰霉病

发病前喷洒 1% 波尔多液,发病初期喷洒 50% 扑海因可湿性粉剂 1000 ~ 1500 倍液,或 65% 代森锌可湿性粉剂 800 ~ 1000 倍液,或 60% 防霉宝超微粉剂 600 倍液,或 45% 噻菌灵悬浮液 4000 倍液,每 7 ~ 10 天喷 1 次,共喷 2 ~ 3 次。还可用 20% 嘧霉胺可湿性粉剂,或 50% 多·福·霉威可湿性粉剂,或 500g/L 异菌脲悬浮剂等。

4.4 根癌病

栽植前做好预防措施,将根与根颈处浸入 500 ~ 1000 倍的链霉素溶液中 30 分钟,或 1% 硫酸铜溶液中 10 分钟,清水冲洗后定植。对于轻微病株,切除病瘤后用 50:25:12 的甲醇、冰醋酸、碘片混合液或金霉素膏涂敷病部,并选用 50% 氯溴异氰尿酸水溶性粉剂 1000 倍液或抗菌剂 402 的 300 ~ 400 倍液进行浇灌。用 5% 特丁硫磷颗粒撒于根瘤周围,根瘤逐渐溃烂,直至消失。严重病株要及时挖掉,集中烧毁。田间大面积发生时,全部销毁,并实行 2 年以上轮作。

4.5 黑斑病

发芽前喷五氯酚钠 2000 倍液或 1% 的波尔多液,或地面铺地膜、草炭土等。发病初期喷 80% 代森锌 500 倍液,或达可宁 600 倍液,或速保利 1000 倍液,每 7 ~ 10 天喷 1 次。

参考文献

[1]谭鹏,夏兴雷,王彦庆.月季主要病害的发生与防治[J].西北林学院学报,2006,21(1):114 - 117.

[2]严桂华,曹萍.月季主要病虫害及其防治

[J].现代农业科技,2007(22):94—97.

[3]员红中.月季常见病虫害发生及防治技术[J].山西林业,2007(2):33—34.

[4]郎立新.切花月季霜霉病防治[J].中国花卉园艺,2005(20)46.

[5]赵玉霞,张岩,贾恒菊,等.切花月季黑斑病发生规律与药剂防治研究[J].山东林业科技,2006,5,56-58.

[6]冯翠萍,李艳琼,纳玲洁,等.玉溪市月季病害种类调查鉴定与防治技术[J].西南园艺,2006(2):49-50.

[7]周洪英,金平,黄承玲,朱立.月季4种主要病害发病规律及防治技术.贵州省植物园建园与发展40年[M].贵阳:贵州科学技术出版社,2004.

[8]林绍光,丁梦然.花卉病虫害防治[M].北京:金盾出版社,1998.

上海地区橘小实蝇生物学特性初步研究
A Preliminary Study on the Biology of *Bactrocera dorsalis* (Hendel) in Shanghai

陈连根[1]　朱春刚[2]　夏希纳[2]

（1. 上海植物园,上海　200231　2 . 上海市绿化指导站,上海　200020）

Chen Liangen[1]　Zhu Chungang[2]　Xia Xina[2]

（1. *Shanghai Botanical Garden,Shanghai* 200231　2. *Shanghai Administrative and Directive Station for Afforestation,Shanghai* 200020）

摘要：在上海地区,橘小实蝇以蛹越冬。一年中,5~11 月可见成虫,成虫发生高峰期出现在 9~10 月。在实验条件下,对该虫的发育起点温度和有效积温进行初步研究。结果表明,幼虫、蛹的发育起点温度各为(11. 30 ±2. 83)℃、(11. 96 ±0. 84)℃;幼虫、蛹的有效积温各为(102. 38 ±21. 26)日度、(153. 57 ±9. 75)日度。从 9 月中旬开始到翌年 1 月,在室温下进行成虫饲养,结果表明,成虫很少产卵或几乎不产卵。对产卵习性进一步研究,在防治上具有价值。

关键词：橘小实蝇;生物学

Abstract：*Bactrocera dorsalis* (Hendel) overwinters with its pupae in Shanghai. In a year, its adults occur from May to November, and there is a peak of occurrence for the adults from September to October. Under experiment condition, the developmental threshold temperature and effective accumulated temperature were studied. The results showed that the developmental zero of the larva was (11. 30 ± 2. 83)℃, the pupae stage was (11. 96 ±0. 84)℃;The effective accumulated temperature of the larva stage was (102. 38 ±21. 26) day degree, and the pupae stage was(153. 57 ±9. 75) day degree. The rearing of adults under indoor temperature, from the middle of September to January next year, showed that it oviposited seldom or hardly. The further study on its oviposition was of value in the pest control.

Key words：*Bactrocera dorsalis* (Hendel);biology

橘小实蝇 *Bactrocera dorsalis* (Hendel),隶属实蝇科果实蝇属[1,2];其寄主达 46 科 250 多种,主要以幼虫取食果肉危害,是水果、蔬菜、花卉等的一种毁灭性害虫,为我国进境植物检疫性害虫。由于该虫在水果皮下危害,初期很难发觉,可随水果的经贸往来,在世界范围内广泛传播[3]。

在上海地区,自 21 世纪以来,园林观赏果林等受灾面积逐年扩大。为此,自 2005 年起,对该虫开展了生物学等研究,以便更好地开展综合防控工作。

基金项目:上海市绿化管理局课题《上海绿地、林地橘小实蝇的发生规律及控虫技术研究》(G060512)

作者简介:陈连根,男,1962 年生,大学,高级工程师,从事园林植物昆虫学及综合防治等研究工作

1 材料与方法

1.1 橘小实蝇种群动态监测

在龙华烈士陵园桃园区,每 667m² 绿地设置诱捕器 3 只。从 3 月开始诱捕,每 2d 添加 1 次诱剂(甲基丁香酚 methyl eugenol,南京农业大学),观察并记录诱到的成虫数量;同时,调查其寄主及越冬虫态。

1.2 生物学观察

老熟幼虫收集:在幼虫盛发期(8 月下旬~9 月中旬),到龙华烈士陵园桃园区等采集大量的落果桃,将落果桃放于干燥器(φ21cm,江苏盐城市玻璃仪器二厂)的垫板上,垫板衬以网格为 30 目的防虫网,以使落果桃渗出的水流落干燥器的底部,避免积水,每天解剖落果桃,收集落果桃内或表面的老熟幼虫,解剖好后落果桃,仍放回干燥器,以进一步收集老熟幼虫,待用。

1.2.1 蛹期观察

化蛹场所制备:用湿润介质土(草炭:珍珠岩 = 3:1,湿润标准,以手捏紧不滴水,放开不结块为宜,绝对含水量约 85%),放满中号培养皿(φ9cm)皿底中,待用。

将老熟幼虫接种在上述中号培养皿皿底中,老熟幼虫一般很快钻入表土(深 0.5cm 左右),再用口径略小的马灯罩或透明的塑料杯(去底)扣在该皿底上,口用 30 目的防虫网封闭,每天查看化蛹情况,一旦化蛹,将同一天化蛹的蛹移到另一个盛有湿润介质土中号培养皿皿底中,用上述方法饲养。每天观察蛹羽化情况,记录蛹羽化日期、温度等,统计蛹期。因蛹期较长,介质土要经常补充水分,以利其羽化。设 16℃、19℃、24℃、28℃、32℃和室温温度处理,光照周期 L:D = 14:10。每个处理不少于 10 头。

1.2.2 成虫期观察

蛹一旦羽化,在室温下,立即成对或单雌接种于中号培养皿(φ9cm)皿底,用上述方法饲养,以防成虫逃逸。设 4 个处理:1. 喂橘子片和糖水;2. 橘子片;3. 水;4. 不放任何食料。每天观察成虫活动、产卵、寿命等,记录产卵量、日期、温度、寿命等,统计性比。橘子片在 15℃以上,每天更换 1 次,15℃以下,隔天更换。

1.2.3 卵期观察

成虫一旦产卵,在解剖镜下,小心将同一日期的卵集中接种于新鲜的干净的橘子片上,每片橘子片接种不少于 20 粒,将该橘子片转入中号一套培养皿中,上盖略留一点空隙,并经常更换橘子片。在解剖镜下,每天观察卵孵化情况,记录孵化日期、温度。设 16℃、19℃、24℃、28℃、32℃和室温温度处理,光照周期 L:D = 14:10。每个处理不少于 30 粒。

1.2.4 幼虫期观察

卵一旦孵化,立即将初孵幼虫转入新鲜、干净的橘子片上,每片橘子片接种不少于 5~10 头,放于中号的一套培养皿中,上盖略留一点空隙。设 16℃、19℃、24℃、28℃、32℃和室温温度处理,光照周期 L:D = 14:10。每天观察幼虫的生长情况。幼虫进入 3 龄后,即老熟幼虫,就要转入湿润介质土,以观察何时化蛹,记录幼虫期、温度等。每个处理不少于 10 头。

1.2.5 发育起点和有效积温的计算

昆虫发育在适宜生长、发育的温度范围内,随温度的升高而加快,完成一个世代或某一个虫态所需的热量是一个常数。根据有效积温法则,用公式表示[4]:

$T = KV + C$,其中,$V = 1/N$

式中,T 为环境温度(℃),K 为有效积温常数(日度),V 为发育速率,C 为发育起点温度(℃),N 为发育历期(d)。

$$C = (\sum V^2 \sum T - \sum V \sum VT)/$$
$$[n \sum V^2 - (\sum V)^2]$$
$$K = (n \sum VT - \sum V \sum T)/$$

$$\left[n \sum V^2 - \left(\sum V \right)^2 \right]$$

以上求得的 C、K，由于取样、实验、计算的关系，都会有一定的误差，可用 C、K 的标准误差校正，C、K 的标准误差各为 S_C、S_K。

2 结果与分析

2.1 种群动态

橘小实蝇在上海地区以蛹越冬。性诱结果表明，成虫始见于 5 月，9～10 月为成虫发生高峰期，11 月中旬后为末期，高峰期的成虫占总数的百分比为 87.46%（2005年）、81.17%（2006 年）。橘小实蝇寄主有桃、枣、柑橘、石榴、梨、木瓜、柿子和香橼等观赏果树。

2.2 发育历期

在实验室 16～32℃条件下，卵期差异不大，均在 1～3d，而以 2d 居多。在 20℃ 以下，卵孵化率降低；在 12 月室温（6～14℃）饲养，卵均表现不能正常孵化，全部死亡。

在 16℃、19℃、24℃、28℃、32℃，光照周期 L: D = 14:10 条件下，幼虫、蛹平均历期见表 1。由表 1 可知，在相同的实验条件下，幼虫的平均历期均短于蛹期；幼虫、蛹在 28℃ 和 32℃ 之间，差异不大，幼虫反而略长。

表1 不同温度条件下橘小实蝇发育期（d）
（上海，2007～2008 年）

Table1 Mean developmental time for *Bactrocera dorsalis*（Hendel）at different temperatures（Shanghai，2007－2008）

温度（℃） Temperature	幼虫期（d） Lavae	蛹期（d） Pupae
16	19.67 ±1.21	41.00 ±2.09
19	13.40 ±0.89	20.80 ±0.84
24	8.00 ±0.95	13.00 ±0.00
28	5.25 ±0.50	9.00 ±0.82
32	5.90 ±0.62	8.00 ±0.34

2.3 发育起点温度和有效积温

由于卵在 16～32℃ 下，卵期差别很小，温度与发育期的梯度关系不明显，因此，这里其发育起点温度和有效积温不作计算。幼虫、蛹发育起点温度和有效积温见表2。

从表 2 可以得出如下结论：幼虫、蛹发育起点温度分别为 11.30 ± 2.83℃、11.96 ± 0.84℃，其发育起点温度相差不大，在 11～12℃ 之间；幼虫、蛹有效积温各为 102.38 ± 21.26 日度、153.57 ± 9.75 日度，蛹大于幼虫。

2.4 成虫

性比：于 2007 年 9 月统计 64 头成虫，其中，♀34 头，♂30 头，♀：♂ = 1:0.88。气温低于 15℃，成虫活动迟缓。

表2 橘小实蝇发育起点温度和有效积温（上海，2007～2008 年）

Table 2 Developmental threshold temperature and effective accumulated temperature of *Bactrocera dorsalis*（Hendel）（Shanghai，2007－2008）

虫态 Stages	发育起点温度 C/℃ ± S$_C$ Developmental threshold temperature	有效积温 K/日度 ± S$_K$ Effective accumulated temperature	回归方程 Regression equation	相关系数 R－square
幼虫 Lavae	11.30 ± 2.83	102.38 ± 21.26	T = 102.38V + 11.30	0.941 *
蛹 Pupae	11.96 ± 0.84	153.57 ± 9.75	T = 153.57V + 11.96	0.994 * *

注：* 表示在 0.05 水平差异显著，* * 表示在 0.01 水平差异显著。

Note：* Represents significant differences at 0.05 level，* * represents significant differences at 0.01 level.

成虫寿命:在不同食料条件下,成虫的寿命差异大。在实验室室温条件下,从2007年9月中旬开始饲养,结果表明:(1)无任何食料,仅存活2~4d,平均3d;(2)水作为食料,则为3~4d,平均3.5d;(3)单糖水(白砂糖),存活6~24d,平均16d;(4)单橘子片,存活6~125d,平均52.4d;(5)橘子片+糖水,为9~124d,平均84.8d。由此可见,成虫寿命:橘子片+糖水≈单橘子片>单糖水>无任何食料或水作为食料。

成虫产卵:在实验室室温条件下,以橘子片+糖水作为食料,共饲养10对成虫(寿命平均84.8d),均未发现产卵;2头单雌(未交配,喂橘子片,寿命115、124d),自9月16日成虫羽化开始饲养,于11月12日产卵8粒,11月13日产卵2粒,之后一直到翌年的1月18日死亡,未见产卵,产卵前期为57d,产卵日仅为2d,产卵量总计仅为10粒;自9月17日开始,7雌7雄群养(喂橘子片+糖水),于11月9日产卵8粒,11月16日产卵5粒,以后未见产卵,产卵前期为53d,产卵日仅为2d。由此可见,在室温条件下,从9月16日成虫羽化开始饲养(♀26头,♂22头),一直到翌年的1月上、中旬成虫死亡,不管有无交配,雌成虫都能产卵,但是,产卵的♀成虫仅占♀成虫总数的7.8%,产卵量很少,几乎可以忽略。

3 讨论

3.1 发育与温度关系

袁盛勇[5]等在14、18、26、29、32(℃)条件下,卵期各为11.94、3.65、1.62、1.54、1.44(d),考虑一下天数取整数还是几位小数,因为是引用别人数据,不是原始数据,10℃或以下,卵不能孵化;吴佳教[6]等的实验在18.96、23.18、28.08、31.02、33.56(℃)条件下,卵期各为2.96、1.96、1.17、1.04、1.00(d);朱家颖[7]等的实验在18、22、25、28、32(℃)条件下,卵期各为3、2、1.5、1、1(d),低于25℃,卵的孵化率降低;和万忠[8]等的实验在18、22、25、28(℃)条件下,卵期各为3、3、2.5、1.5(d);沈发荣[9]等的实验在27、33(℃)时,卵期各为7.4、6.5(d)。本实验结果表明,卵在16~32℃条件下,卵期均在1~3d,以2d居多,但差别不大,与多数研究者基本相同,而小于沈发荣的报道。因在不同温度下卵期差别很小,本实验难以计算其发育起点温度和有效积温。

张清源[10]、袁盛勇[5]、吴佳教[6]报道,幼虫的发育起点温度和有效积温分别为12.968℃、91.926日度,11.70℃、175.13日度,5.24℃、156.7日度。本实验发育起点温度、有效积温分别为11.30℃、102.38日度。其发育起点温度与袁盛勇的结果相近,小于张清源的,大于吴佳教的;有效积温与张清源的相近,而小于袁盛勇、吴佳教的。

张清源[10]、袁盛勇[5]、吴佳教[6]报道,蛹的发育起点温度和有效积温分别为10.835℃、165.753日度,12.83℃、138.12日度,10.08℃、157.8日度。本实验为11.96℃、153.57日度,与上相比,其发育起点温度与张清源、袁盛勇的结果相近,大于吴佳教的;有效积温与吴佳教的相近,小于张清源的,大于袁盛勇的。

3.2 成虫的产卵习性

梁广勤[11]报道,在22℃下,产卵前期为52~53d;和万忠[8]等报道,在26~33℃条件下,其产卵前期为26~33d,温度大于33℃,小于15℃,成虫大量死亡;朱家颖[7]等报道,15℃以上,成虫开始产卵,18℃以下,产卵不活跃,最适温区25~30℃,低于25℃,大于30℃,对各虫态生长、发育不利,存活率降低。袁盛勇[5]报道,在7、10℃,各虫态均不能存活。本实验表明,在实验室室温条件下,从9月16日成虫羽化开始饲养,一直到翌年的 1 月上、中旬成虫死亡,雌成虫产卵量极少,几乎可以忽略。这可能与如下因素有关:在上海,自 9 月中、下旬以后气温渐降,室温基本处于 26℃ 以下,从 10 月开始,室温多低于 20℃,成虫活动迟缓,不利于其产卵。由此初步推测,成虫的产卵与温度密切相关,适于产卵的温度约在 25~30℃ 之间,低于 25℃,随着温度的降低,其产卵前期加速延长,而且,产卵量锐减。

在上海的野外,如果能够证明自 9 月中、下旬以后羽化的成虫不能产卵,那么可以选择晚熟观赏果树品种,以避开其危害期。因此,对成虫的产卵习性做进一步研究很有价值。

参考文献

[1] 汪兴鉴. 中国寡鬃实蝇亚科分类纪要[J]. 植物检疫,1989,3(1):42-53.
[2] 陈乃中. 要注意寡鬃实蝇亚科分类的新进展[J]. 植物检疫,1992,6(4):279-281.
[3] 扬长举,张洪亮主编. 植物害虫检疫学[M]. 北京:科学出版社,2005.
[4] 张孝羲主编. 昆虫生态与预测预报[M]. 北京:农业出版社,1985.
[5] 袁盛勇,孔琼,肖春等. 橘小实蝇各虫态发育历期及有效积温研究[J]. 西南农业大学学报,2005,27(3):316-318.
[6] 吴佳教,梁帆,梁广勤. 橘小实蝇发育速率与温度关系的研究[J]. 植物检疫,2000;14(6):321-324.
[7] 朱家颖,肖春,严乃胜,等. 橘小实蝇生物学特性研究[J]. 山地农业生物学报,2004,23(1):46-49.
[8] 和万忠,孙兵召,李翠菊,等. 云南河口县橘小实蝇生物学特性及防治[J]. 昆虫知识,2002,39(1):50-52.
[9] 沈发荣,周又生,赵焕萍,等. 柑橘小实蝇生物学特性及其防治研究[J]. 西北林学院学报,1997,12(1):85-89.
[10] 张清源,林振基,刘金耀. 橘小实蝇生物学特性[J]. 华东昆虫学报,1998,7(2):65-68.
[11] 梁广勤. 橘小实蝇形态特征及其生活习性[J]. 江西农业大学学报,1985,7(1):7-15.